教育部高等学校高职高专汽车类专业教学指导委员会规划教材

建筑力学

夏虹　编

山东大学出版社

内容提要

本书是教育部高等学校高职高专汽车类专业教学指导委员会规划教材。全书内容分为理论力学、材料力学和结构力学三个部分。第二至第三章是理论力学静力学部分，主要是建立力和力的平衡概念，对结构和构件进行受力分析，构建力之间的平衡关系。第四至第八章是材料力学部分，主要介绍杆件在荷载作用下的内力计算和变形规律，并讨论杆件的承载能力，以及选择合适的杆件材料及合理的形状与尺寸。第九至第十二章是结构力学部分，主要讨论杆件结构的组成规律和合理形式，以及结构在外力作用下杆件的内力和变形计算，为结构设计提供分析方法及计算公式。本书延伸阅读和附录部分可为有兴趣的读者提供进一步研读的内容及查阅资料的线索。与本书有关的开放式多媒体课件交流平台正在建设，选用本书的读者可根据自己的需要，利用该平台进行交流互动。本书可作为高职高专院校、高校成人教育力学课程教材，也可作为相关工程技术人员的参考用书。

图书在版编目(CIP)数据

建筑力学/夏虹编. —济南：山东大学出版社，2015.12

ISBN 978-7-5607-5484-0

Ⅰ.①建… Ⅱ.①夏… Ⅲ.①建筑力学—高等职业教育—教材 Ⅳ.①TU311

中国版本图书馆CIP数据核字(2015)第321312号

责任策划 郑琳琳
责任编辑 李 港
封面设计 牛 钧

出版发行：山东大学出版社
社 址 山东省济南市山大南路20号
邮 编 250100
电 话 市场部(0531)88364466
经 销：山东省新华书店
印 刷：山东和平商务有限公司
规 格：787毫米×1092毫米 1/16
19印张 433千字
版 次：2015年12月第1版
印 次：2015年12月第1次印刷
定 价：39.00元

教育部高等学校高职高专汽车类专业教学指导委员会规划教材编审委员会

总 序

进入新世纪以来，我国加快了转变经济发展方式的步伐，从而有力地推动着各领域的科学发展。随着科技创新能力的不断提高，科学技术的产业化进程日益加快，制造业不断优化结构，改善品种质量，并淘汰落后产能，汽车制造业尤其如此。《中华人民共和国国民经济和社会发展第十二个五年规划纲要》提出的培育发展新能源汽车等新兴产业的战略目标，就充分体现了这一点。

自2010年，中国汽车产销量已超过1800万辆，居全球首位，市场潜力巨大。中国汽车与装备制造业已进入了一个新的发展阶段。汽车工业的飞速发展带动了汽车与制造相关产业链的发展，为汽车及相关专业毕业生提供了广阔的就业空间和良好的发展前景。然而，老版本的汽车类教材已经不能满足汽车专业的教学需求，为广大汽车专业的师生提供一套新版教材成为当务之急。同时，为贯彻《教育部财政部关于实施国家示范性高等职业院校建设计划加快高等职业教育改革与发展的意见》(教高[2006]14号)和《教育部关于全面提高高等职业教育教学质量的若干意见》(教高[2006]16号)的精神，进一步推动职业教育由“重视规模发展”向“注重提高质量”的工作重心转变，适应我国现代汽车工业和职业教育发展的需要，教育部高等学校高职高专汽车类专业教学指导委员会决定在工学结合课程开发和教材建设方面进行探索，组织高校富有经验的教师和企业专家共同编写理论性和实践性相结合的汽车类专业教材。

教学质量是学校的生命线。提高教学质量，专业建设是龙头，课程建设是关键。高职教育的课程改革是一项长期的工作，它不是片面的课程内容的解析与重构，必须以人才培养模式创新为核心，以双师素质教师团队建设、实训条件建设、实训项目开发、教学方法改革、教学实施创新等一系列条件为支撑。多年来，在教育部高等学校高职高专汽车类专业教学指导委员会指导下，各高职高专院校进行了广泛的调研，以课程建设为抓手，以校企合作、工学结合为突破口，狠抓课程实施，在教材建设方面做出了高等职业教育的特色。

经过编者和主审的辛勤劳动，教育部高等学校高职高专汽车类专业教学指导委员会规划的第一批十七本教材已经陆续出版发行。这套教材在全国高职高专相关课程教学改革中发挥了积极的作用，受到了广大教材使用者的好评。

随着我国汽车工业的不断壮大，特别是新能源汽车和自动驾驶汽车的迅猛发展，传统的汽车工业正面临着环境和能源的双重压力与挑战，洁净能源、超低排放、先进材料及成型、超精低耗加工、建筑艺术及力学和基于大数据的全电子信息控制与监管等领域的新技术、新工艺，正在促使传统汽车制造发生变革。对此，根据高职高专教学和课程改革的需要，在总结第一批教材使用的基础上，我们将陆续出版涉及上述领域的第二批教材。希望教育部高等学校高职高专汽车类专业教学指导委员会的工作可以为各高职院校提供一些借鉴，并通过这套教材进一步推动各地的高职高专教学与课程改革。同时也希望业内专家和同仁对本套教材提出指导性和建设性意见，以便在教学实践中共同完善和提高。

本套教材在编写过程中，得到了教育部领导、行业专家、各高职高专院校和企业专家的支持，山东大学出版社对教材的出版给予了大力支持和帮助，在此一并致谢。

教育部高等学校高职高专汽车类专业
教 学 指 导 委 员 会
2012 年 2 月

前 言

随着我国汽车工业的不断壮大，特别是新能源汽车和自动驾驶汽车的迅猛发展，传统的汽车工业正面临着环境和能源的双重压力与挑战，洁净能源、超低排放、先进材料及成型、超精低耗加工、建筑艺术及力学和基于大数据的全电子信息控制与监管等领域的新技术、新工艺，正在促使传统汽车制造发生变革。本书是为适应高等职业教育汽车、建筑等专业对力学课程的基本要求和教学改革的需要而编写的，既可作为高职高专院校或高校成人教育汽车、建筑等专业的基础教材，也可作为相关专业工程技术人员的参考用书。

在编写过程中，本书从高等职业教育和高校成人教育的实际出发，吸取近年来力学课程改革建设中好的经验和做法，并根据高职高专人才培养的专业定位和目标，本着"以应用为目的，以必需、够用为度，以讲清概念、强化应用为重点"的原则，在以下方面做了一些工作。

一、本书涉及理论力学、材料力学和结构力学三门力学课程，所以在编写时，注重突出针对性、适用性和实用性。结合高职高专和高校成人教育的教学特点，在强化工程实用的前提下，理论证明和公式推导适当从简，力争通过相关工程实例阐明基本概念、原理与方法的实际应用。

二、在内容处理上，注重与前修课程和后续课程的衔接，处理好本课程与相关内容的关系，精选经典内容，剖析典型例题，扩展应用实例，加强读者的工程意识和工程方法的训练，拓展读者的专业基础知识面，培养其创新意识和创新能力。

三、在每章后附有小结、思考题和习题，便于指导学习和启发思考。延伸阅读和附录部分可为有兴趣的读者提供进一步研读的内容及查阅资料的线索。与本书有关的开放式多媒体课件交流平台正在建设，选用本书的读者可根据自己的需要，利用该平台进行交流互动。

本书由青岛理工大学夏虹编写，由山东大学李剑峰教授、青岛理工大学王利民教授主审。在编写过程中，得到了青岛理工大学张平、李会超、李燕超、楚雅杰和王文明等同学的热情帮助，在此谨向他们致以诚挚的谢意。

在编写过程中，编者参考了国内外相关专家和学者的研究成果及文献，在此一并表示感谢！同时，也向参与本书出版的山东大学出版社的工作人员表示诚挚的谢意。由于编者水平有限，书中不足之处在所难免，敬请使用本书的读者批评指正。

编 者

2015 年 9 月

目　录

第一章　概　述

第一节　建筑力学的研究对象

建筑力学研究的对象是建筑结构和构件，其中杆结构和构件是建筑力学的主要研究对象。

建筑物是由基本构件组成的，其中许多构件的用途是构成建筑物中的骨架，并承受和传递各种荷载作用。通常把建筑物中对支承荷载起骨架作用的部分称为“结构”。图 1-1 是一个单层厂房承重骨架的示意图，它由屋面板、屋架、桥式起重机梁、柱子及基础等构件组成，每一个构件都起着承受和传递荷载的作用。

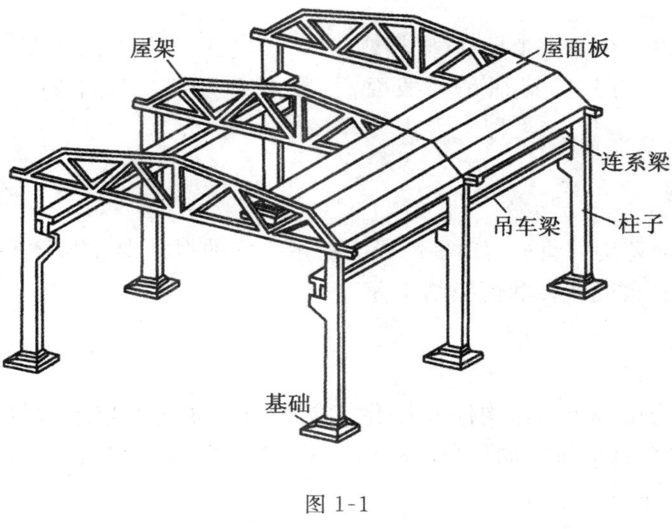

图 1-1

按构件的几何性质，可将其分为杆结构、板壳结构、块体结构和薄壁杆结构，如图 1-2 所示。

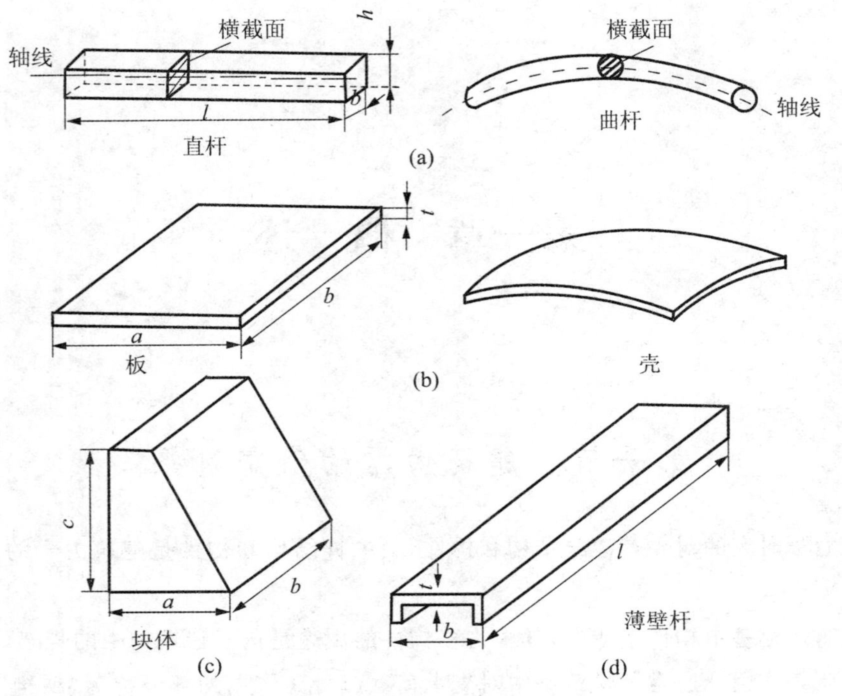

图 1-2

一、杆结构

这类结构是由一个或多个杆件(直杆或曲杆等),按照一定的连接方式组合而成,如图 1-2(a)所示。杆件的几何特征是横截面高、宽两个方向的尺寸要比杆长小得多,即 $h \ll l, b \ll l$。

二、板壳结构

这类结构由薄壁构件组成,如图 1-2(b)所示。它的厚度要比长度和宽度小得多,即 $t \ll a, t \ll b$,如楼板、薄壳屋面和薄膜结构等。

三、块体结构

这类结构本身由一个实体构件或若干实体件组成,如图 1-2(c)所示。它的几何特征是呈块状的,长、宽、高三个方向的尺寸大体相近,且内部大多为实体,如建筑基础、设备基座、起重机械的配重等。

四、薄壁杆结构

图 1-2(d)所示的槽钢多用作图 1-1 所示厂房中的屋架、连系梁。它的几何特征是长、宽、厚三个尺寸都相差很悬殊,即 $t \ll b \ll l$。

第二节　建筑力学的研究内容

为了对建筑力学内容有一个总体概念，下面以图 1-3 所示的梁为例，作一个简单介绍。

(1)确定梁所受的力。哪些力是已知力，哪些力是未知力，并计算这些力的大小。梁 AB 在墙上，受到已知荷载 $\boldsymbol{F}_{P1}$，$\boldsymbol{F}_{P2}$ 的作用。在这两个力的作用下，梁 AB 有向下坠落的趋势，但由于墙的支承作用使梁没有落下而维持平衡状态。在梁的支承处，墙对梁产生支承反力 $\boldsymbol{F}_{PA}$，$\boldsymbol{F}_{PB}$。荷载 $\boldsymbol{F}_{P1}$，$\boldsymbol{F}_{P2}$ 与支承反力 $\boldsymbol{F}_{PA}$，$\boldsymbol{F}_{PB}$ 之间存在着一定的关系，这种关系称为“平衡条件”。若知道了平衡条件，便可由荷载 $\boldsymbol{F}_{P1}$ 和 $\boldsymbol{F}_{P2}$ 求出支承反力 $\boldsymbol{F}_{PA}$ 和 $\boldsymbol{F}_{PB}$。解决这一问题的关键就在于研究力的平衡条件。

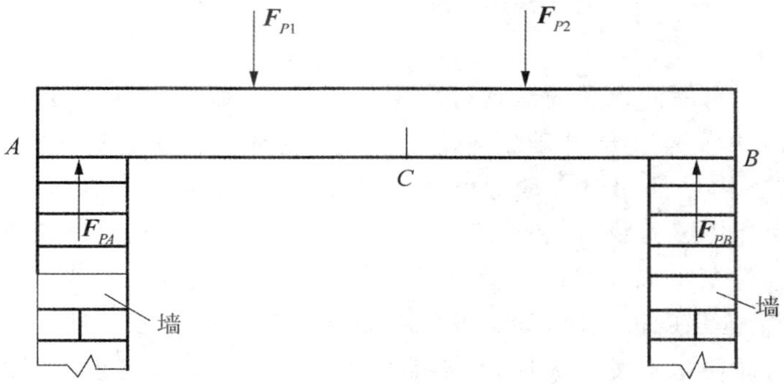

图 1-3

(2)荷载 $\boldsymbol{F}_{P1}$，$\boldsymbol{F}_{P2}$ 与支承反力 $\boldsymbol{F}_{PA}$，$\boldsymbol{F}_{PB}$ 统称为梁 AB 的“外力”。当梁上的全部外力求出后，便可进一步研究这些力是怎样使梁发生破坏或变形的。图 1-3 中的 AB 梁，在 $\boldsymbol{F}_{P1}$，$\boldsymbol{F}_{P2}$，$\boldsymbol{F}_{PA}$ 和 $\boldsymbol{F}_{PB}$ 作用下会产生弯曲，同时梁的内部有内力产生，内力过大就会造成梁的破坏。如果在梁的跨中截面 C 首先开裂继而断裂，这说明截面 C 处有引起破坏的最大内力存在，是梁的危险截面。解决这一问题的关键在于研究外力与内力的关系，这是分析承载能力的依据。

(3)上述问题相当于找出梁的破坏因素。为了使梁不发生破坏，就需要进一步研究引起梁破坏的因素和梁抵抗破坏的能力之间的关系，从而合理地选择梁的材料和截面尺寸，使梁既具有足够的承载能力，材料用量又最少。

(4)各种不同的受力方式会产生不同的内力，相应就有不同承载能力的计算方法，这些方法的研究就构成了建筑力学的内容。建筑力学所涉及的内容很多，本书的内容分为静力学、材料力学和结构力学三个部分。

第二至第三章是静力学部分，主要是建立力和力平衡的概念，构建力之间的平衡关系。由于结构和构件是承受和传递荷载的，要对结构和构件进行设计，对使用中的结构和构件进行校核。在这个过程中，要弄清楚其承受荷载的大小及荷载的传递路线，即对构件进行受力分析。

第四至第八章是材料力学部分，主要研究单个杆件在荷载作用下的内力计算和变形规律，以及杆件的承载能力，通过选择合适的材料和设计合理的截面形状及尺寸，使设计的杆件既安全又经济。

第九至第十二章是结构力学部分，主要研究杆件结构的组成规律和合理形式，以及结构在外力作用下杆件的内力和变形计算，为结构设计提供分析方法及计算公式。

值得注意的是，在结构设计或校核中，要想完全严格地按照结构的实际情况进行力学分析是很难做到的，也是不必要的。因此，对实际结构进行力学分析时，需要作一些必要的简化，略去一些次要因素，抓住主要因素，即采用一个简图来表示实际结构，这种简图叫作“结构的计算简图”。确定结构的计算简图，是对实际结构进行力学分析的重要步骤。

第三节　建筑力学的任务

在图 1-1 中，厂房屋面板的荷载通过屋架传给柱子，起重机荷载通过梁也传给柱子，柱子将其受到的各种荷载传给基础。无论是工业厂房还是民用建筑、公共建筑，它们的结构及组成结构的各构件都相对于地面保持着静止状态，这种状态在工程上称为“平衡状态”。当结构承受和传递荷载时，各构件都必须能够正常工作，这样才能保证整个结构的正常使用。为此，首先要求构件在承受荷载作用时不发生破坏。如当起重机吊起重物时荷载超过起重机梁的强度极限时，梁会发生弯曲甚至断裂。通常，构件因受力发生大的弯曲或其他变形时，即便是不发生破坏，也不能保证正常工作。如起重机梁的变形超过一定的限度，起重机就不能稳定工作；楼板变形过大，就可能因细小的裂纹，产生应力集中，加快楼板的破坏。还有一些构件在荷载作用下，其原有构件平衡状态会被打破，从而丧失稳定性。如细长轴轴向受压时，当压力超过某一限定值时，会突然改变细长轴原来的直线平衡状态，发生弯曲以致断裂，这种现象称为“失稳”。

为了保证建筑结构和构件按设计要求正常工作，并充分发挥构件材料的性能，使设计的结构既安全可靠又经济合理，建筑力学的主要任务就是研究结构的几何组成规律，解决结构和构件在荷载作用下的强度、刚度和稳定性问题。

(1)强度：在荷载作用下，构件抵抗破坏的能力。

(2)刚度：在荷载作用下，构件抵抗变形的能力。

(3)稳定性：在荷载作用下，构件抵抗使其原有平衡、稳定状态失衡、失稳的能力。

构件的强度、刚度和稳定性反映了其承载能力，承载能力的大小又与构件的材料性质、截面的几何形状及尺寸、受力性质、工作环境及构造情况等因素有关。在结构设计中，如果把构件截面设计得过小，构件会因强度或刚度不足而产生破坏或变形过大而不能安全使用；但如果把构件截面设计得过大，其承载能力过大，又会造成浪费而不够经济。因此，结构和构件的安全性与经济性是矛盾的。建筑力学就是要合理地解决这种矛盾，研究和分析作用在结构和构件上的力的平衡关系，结构和构件的内力、应力、变形的计算方法以及构件的强度、刚度和稳定条件，为保证结构和构件既安全可靠又经济合理提供理论依据。

本章小结

(1)建筑力学的研究对象是建筑结构和构件。建筑力学的主要内容是为解决建筑结构设计及施工中结构的强度、刚度和稳定性等问题提供力学基础知识、分析策略和计算方法。建筑力学的任务是研究建筑结构和构件受力、变形和破坏规律,解决结构和构件的强度、刚度和稳定性问题。

(2)掌握建筑力学涉及的静力学、材料力学和结构力学的基本原理、原则和知识体系;了解建筑力学在所学专业中的地位和作用,以及与建筑结构、建筑施工技术、地基与基础等课程的关系。

(3)学习时要注意理解基本原理,掌握分析问题、解决问题的思路和方法。通过观察生活和工程中的力学现象,在课堂学习的基础上,建立力学模型,进行分析、归纳,举一反三,把握建筑力学的基本规律。

本章的学习重点是明确建筑力学的研究对象以及研究对象在所处条件、环境下的作用,掌握建筑结构和构件强度、刚度和稳定性的分析方法,注意观察实际建筑结构和构件涉及的静力学、材料力学和结构力学问题,思考问题的根源并尝试解决。

思考题

1.结合所学专业,列举几个可以简化为杆件的实际构件,试分析其受力情况。

2.就日常生活中所见,试列举一些不同形式荷载的实例。

3.选择所学专业领域常见的某种构件,试分析它属于哪种构件,并分析其可能的受力和变形。

第二章　静力学基本知识

本章主要介绍静力学的一些基本概念和基本公理，以及如何建立工程实际构件的力学模型。其中，对于约束及其约束模型的深刻理解和正确应用是进行构件受力分析的关键，画构件的受力图是解决构件静力学问题的重要基础，也是本章重点。

第一节　力和静力学基本公理

一、力

1. 力的定义

用手推门时，手指与门之间有了相互作用，这种作用使门产生运动；用夯夯实地基时，夯和地基之间有了相互作用，地基的形状尺寸发生了改变。人们在长期的生产实践活动中，经过不断地观察和总结，形成了力的定义：力是物体间的相互作用。

这种作用使物体的运动状态或形状尺寸发生改变。力使物体运动状态的改变称为“力的外效应”；力使物体形状尺寸的改变称为“力的内效应”。

2. 刚　体

用脚踢皮球，脚和皮球之间进行了相互作用，皮球的运动状态和形状尺寸同时发生了改变。力对球体的这两种效应并不是单独发生的，而是同时发生的。当研究物体的运动规律（包括平衡）时，可以忽略物体本身因受力变形而产生的微小尺寸改变对运动状态改变的影响，从而可把物体抽象为不变形的理想化模型——刚体。这是物体抽象化的一个最基本的力学模型。

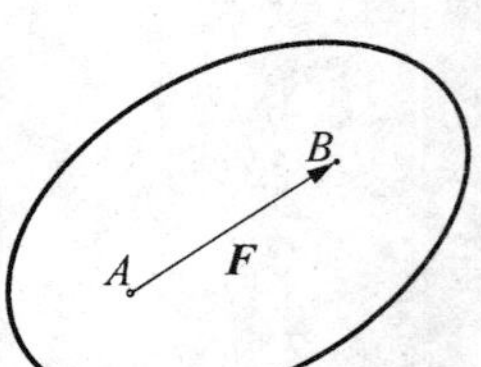

图 2-1

3. 力的三要素及表示法

力对物体的效应，取决于力的三要素：力的大小、方向和作用点。

力是一个既有大小又有方向的量，称为“力矢量”，常常用黑体字母表示，如 $\boldsymbol{F}$。力可以用一个有向线段来表示，如图 2-1 所示。线段的长度按一定的比例尺，表示力的大小；线段箭头的指向表示力的方向；线段的始端 A 或末端 B 表示力的作用点。力的单位为牛顿(N)，简称“牛”。

4. 力系与等效力系

由若干个力组成的系统称为“力系”。若一个力系与另一个力系对物体的作用效应相同，则这两个力系互为等效力系。若一个力与一个力系等效，则这个力称为该力系的“合力”，而该力系中的各力称为这个合力的“分力”。把各分力代换成合力的过程称为“力系的简化”，把合力代换成分力的过程称为“力的分解”。

5. 平衡与平衡力系

所谓“平衡”，是指物体相对于地球静止或做匀速直线运动。若一个力系使物体处于平衡状态，则该力系称为“平衡力系”。

二、静力学基本公理

1. 二力平衡公理

公理 1 作用于刚体上的两个力，使刚体保持平衡的必要和充分条件是：这两个力的大小相等、方向相反，作用在同一条直线上，简述为“等值、反向、共线”。

如图 2-2(a)所示，物体放置在水平面上，受到重力 $\boldsymbol{G}$ 和水平面的作用力 $\boldsymbol{F}_N$ 作用而处于平衡，这两个力必“等值、反向、共线”。图 2-2(b)所示的电灯吊在天花板上，无论初始时电灯偏向什么位置，最后平衡时必满足二力平衡条件，即 $\boldsymbol{G}$ 和 $\boldsymbol{F}_T$ 等值、反向、共线。

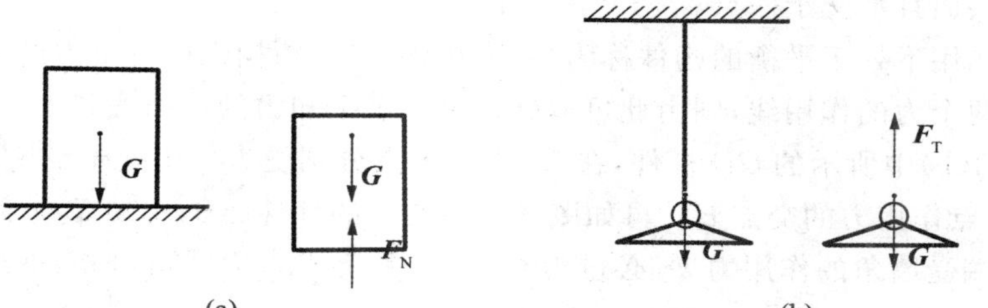

图 2-2

在两个力作用下处于平衡的构件一般称为“二力杆件”，也称为“链杆”。在工程实际中，一些构件的自重和它所承受的荷载比较起来很小时，可以忽略不计。本书中的构件若没有特别说明或没有表示出自重，则一律按不计自重处理。

图 2-3(a)所示的托架中，杆 AB 不计自重，在 A 端和 B 端分别受到作用力 $\boldsymbol{F}_A$，$\boldsymbol{F}_B$ 而处于平衡，此两力必过这两力作用点 A，B 的连线。再如，图 2-3(c)所示的三铰拱结构中，当不计拱片自重时，在力 $\boldsymbol{F}$ 作用下，杆 BC 受 B，C 两点的两个力 $\boldsymbol{F}_B$，$\boldsymbol{F}_C$ 作用处于平衡，这两个力必过其作用点 B，C 的连线，如图 2-3(d)所示。

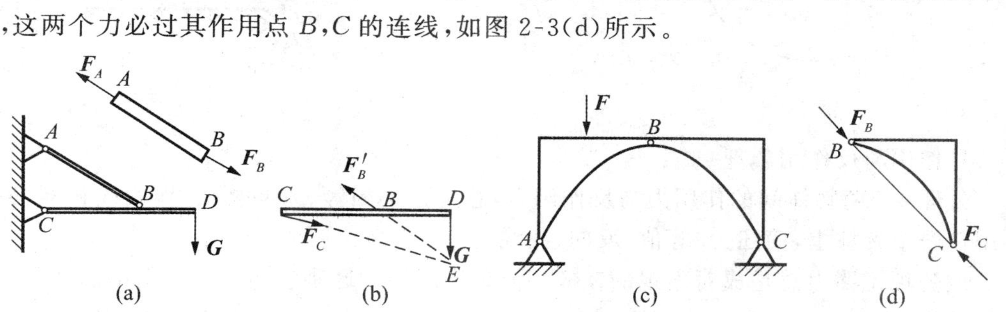

图 2-3

2. 加减平衡力系公理

公理 2　在一个已知力系上加上或减去一个平衡力系，不改变原力系对刚体的作用效应。

推论 1（力的可传性原理）　作用于刚体上某点的力，沿其作用线移动，不改变原力对刚体的作用效应。

如图 2-4 所示，A 点作用力 $\boldsymbol{F}$ 和 B 点作用力 $\boldsymbol{F}$ 对小车的作用效果相同。

由此公理可知：力对刚体的效应，取决于力的大小、方向、作用点。必须指出，力的可传性原理只适用于刚体。

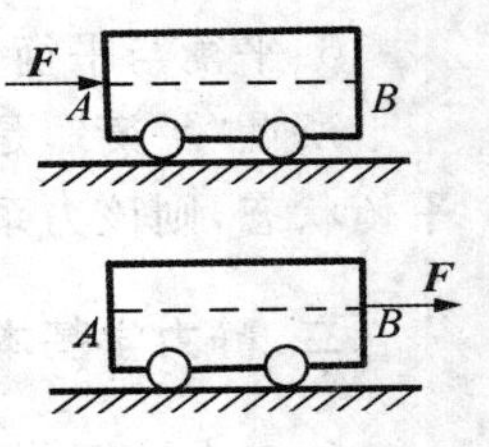

图 2-4

3. 力的平行四边形公理

公理 3　作用于物体上同一点的两个力，可以合成为一个合力。合力作用于该点。合力的大小和方向是以该两力为邻边构成的平行四边形的对角线。

如图 2-5 所示，$\boldsymbol{F}_R$ 是 $\boldsymbol{F}_1$，$\boldsymbol{F}_2$ 的合力。若作用第三个力 $\boldsymbol{F}_3$ 使物体处于平衡，则 $\boldsymbol{F}_3$ 必与 $\boldsymbol{F}_R$ 等值、反向、共线，$\boldsymbol{F}_3$ 过另外两个力的交点 O。

推论 2（三力平衡汇交原理）　物体在三个互不平行的力作用下处于平衡，这三个力的作用线必共面且汇交于一点。

三个力作用下处于平衡的构件称为“三力构件”。三力构件中三个力的作用线交于一点。若已知两个力的作用线，则由此可以确定另一个未知力的作用线。

如图 2-3(b)中所示的 CD 杆件，在 C，B，D 三点分别受力作用处于平衡，C 点的力 $\boldsymbol{F}_C$ 必过 B，D 两点作用力的交点 E。再如图 2-6 中所示的杆件 AB，A 端靠在墙角，B 端用绳 BC 系住，A 端受墙角的作用力 $\boldsymbol{F}_A$ 必过力 $\boldsymbol{G}$ 和 $\boldsymbol{F}_B$ 的交点。大家可分析图 2-3(c)中拱片 AB 的受力情况。

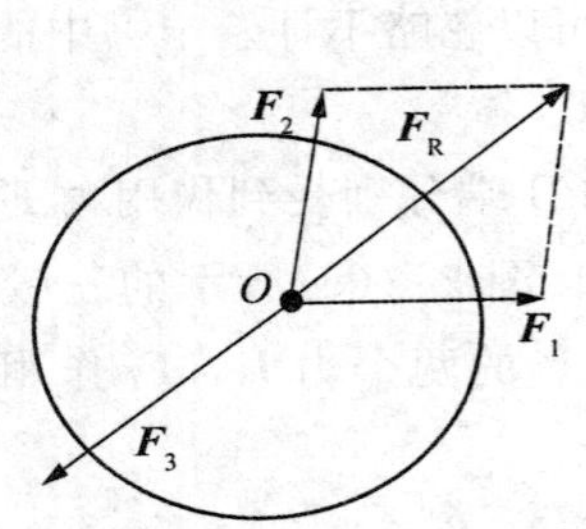

图 2-5

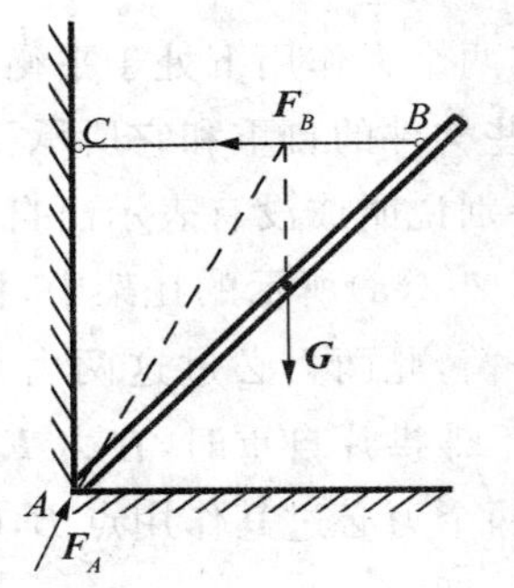

图 2-6

4. 作用与反作用公理

公理 4　两物体间的作用力与反作用力，总是大小相等、方向相反、作用线相同，分别作用在两个物体上，简述为“等值、反向、共线”。

该公理说明力总是成对出现的。应用此公理时注意区别它与二力平衡中的两个力是不同的，作用力与反作用力分别作用在两个物体上，而二力平衡中的两个力作用在同一个物体上。

如图 2-3(a)(b)所示，杆 AB 在 B 端受到的力 $\boldsymbol{F}_B$ 与杆 CD 在 B 点受到的力 $\boldsymbol{F}'_B$ 就是一对作用力与反作用力。

三、基本公理的应用

如图 2-7(a)所示，杆 AB 中点作用力 $\boldsymbol{F}$，杆件 AB，BC 自重不计。杆 BC 在 B 端受到一个作用力，在 C 端受到一个作用力，是二力构件，该二力必过 B，C 两点的连线，如图 2-7(b)所示。

杆 AB 在 A，B 两点受力并受主动力 $\boldsymbol{F}$ 作用处于平衡，是三力构件。$\boldsymbol{F}$ 方向已确定，杆 AB 在 B 点受到杆 BC 在 B 端的反作用力 $\boldsymbol{F}'_B$，方向也确定，则 A 端作用力 $\boldsymbol{F}_A$ 必过力 $\boldsymbol{F}$ 和 $\boldsymbol{F}'_B$ 的交点，如图 2-7(c)所示。

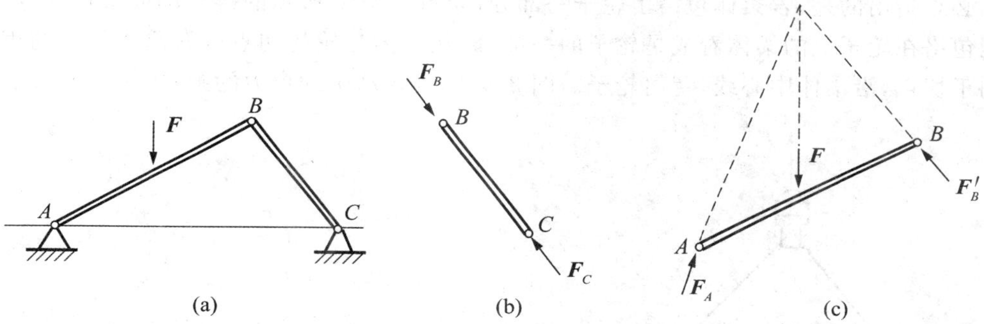

图 2-7

第二节　约束与约束力

一、约束与约束力

工程结构中的构件，都是相互联系而又相互制约的。甲构件对乙构件有作用，就会受到乙构件的反作用，这种反作用对甲构件的运动起到了限制作用。例如，火车车轮与铁轨相互作用，铁轨对车轮的运动起到了限制作用；门与合页相互联系，合页对门的运动起到了限制作用。这种限制物体运动的周围物体称为“约束”。

物体受的力可以分为主动力和约束力，能够促使物体产生运动或运动趋势的力称为“主动力”。这类力有重力和一些作用荷载。主动力通常都是已知的。当物体沿某一个方向的运动受到约束限制时，即约束对物体有一个反作用力，这种限制物体运动或运动趋势的反作用力称为“约束力”。约束力的方向与它所限制物体的运动或运动趋势的方向相反，其大小和方向一般是随主动力的大小和作用线的不同而不同，是一个未知力。

二、常见约束及约束力的画法

工程实际中，构件间相互连接的形式是多种多样的。把一个构件与其他构件的连接形式，按其限制构件运动的特性抽象为理想化的力学模型，称为“约束模型”。

常见约束的约束模型有柔体、光滑面、铰链和固定端。值得注意的是，工程实际中的约束与约束模型有些比较相近，有些差异很大。所以，必须善于观察，正确认识约束模型及其应用意义。

下面主要讨论柔体、光滑面、铰链这三类约束模型的约束特性及其约束力的方向、指向和表示符号，对于固定端约束将在第三章作介绍。

1. 柔　体

由绳索、链条、带等柔性物形成的约束都可以简化为柔体约束模型。这类约束只承受拉力，不承受压力。约束力沿柔体的中心线，背离受力物体。

如图 2-8(a)所示，起重机吊起重物时，重物通过刚绳悬吊在挂钩上。刚绳 AC，BC 对重物的约束力沿刚绳的中心线，背离物体，如图 2-8(b)所示。

必须指出的是，若柔体包络了轮子一部分，如图 2-9(a)所示的链传动或带传动等，通常把包络在轮子上的柔体看成是轮子的一部分，从柔体与轮的切点处解除柔体。约束力作用于切点，沿柔体中心线，背离轮子。图 2-9(b)为传动带约束力的画法。

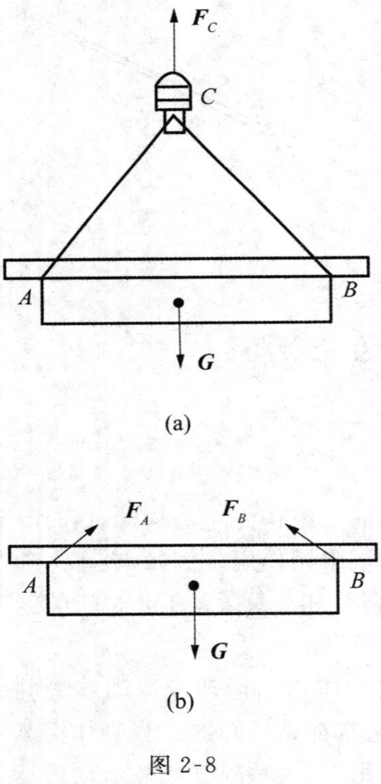

图 2-8

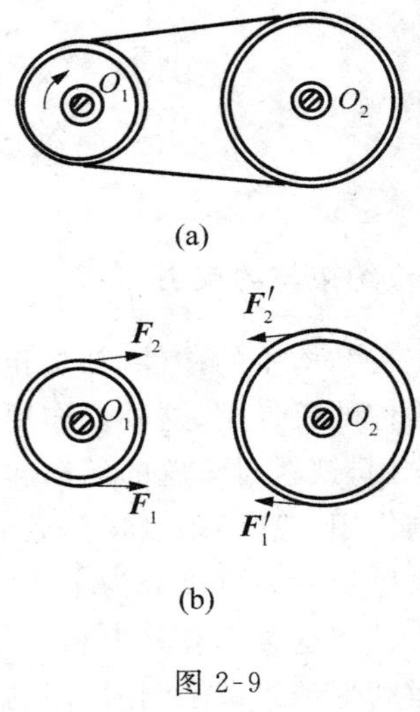

图 2-9

2. 光滑面

物体相互作用的接触面并不是完全光滑的，但为了研究问题简便，忽略接触面间的摩擦，并不计接触面间的变形，把物体的接触面看成是完全光滑的刚性接触面，简称为“光滑面约束”。

光滑面约束只限制了物体沿接触面公法线方向的运动，所以其约束力沿接触面的公法线，指向受力物体。

如图 2-10(a)所示，重为 $\boldsymbol{G}$ 的圆柱形工件放在 V 形槽内，在 A,B 两点处与槽面作用，其约束力沿接触面公法线指向工件。

如图 2-10(b)所示，重为 $\boldsymbol{G}$ 的工件放入 U 形槽内，在 A,B,C 三点处与槽壁作用，其约束力沿接触面公法线指向工件。

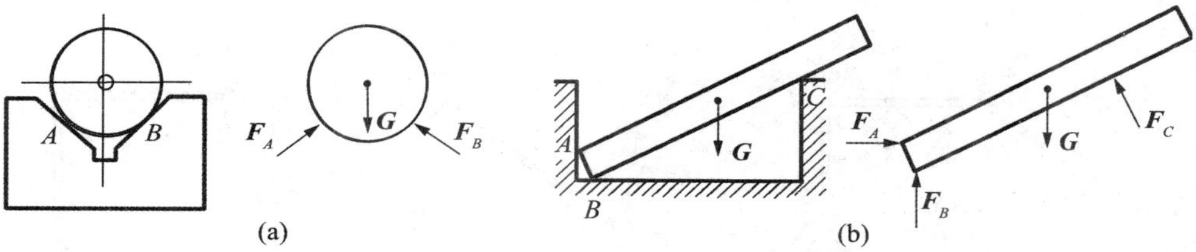

图 2-10

3. 铰　链

如图 2-11(a)所示，用圆柱销钉连接的两构件称为“铰链”。对于具有这种特性的连接方式，忽略其变形和摩擦，就得到了理想化的约束模型——刚性光滑铰链。铰链约束通常用图 2-11(b)所示的平面简图表示。

(1)中间铰。铰链约束通常也称为“铰结点”，它只限制构件与销孔间的相对移动，而不限制构件绕圆柱销钉的相对转动。

(2)固定铰支座。把圆柱销连接的两构件中的一个固定起来，称为“固定铰支座”，如图 2-11(c)所示。它限制构件、销孔的随意移动，而不限制构件绕圆柱销钉的转动。

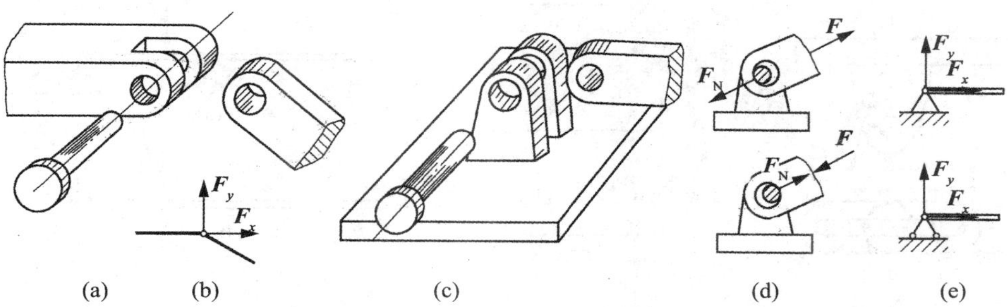

图 2-11

图 2-11(b)(e)分别为中间铰和固定铰支座的力学表示符号。用图 2-11(d)的示意图分析其约束力，从图可见，构件在主动力 $\boldsymbol{F}$ 作用下，销钉对构件的销孔的运动有限制作用，约束力 $\boldsymbol{F}_N$必过铰链中心。由于主动力的作用方向不同，构件销钉与销孔的接触点就不同，所以在主动力作用方向不确定时，约束力的方向一般是不确定的。通常用两个正交的分力 $\boldsymbol{F}_x$，$\boldsymbol{F}_y$来表示[见图 2-11(b)(e)]。但是，当中间铰或固定铰支座约束的是二力构件时，其约束力满足二力平衡条件，沿两约束力作用点的连线，方向是确定的。

综上所述，中间铰和固定铰支座，在约束的不是二力构件时，约束力的方向不确定，用正交分力表示；在约束的是二力构件时，其约束力沿两力作用点的连线，方向是确定的。

如图 2-12(a)所示，杆 AB 中点作用力 $\boldsymbol{F}$，杆件 AB,BC 自重不计。曲杆 BC 在 B 端

受到中间铰约束，在 C 端受到固定铰支座约束，是二力构件，该二力必过 B,C 两点的连线，如图 2-12(c)所示。

杆 AB 在 A,B 两点受力并受主动力 $\boldsymbol{F}$ 作用处于平衡，是三力构件。$\boldsymbol{F}$ 方向已确定，杆 AB 在 B 点受到杆 BC 的反作用 $\boldsymbol{F}'_B$，方向也确定，A 端固定铰支座的约束反力必过 $\boldsymbol{F}$ 和 $\boldsymbol{F}'_B$ 的交点。但是为了便于分析和计算，当中间铰或固定铰支座约束的不是二力构件时，无论其约束力的方向是否确定，都可以用正交分力表示，如图 2-12(b)所示。

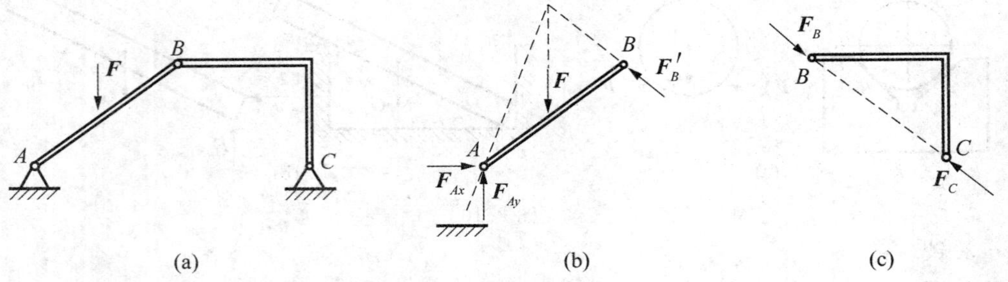

图 2-12

(3)活动铰支座。如图 2-13(a)所示，下边安装上滚珠的固定铰支座称为“活动铰支座”。活动铰支座只限制构件沿支承面法线方向的运动，所以活动铰支座的约束力垂直于支承面。图 2-13(b)为活动铰支座的几种力学符号及约束力画法。

图 2-14(a)所示杆件 AB 在主动力 $\boldsymbol{F}$ 作用下，其 A,B 两端铰支座的约束力情况如图 2-14(b)所示。

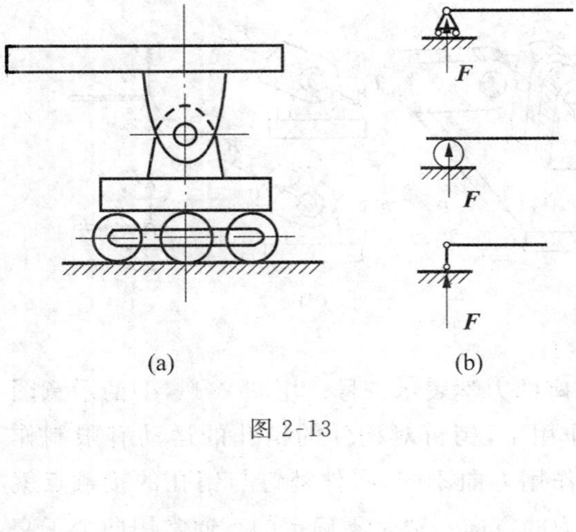

图 2-13

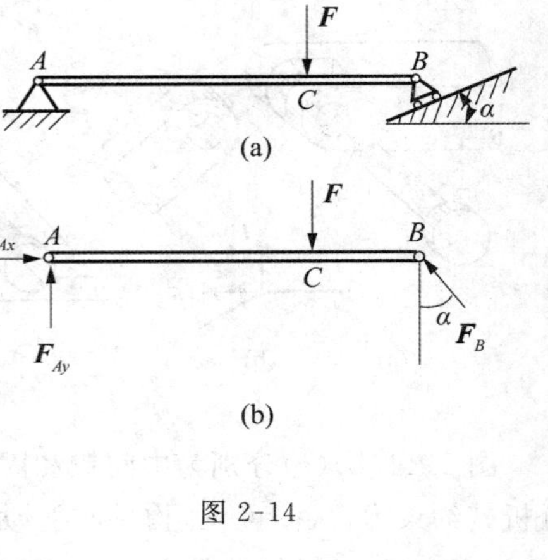

图 2-14

第三节　受力分析与受力图

对工程构件进行受力分析并画出受力图，是解决力学问题的第一步，也是关键的一步。在研究结构及其构件的强度、刚度和稳定性问题中，都要对所研究的对象进行受力分析。受力分析的基础是，必须明确所研究对象受到哪些力的作用，而不需要考虑对象给其他部分的作用力。因此就必须将所研究的对象从与它相联系的周围物体中分离出来，解除全部约束单独画出，称为“分离体”或“隔离体”。将分离体上所受各力均正确标出，此图即称为物体的“受力图”。

画受力图的方法如下：

(1)确定研究对象，取分离体。根据题意要求，确定研究对象，单独画出分离体的简图。研究对象可以是整体结构(不含支座)，也可以是结构中的一个构件，或是几个构件组成的一部分，甚至是一个微元体，这取决于研究问题的需要。

(2)画出作用于研究对象上的全部主动力。

(3)根据约束类型画约束反力。

(4)受力图上要表示清楚每个力的名称、作用位置、方向及指向。

(5)受力图上只画研究对象的简图和所受的全部外力，不画已被解除的约束。

例 2-1 如图 2-15(a)所示，重为 $\boldsymbol{G}$ 的球体 A 用绳子 BC 系在墙壁上，试画出球体 A 的受力图。

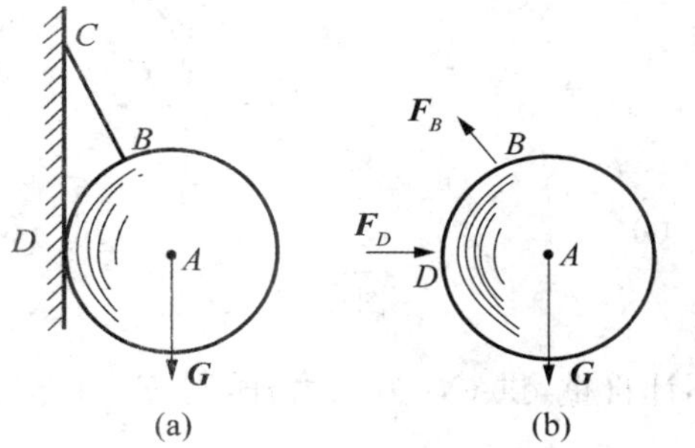

图 2-15

解：确定球体 A 为研究对象，取分离体，如图 2-15(b)所示，在球体分离体的简图上画出主动力和约束力。

球体在 A 点受主动力 $\boldsymbol{G}$ 作用；在 B 点受柔体约束，约束力沿柔体中线背离球体，用 $\boldsymbol{F}_B$ 表示；在 D 点受光滑面约束，约束力沿接触面 D 点的公法线，指向球体，用 $\boldsymbol{F}_D$ 表示。

例 2-2 图 2-16(a)为刚架的平面简图，试画出刚架 AB 的受力图。

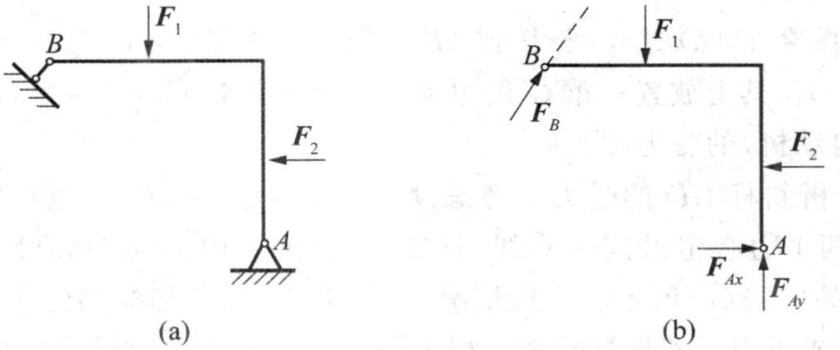

图 2-16

解：以刚架 AB 为研究对象，取分离体，如图 2-16(b)所示。在分离体上画出主动力

$\boldsymbol{F}_1$ 和 $\boldsymbol{F}_2$；刚架 B 端为活动铰支座，约束力 $\boldsymbol{F}_B$ 垂直于支承面指向物体。A 端为固定铰支座，刚架 AB 不是二力构件，故 A 端受力方向不确定，用正交分力 $\boldsymbol{F}_{Ax}$，$\boldsymbol{F}_{Ay}$ 表示。

例 2-3　如图 2-17(a)所示的三铰拱 ABC，在拱 AC 上作用荷载 $\boldsymbol{F}$，不计拱的自重，试分别画出拱 AC，CB 以及整个系统的受力图。

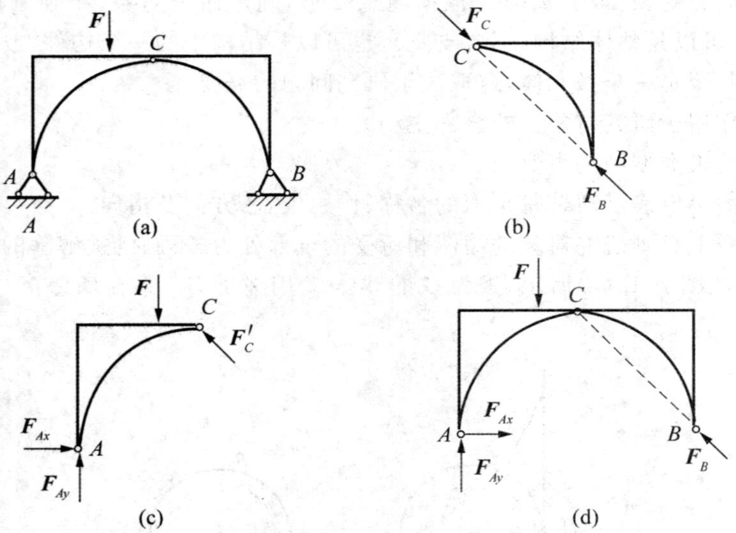

图 2-17

解：(1)拱 CB。因不计自重，拱 CB 为二力杆，则 $F_B=-F_C$，其受力图如图 2-17(b)所示。

(2)拱 AC。根据作用和反作用公理，拱 AC 在铰链 C 处受到拱 CB 施加的反力 $\boldsymbol{F}'_C$，且 $\boldsymbol{F}'_C=-\boldsymbol{F}_C$。在 A 处受到固定铰支座施加的反力，由于方向未定，可用两个大小未知的正交分力 $\boldsymbol{F}_{Ax}$ 和 $\boldsymbol{F}_{Ay}$ 表示，其受力图如图 2-17(c)所示。

(3)整个系统。由于中间铰链 C 处所受的力是内力，它们成对出现，不影响系统的平衡，因而整个系统的受力图上只需画出系统以外的物体施加于系统的外力。画出荷载 $\boldsymbol{F}$，根据二力平衡条件确定 $\boldsymbol{F}_B$ 的作用线，A 处约束反力用两个正交力 $\boldsymbol{F}_{Ax}$ 和 $\boldsymbol{F}_{Ay}$ 表示，其受力图如图 2-17(d)所示。

例 2-4　如图 2-18(a)所示，水平梁 AB 用斜杆 CD 支承，A，C，D 三处均为光滑铰链连接。梁 AB 重 $\boldsymbol{G}_1$，其上放置一重 $\boldsymbol{G}_2$ 的电动机。如不计杆 CD 的自重，试分别画出杆 CD 和梁 AB(包括电动机)的受力图。

解：(1)先分析斜杆 CD 的受力。考虑到杆 CD 只在 $\boldsymbol{F}_C$，$\boldsymbol{F}_D$ 二力作用下平衡，根据二力平衡公理，这两个力必定沿同一直线，且等值、反向。由运动趋势可判断，杆 CD 受压力，其受力图如图 2-18(b)所示。一般情况下，若 $\boldsymbol{F}_C$ 与 $\boldsymbol{F}_D$ 的指向不能预先判定时，可先任意假设杆受拉力或压力。若根据平衡方程求得的力为正值，说明原假设力的指向正确；若为负值，则说明实际杆受力指向与原假设指向相反。

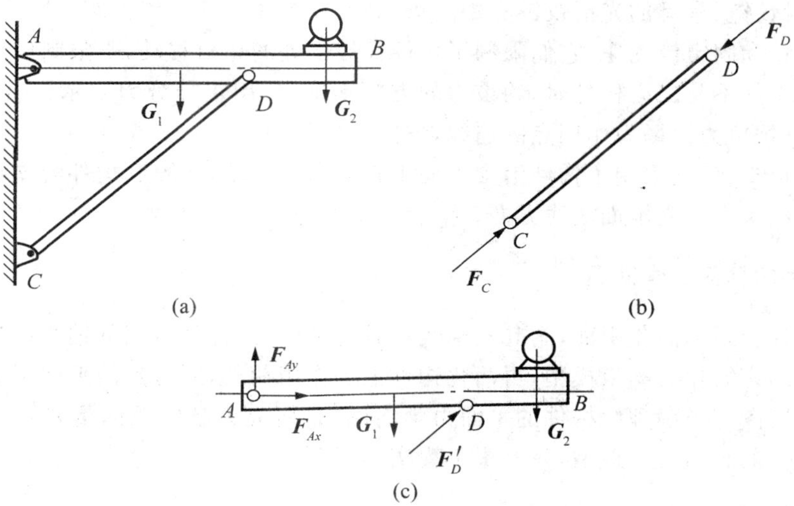

图 2-18

(2)取梁 AB 为研究对象,它受 $\boldsymbol{G}_1$,$\boldsymbol{G}_2$ 两个主动力的作用。梁在铰链 D 处受有二力杆 CD 给它的反力 $\boldsymbol{F}'_D$。根据作用与反作用公理,$F'_D=-F_D$。梁在 A 处受固定铰支座给它的反力的作用,由于方向未知,可用两个大小未定的正交分力 $\boldsymbol{F}_{Ax}$ 和 $\boldsymbol{F}_{Ay}$ 表示。

本章小结

一、力

力是物体间的相互作用。这种相互作用对物体将产生两种效果:一种是使物体的机械运动状态发生改变,称为“力的外效应”;另一种是使物体产生变形,称为“力的内效应”。力的三要素为:大小、方向和作用点。力是矢量。

刚体是在研究物体受力及平衡问题时,为物体抽象化的基本力学模型。

二、静力学公理

静力学公理阐明了力的基本性质。二力平衡公理是最简单的力系平衡条件。加减平衡力系公理是力系等效代换和简化的基础。力的平行四边形公理是力系合成和分解的基本法则。作用与反作用公理揭示了力的存在形式和传递方式。

二力构件——受两个力作用处于平衡的构件。正确分析和判断结构中的二力构件,是进行构件受力分析的基础。

三、常见约束及约束力

(1)柔体:只承受拉力,不承受压力。约束力沿柔体的中心线,背离受力物体。

(2)光滑面:限制物体沿接触面垂直方向的运动,不限制物体沿接触面平行方向的运动。约束力沿接触面公法线,指向物体。

(3)光滑铰链:常见的光滑铰链有中间铰、固定铰支座和活动铰支座。

1)中间铰和固定铰支座:它们限制了构件在铰链处的相对移动,不限制构件绕铰链的转动。当约束的不是二力构件时,约束力的方向不确定,用正交分力表示;当约束的是二力构件时,其约束力沿两力作用点的连线,方向是确定的。

2)活动铰支座:它限制了构件沿支承面垂直方向的运动,不限制构件沿支承面平行方向的运动。约束力沿支承面法线方向。

四、构件的平面力学简图

通过选择合适的简化平面,画其轮廓线作其简图(若是杆件可用其轴线代替),然后按约束特性把约束简化为约束模型,再简化构件上的作用荷载,所得到的平面图形就是构件的平面力学简图。正确理解构件的平面力学简图,是研究力学问题的重要基础。学会建立结构或构件的平面力学模型,是解决工程实际问题的关键。

五、构件的受力图

确定研究对象,取分离体,在分离体上准确画出全部的主动力和约束力,然后根据约束力的方向、指向和表示符号检查是否多画或少画了力。

思考题

1.“合力一定比分力大”的说法对否?为什么?

2.两个大小相等的力对物体的效应是否相同?为什么?

3.已知 $\boldsymbol{F}_1$ 和 $\boldsymbol{F}_2$ 为两个力,试说明下列式子的意义。

(1)$\boldsymbol{F}_1=\boldsymbol{F}_2$ (2)$F_1=F_2$ (3)$\boldsymbol{F}_1=-\boldsymbol{F}_2$ (4)$\boldsymbol{F}_R=\boldsymbol{F}_1+\boldsymbol{F}_2$

4.若不计自重,图 2-19 所示结构中构件 AC 是否是二力构件?若考虑自重,情况又怎样?

5.如图 2-20 所示,当求铰 C 的约束力时,能否将作用于 D 点的力 $\boldsymbol{F}$ 沿其作用线移到 E 点?为什么?

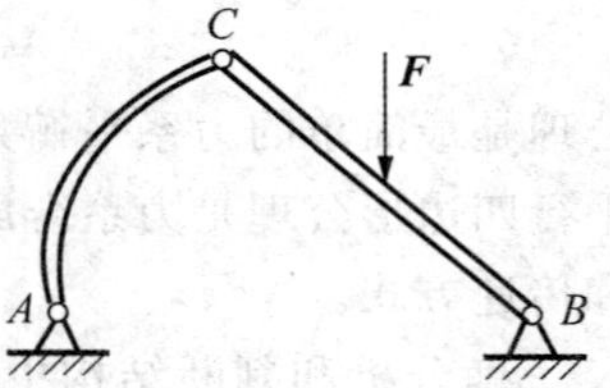

图 2-19

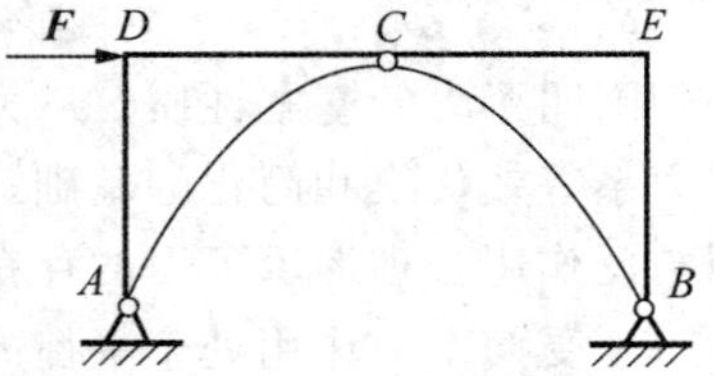

图 2-20

6.两个力平衡的条件是两个力等值、反向、共线;作用力与反作用力中的两个力也是等值、反向、共线,但却不平衡。试说明两者的不同之处。

习 题

2-1 分析图 2-21 中各物体的受力图画得是否正确。若不正确,请改正图中的错误。

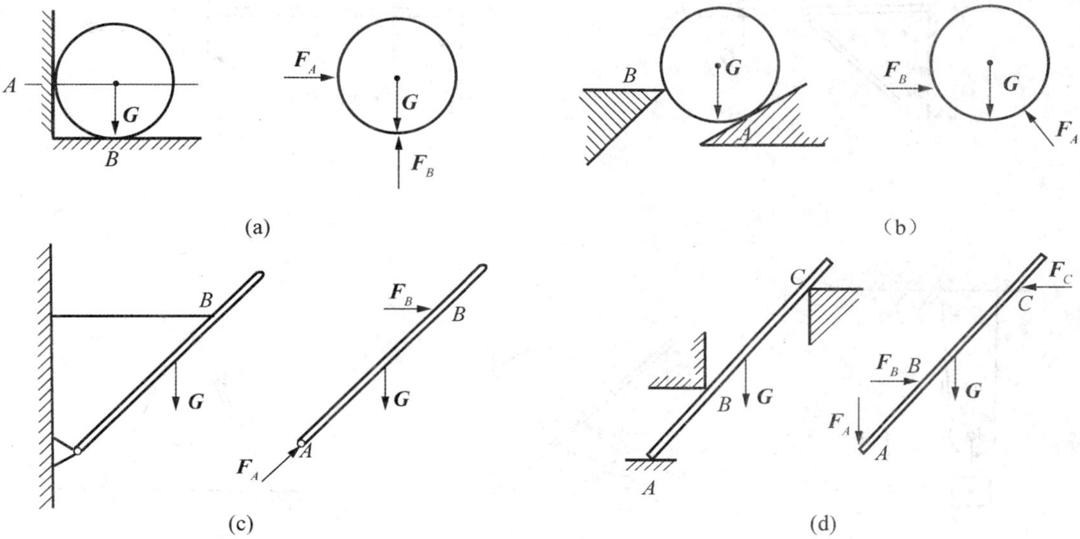

图 2-21

2-2 画出图 2-22 中球、杆的受力图。

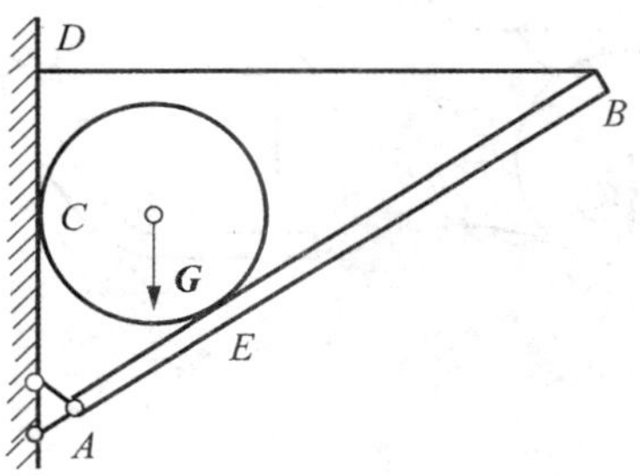

图 2-22

2-3 一承重三角形支架,A,D,C 三处均为铰接,如图 2-23 所示。在 B 处的承重为 $\boldsymbol{G}$。请画出杆 CD 与杆 AB 的受力分析图,两杆自重不予考虑。

2-4 如图 2-24 所示,在一起重构架中,不计组成构架各杆的自重,D,B,C 三处均为圆柱铰,被起吊的重物重为 $\boldsymbol{G}$。试画出下列各对象的受力分析图:(1)杆 CD;(2)杆 AB;(3)整体。

2-5 如图 2-25 所示,分别画出图(a)中轮 A 和轮 B、图(b)中球 C 和杆 AB、图(c)中杆 AB 和杆 AC 的受力图。

2-6 试分别画出图 2-26 中标有字母 A,AB 或 ABC 的物体的受力图。

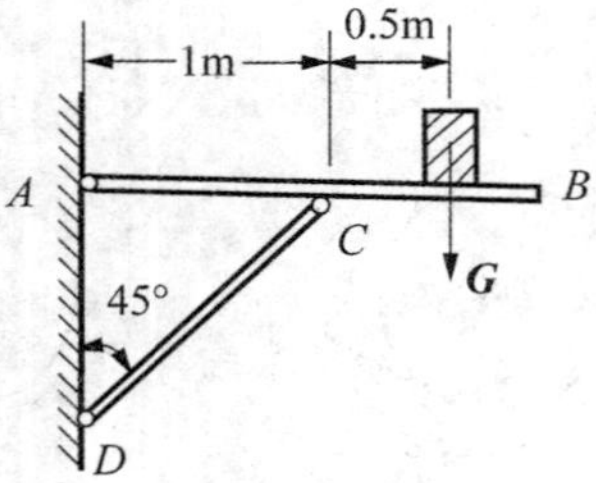

图 2-23

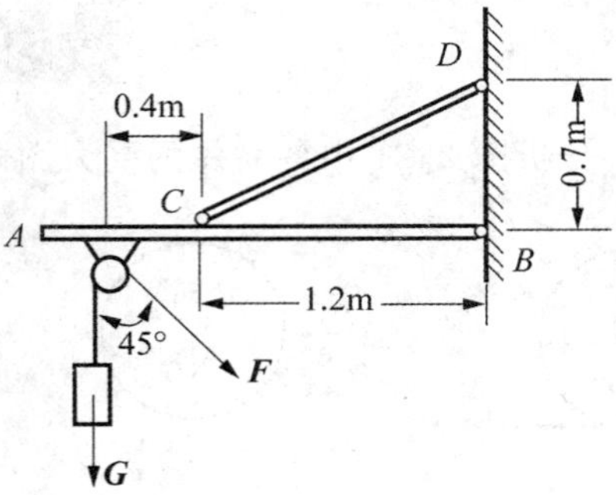

图 2-24

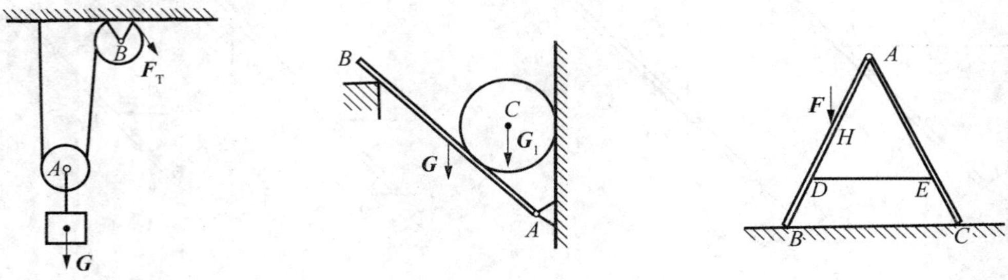

图 2-25

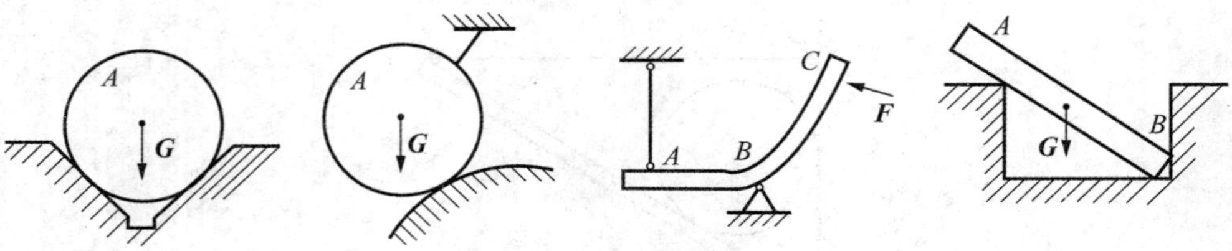

图 2-26

2-7　试画出图 2-27 中各结构中构件的受力图。

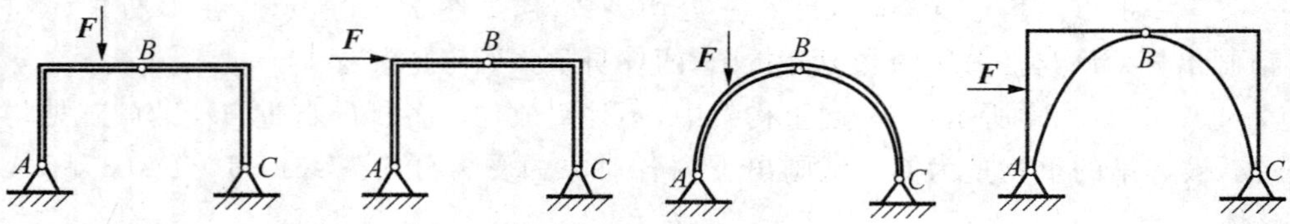

图 2-27

第三章　平面力系的合成与平衡

本章主要介绍力在平面直角坐标轴上的合力投影定理、力矩和平面力偶的一些性质，以及平面汇交力系和平面力偶系的合成与平衡，为研究平面一般力系的简化、平衡以及求解工程结构的平衡问题提供基础知识支持。其中，熟练掌握合力投影定理、力矩计算是学习力学课程的基本功。

第一节　平面汇交力系的合成与平衡

一、合力投影定理

由力的平行四边形公理可知，作用于刚体平面内一点的两个力可以合成为一个力，其合力符合矢量加法法则。如图 3-1 所示，作用于刚体平面内 A 点的两个力 $\boldsymbol{F}_1$ 和 $\boldsymbol{F}_2$，其合力 $\boldsymbol{F}_R$ 等于 $\boldsymbol{F}_1$ 和 $\boldsymbol{F}_2$ 的矢量和，即 $\boldsymbol{F}_R=\boldsymbol{F}_1+\boldsymbol{F}_2$。在力作用平面建立平面直角坐标系 xOy，合力 $\boldsymbol{F}_R$ 和分力 $\boldsymbol{F}_1$，$\boldsymbol{F}_2$ 在 x 轴上的投影分别为 $F_{Rx}=ad$，$F_{1x}=ab$，$F_{2x}=ac$。由图可见，$ac=bd$，$ad=ab+bd$，所以，

$$F_{Rx}=ad=ab+bd=F_{1x}+F_{2x}$$

同理，

$$F_{Ry}=F_{1y}+F_{2y}$$

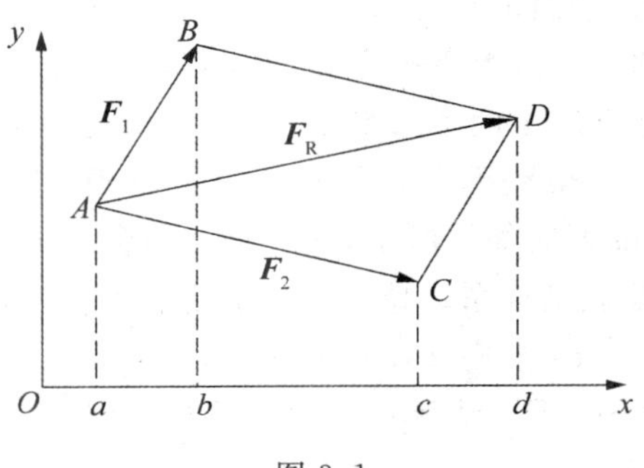

图 3-1

若刚体平面一点作用 n 个力 $\boldsymbol{F}_1$，$\boldsymbol{F}_2$，…，$\boldsymbol{F}_n$，按两个力合成的平行四边形法则类推，从

而得出力系的合力等于各分力矢量的矢量和，即：

$$\boldsymbol{F}_{\mathrm{R}}=\boldsymbol{F}_1+\boldsymbol{F}_2+\cdots+\boldsymbol{F}_n=\sum \boldsymbol{F}$$

则其合力的投影为：

$$\left.\begin{aligned}F_{\mathrm{R}x}&=F_{1x}+F_{2x}+\cdots+F_{nx}=\sum F_x\\F_{\mathrm{R}y}&=F_{1y}+F_{2y}+\cdots+F_{ny}=\sum F_y\end{aligned}\right\}\tag{3-1}$$

式(3-1)表明，合力在某一轴上的投影等于各分力在同一轴上投影的代数和，即合力投影定理。

二、平面汇交力系的合成

工程实际中，作用于构件上的力系有各种不同的类型。若按力系中各力的作用线是否在同一平面内来分，力系可以分为平面力系和空间力系；若按力系中各力的作用线是否相交于一点或平行来分，力系可以分为汇交力系、力偶系、平行力系和任意力系。作用于同一平面内各力的作用线交于一点的力系称为“平面汇交力系”。

若刚体平面内作用力 $\boldsymbol{F}_1,\boldsymbol{F}_2,\cdots,\boldsymbol{F}_n$ 的作用线交于一点，无论各力的作用点是否在汇交点上，依据力的可传性原理，可以将各力沿其作用线移动到汇交点，得到作用于一点的汇交力系。由前述可知，平面汇交力系总可以合成为一个合力，其合力在坐标轴上的投影等于各分力投影的代数和，即 $F_{\mathrm{R}x}=\sum F_x,F_{\mathrm{R}y}=\sum F_y$。其合力 $\boldsymbol{F}_R$ 的大小和方向分别为：

$$F_{\mathrm{R}}=\sqrt{(\sum F_x)^2+(\sum F_y)^2},\tan\alpha=\left|\frac{\sum F_y}{\sum F_x}\right|\tag{3-2}$$

式中，α 为合力 $\boldsymbol{F}_{\mathrm{R}}$ 与 x 轴所夹的锐角。

三、平面汇交力系的平衡方程及其应用

平面汇交力系平衡的必要与充分条件是力系的合力为零。由式(3-2)可得：

$$F_{\mathrm{R}}=\sqrt{(\sum F_x)^2+(\sum F_y)^2}=0$$

$$\left.\begin{aligned}\sum F_x&=0\\\sum F_y&=0\end{aligned}\right\}\tag{3-3}$$

式(3-3)表示平面汇交力系平衡的必要与充分条件是力系中各力在两个坐标轴上投影的代数和均为零，亦称为“平面汇交力系平衡方程”。应用该平衡方程时，由于坐标轴是可以任意选取的，因而可列出无数个平衡方程。但是其独立的平衡方程只有两个，因此对于一个平面汇交力系，只能求解出两个未知量。

例 3-1 如图 3-2 所示，吊钩受三根钢丝绳的拉力作用，已知各力大小为 $F_1=F_2=732\mathrm{N},F_3=2000\mathrm{N}$，各力的方向如图所示，求三个力的合力 $\boldsymbol{F}_{\mathrm{R}}$的大小和方向。

解：在力系汇交点 A 建立坐标系 xAy，则合力 $\boldsymbol{F}_{\mathrm{R}}$在两坐标轴上的投影分别为：

$$F_{\mathrm{R}x}=\sum F_x=F_1+0-F_3\cos30°=732-1732=-1000(\mathrm{N})$$

$$F_{\mathrm{R}y}=\sum F_y=0-F_2-F_3\sin30°=0-732-1000=-1732(\mathrm{N})$$

则合力 $\boldsymbol{F}_{\mathrm{R}}$的大小为：

$$F_{\mathrm{R}}=\sqrt{(\sum F_x)^2+(\sum F_y)^2}=\sqrt{(-1000)^2+(-1732)^2}=2000(\mathrm{N})$$

由于 $F_{\mathrm{R}x},F_{\mathrm{R}y}$为负，所以合力指向左下方，如图 3-2(b)所示，合力与 x 轴所夹的锐角 α 为：

$$\alpha = \arctan\left|\frac{F_{Ry}}{F_{Rx}}\right| = \arctan\left|\frac{-1732}{-1000}\right| = 60°$$

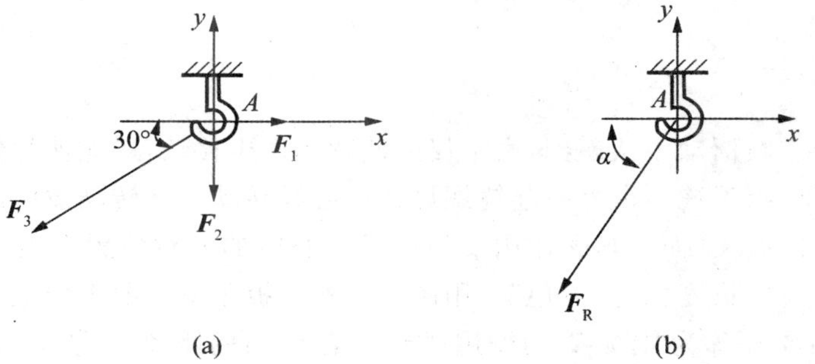

图 3-2

例 3-2 如图 3-3 所示，支架由杆 AB，BC 组成，A，B，C 处均为光滑铰链，在铰 B 上悬挂重物 $G=5\text{kN}$，杆件自重不计，试求杆件 AB，BC 所受的力。

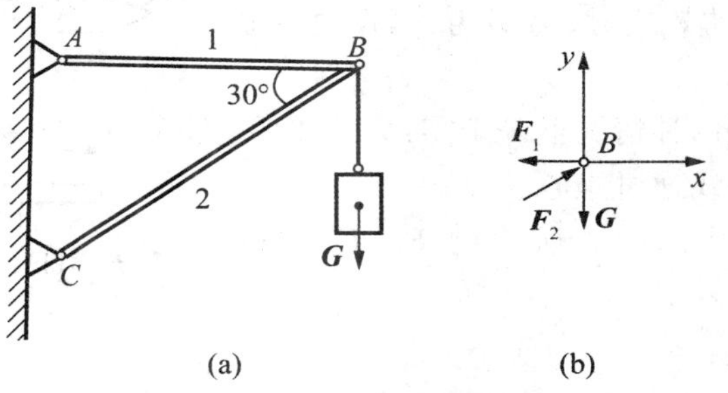

图 3-3

解：(1)受力分析。由于杆件 AB，BC 的自重不计，且杆两端均为铰链约束，故均为二力杆件，杆件两端受力必沿杆件的轴线。根据作用与反作用关系，两杆在 B 端对于铰 B 有反作用力 $\boldsymbol{F}_1$，$\boldsymbol{F}_2$，铰 B 同时受重力 $\boldsymbol{G}$ 的作用。

(2)确定研究对象。以铰 B 为研究对象，取分离体画受力图，如图 3-3(b)所示。

(3)建立坐标系，列平衡方程求解。

$$\sum F_y=0,F_2\sin 30°-G=0$$

$$F_2=2G=10(\text{kN})$$

$$\sum F_x=0,-F_1+F_2\cos 30°=0$$

$$F_1=F_2\cos 30°=8.66(\text{kN})$$

所以杆件 AB 受力大小为 8.66kN(拉力)，杆件 BC 受力大小为 10kN(压力)。

第二节　力矩、力偶及平面力偶系的合成与平衡

一、力对点之矩

人们从生产实践活动中认识到，力不仅能使物体产生移动，还能使物体产生转动。例如，用扳手拧螺母，扳手连同螺母一起绕螺母的中心线转动。其转动效应的大小不仅与作用力的大小和方向有关，而且与力作用线到螺母中心线的相对位置有关。工程中把力使物体产生转动效应的量度称为“力矩”。用图 3-4 所示扳手来说明平面上力对点之矩。平面上螺母的中心点 O 称为“矩心”，力作用线到矩心 O 点的距离 d 称为“力臂”，力使扳手绕 O 点的转动效应取决于力 $\boldsymbol{F}$ 的大小与力臂 d 的乘积及力矩的转向。

力对点之矩记作 $M_O(F)$，即：

$$M_O(F)=\pm Fd \tag{3-4}$$

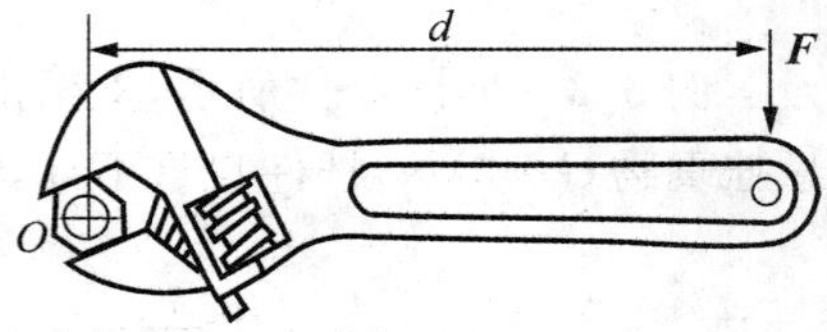

图 3-4

力对点之矩是一个代数量，其正负规定为：力使物体绕矩心有逆时针转动效应时，力矩为正，反之为负。力矩的单位是 N·m。

显然，力矩在下列两种情况下等于零：力等于零；力臂等于零，就是力的作用线通过矩心。

例 3-3　分别计算图 3-5 所示的 $\boldsymbol{F}_1$，$\boldsymbol{F}_2$ 对 O 点的力矩。

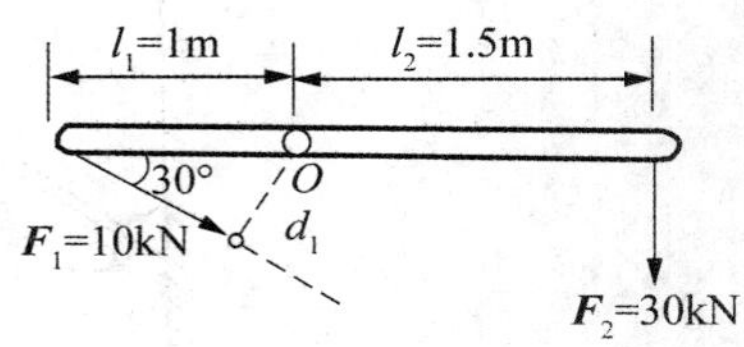

图 3-5

解：由式(3-4)，得：

$$M_O(F_1)=F_1d_1=10\times1\times\sin30°=5(\text{kN}\cdot\text{m})$$

$$M_O(F_2)=-F_2d_2=-30\times1.5=-45(\text{kN}\cdot\text{m})$$

二、合力矩定理

如图 3-6 所示，将作用于刚体平面上 A 点的力 $\boldsymbol{F}$，沿其作用线滑移到 B 点(B 点为任意点 O 到力 $\boldsymbol{F}$ 作用线的垂足)，不改变力 $\boldsymbol{F}$ 对刚体的效应(力的可传性原理)。在 B 点将 $\boldsymbol{F}$ 沿坐标轴方向正交分解为两个分力 $\boldsymbol{F}_x$，$\boldsymbol{F}_y$。现在，分别计算并讨论力 $\boldsymbol{F}$ 和分力 $\boldsymbol{F}_x$，$\boldsymbol{F}_y$ 对 O 点力矩的关系。

$$M_O(F_x)=F\cos\alpha\cdot d\cos\alpha=Fd\cos^2\alpha$$

$$M_O(F_y)=F\sin\alpha\cdot d\sin\alpha=Fd\sin^2\alpha$$

$$M_O(F)=F\cdot d=M_O(F_x)+M_O(F_y)$$

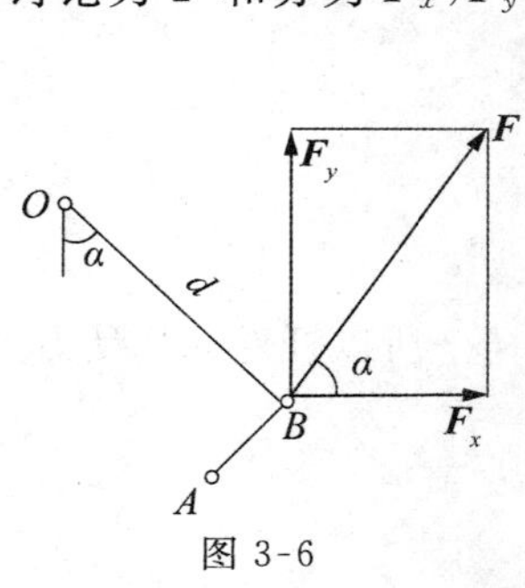

图 3-6

可见，合力对某点的力矩等于力系中各分力对同点力矩的代数和。该定理不仅适用于正交分解的两个分力系，对任何有合力的力系均成立。若力系有 n 个作用力，则：

$$M_O(F_R)=M_O(F_1)+M_O(F_2)+\cdots+M_O(F_n)=\sum M_O(F) \tag{3-5}$$

式(3-5)即为合力矩定理。

求平面内力对某点的力矩，一般采用以下两种方法：

(1)用力和力臂的乘积求力矩。这种方法的关键是确定力臂 d。需要注意的是，力臂 d 是矩心到力作用线的距离，即力臂一定要垂直于力的作用线。

(2)用合力矩定理求力矩。工程实际中，当力臂 d 的几何关系较复杂而不易确定时，可将作用力正交分解为两个分力，然后应用合力矩定理求原力对矩心的力矩。

例 3-4 如图 3-7 所示，每 1m 长挡土墙所受土压力的合力为 $\boldsymbol{F}$，其大小 $F=200\text{kN}$，求土压力 $\boldsymbol{F}$ 使墙倾覆的力矩。

解：土压力 $\boldsymbol{F}$ 可使挡土墙绕 A 点倾覆，求 $\boldsymbol{F}$ 使墙倾覆的力矩，就是求它对 A 点的力矩。由于 $\boldsymbol{F}$ 的力臂求解较麻烦，可将 $\boldsymbol{F}$ 分解为两个分力 $\boldsymbol{F}_1$，$\boldsymbol{F}_2$，且两分力的力臂是已知的。因此，根据合力矩定理，合力 $\boldsymbol{F}$ 对 A 点之矩等于 $\boldsymbol{F}_1$，$\boldsymbol{F}_2$ 对 A 点之矩的代数和，则：

$$M_A(F)=M_A(F_1)+M_A(F_2)=F_1\cdot\frac{h}{3}-F_2\cdot b$$

$$=200\cos30°\times2-200\sin30°\times2=146.4(\text{kN}\cdot\text{m})$$

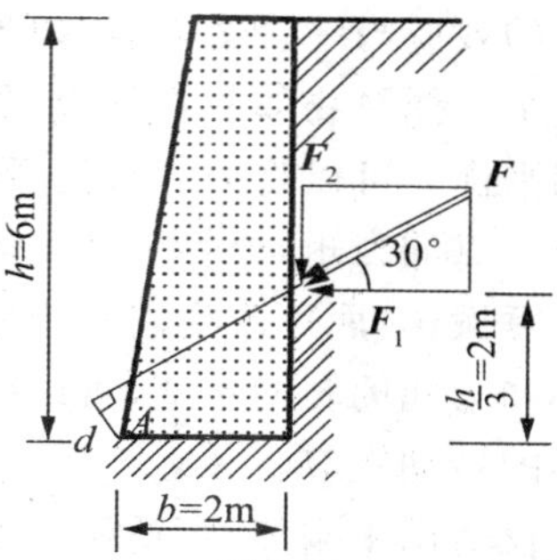

图 3-7

三、力偶及其性质

1. 力偶的定义

在生产实践中，作用力矩可以使物体产生转动效应。例如，两个手指拧钢笔套、钟表发条等所施的两力，司机用双手转动方向盘，钳工用双手转动丝锥攻螺纹[见图 3-8(a)(b)]。力学研究中，把使物体产生转动效应的一对大小相等、方向相反、作用线平行的力称为“力偶”。通常把力偶表示在其作用面内，如图 3-8(c)所示。

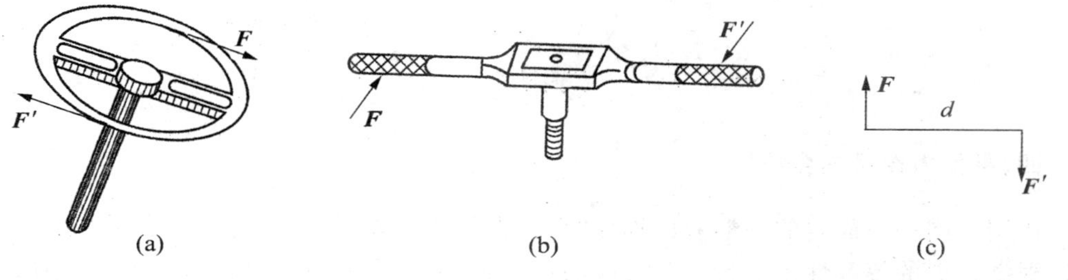

图 3-8

力偶是一个基本力学量，并具有一些独特的性质。它既不平衡，也不能合成为一个合力，只能使物体产生转动效应。力偶中两个力的作用线所决定的平面称为“力偶的作用平面”，两力作用线之间的距离 d 称为“力偶臂”，力偶使物体转动的方向称为“力偶的转向”。

力偶对物体的转动效应，取决于力偶中的力与力偶臂的乘积，称为“力偶矩”，记作 $M(FF')$ 或 M，即：

$$M(FF') = \pm Fd \tag{3-6}$$

力偶矩和力矩一样是代数量，其正负号表示力偶的转向。通常规定，力偶逆时针转向时，力偶矩为正，反之为负。力偶矩的单位是 N·m。力偶矩的大小、转向和作用平面称为“力偶的三要素”。三要素中的任何一个发生变化，力偶对物体的转动效应就会改变。

2.力偶的性质

根据定义，力偶具有以下一些性质：

(1)力偶无合力，在坐标轴上的投影之和为零。力偶不能与一个力等效，也不能用一个力来平衡，力偶只能用力偶来平衡。

力偶无合力，可见它对物体的效应与一个力对物体的效应是不相同的。一个力对物体有移动和转动两种效应；而一个力偶对物体只有转动效应，没有移动效应。因此，力与力偶不能互相代替，也不能互相平衡。可以将力和力偶看作构成力系的两种基本元素。

(2)力偶对其作用平面内任一点的力矩，恒等于其力偶矩，而与所取点的位置无关。

(3)力偶可在其作用面内任意搬移，而不改变它对刚体的转动效应。

(4)只要保持力偶矩的大小和力偶的转向不变，可以同时改变力偶中力的大小和力臂的长短，而不会改变力偶对刚体的转动效应。

值得注意的是，性质(3)(4)仅适用于刚体，不适用于变形体。

由力偶的性质可见，力偶对刚体的转动效应完全取决于其力偶矩的大小、转向和作用平面。因此，表示平面力偶时，可以不表明力偶在平面上的具体位置，以及组成力偶的力和力偶臂的值，用一带箭头的弧线，并标出力偶矩的大小和转向即可。图 3-9 为力偶的几种等效代换表示法。

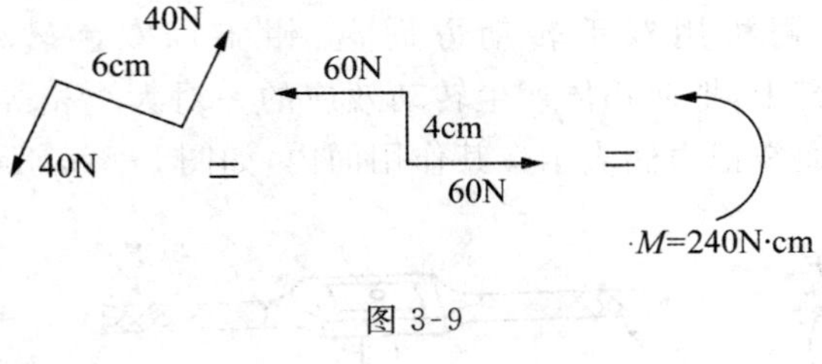

图 3-9

四、平面力偶系的合成

作用在同一平面内的一群力偶称为“平面力偶系”，如图 3-10 所示。平面力偶系合成可以根据力偶的等效性来进行。其合成的结果是，平面力偶系可以合成为一个合力偶，合力偶矩等于力偶系中各分力偶矩的代数和，即：

$$M_R = M_1 + M_2 + \cdots + M_n = \sum M \tag{3-7}$$

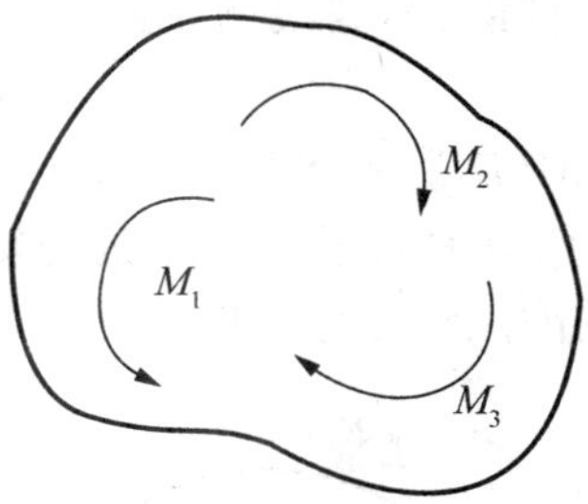

图 3-10

五、平面力偶系的平衡

平面力偶系可以合成为一个合力偶。当合力偶矩等于零时，则力偶系中的各力偶对物体的转动效应相互抵消，物体处于平衡状态。因此，平面力偶系平衡的必要与充分条件是：力偶系中各分力偶矩的代数和等于零。用式子可表示为：

$$\sum M=0 \tag{3-8}$$

例 3-5 如图 3-11 所示，梁 AB 上作用一力偶，其力偶矩 $M=100\text{N}\cdot\text{m}$，梁长 $l=5\text{m}$，不计梁的自重，求 A，B 两支座的反力。

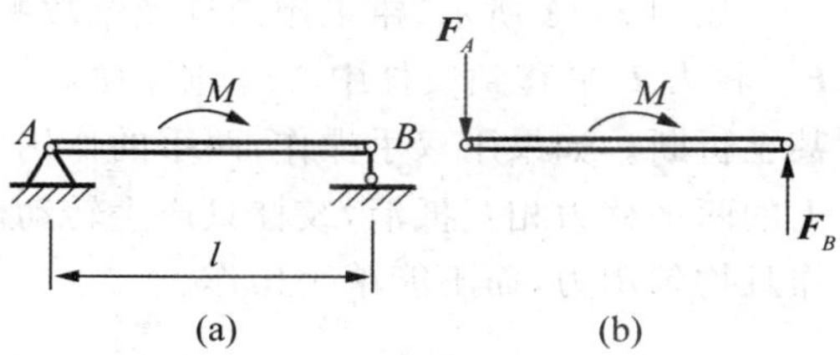

图 3-11

解：(1)取梁 AB 为研究对象，分析并画受力图，如图 3-11(b)所示。

梁 AB 的 B 端为活动铰支座，反力沿支承面公法线指向受力物体。由力偶性质知，力偶只能与力偶平衡，因此 $\boldsymbol{F}_B$ 必与 A 端约束力 $\boldsymbol{F}_A$ 组成一力偶与 M 平衡，所以 A 端约束力 $\boldsymbol{F}_A$ 必与 $\boldsymbol{F}_B$ 平行、反向，并组成力偶。

(2)列平衡方程求解。

$$\sum M=0$$

$$F_B l-M=0$$

$$F_A=F_B=\frac{M}{l}=\frac{100}{5}=20(\text{N})$$

第三节 平面任意力系的合成与平衡

一、力线平移定理

由力的可传性原理可知，作用于刚体上的力可沿其作用线在刚体内移动，而不改变其对刚体的作用效应。现在的问题是，能否在不改变作用效应的前提下，将力平行移动到其作用线外的任意点？

图 3-12 描述了力向作用线外任意一点平行移动的过程。欲将作用于刚体上 A 点的力 $\boldsymbol{F}$ 平行移动到刚体内一点 O，过 O 点作力 $\boldsymbol{F}$ 的平行线并加上一对平衡力 $\boldsymbol{F}'$，$\boldsymbol{F}''$，使 $\boldsymbol{F}'=$

$F''=F$。即 F 和 F'' 为一对等值、反向、不共线的平行力，组成了一个力偶，称为“附加力偶”，其力偶矩为：

$$M(FF'')=\pm Fd=M_O(F)$$

此式表示，附加力偶矩等于原力 F 对平移点 O 的力矩。于是，作用于平移点的 F' 和附加力偶 M 的共同作用就与作用于 A 点的力 F 等效。

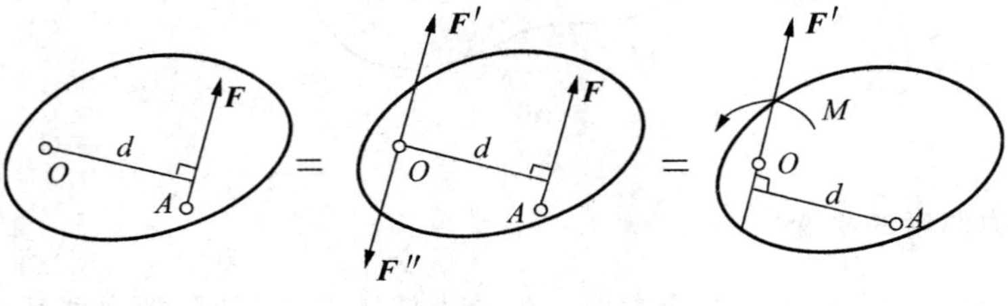

图 3-12

由此可以得出结论：作用于刚体上的力，可平移到作用线外的任一点，但必须附加一力偶，其附加力偶矩等于原力对平移点的力矩。这就是力线平移定理。

如图 3-13 所示，钳工用绞杠丝锥攻螺纹时，如果用单手操作，在绞杠手柄上有作用力 F。将力 F 平移到绞杠中心时，附加的力偶 M 使绞杠转动。平移后的 F' 会使丝锥杆变形甚至折断。如果用双手操作，两手的作用力若保持等值、反向和平行，则平移到绞杠中心上的两平移力相互抵消，绞杠只产生转动。所以，用绞杠丝锥攻螺纹时，一般要求双手操作且均匀用力，而不能单手操作。

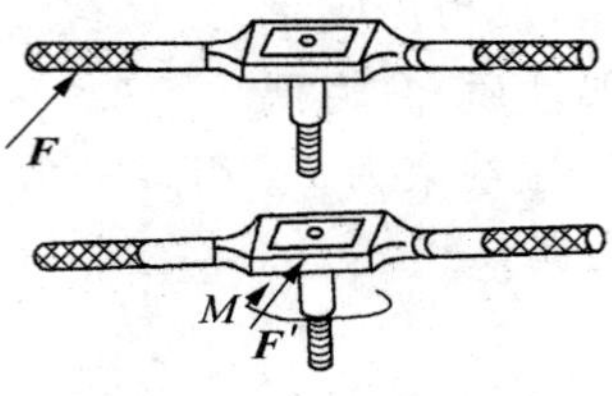

图 3-13

二、平面任意力系的简化

如图 3-14(a)所示的三角形屋架，它的厚度比其他两个方向的尺寸小得多，这种结构称为“平面结构”。在平面结构上作用的各力，一般都在同一平面内，组成平面一般力系。如图 3-14(b)所示，三角形屋架受到屋面传来的竖向荷载 F_1、风荷载 F_2 以及两端支座反力 F_{Ax}，F_{Ay}，F_{By}，这些力组成平面一般力系。平面一般力系是指各力的作用线在同一平面内但不全交于一点，也不全互相平行的力系。平面一般力系是工程中最常见的力系，很多实际问题都可简化成平面一般力系问题处理。

在实际工程中，还有些结构本身并不是平面结构，而且所受的力也不是分布在某一个平面内，但是由于结构本身有一个对称平面，且作用于结构上的力也对称于该平面分布，则作用于该结构上的力系也可简化为在此对称平面内的平面一般力系。如图 3-15 所示，沿直线行驶的汽车，车受到的重力 $\boldsymbol{G}$、空气阻力 $\boldsymbol{F}$ 以及地面对前后轮的约束反力的合力 $\boldsymbol{F}_{RA}$，$\boldsymbol{F}_{RB}$，都可以简化到汽车的对称平面内，组成平面一般力系。

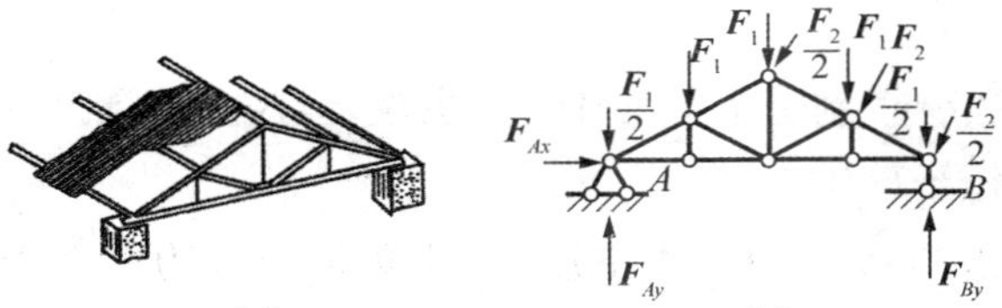

(a)　　(b)

图 3-14

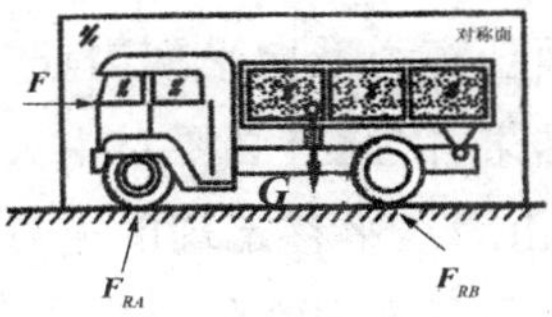

图 3-15

如图 3-16(a)所示，设作用于刚体平面 A_1，A_2，…，A_n 点的任意力系 $\boldsymbol{F}_1$，$\boldsymbol{F}_2$，…，$\boldsymbol{F}_n$，在该平面任选一点 O 作为简化中心，根据力线平移定理将力系中各力向 O 点平移，于是原力系就简化成一个平面汇交力系 $\boldsymbol{F}_1'$，$\boldsymbol{F}_2'$，…，$\boldsymbol{F}_n'$ 和一个平面力偶系 M_1，M_2，…，M_n，如图 3-16(b)所示。

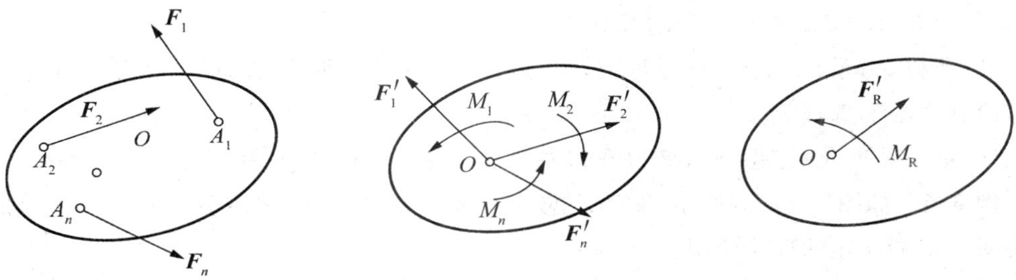

(a)　　(b)　　(c)

图 3-16

1. 力系的主矢 $\boldsymbol{F}_R'$

平移力 $\boldsymbol{F}_1'$，$\boldsymbol{F}_2'$，…，$\boldsymbol{F}_n'$ 组成的平面汇交力系的合力 $\boldsymbol{F}_R'$，称为"平面任意力系的主矢"。由平面汇交力系合成可知，主矢 $\boldsymbol{F}_R'$ 等于各分力的矢量和，作用在简化中心上，如图 3-16(c)所示。主失 $\boldsymbol{F}_R'$ 的大小和方向为：

$$\left.\begin{aligned} F_R' &= \sqrt{(\sum F_x')^2+(\sum F_y')^2}=\sqrt{(\sum F_x)^2+(\sum F_y)^2} \\ \tan\alpha &= \left|\frac{\sum F_y}{\sum F_x}\right| \end{aligned}\right\} \tag{3-9}$$

2. 力系的主矩 M_R

附加力偶 M_1，M_2，…，M_n 组成的平面力偶系的合力偶矩 M_R，称为"平面任意力系的主矩"。由平面力偶系的合成可知，主矩等于各附加力偶矩的代数和。由于每一个附加力偶矩等于原力对简化中心的力矩，所以主矩就等于各分力对简化中心力矩的代数和，作用在力系所在的平面上，如图 3-16(c)所示，即：

$$M_R=\sum M=\sum M_O(F) \tag{3-10}$$

综上所述，平面任意力系向平面内任一点简化，得到一主矢 $\boldsymbol{F}_R'$ 和一主矩 M_R。主矢的大小等于原力系中各分力在坐标轴投影代数和的平方和再开方，作用在简化中心上，其大小和方向与简化中心的选取无关。主矩等于原力系各分力对简化中心力矩的代数和，其值一般与简化中心的选取有关。

三、简化结果的讨论

平面任意力系向平面内任一点简化，得到一个主矢和一个主矩，但这并不是力系简化的最终结果，因此有必要对主矢和主矩予以讨论。

(1)由力线平移定理的逆过程可推知，主矢 $\boldsymbol{F}'_R$ 和主矩 M_R 也可以合成为一个力 $\boldsymbol{F}_R$，这个力就是任意力系的合力。所以，力系简化的最终结果是力系的合力 $\boldsymbol{F}_R$，且合力 $\boldsymbol{F}_R$ 的大小和方向与主矢 $\boldsymbol{F}'_R$ 相同，合力 $\boldsymbol{F}_R$ 的作用线与主矢 $\boldsymbol{F}'_R$ 的作用线平行，且与主矢 $\boldsymbol{F}'_R$ 作用线的距离为：

$$d=\frac{M_R}{F'_R}$$

(2)此时，力系的简化中心正好选在了力系合力 $\boldsymbol{F}_R$ 的作用线上，主矩等于零，则主矢 $\boldsymbol{F}'_R$ 就是力系合力 $\boldsymbol{F}_R$，作用线通过简化中心。

(3)所以，力系与一个力偶系等效，原力系为一平面力偶系，在这种情况下，主矩的大小与简化中心的选择无关。

(4)原力系简化后，得到汇交力系和力偶系均处于平衡状态，所以原力系为平衡力系。

例 3-6 如图 3-17(a)所示，梁 AB 的 A 端是固定端支座，试用力系向某点简化的方法说明固定端支座的反力情况。

解：梁的 A 端嵌入墙内成为固定端，固定端约束的特点是使梁的端部既不能移动也不能转动。在主动力作用下，梁插入部分与墙接触的各点受到大小和方向都不同的约束反力作用[见图 3-17(b)]，这些约束反力就构成一个平面一般力系。将该力系向梁上 A 点简化，就得到一个力 $\boldsymbol{F}_A$ 和一个力偶矩为 M_A 的力偶，如图 3-17(c)所示。为了便于计算，一般可将约束反力 $\boldsymbol{F}_A$ 用它的水平分力 $\boldsymbol{F}_{Ax}$ 和竖直分力 $\boldsymbol{F}_{Ay}$ 来代替。因此，在平面力系情况下，固定端支座的反力包括三个：阻止梁端向任何方向移动的水平反力 $\boldsymbol{F}_{Ax}$ 和竖向反力 $\boldsymbol{F}_{Ay}$，以及阻止物体转动的反力偶 M_A。它们的指向都是假定的[见图 3-17(d)]。

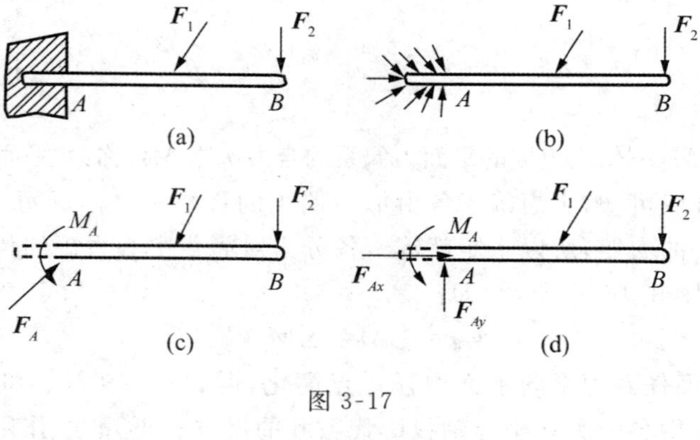

图 3-17

四、平衡方程及其应用

1. 平衡条件和平衡方程

由前述可知，当平面任意力系简化的主矢和主矩均为零时，力系处于平衡。同理，若力系是平衡力系，则该力系向平面任意一点简化的主矢和主矩必然为零。因此，平面任意力系平衡的必要与充分条件为 $F'_R=0, M_R=0$，即：

$$F'_R=\sqrt{(\sum F_x)^2+(\sum F_y)^2}=0, M_R=\sum M_O(F)=0$$

由此可得平面任意力系的平衡方程为：

$$\left.\begin{aligned}&\sum F_x=0\\&\sum F_y=0\\&\sum M_O(F)=0\end{aligned}\right\}\tag{3-11}$$

式(3-11)是平面任意力系平衡方程的基本形式，也称为“一矩式方程”。这是一组3个独立的方程，故只能求解出3个未知量。

2. 平衡方程的应用

应用平面任意力系平衡方程求解工程实际问题时，首先为工程结构和构件选择合适的简化平面，画出其平面简图；其次确定研究对象，取分离体并画其受力图；最后列平衡方程求解。

列平衡方程时要注意坐标轴的选取和矩心的选择。为使求解简便，坐标轴一般选在与未知力垂直的方向上，矩心可选在未知力作用点(或交点)上。

例 3-7 如图 3-18(a)所示简支梁 AB，其上作用集中力 $\boldsymbol{F}$ 和集中力偶 $M_O=Fa$，求梁的约束力。

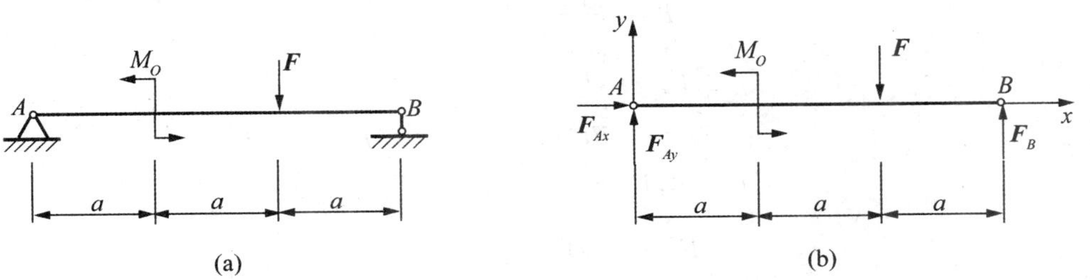

图 3-18

解：(1)取 AB 为研究对象，取分离体画受力图，如图 3-18(b)所示。

(2)建立坐标系 xAy，坐标轴与未知力垂直，矩心可选在未知力 $\boldsymbol{F}_{Ax}$ 或 $\boldsymbol{F}_{Ay}$ 的作用点上，列平衡方程求解，得：

$$\sum M_A(F)=0, F_B\times 3a+M_O-F\times 2a=0$$

$$F_B=\frac{-Fa+2Fa}{3a}=\frac{F}{3}$$

$$\sum F_x=0, F_{Ax}=0$$

$$\sum F_y=0, F_{Ay}+F_B-F=0$$

$$F_{Ay}=-F_B+F=\frac{2F}{3}$$

例 3-8 如图 3-19(a)所示，管道架设在三角支架上，已知小管作用于支架的荷载为 $\boldsymbol{F}$，大管作用于支架的荷载为 $2\boldsymbol{F}$。试求 A 端支座的反力和杆 CD 所受的力。

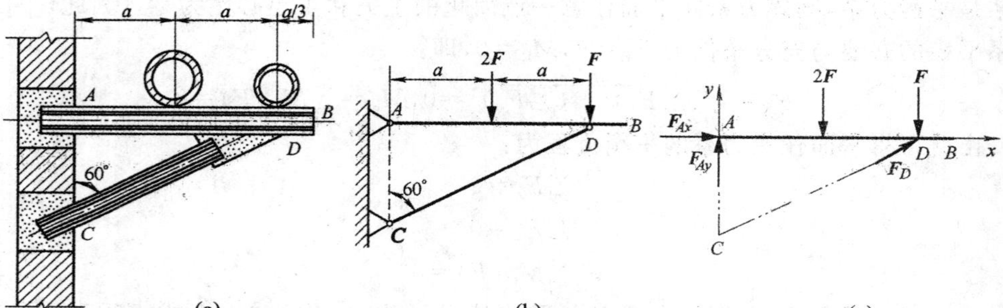

图 3-19

解：该支架在 A,C 两处用混凝土浇筑进入墙内，D 处是用钢板将角钢 AB 和 CD 焊接。一般可将 A,C,D 三处都视为铰链连接，管道荷载简化为集中力，于是得出支架的平面力学简图，如图 3-19(b)所示。

(1)取横梁 AB 为研究对象，取分离体并画受力图，如图 3-19(c)所示。

(2)将 A 端约束力正交分解，坐标轴选在 A 端约束力的方向上，矩心选在 A 端约束力的交点上，列平衡方程求解，得：

$$\sum M_A(F)=0,F_D\sin30^\circ\times2a-2Fa-F\times2a=0$$

$$F_D=\frac{2Fa+2Fa}{a}=4F$$

$$\sum F_x=0,F_{Ax}+F_D\cos30^\circ=0$$

$$F_{Ax}=-F_D\cos30^\circ=-2\sqrt{3}F$$

$$\sum F_y=0,F_{Ay}+F_D\sin30^\circ-2F-F=0$$

$$F_{Ay}=-4F\times\frac{1}{2}+3F=F$$

$\boldsymbol{F}_D$ 即为杆 CD 所受的力，$\boldsymbol{F}_D$ 指向 D 铰，说明杆 CD 受压力。$\boldsymbol{F}_{Ax}$ 为负值，表明其实际指向与受力图指向相反。

例 3-9 图 3-20(a)为简易起重机的平面力学简图。已知横梁 AB 的自重 $G_1=4\text{kN}$，起吊重量 $G_2=20\text{kN}$，AB 的长度 $l=2\text{m}$，电葫芦距 A 端 $x=1.5\text{m}$，斜拉杆 CB 的倾角 $\alpha=30^\circ$。试求杆 CB 的拉力和 A 端固定铰支座的反力。

解：(1)取横梁 AB 为研究对象，取分离体并画受力图，如图 3-20(b)所示。

(2)将 A 端约束力正交分解，坐标轴选在 A 端约束力的方向上，矩心选在 A 端约束力的交点上，列平衡方程求解，得：

$$\sum M_A(F)=0,F_B\sin30^\circ\times l-G_2x-G_1\times\frac{l}{2}=0$$

$$F_B=\frac{2G_2x}{l}+G_1=34(\text{kN})$$

$$\sum F_x=0, F_{Ax}-F_B\cos 30°=0$$

$$F_{Ax}=F_B\cos 30°=29.44(\text{kN})$$

$$\sum F_y=0, F_{Ay}-G_1-G_2+F_B\sin 30°=0$$

$$F_{Ay}=G_1+G_2-F_B\sin 30°=7(\text{kN})$$

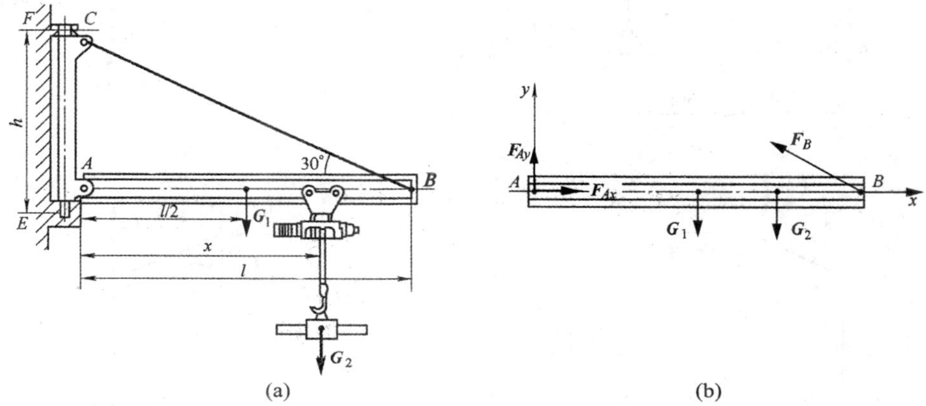

图 3-20

由以上例题可以看出，在列平衡方程求平面力系平衡问题时，先向未知力交点(或作用点)列力矩方程比较简便。

在选取了合适的坐标系和矩心后，要注意分析所要列出的投影方程或力矩方程中包含了几个未知力。应先列出包含有一个未知力的方程，这样就可以解出一个未知力，从而避免了求解联立方程组，简化求解过程。

3. 平衡方程的其他形式

平面一般力系的平衡方程除了基本形式的一矩式方程外，还有其他两种形式。

(1)二矩式方程

$$\left.\begin{aligned}&\sum F_x=0\\&\sum M_A(F)=0\\&\sum M_B(F)=0\end{aligned}\right\}\tag{3-12}$$

应用二矩式方程时，所选坐标轴 x 不能与矩心 A，B 的连线垂直。

(2)三矩式方程

$$\left.\begin{aligned}&\sum M_A(F)=0\\&\sum M_B(F)=0\\&\sum M_C(F)=0\end{aligned}\right\}\tag{3-13}$$

应用三矩式方程时，所选矩心 A，B，C 三点不能在同一条直线上。

例 3-10 钢筋混凝土三铰刚架受荷载的示意图如图 3-21(a)所示，已知 $q=12$ kN/m，$F_P=18$kN，求支座 A，B 及顶铰 C 处的约束反力。

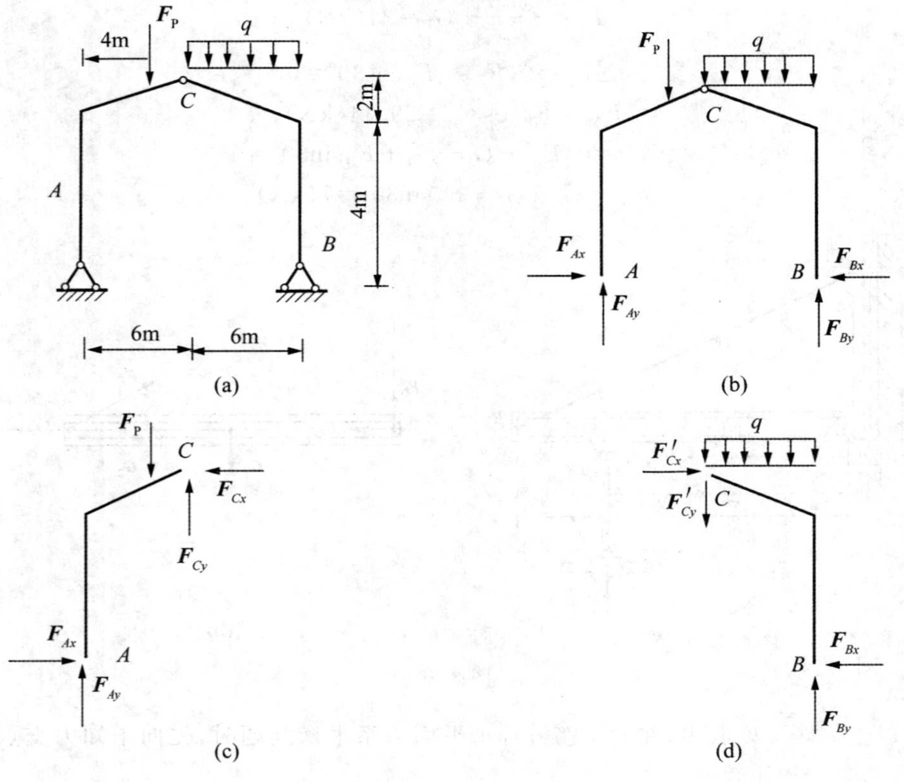

图 3-21

解:三铰刚架由左、右两半架组成,它们都受到平面一般力系作用,因此可列出 6 个独立的平衡方程,而所求未知力总计也是 6 个,即 A,B 固定铰支座及 C 铰处的约束反力各两个未知量。6 个独立的平衡方程可以求解 6 个未知量。

三铰刚架整体、左半架和右半架的受力图如图 3-21(b)(c)(d)所示。图中反力的指向都是假设的。如果先取左半架或右半架为研究对象,在其上有 4 个未知力,用平衡方程解不出任何一个未知量。如果先取整体刚架为研究对象,虽然也有 4 个未知量,但由于 $\boldsymbol{F}_{Ax}$,$\boldsymbol{F}_{Ay}$,$\boldsymbol{F}_{Bx}$ 交于 A 点,$\boldsymbol{F}_{Bx}$,$\boldsymbol{F}_{By}$,$\boldsymbol{F}_{Ax}$ 交于 B 点,所以无论以 A 点或 B 点为矩心列的力矩方程,都能立即求出未知力 $\boldsymbol{F}_{By}$ 或 $\boldsymbol{F}_{Ay}$。然后再考虑左半架或右半架的平衡。这时每个半架都只剩下 3 个未知力,问题就迎刃而解了。

(1)取三铰刚架整体为研究对象,如图 3-21(b)所示。

$$\sum M_A(F)=0,F_{By}\times 12-F_P\times 4-q\times 6\times 9=0$$

$$F_{By}=\frac{4\times F_P+54\times q}{12}=\frac{4\times 18+54\times 12}{12}=60(\text{kN})(\uparrow)$$

$$\sum M_B(F)=0,-F_{Ay}\times 12+F_P\times 8+q\times 6\times 3=0$$

$$F_{Ay}=\frac{8\times F_P+18\times q}{12}=\frac{8\times 18+18\times 12}{12}=30(\text{kN})(\uparrow)$$

$$\sum F_x=0,F_{Ax}-F_{Bx}=0$$

$$F_{Ax}=F_{Bx} \quad ①$$

(2)再取左半架为研究对象,如图 3-21(c)所示。

$$\sum M_C(F)=0, F_{Ax}\times 6+F_P\times 2-F_{Ay}\times 6=0$$

$$F_{Ax}=\frac{6\times F_{Ay}-2\times F_P}{6}=\frac{6\times 30-2\times 18}{6}=24(\text{kN})(\rightarrow)$$

$$\sum F_x=0, F_{Ax}-F_{Cx}=0$$

$$F_{Cx}=F_{Ax}=24(\text{kN})(\leftarrow)$$

$$\sum F_y=0, F_{Cy}+F_{Ay}-F_P=0$$

$$F_{Cy}=F_P-F_{Ay}=18-30=-12(\text{kN})(\downarrow)$$

将 F_{Ax} 的值代入式①,可得:

$$F_{Bx}=F_{Ax}=24(\text{kN})(\leftarrow)$$

校核:可以再取右半架为研究对象,列出它的平衡方程,并将求出的数值代入,验算是否满足平衡条件。

4. 固定端约束

在第二章中介绍了常见的三类基本约束模型,工程中还有一类常见的基本约束模型——固定端约束。如图 3-22 所示,外伸阳台插入墙体部分受到限制作用[见图 3-22(a)]、基础与地基整浇在一起[见图 3-22(b)]、电线杆埋入地下部分受到限制作用[见图 3-22(c)],这些限制的共同点是构件一端被固定,既不允许构件固定端随意移动,又不允许构件绕其固定端随意转动。这些将工程实例简化的平面力学模型,称为"平面固定端约束",如图 3-22(d)所示。

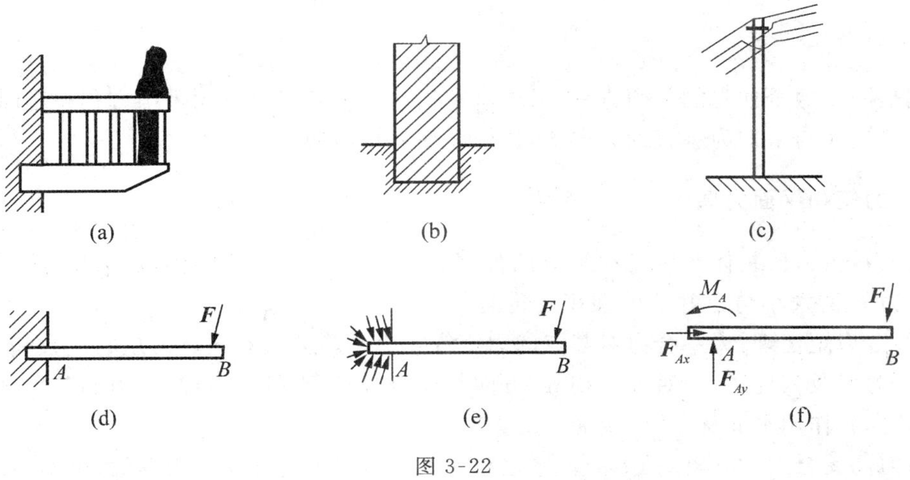

图 3-22

平面固定端约束的约束力比较复杂,若把这些约束力组成的平面一般力系[见图 3-22(e)]向固定端 A 简化,可得到一主矢 $\boldsymbol{F}_A$ 和一主矩 M_A。一般情况下,$\boldsymbol{F}_A$ 的方向是未知的,常用两个正交分力 $\boldsymbol{F}_{Ax}$,$\boldsymbol{F}_{Ay}$ 表示,因此平面固定端约束就有两个约束力 $\boldsymbol{F}_{Ax}$,$\boldsymbol{F}_{Ay}$ 和一个约束力偶矩 M_A,如图 3-22(f)所示。$\boldsymbol{F}_{Ax}$,$\boldsymbol{F}_{Ay}$ 限制了构件 A 端的随意移动,而约束力偶矩 M_A 则限制了构件 A 端的随意转动。

本章小结

一、力的投影和分解

(1)力的投影:沿力 $\boldsymbol{F}$ 的两端向坐标轴作垂线,垂足 a,b 在轴上截下的线段 ab 就称为"力在坐标轴上的投影",记作 F_x。投影是代数量,有正负之分。

(2)力的正交分解:过力 $\boldsymbol{F}$ 的两端作坐标轴的平行线,平行线相交构成的矩形两边,是力 F 沿坐标轴两个正交分力,记作 $\boldsymbol{F}_x$ 和 $\boldsymbol{F}_y$。正交分力的大小等于力在同轴上投影的绝对值,即:

$$|\boldsymbol{F}_x| = F\cos\alpha = |F_x|,\ |\boldsymbol{F}_y| = F\sin\alpha = |F_y|$$

必须指出,分力是力矢量,而投影是代数量;当分力的指向与坐标轴同向时,投影为正,反之为负。

(3)合力投影定理:合力在某一轴上的投影等于各分力在同轴上投影的代数和。

二、平面汇交力系的合成与平衡

(1)合成:平面汇交力系总可以合成为一个合力,其合力 $\boldsymbol{F}_{\mathrm{R}}$ 的大小和方向分别为:

$$F_{\mathrm{R}} = \sqrt{(\sum F_x)^2 + (\sum F_y)^2},\ \tan\alpha = \left|\frac{\sum F_y}{\sum F_x}\right|$$

(2)平衡方程:平面汇交力系平衡的必要与充分条件是力系的合力为零,即力系中各分力在坐标轴上投影的代数和为零。

$$\left.\begin{aligned}\sum F_x = 0\\ \sum F_y = 0\end{aligned}\right\}$$

这是一组两个独立的平衡方程,只能求解出两个未知量。应用平衡方程解题时,坐标轴应尽量选在与未知力垂直的方向上,这样能使计算简便。

三、力矩和平面力偶

(1)力矩:力使物体产生转动效应的量度称为"力矩"。力使物体绕 O 点的转动效应取决于力 $\boldsymbol{F}$ 的大小与力臂 d 的乘积及转向。

(2)合力矩定理:力系合力对某点的力矩等于力系各分力对同点力矩的代数和。

(3)力偶及其性质:一对大小相等、方向相反、作用线平行的力称为"力偶"。力偶矩的大小、转向和作用平面称为"力偶的三要素"。

1)力偶无合力,在坐标轴上的投影之和为零。力偶不能与一个力等效,也不能用一个力来平衡,力偶只能用力偶来平衡。

2)力偶对其作用平面内任一点的力矩,恒等于其力偶矩,而与矩心的位置无关。

3)力偶可在其作用平面内任意搬移,而不改变它对刚体的转动效应。

4)只要保持力偶矩的大小和力偶的转向不变,可以同时改变力偶中力的大小和力臂的长短,而不会改变力偶对刚体的转动效应。

(4)平面力偶系的合成与平衡:

平面力偶系总可以合成为一个合力偶，其合力偶矩等于各分力偶矩的代数和。

平面力偶系平衡的必要与充分条件是：力偶系中各分力偶矩的代数和等于零。

四、平面任意力系的简化

(1)力线平移定理

作用于刚体上的力，可平移到刚体上的任意一点，但必须附加一力偶，其附加力偶矩等于原力对平移点的力矩。

(2)平面一般力系的简化

1)简化结果

主矢 $F'_R=\sqrt{(\sum F'_x)^2+(\sum F'_y)^2}=\sqrt{(\sum F_x)^2+(\sum F_y)^2}$，作用在简化中心上，其大小和方向与简化中心的位置无关。

主矩 $M_R=\sum M=\sum M_O(F)$，与简化中心的位置有关。

2)简化结果的讨论

①合力 $F_R=F'_R$，合力 F_R 的作用线与简化中心距离 $d=\dfrac{M_R}{F'_R}$。

②合力 $F_R=F'_R$，合力作用线通过简化中心。

③合力偶矩与简化中心的位置无关。

④平衡力系。

3)平衡方程

一矩式方程：

$$\left.\begin{aligned}&\sum F_x=0\\&\sum F_y=0\\&\sum M_O(F)=0\end{aligned}\right\}$$

二矩式方程：

$$\left.\begin{aligned}&\sum F_x=0\\&\sum M_A(F)=0\\&\sum M_B(F)=0\end{aligned}\right\}$$

三矩式方程：

$$\left.\begin{aligned}&\sum M_A(F)=0\\&\sum M_B(F)=0\\&\sum M_C(F)=0\end{aligned}\right\}$$

注意：二矩式方程中 A,B 的连线不能与投影轴垂直，三矩式方程中 A,B,C 不能在同一条直线上。

思考题

1. 分力与投影有什么不同？

2. 如图 3-23 所示，力 **F** 相对于两不同的坐标系，试分析力 **F** 在此两坐标系中的投影有什么不同，分力有什么不同。

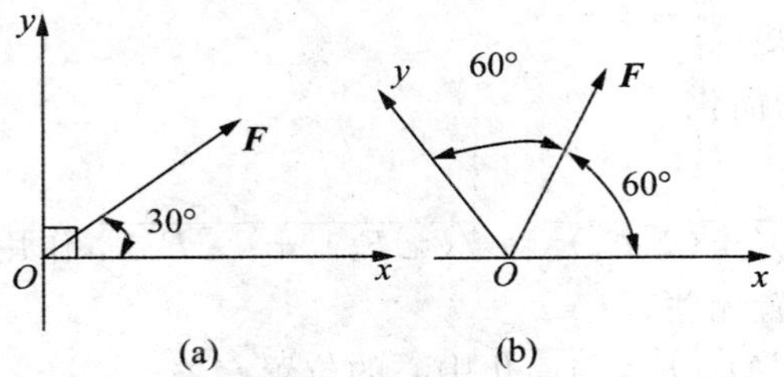

图 3-23

3. 如图 3-24 所示，起吊机鼓轮受力偶 M 和力 **F** 作用处于平衡，轮的状态表明(　　)。

A. 力偶只能用力偶来平衡　　B. 力偶可以用一个力平衡

C. 力偶可用力对某点的力矩平衡　　D. 一定条件下，力偶可用一个力平衡

4. 如果平面汇交力系的各力在任意两个互不平行的坐标轴上投影的代数和等于零，该力系是否平衡？

5. 如图 3-25 所示，铰车臂互成 120°角，三臂上作用力均为 **F**，试分析此三力向铰盘中心 O 点的简化结果。

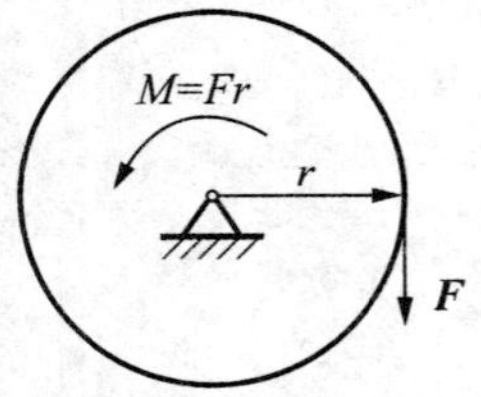

图 3-24

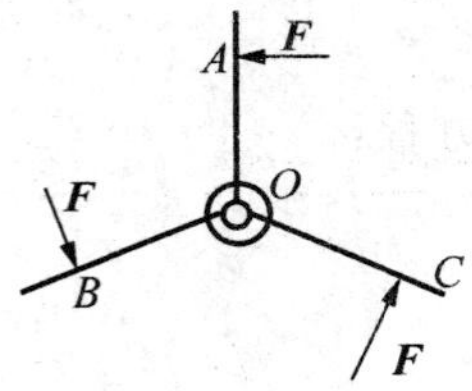

图 3-25

6. 一平面力系向 A，B 两点简化的结果相同，且主矢和主矩都不为零，是否有可能？为什么？

7. 列平衡方程求解平面任意力系时，坐标轴选在(　　)的方向上，能使投影方程简便；矩心选在(　　)点上，能使力矩方程简便。

A. 与已知力垂直　B. 与未知力垂直　C. 与未知力平行　D. 任意

E. 已知力作用点　F. 未知力作用点　G. 两未知力交点　H. 任意点

8. 应用二矩式方程时，为什么要附加两矩心 A，B 连线不能与投影轴垂直的条件？应用三矩式方程时，为什么要附加三矩心 A，B，C 三点不能在同一条直线上的条件？

习 题

3-1 如图 3-26 所示，三力共同拉一个碾子，已知 $F_1=1\text{kN}$，$F_2=1\text{kN}$，$F_3=1.73\text{kN}$，试求此力系合力的大小和方向。

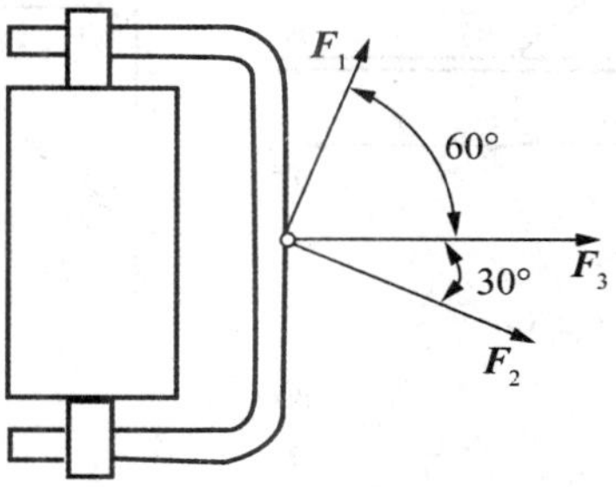

图 3-26

3-2 在图 3-27 所示结构中，铆接薄钢板在孔 A，B，C 三点受力作用，已知 $F_1=200\text{N}$，$F_2=100\text{N}$，$F_3=100\text{N}$，试求此汇交力系合力的大小。

3-3 如图 3-28 所示，圆柱形工件放在 V 形槽内，已知压板的夹紧力 $F=400\text{N}$，试求圆柱形工件对 V 形槽的压力。

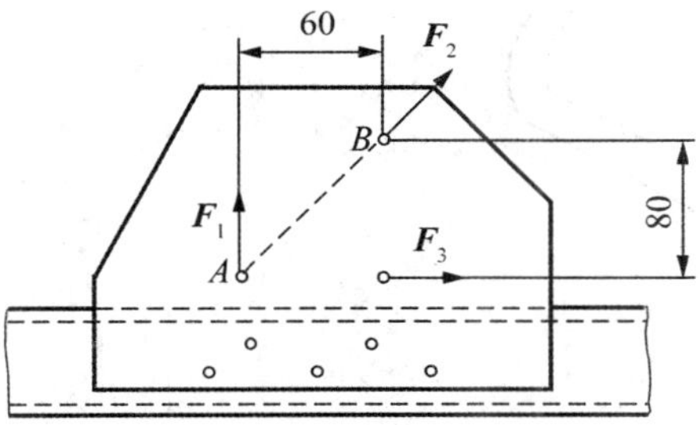

图 3-27

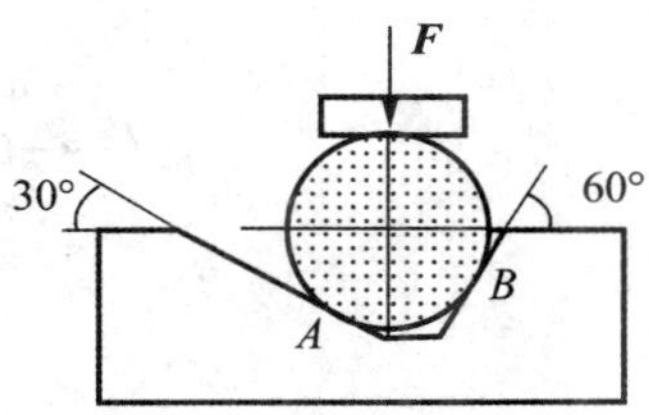

图 3-28

3-4 画图 3-29 所示各支架中铰 A 的受力图，并求各支架中杆件 AB，AC 所受力的大小。

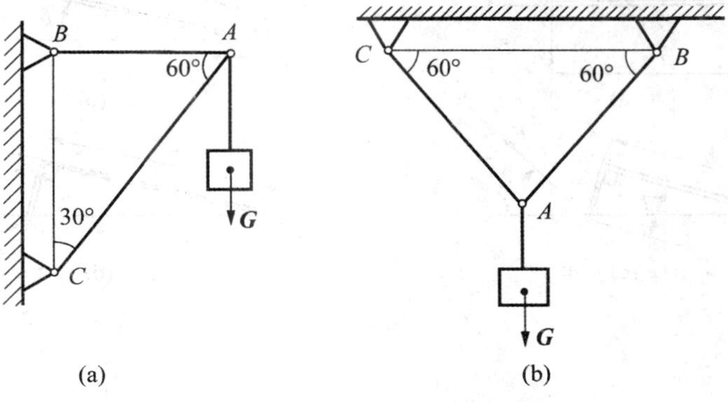

图 3-29

3-5　如图 3-30 所示，杆件自重不计，已知荷载 $\boldsymbol{F}$，且 $M=Fa$，试分别求两支架 A 端的约束力及杆 BC 所受力的大小。

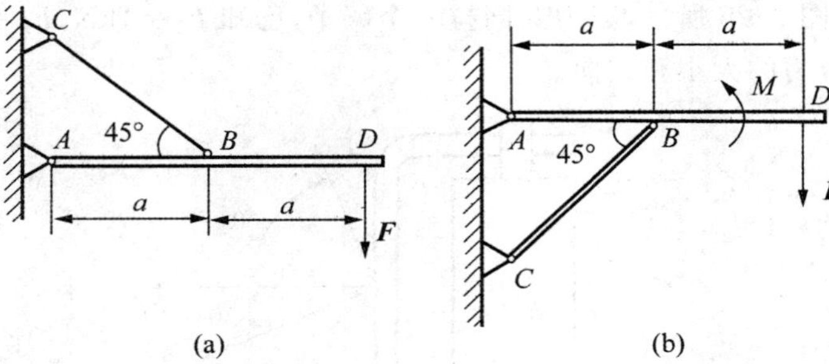

图 3-30

3-6　图 3-31 为汽车制动系统的踏板装置。若 $F_T=1700\text{N}$，$a=380\text{mm}$，$b=50\text{mm}$，$\alpha=60°$，求驾驶员作用于踏板的制动力 $\boldsymbol{F}$ 的大小。

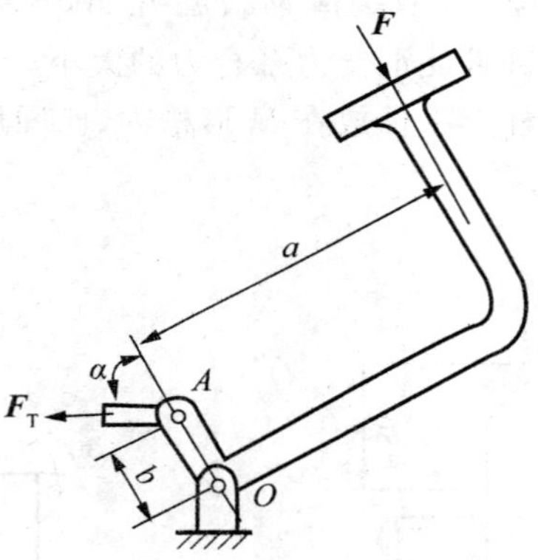

图 3-31

3-7　求图 3-32 中各杆件的作用力对杆端 O 点的力矩。

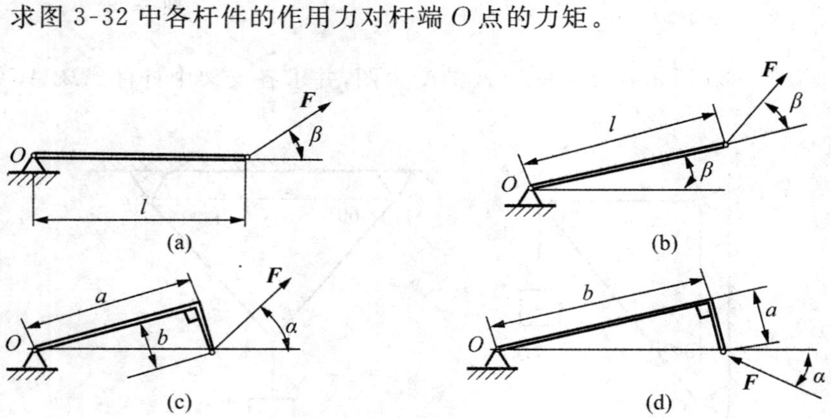

图 3-32

3-8 图 3-33 所示的物体系统处于平衡状态，如要计算各支座的反力，应怎样选取研究对象？

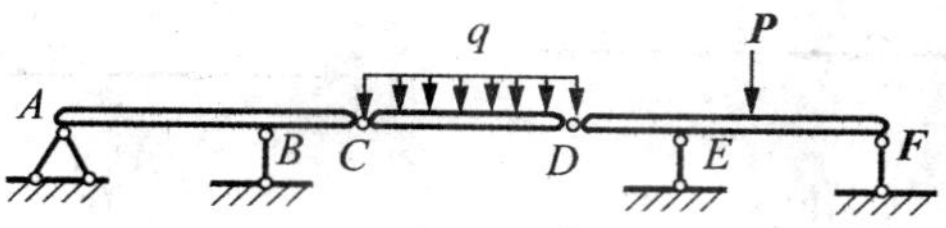

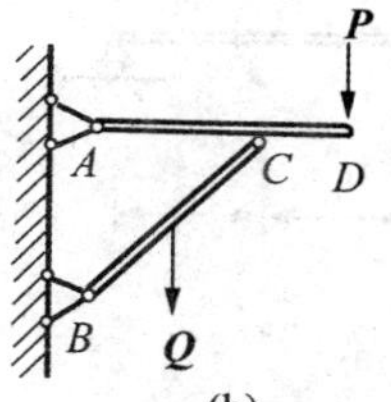

图 3-33

3-9 重力坝受力情况如图 3-34 所示，设坝的自重分别为 $G_1=9600\text{kN}$，$G_2=21600\text{kN}$，上游水的压力 $P=10120\text{kN}$，试将力系向坝底 O 点简化，并求其最后的简化结果。

3-10 试求图 3-35 所示各刚架的支座反力。

3-11 如图 3-36 所示，已知 $\boldsymbol{F}$，a，且 $M=Fa$，试求各梁的支座反力。

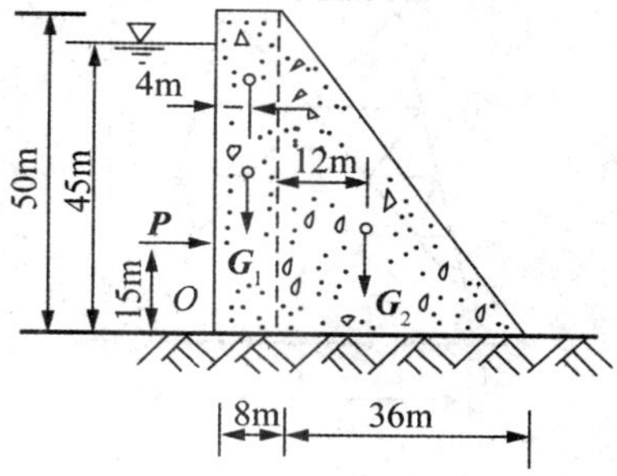

图 3-34

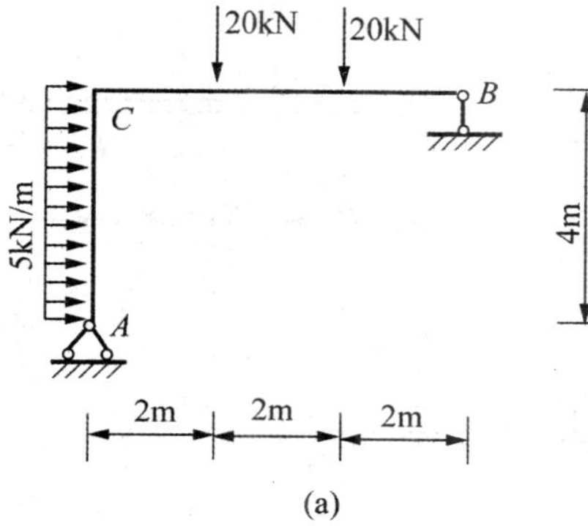

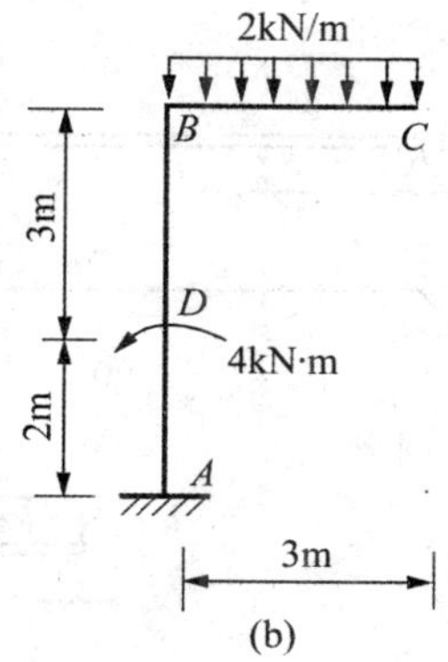

图 3-35

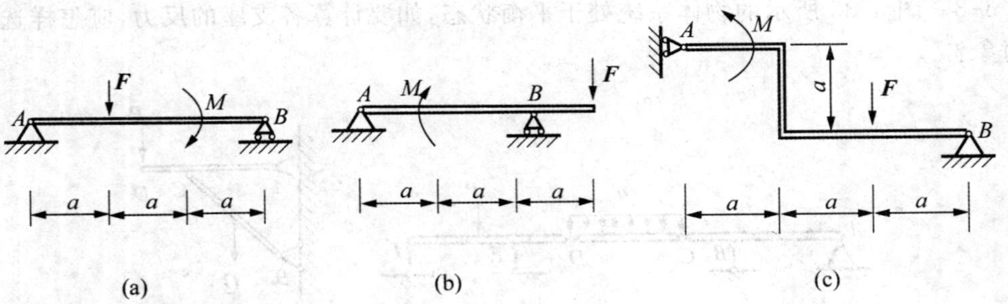

图 3-36

3-12　如图 3-37 所示，自重 $G=160\text{kN}$ 的水塔固定在钢架上，钢架重量不计，A 为固定铰链支座，B 为活动铰链支座。若水塔左侧面受风压为均布荷载 $q=16\text{kN/m}$，为保证水塔平衡，试求钢架 A，B 的最小间距。

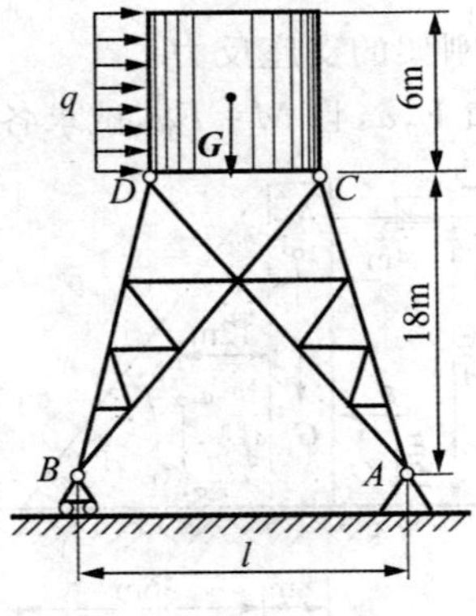

图 3-37

3-13　图 3-38 所示各组合梁中，已知 q，a，且 $F=qa$，$M=Fa$，试求各梁的约束力。

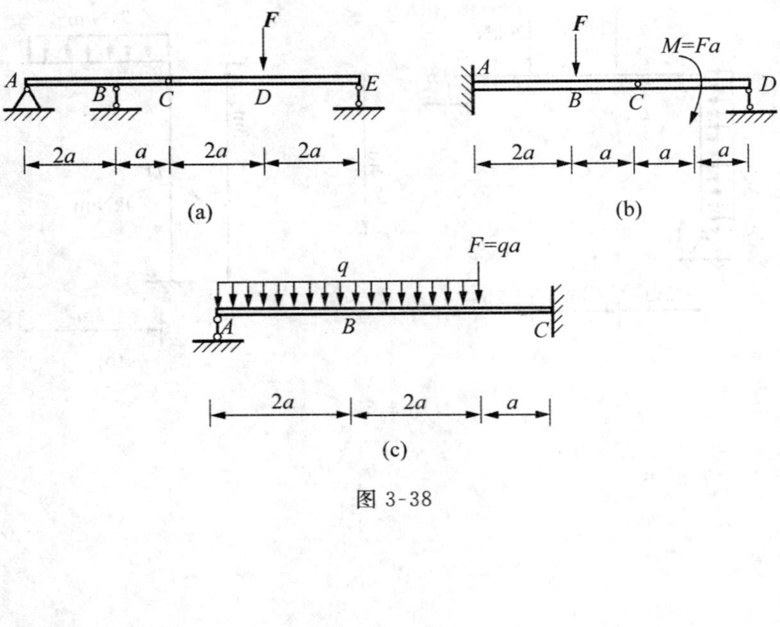

图 3-38

3-14 如图 3-39 所示为汽车起重机平面简图。已知车重 $G_Q=26\text{kN}$，臂重 $G=4.5\text{kN}$，起重机旋转及固定部分的重量 $G_W=31\text{kN}$。试求图示位置汽车不致翻倒的最大起重量 G_P。

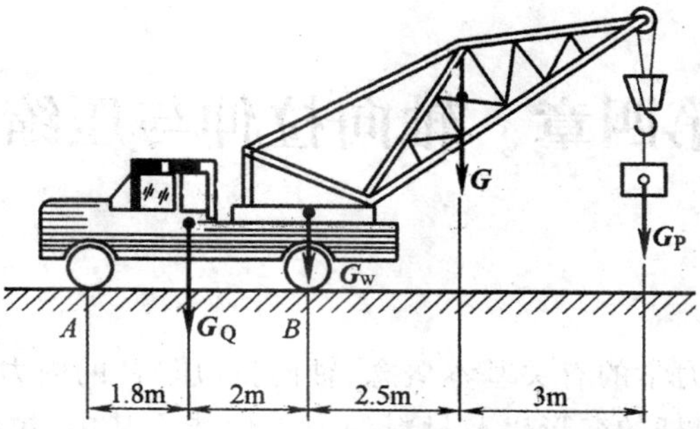

图 3-39

第四章　轴向拉伸与压缩

本章主要介绍材料力学的有关基本概念、轴向拉(压)杆的内力和内力图、拉(压)杆的应力和强度计算、拉(压)杆的变形以及材料的力学性能。其中,拉(压)杆的内力分析、强度计算、变形分析及材料的力学性能是重点。通过研究杆件的轴向拉(压)变形,介绍材料力学的基本概念、基本理论和研究方法。因此,掌握好基本概念和基本内容是研究材料力学知识的重要基础。

第一节　材料力学

一、构件的承载能力

材料力学是专门研究物体变形和破坏规律的一门学科。各种工程结构和机械结构都是由若干个构件组成的。工程实际中,只有组成结构的构件能安全可靠地工作,才能保证结构的安全可靠性。构件的安全可靠性通常是用构件承受荷载的能力(简称为"承载能力")来衡量的。材料力学就是研究构件承载能力的科学。构件的承载能力包括三方面的要求。

(1)强度:构件在荷载作用下会产生变形,产生显著的塑性变形或断裂将导致构件失效。例如,连接用的螺栓如果产生显著的塑性变形,就会丧失正常的连接功能。因此,把构件抵抗破坏的能力称为"构件的强度"。

(2)刚度:构件不仅要有足够的强度,而且也不能产生过大的变形。产生了过大的变形,就会影响构件的正常工作。因此,把构件抵抗变形的能力称为"构件的刚度"。

(3)稳定性:对于受压的细长杆件,当压力超过某一数值时,压杆原有的直线平衡状态就不能维持。因此,把压杆抵抗其原有直线失衡状态的能力称为"压杆的稳定性"。

要保证构件在荷载作用下安全可靠工作,就必须使构件具有足够的承载能力。满足承载能力可通过多用材料或选用优质材料来实现,但是多用材料或选用优质材料,会增加成本,不符合经济性的原则。可见,构件的安全可靠性与经济性是结构设计中的一对主要矛盾因素。

材料力学的任务就是在保证构件既安全又经济的前提下,为选择合适的材料、确定合理的截面形状和尺寸,提供必要的理论基础和计算方法。

二、变形体及基本假设

在静力学分析中，忽略了荷载作用下物体形状尺寸的改变，将物体抽象为刚体。但在实际中，这种不变形的构件（刚体）是不存在的，任何构件在荷载作用下，其形状和尺寸都会发生改变，通常称为“变形”。研究构件的承载能力时，构件所发生的变形是不能忽略的，即使构件产生的变形很微小。因此，在材料力学里把所研究的构件均视为变形固体。

工程实际中，各种构件所用材料、结构及性能是非常复杂的。为便于理论分析，常常保留其主要属性，并对变形固体作以下基本假设：

(1)均匀连续性假设。假定变形体内部毫无空隙地充满物质，且各点处的力学性能都是相同的。

固体材料都是由微观粒子组成的，材料内部存在着不同程度的孔隙，而且各粒子的性能也不尽相同；同时，材料的内部不可避免地存在杂质、气孔等缺陷，但在实际问题中，往往是从宏观的角度去研究构件的强度等问题，因此，材料内部的孔隙与构件的尺寸相比极其微小，且所有粒子的排列又是错综复杂的，所以从宏观上看，整个变形体的力学性能是相同的，这些粒子性能的统计平均值呈均匀性。

(2)各向同性假设。假定变形体材料内部各方向的力学性能是相同的。

工程中使用的大部分材料具有各向同性的性能，如多数金属材料。对于木材等各向异性的一些纤维性材料，由该假设得出的结论，只能近似地应用在此类各向异性材料上。

(3)弹性小变形。在荷载作用下，构件会产生变形。当荷载不超过某一限度时，卸载后变形就完全消失。这种卸载后能够消失的变形称为“弹性变形”。若荷载超过某一限度时，卸载后仅能消失部分变形，另一部分不能消失的变形称为“塑性变形”。后续章节主要研究的是微小的弹性变形，这里通常称为“弹性小变形”。由于这种弹性小变形与构件的原始尺寸相比是微不足道的，因此在确定构件内力时可略去不计，按构件的原始尺寸进行分析计算。

三、杆件变形的基本形式

工程实际中的构件种类繁多，根据其几何形状可以简化为杆、板、壳、块。杆件的几何特征是：其纵向（长度方向）尺寸远大于横向（垂直于长度方向）尺寸，轴线是直线的杆称为“直杆”；各截面大小、形状相同的杆为等截面杆。材料力学主要研究等截面直杆（简称为“等直杆”）的变形及其承载能力。

等直杆在荷载作用下，其基本变形的形式有 4 种，分别是图 4-1(a)所示的轴向拉伸和压缩变形、图 4-1(b)所示的剪切变形、图 4-1(c)所示的扭转变形和图 4-1(d)所示的弯曲变形。

除以上基本变形外，工程中还有一些复杂的变形形式，但是每一种复杂变形都是由两种或两种以上的基本变形组合而成的，称为“组合变形”。

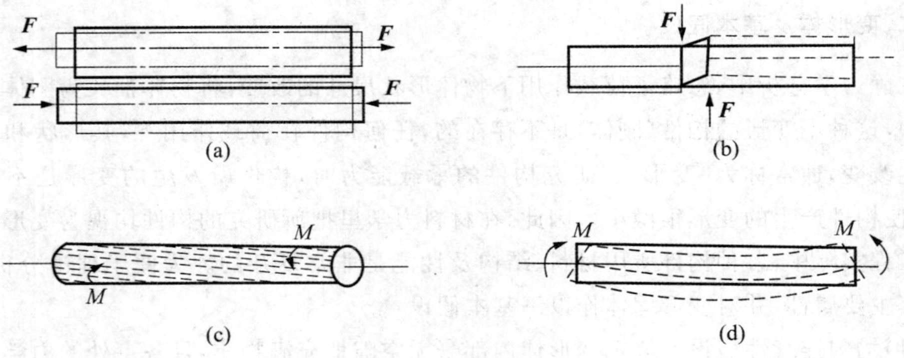

图 4-1

第二节　轴向拉伸与压缩的外力与内力

一、工程实例与简图

轴向拉伸与压缩变形是杆件基本变形中最常见且最简单的一种变形。在如图4-2(a)所示的支架中，杆 AB、杆 BC 铰接于 B 点，在 B 点受力 $\boldsymbol{G}$ 作用。由静力分析可知：杆 AB 是二力杆件，受到轴向拉伸；杆 BC 也是二力杆，受到轴向压缩，如图 4-2(b)所示。

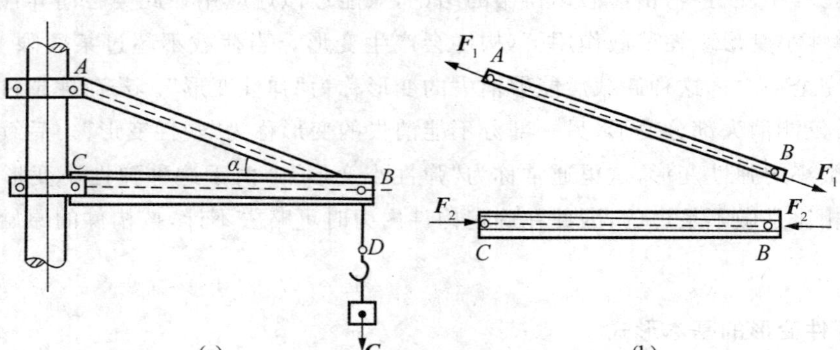

图 4-2

若将实际拉伸与压缩的杆件 AB，BC 简化，用直杆的轮廓线代替实际的杆件，杆件两端的外力(集中力或合外力)沿杆件轴线作用，就得到图 4-3(a)所示的力学简图；或者用杆件的轴线代替杆件，杆件两端的外力沿杆件轴线作用，就得到图 4-3(b)所示的力学简图。

杆件发生的这种变形形式称为“杆件的轴向拉伸与压缩”。从以上分析可以看出，轴向拉伸与压缩的受力与变形特点是：外力(或合外力)沿杆件的轴线作用，杆件沿轴线方向伸长(或缩短)，沿横向缩短(或伸长)。

发生轴向拉伸与压缩的杆件一般称为“拉(压)杆”。

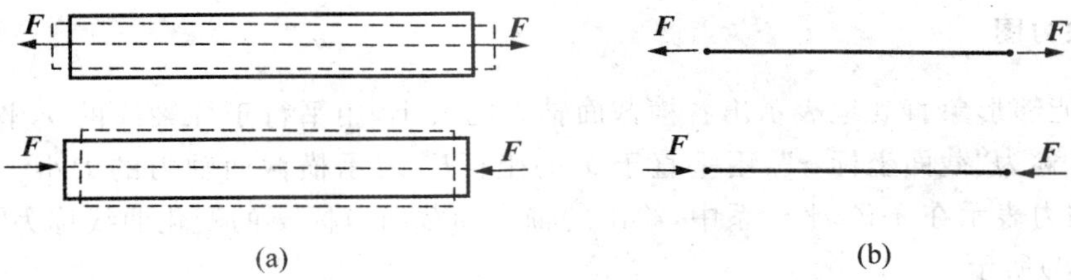

图 4-3

二、内　力

杆件以外物体对杆件的作用力称为“杆件的外力”。拉(压)杆在外力(主动力和约束力)作用下产生变形,杆件内部材料微粒之间的相对位置发生了改变,其相互作用力也发生了改变。这种由外力引起的杆件内部的相互作用力,简称为“内力”。

杆件横截面内力随外力的增加而增大,但内力增大是有限度的,若超过某一限度,杆件就会被破坏,所以内力的大小和分布形式与杆件的承载能力密切相关。为了保证杆件在外力作用下安全可靠地工作,必须弄清楚杆件的内力,对各种基本变形的研究都是先从内力分析开始的。

三、拉(压)杆的内力——轴力

图 4-4(a)为一受拉杆件的力学简图,为了确定其横截面 $m—m$ 的内力,可以假想地用截面 $m—m$ 把杆件截开,分为左、右两段,取其中任意一段作为研究对象。杆件在外力作用下处于平衡,则左、右两段也必然处于平衡。左段上有外力 $\boldsymbol{F}$ 和截面内力作用,如图 4-4(b)所示,由二力平衡条件,该内力必与外力 $\boldsymbol{F}$ 共线,且沿杆件的轴线方向,用符号$\boldsymbol{F}_N$表示,称为“轴力”。由杆件的平衡方程可求出轴力的大小为:

$$\sum F_x=0,F_N-F=0$$

$$F_N=F$$

同理,右段上也有外力 $\boldsymbol{F}$ 和左段对应截面的作用力$\boldsymbol{F}'_N$,并满足平衡方程,如图 4-4(c)所示。因为$\boldsymbol{F}'_N$ 与 $\boldsymbol{F}_N$ 是一对作用力与反作用力,必等值、反向和共线,因此,无论研究截面左段求出的轴力$\boldsymbol{F}_N$,还是研究截面右段求出的内力$\boldsymbol{F}'_N$,都表示为 $m—m$ 截面的内力。拉杆的轴力$\boldsymbol{F}_N$的方向离开截面,规定为正;轴力指向截面,规定为负。

以上求内力的方法称为“截面法”,其步骤如下:

(1)截——沿欲求内力的截面,假想地用一个截面把杆件分为两段。

(2)取——取出任一段(左段或右段)为研究对象。

(3)代——将另一段对该段截面的作用力,用内力代替。

(4)平——列平衡方程式求出该截面内力的大小。

截面法是求内力最基本的方法。值得注意的是,应用截面法求内力,截面不能选在外力作用点处的截面上。

用截面法求轴力可以得出:两外力作用点之间各个截面的轴力相等。

四、轴力图

为了能够形象直观地表示出各横截面轴力的大小，用平行于杆轴线的 x 坐标表示横截面位置，称为“截面坐标 x”，用垂直于 x 的坐标F_N表示横截面轴力的大小。按选定的比例，把轴力表示在 x-F_N坐标系中，绘出的轴力随截面坐标 x 的变化曲线称为“轴力图”，如图 4-4(d)所示。

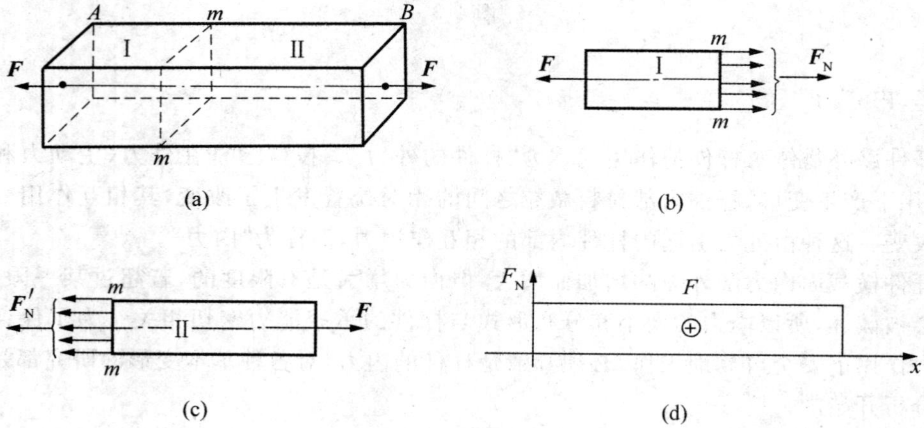

图 4-4

例 4-1 一等截面直杆 AE 的受力图如图 4-5(a)所示，求 1—1、2—2、3—3、4—4 截面上的轴力，并画轴力图。

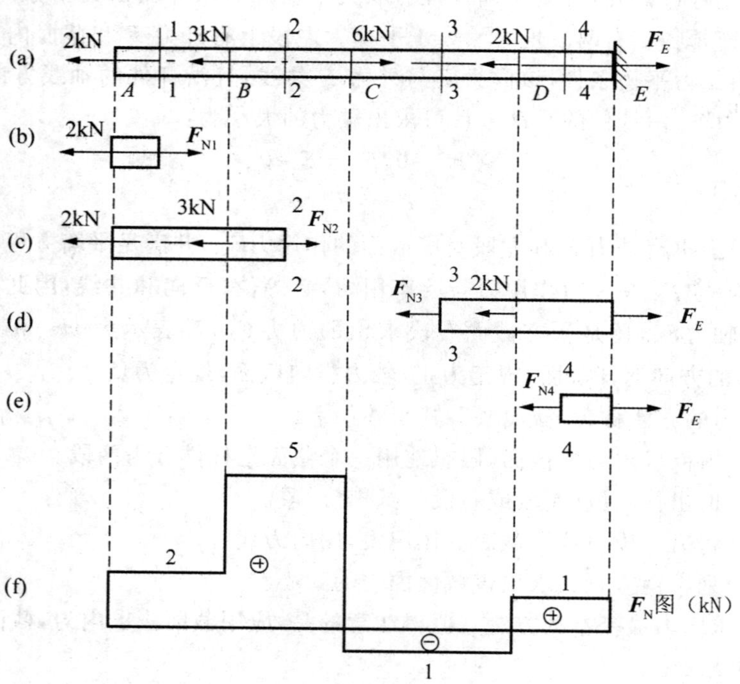

图 4-5

解:(1)求支座反力,由杆 AE 的平衡方程

$$\sum F_x=0, F_E-2-3+6-2=0$$

得:

$$F_E=1(\text{kN})$$

(2)求轴力。

沿横截面 1—1 假想地将杆截开,取左段为研究对象,设截面上的轴力为 $\boldsymbol{F}_{N1}$,如图 4-5(b)所示,由平衡方程

$$\sum F_x=0, F_{N1}-2=0$$

得:

$$F_{N1}=2(\text{kN})$$

计算的结果为正,表明 $\boldsymbol{F}_{N1}$ 为拉力。当然也可以取右段为研究对象来求轴力 $\boldsymbol{F}_{N1}$,但右段上包含的外力较多,计算较为复杂。因此,计算时应选取受力较简单的部分为研究对象。

再沿横截面 2—2 假想地将杆截开,仍取左段为研究对象,设截面上的轴力为 $\boldsymbol{F}_{N2}$,如图 4-5(c)所示,由平衡方程

$$\sum F_x=0, F_{N2}-2-3=0$$

得:

$$F_{N2}=5(\text{kN})$$

同理,沿截面 3—3 假想地将杆截开,取右段为研究对象,可得轴力 $\boldsymbol{F}_{N3}$,如图 4-5(d)所示,可得横截面 3—3 上的轴力 $\boldsymbol{F}_{N3}$ 为:

$$F_{N3}=-1(\text{kN})$$

结果为负,表明 $\boldsymbol{F}_{N3}$ 为压力。由图 4-5(e),可得横截面 4—4 上的轴力 $\boldsymbol{F}_{N4}$ 为:

$$F_{N4}=1(\text{kN})$$

(3)作轴力图。杆的轴力图如图 4-5(f)所示。

画轴力图时应注意:轴力图应封闭;图中直线表示截面位置对应的轴力数值,因此,应垂直于轴线,而不是斜线;轴力图应标出轴力数值、正负号、单位。

第三节　拉(压)杆横截面及斜截面上的应力

一、应　力

实践中,用相同材料制成两根杆,横截面面积不同,在相同的拉力作用下,两杆的轴力自然相同,当拉力增大到某一程度时,细杆必定先被拉断。这说明拉杆的强度取决于单位面积上的内力大小,同时还与材料承受荷载的能力有关。因此,仅已知杆件的轴力图和最大轴力,不足以解决杆件的强度问题。把截面上内力的分布集度定义为“应力”。可见,应力才是衡量构件是否发生强度破坏的重要指标。通过应力分析,才能对杆件进行强度计算。

图 4-6(a)所示为从任意受力构件中取出的分离体,m—m 截面上作用有连续分布的内力。围绕任一点 O 取微面积 ΔA,其上作用的内力设为 ΔF,定义 ΔF 与 ΔA 之比为该截面 ΔA 上的平均应力,即:

$$P_m=\frac{\Delta F}{\Delta A} \tag{4-1}$$

由于截面上内力的分布一般是不均匀的，所以平均应力将与所取面积 ΔA 的大小有关。为了消除 ΔA 的影响，更准确地描述 O 点处的内力分布集度，取平均应力的极限值，定义为该截面 O 点处的应力，即：

$$p=\lim_{\Delta A\to 0}\frac{\Delta F}{\Delta A} \tag{4-2}$$

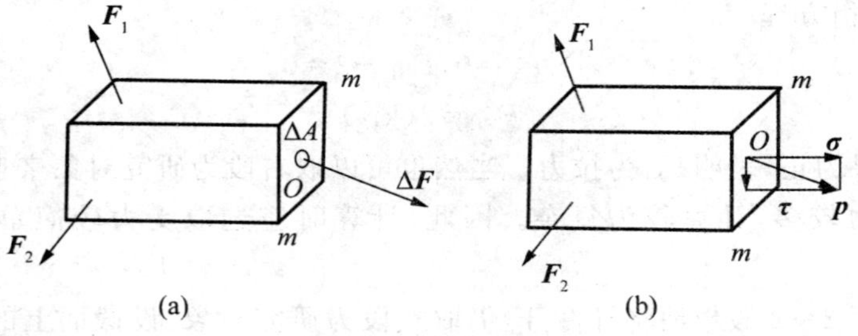

图 4-6

通常将应力 $\boldsymbol{p}$ 分解为两个分量，如图 4-6(b)所示。与截面垂直的分量称为“正应力”，用符号 $\boldsymbol{\sigma}$ 表示；平行于截面的分量称为“切应力”，用符号 $\boldsymbol{\tau}$ 表示；$\boldsymbol{p}$ 称为“全应力”。三者之间存在下列关系：

$$\left.\begin{aligned}\sigma&=p\cos\alpha\\ \tau&=p\sin\alpha\end{aligned}\right\} \tag{4-3}$$

式中，α 为全应力 $\boldsymbol{p}$ 与正应力 $\boldsymbol{\sigma}$ 所成的夹角。

应力的单位为Pa(N/m^2)，在工程实践中，通常采用 kPa、MPa 和 GPa 来表示应力，其换算关系为：1kPa$=10^3$Pa，1MPa$=10^6$Pa，1GPa$=10^9$Pa。

二、拉(压)杆横截面上的应力

在已知拉(压)杆横截面轴力的情况下，要确定该横截面的应力，首先需了解横截面上应力的分布规律。由于应力分布与构件变形之间存在着一定的物理关系，因此可以从杆件的变形特点上着手，分析应力在横截面上的变化规律。

取一等直杆，在其表面等间距地画出与杆轴线平行的纵向线和与杆轴线垂直的横向线，如图 4-7(a)所示。当杆受到拉力 $\boldsymbol{F}$ 作用时，观察变形后的杆件，发现纵向线仍为直线，且仍与轴线平行；横向线仍为直线，且仍与轴线垂直；横向线的间距增加，纵向线的间距减小，变形前横向线和纵向线间相交得到的一系列正方形都沿轴向伸长，横向缩短，变成一系列矩形，如图 4-7(b)所示。

根据观察到的变形现象和材料的连续性假设，可以由表及里地对杆的内部作出如下假设：变形前为平面的横截面，在变形后仍然保持为平面，并且垂直于轴线，只是各横截面沿杆轴线间距增加或缩小，此即为平面假设。

由杆件的连续性假设，可假想杆件是由许多纵向纤维所组成的。由平面假设可以推断，两任意横截面间的纵向纤维具有相同的伸长变形。由于材料是均匀的，不难想象，各纵向纤维变形相同，受力也应相同，由此可以推断横截面上各点处的应力均匀分布，如图

4-7(c)所示。

由内力、应力的概念可知,横截面上 σdA(称为“内力因素”)的合力即为横截面上的轴力 $\boldsymbol{F}_{\mathrm{N}}$。由于轴力垂直于横截面,可知拉(压)杆横截面上只有垂直于截面的正应力 σ,因此有:

$$F_{\mathrm{N}}=\int_{A}\sigma dA$$

$$\sigma=\frac{F_{\mathrm{N}}}{A} \tag{4-4}$$

式中,A 为横截面面积。

正应力的正负号随轴力的正负号而定,即拉应力为正,压应力为负。

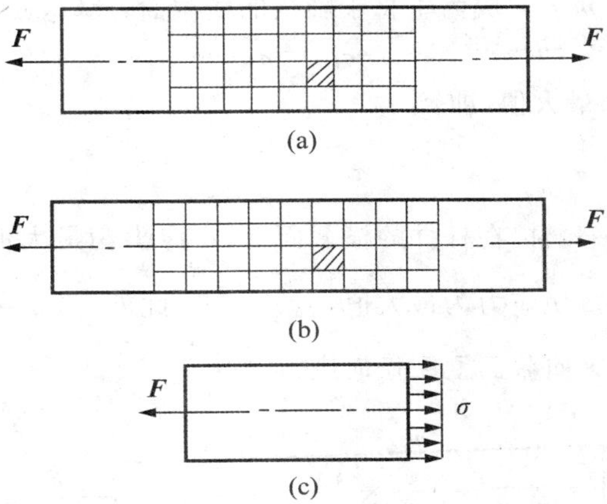

图 4-7

三、斜截面上的应力

前面分析了等直杆拉伸或压缩时横截面上的应力。但试验表明,铸铁试件受压时,并不是沿着横截面方向发生破坏的,而是沿着斜截面方向发生破坏的,所以需要研究拉(压)杆在任意斜截面上的应力情况。

现以拉杆为例,杆的横截面积为 A,受轴向拉力 $\boldsymbol{F}$ 的作用,如图 4-8(a)所示。为了研究任意斜截面上的应力,用一个与横截面夹角为 α 的斜截面 $m—m$,将杆分成两部分[见图 4-8(b)]。用A_α表示斜截面面积,用p_α表示斜截面上的应力,$\boldsymbol{F}_\alpha$表示斜截面上分布内力的合力。按照研究横截面上应力分布情况的方法,同样可以得到斜截面上各点处的应力 p_α相等的结论。再由左段的平衡条件可知:

$$F=F_\alpha$$

$$p_\alpha=\frac{F_\alpha}{A_\alpha}=\frac{F}{A_\alpha}$$

由几何关系可知:

$$A_\alpha=\frac{A}{\cos\alpha}$$

由以上式子可得：

$$p_\alpha=\frac{F}{A}\cos\alpha=\sigma\cos\alpha$$

把应力 p_α 分解成垂直于斜截面的正应力 σ_α 和平行于斜截面的切应力 τ_α［见图 4-8(c)］，得：

$$\sigma_\alpha=p_\alpha\cos\alpha=\sigma\cos^2\alpha \tag{4-5}$$

$$\tau_\alpha=p_\alpha\sin\alpha=\sigma\cos\alpha\sin\alpha=\frac{\sigma}{2}\sin2\alpha \tag{4-6}$$

可以看出，σ_α 和 τ_α 都是 α 的函数，所以斜截面的方位不同，截面上的应力也就不同。

当 $\alpha=0°$ 时，斜截面 $m—m$ 成为垂直于轴线的横截面，此时，$\tau_\alpha=0$，σ_α 达到最大值，即：

$$\sigma_{\max}=\sigma$$

当 $\alpha=45°$ 时，τ_α 达到最大值，即：

$$\tau_{\max}=\frac{\sigma}{2} \tag{4-7}$$

可见，轴向拉伸(压缩)时，在杆件的横截面上，正应力为最大值；在与杆件轴线成 45°的斜截面上，即 $\sigma=45°$ 时，切应力为最大值，$\tau_{\max}=\frac{\sigma}{2}$。此外，当 $\alpha=90°$ 时，$\sigma_\alpha=\tau_\alpha=0$，这表示在平行于杆件轴线的纵向截面上无任何应力。

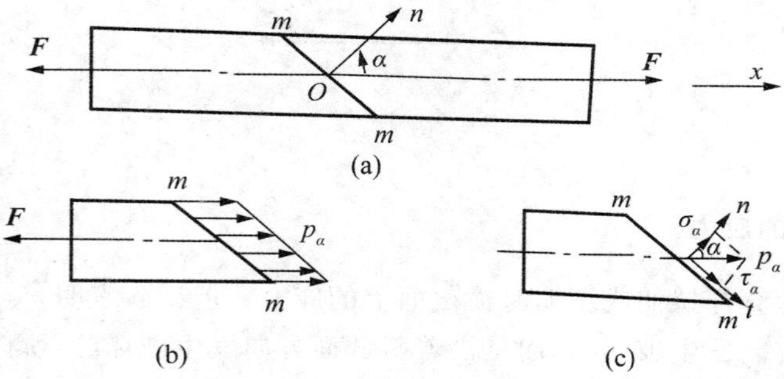

图 4-8

例 4-2 三铰刚架结构尺寸及受力分析如图 4-9(a)所示，其中 $F=22.2\text{kN}$，钢杆 BD 的直径 $d=25.4\text{mm}$，钢杆 CD 的横截面面积为 $A=2.32\times10^3\text{mm}^2$，试求 BD 杆与 CD 杆横截面上的正应力。

解：(1)内力分析。取结点 D 为研究对象，其受力图如图 4-9(b)所示，求各杆轴力。

$$\sum F_y=0,F_{NBD}\cos45°-F=0,F_{NBD}=\sqrt{2}F=31.4(\text{kN})$$

$$\sum F_x=0,-F_{NCD}-F_{NBD}\sin45°=0,F_{NCD}=-F=-22.2(\text{kN})$$

可见，BD 杆受拉应力，CD 杆受压应力。

(2)求各杆的应力。

根据式(4-4)，有：

$$\sigma_{BD}=\frac{F_{NBD}}{A_{BD}}=\frac{4\times31.4\times10^3}{\pi\times(25.4\times10^{-3})^2}=62.0(\text{MPa})$$

$$\sigma_{CD}=\frac{F_{NCD}}{A_{CD}}=\frac{-22.2\times10^3}{2.32\times10^3\times10^{-6}}=-9.6(\text{MPa})$$

可见，BD 杆受拉应力，CD 杆受压应力。

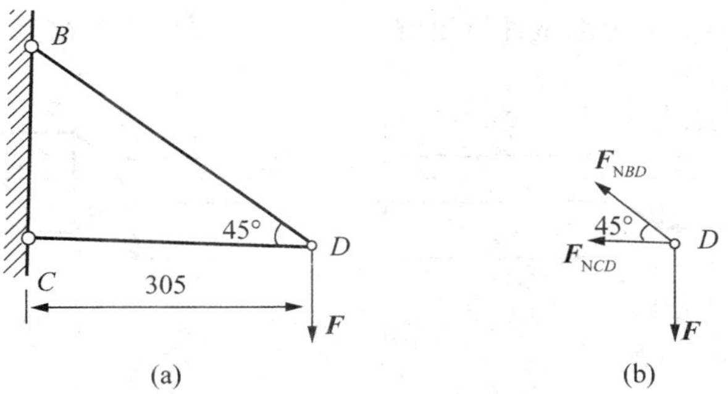

图 4-9

例 4-3 某轴向受压等截面直杆，横截面面积 $A=400\text{mm}^2$，轴力 $F_N=50\text{kN}$，斜截面的方位角 $\alpha=50°$，试求斜截面上的正应力与切应力。

解：杆件横截面上的正应力为：

$$\sigma=\frac{F_N}{A}=-\frac{50\times10^3}{400\times10^{-6}}=-125(\text{MPa})$$

由式(4-5)和式(4-6)可得 50°斜截面上的正应力与切应力分别为：

$$\sigma(50°)=\sigma\cos^2\alpha=-125\cos^2 50°=-51.6(\text{MPa})$$

$$\tau(50°)=\frac{\sigma}{2}\sin2\alpha=-\frac{125}{2}\sin(2\times50°)=-61.6(\text{MPa})$$

第四节 材料在拉伸和压缩时的力学性能

两根几何尺寸相同的杆件，受相同大小的轴向拉力作用，其中一根杆的材料是木材，另一根杆的材料是钢材，显然，钢杆比木杆的承载能力要强很多。由前面的分析可知，衡量一个杆件是否被破坏，不仅需要研究杆件在外力作用下的最大应力，还需要研究材料本身强度方面的性能，即材料的力学性能。因而研究材料在一定温度条件和外力作用下所表现出来的抵抗变形和断裂的能力，即材料的力学性能十分重要。材料的力学性能由试验测定。试验表明，材料的力学性能不仅取决于材料的成分及其内部组织结构，还与试验条件如受力状态、温度及加载方式等有关。本节主要介绍常用材料在常温和静载作用下处于轴向拉伸和压缩时的力学性能，这是材料最基本的力学性能。

材料的力学性能，是指材料在外力作用下所表现出来的力与变形的关系特征。材料的力学性能是通过试验测定的，是进行杆件强度、刚度计算和选择材料的重要依据。

工程材料的种类很多，常用材料根据其性能可分为塑性材料和脆性材料两大类。低碳钢和铸铁是这两类材料的典型代表，它们在拉伸和压缩时表现出来的力学性能具有广泛的代表性。因此，本书主要介绍低碳钢和铸铁在常温(指室温)、静载(指加载速度缓慢平稳)下的力学性能。

工程中通常把试验用的材料按国标(GB/T 228—1987)中规定的标准，先做成图 4-10 所示的标准试件。试件中间等直杆部分为试验段，其长度 l 称为“标距”。标准试件有 $l=5d$ 和 $l=10d$ 两种规格。而对矩形截面试件，标距 l 与横截面面积 A 之比有 $l=11.3\sqrt{A}$ 或 $l=5.65\sqrt{A}$。把标准试件测定的性能作为材料的力学性能。

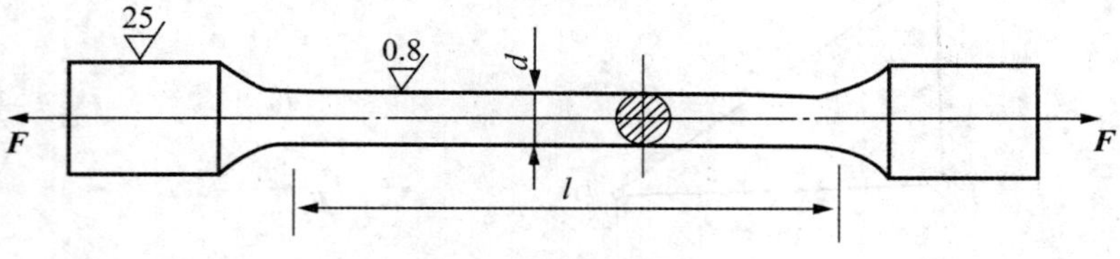

图 4-10

试验时，将试件两端装夹在试验机工作台的上、下夹头里，然后对其缓慢加载，直到把试件拉断为止。在试件变形过程中，从试验机的测力盘上可以读出一系列拉力 F 值，同时在变形标尺上读出与每个 F 值相对应的变形 Δl 值。以拉力 F 为纵坐标、变形 Δl 为横坐标，记录下每一时刻的力 F 和变形 Δl 值，描出力与变形的关系曲线，称为“F-Δl 曲线”。若消除试件横截面面积和标距对作用力及变形的影响，F-Δl 曲线就变成了应力与应变的曲线，或称作“σ-ε 曲线”。

图 4-11(a)和图 4-11(b)分别是低碳钢 Q235 拉伸时的 F-Δl 曲线图和 σ-ε 曲线图。

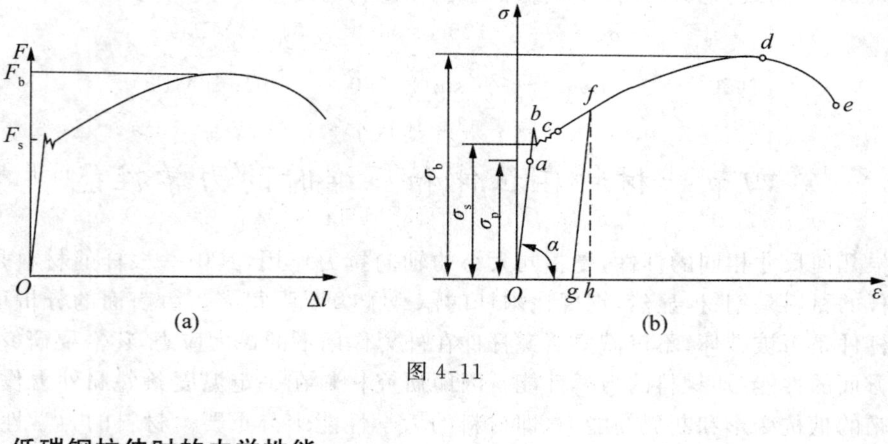

图 4-11

一、低碳钢拉伸时的力学性能

以低碳钢 Q235 的 σ-ε 曲线为例，讨论低碳钢在拉伸时的力学性能。其 σ-ε 曲线可以分为 4 个阶段，共有 3 个强度指标、2 个塑性指标和 1 个刚度指标。

1. 弹性阶段和比例极限 σ_p

从图 4-11(b)可以看出，曲线 Oa 段是直线。这说明试件的应力与应变在此段成正比关系，材料符合胡克定律，即 $\sigma=E\varepsilon$。

直线 Oa 的斜率 $\tan\alpha=E$，E 代表材料的弹性模量。由胡克定律 $\varepsilon=\dfrac{\sigma}{E}$ 可见，弹性模量 E 值越大，应变 ε 越小，说明材料抵抗变形的能力越强，因此，E 值代表了材料抵抗拉(压)

变形的能力，是衡量材料刚度的指标。

直线部分最高点 a 所对应的应力值记作σ_p，称为“材料的比例极限”。低碳钢 Q235 的$\sigma_p \approx 200\text{MPa}$。材料的弹性范围即可表示为 $\sigma \leqslant \sigma_p$。

曲线超过 a 点，有一微小段不再是直线，说明应力与应变的正比关系已不存在，材料不符合胡克定律。但在此段内卸载，变形也随之消失，说明此段也发生了弹性变形，此段曲线的最高点对应的应力，称为“弹性极限”。

由于弹性极限与比例极限非常接近，工程实际中通常对两者不作严格区分，而近似地用比例极限代替弹性极限。

2. 屈服阶段与屈服点σ_s

曲线超过 b 点后，出现了一段锯齿形曲线，说明这一阶段应力没有多大变化，而应变依然在增加，材料好像失去了抵抗变形的能力，这种应力变化不大而应变显著增加的现象称为“屈服”，bc 段称为“屈服阶段”。屈服阶段曲线最低点所对应的应力σ_s称为“材料的屈服点”。若试件表面是经过抛光处理的，这时可以看到试件表面出现了与轴线大约成 45°角的条纹线，称为“滑移线”，如图 4-12(a)所示。一般认为，这是材料内部晶格沿最大切应力方向相互错动滑移的结果，这种错动滑移是造成塑性变形的根本原因。

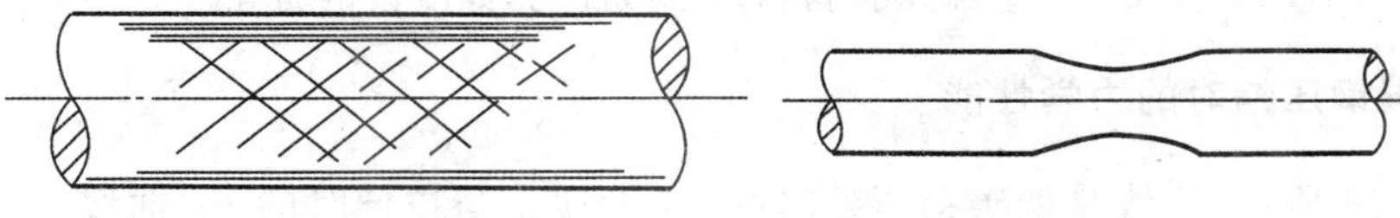

(a)　　(b)

图 4-12

在屈服阶段卸载，材料将出现不能消失的塑性变形。工程上一般不允许构件发生塑性变形，并把塑性变形作为材料失效的标志，所以屈服点对应的应力称为“屈服极限σ_s”，它是衡量材料强度的一个重要指标。低碳钢 Q235 的$\sigma_s \approx 235\text{MPa}$。

3. 强化阶段与抗拉强度σ_b

经过屈服阶段后，曲线从 c 点又开始逐渐上升，说明要使应变增加，必须增加应力，材料又恢复了抵抗变形的能力，这种现象称为“强化”，cd 段称为“强化阶段”。曲线最高点所对应的应力值，记作σ_b，称为“材料的抗拉强度”(强度极限)。它是衡量材料强度的又一个重要指标。低碳钢 Q235 的$\sigma_b \approx 400\text{MPa}$。

4. 缩颈断裂阶段

曲线到达 d 点(即应力达到其抗拉强度)前，试件的变形是均匀发生的；到达 d 点后，在试件比较薄弱的某一局部(材质不均匀或有缺陷处)，变形显著增加，有效横截面急剧减小，出现了缩颈现象，如图 4-12(b)所示，试件很快被拉断，所以 de 段称为“缩颈断裂阶段”。

5. 塑性指标

(1)伸长率

$$\delta = \frac{l_1 - l}{l_1} \times 100\%$$

式中，l_1 为试件拉断后的标距；l 为原标距。

一般地，把 $\delta \geqslant 5\%$ 的材料称为“塑性材料”，把 $\delta < 5\%$ 的材料称为“脆性材料”。

(2)断面收缩率

$$\psi = \frac{A - A_1}{A} \times 100\%$$

式中，A_1 为试件断口处横截面面积；A 为原横截面面积。

试件拉断后，弹性变形消失，只剩下塑性变形。显然 δ，ψ 值越大，其塑性越好。因此，断后伸长率和断面收缩率是衡量材料塑性的主要指标。低碳钢 Q235 的 $\delta = 25\% \sim 27\%$，$\psi = 60\%$，是典型的塑性材料；而铸铁、混凝土、石料等在破坏时没有明显的塑性变形，是脆性材料。

6. 冷作硬化

在强化阶段曲线上的某一点 f 停止加载，并缓慢地卸去荷载，$\sigma\text{-}\varepsilon$ 曲线将沿着与 Oa 近似平行的直线 fg 退回到应变轴上 g 点，gh 是消失了的弹性变形，Og 是残留下来的塑性变形。若卸载后再重新加载，$\sigma\text{-}\varepsilon$ 曲线将基本沿着 gf 上升到 f 点，再沿 fde 线直至拉断。这种将材料预拉到强化阶段后卸载，再重新加载而使材料的比例极限提高、塑性降低的现象，称为“冷作硬化”。工程中常利用冷作硬化工艺来增强材料的承载能力，如冷拔钢筋等。

二、低碳钢压缩时的力学性能

如图 4-13 所示，实线是低碳钢压缩时的 $\sigma\text{-}\varepsilon$ 曲线。与拉伸时的 $\sigma\text{-}\varepsilon$ 曲线（虚线）相比，在弹性和屈服阶段两曲线大致重合，其弹性模量 E、比例极限σ_p和屈服点σ_s与拉伸时大致相同，因此认为低碳钢的抗拉性能与抗压性能是相同的。

在曲线进入强化阶段以后，试件会越压越扁，先是压成鼓形，最后变成饼状，故得不到压缩时的抗压强度。

三、其他塑性材料拉伸时的力学性能

图 4-14 是几种塑性材料拉伸时的 $\sigma\text{-}\varepsilon$ 曲线图。与低碳钢的 $\sigma\text{-}\varepsilon$ 曲线相比，这些曲线没有明显的屈服阶段。对于没有明显屈服阶段的塑性材料，常用其产生 0.2%塑性应变所对应的应力值作为名义屈服点，称为“材料的名义屈服极限”，用$\sigma_{0.2}$表示。

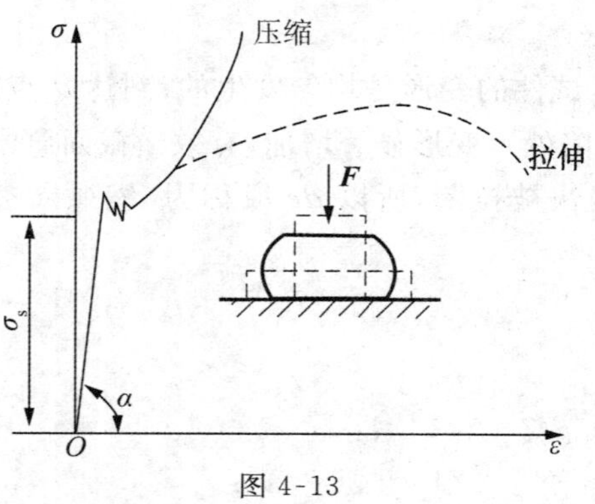

图 4-13

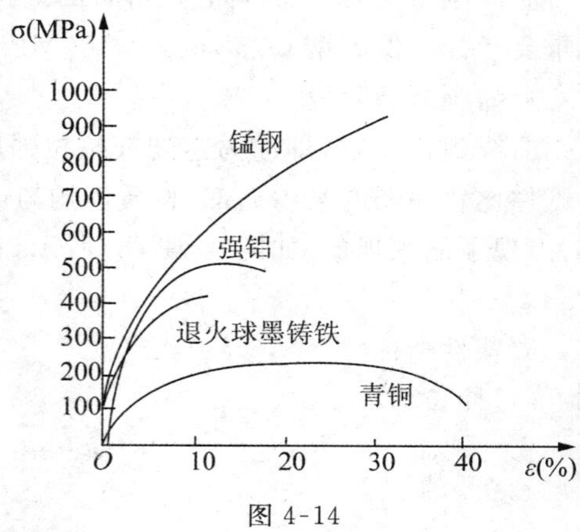

图 4-14

四、铸铁轴向拉(压)时的力学性能

1. 抗拉强度

铸铁是脆性材料的典型代表。从图 4-15(a)所示的拉伸 σ-ε 曲线可以看出，曲线没有明显的直线部分和屈服阶段，无缩颈现象而发生断裂破坏，断口平齐，塑性变形很小。把断裂时曲线最高点所对应的应力值，记作σ_b，称为“抗拉强度”。铸铁的抗拉强度较低，其σ_b值一般为 100～200MPa。

曲线没有明显的直线部分，表明应力与应变的正比关系不存在。由于铸铁总是在较小的拉应力下工作，且变形很小，故可近似地认为符合胡克定律。通常在 σ-ε 曲线上用割线[图 4-15(a)中的虚线]近似地代替曲线，并以割线的斜率作为其弹性模量 E。

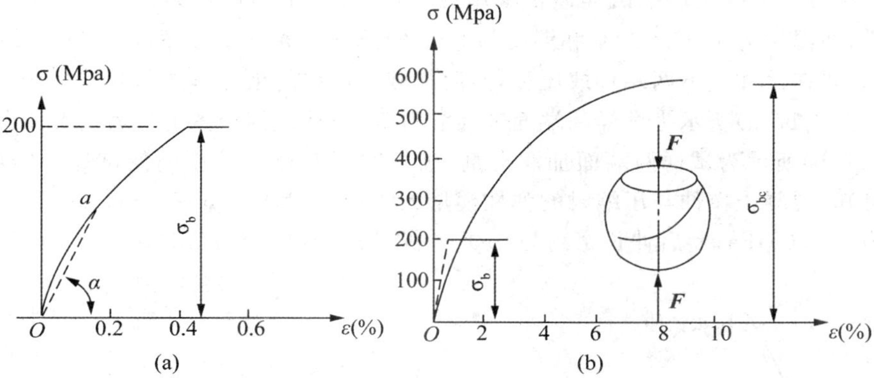

图 4-15

2. 抗压强度

图 4-15(b)是铸铁压缩时的 σ-ε 曲线，曲线没有明显的直线部分，在应力较小时，可以近似地认为符合胡克定律。曲线没有屈服阶段，变形很小时沿与轴线大约成 45°的斜截面发生破裂破坏。把曲线最高点的应力值称为“抗压强度”，用σ_{bc}表示。

与拉伸的 σ-ε 曲线(图 4-13 中虚线)比较可见，铸铁材料的抗压强度是抗拉强度的 3～5 倍，其抗压性能远大于抗拉性能，这反映了脆性材料共有的属性。因此，工程中铸铁等脆性材料常用来作承压构件，而不适合作承拉构件。

几种常用工程材料的力学性能如表 4-1 所示。

表 4-1　　几种常用工程材料的力学性能

材料名称 或牌号	屈服点 σ_s(MPa)	抗拉强度 σ_b(MPa)	断后伸长率 δ(%)	断面收缩率 ψ(%)
Q235	216～235	373～461	25～27	
45	265～353	530～598	13～16	30～40
40Cr	343～785	588～981	8～9	30～45
QT500-7	412	588	2	
HT150		98～275		

五、非金属材料的力学性能

1. 木材拉(压)时的力学性能

木材是一种纤维状天然建筑材料，属于典型的各向异性材料。在测定木材的力学性能时，通常规定以含水率为15%、无疵小尺寸标准木材试样的试验结果作为依据。其 σ-ε 曲线如图 4-16 所示。可以看到，曲线没有明显的直线部分，而且破坏前的变形很小，其断后伸长率 δ 约为 0.7%。另外，木材顺纹的抗拉强度比其抗压强度要高，顺纹的抗拉强度比横纹的抗压强度要高很多。

2. 混凝土压缩时的力学性能

混凝土是工程上常用的脆性材料，其抗压强度比抗拉强度要高出几倍，因此只适用于制作受压构件。混凝土压缩试样通常采用立方体，并规定用边长为 0.2m 的立方体作为标准试样，在温度为 15℃～20℃和湿度为 90%的条件下养护 28 天后才可进行压缩试验。试验时，先要在试样上下两端垫放压板，然后加载。试样的破坏形式与其端面接触的摩擦力有关。图 4-17(a)所示为试样两端面未加润滑剂，破坏时因摩擦力过大而形成两个截锥体；图 4-17(b)所示为试样两端面加润滑剂，破坏时因摩擦力较小而使试样沿竖向开裂。由试验可知，混凝土拉伸与压缩时的弹性模量大致相同，为(0.15～0.36)×10^5 MPa；其抗压强度为 7～50MPa；断后伸长率约为 0.01%；泊松比为 0.08～0.18。

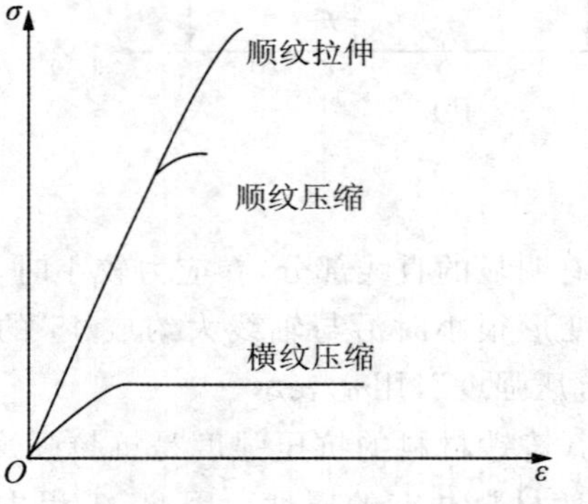

图 4-16

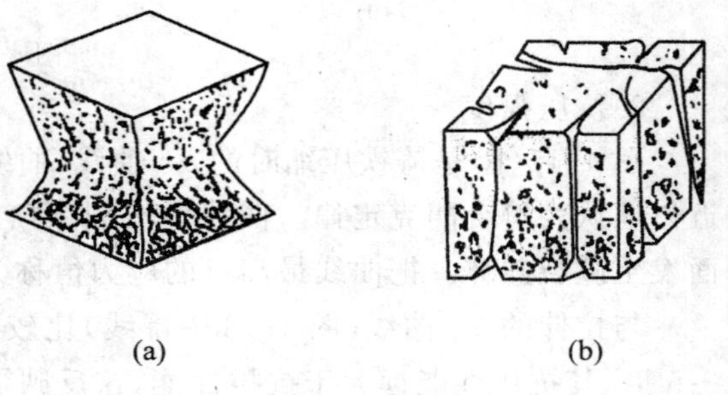

图 4-17

第五节 轴向拉(压)杆的变形及强度计算

一、轴向拉(压)杆的纵向、横向变形

设拉杆的原长为 l，承受一对轴向拉力 $\boldsymbol{F}$ 的作用，变形后其长度增为 l_1，如图 4-18 所示，则杆的纵向伸长量为：

$$\Delta l = l_1 - l$$

杆件沿轴线方向的变形量 Δl 只反映了杆的总变形，其大小与杆件的原长有关，不能说明杆件变形的程度。因此，定义单位长度内杆的伸长量来表示杆件的变形程度，即：

$$\varepsilon=\frac{\Delta l}{l} \tag{4-8}$$

式中，ε 称为“纵向线应变”，简称为“线应变”，是一个无量纲量。

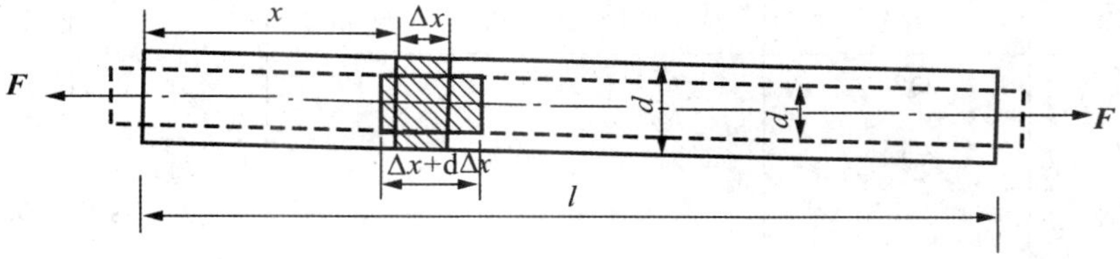

图 4-18

式(4-8)表示的是杆件在长度 l 内的平均线应变。若杆沿长度变形均匀，就表示杆在各点处的线应变相同；若杆沿长度的变形并非均匀，必须用某点处平均线应变的极限值来表示，即：

$$\varepsilon_x=\lim_{\Delta x\to 0}\frac{\mathrm{d}\Delta x}{\Delta x} \tag{4-9}$$

设杆的原横向尺寸为 d，变形后为d_1，则杆的横向绝对变形，即缩短量 Δd 为：

$$\Delta d=d_1-d \tag{4-10}$$

而杆的横向线应变则为：

$$\varepsilon'=\frac{\Delta d}{d} \tag{4-11}$$

式中，ε'称为“横向线应变”，也是一个无量纲量。

上述有关变形的概念同样适用于轴向压缩。但应注意，拉杆的 ε 为正、ε'为负，而压杆的ε为负、ε'为正。

二、泊松比与胡克定律

试验表明，当材料处于线弹性变形阶段时，横向线应变与纵向线应变之比的绝对值为一个常数，即：

$$\mu=\left|\frac{\varepsilon'}{\varepsilon}\right| \tag{4-12}$$

式中，μ 称为“横向变形系数”或“泊松比”，是一个无量纲量，它是材料的弹性常数。利用这一关系，可以通过纵向线应变求出横向线应变，即：

$$\varepsilon'=-\mu\varepsilon \tag{4-13}$$

式中，负号表示杆件的纵向线应变和横向线应变总是相反的。

当杆内的应力不超过比例极限时，即杆件的变形在线弹性范围内。根据式(4-4)、式(4-8)，可知杆的伸长量 Δl 与轴力 F_N、杆长 l 成正比，而与材料的弹性模量 E、杆的横截面面积 A 成反比，即：

$$\Delta l=\frac{F_N l}{EA} \tag{4-14}$$

由式(4-14)可知,EA 值越大,则杆的变形愈小;EA 值愈小,则杆的变形愈大。EA 值反映了杆件抵抗拉(压)变形的能力,称为“抗拉(压)刚度”。

弹性模量 E 和泊松比 μ,均由试验测定。表 4-2 列出了工程中常用材料的 E,μ 值。

表 4-2　常用材料的 E,μ 值

材料名称	牌号	弹性模量 $E(1\text{GPa}=10^9\text{N/m}^2)$	泊松比 μ
低碳钢	Q235	200～210	0.24～0.28
中碳钢	45	205	
低合金钢	16Mn	200	0.25～0.30
合金钢	40CrNiMoA	210	0.25
灰口铸铁		60～162	0.23～0.27
球墨铸铁		150～180	
混凝土		15.2～35	0.16～0.18
木材(顺纹)		8～12	

三、拉(压)杆的强度计算

为了保证拉(压)杆在外力作用下能够安全可靠地工作,必须使杆件横截面的应力不超过其材料的许用应力。当杆件各截面的应力不相等时,只要杆件的最大工作应力不超过材料的许用应力,就可保证杆件具有足够的强度。对于等截面直杆,由于各横截面面积相同,最大工作应力必产生在轴力最大的截面上。为了使构件不发生拉(压)失效,保证构件安全工作的条件是最大工作应力不超过材料的允许应力值,该条件称为“强度设计准则”。对于等截面直杆,为:

$$\sigma_{\max}=\frac{F_{\text{Nmax}}}{A}\leqslant[\sigma] \tag{4-15}$$

式中,$[\sigma]$称为“许用应力”。

应用强度条件式(4-15)所进行的运算称为“强度计算”。强度计算可以解决以下三类问题。

(1)强度校核。已知作用外力 F、横截面面积 A 和许用应力$[\sigma]$,计算出最大工作应力 $\sigma_{\max}$,检验是否满足强度准则,从而判断构件是否能够安全可靠地工作。

(2)设计截面。已知作用外力 F、许用应力$[\sigma]$,由强度准则计算出横截面面积 A,即 $A\geqslant\frac{F_{\text{Nmax}}}{[\sigma]}$,然后根据工程要求的截面形状,设计出杆件的截面尺寸。

(3)确定许可荷载。已知构件的横截面面积 A、许用应力$[\sigma]$,由强度准则计算出构件所能承受的最大内力F_{Nmax},即$F_{\text{Nmax}}\leqslant A[\sigma]$,再根据内力与外力的关系,确定杆件允许的最大荷载值$[F]$。

例 4-4　图 4-19(a)所示为受多个力作用的等直杆,其中$F_{\text{N1}}=6\text{kN}$,$F_{\text{N2}}=-2\text{kN}$,$F_{\text{N3}}=3\text{kN}$,横截面面积 $A=500\text{mm}^2$,材料的弹性模量 $E=200\text{GPa}$,试求杆件总的纵向变

形量。

解:杆的轴力图如图 4-19(b)所示。

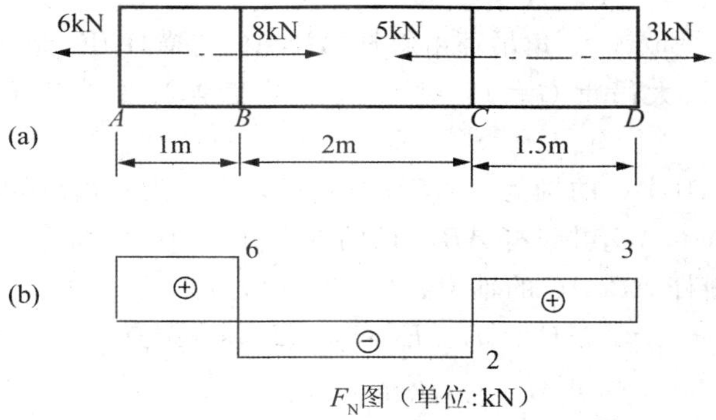

图 4-19

将杆各段变形量一一求出,然后求总和即可。

由式(4-14)可知:

$$\Delta l=\sum \Delta l_i=\sum \frac{F_{Ni}l_i}{EA}$$

$$\Delta l=\frac{F_{N1}l_1+F_{N2}l_2+F_{N3}l_3}{EA}=\frac{6\times 10^3\times 1-2\times 10^3\times 2+3\times 10^3\times 1.5}{200\times 10^9\times 500\times 10^{-6}}=0.0145(\text{mm})$$

例 4-5 图 4-20(a)所示为一刚架,已知作用于刚架上的荷载 $F=40$kN,钢拉杆 BC 的圆截面面积 $A=600\text{mm}^2$,许用应力$[\sigma]=160$MPa,试校核拉杆 BC 的强度。

解:(1)求拉杆 BC 的轴力。由于 BC 杆为二力杆,它对刚架的拉力就等于它的轴力。取刚架为研究对象,画受力图,如图 4-20(b)所示。列平衡方程,得:

$$\sum M_A(F)=0-F_B\sin 45°\times 2+F\times 2=0$$

$$F_B=\frac{F}{\sin 45°}=\sqrt{2}\times 40=56.6(\text{kN})$$

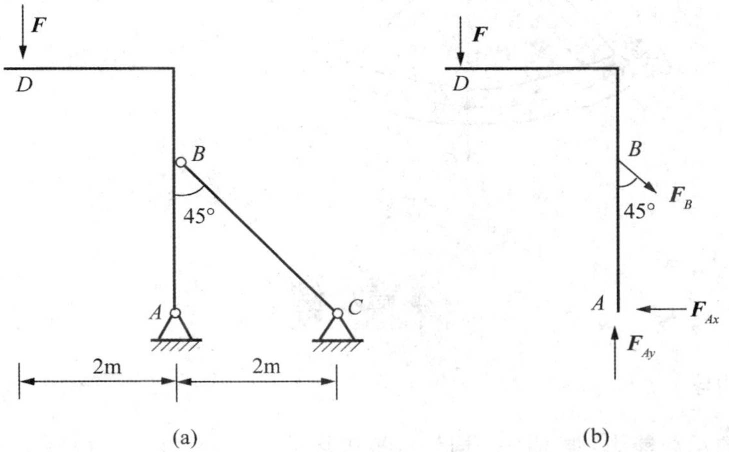

图 4-20

(2)强度校核。

$$\sigma=\frac{F_{\mathrm{N}}}{A}=\frac{F_{B}}{A}=\frac{56.6\times10^{3}}{600}=94.3(\mathrm{MPa})<[\sigma]$$

例 4-6 图 4-21 所示的三角吊环由斜杆 AB,AC 与横杆 BC 组成,$\alpha=30°$,斜钢杆的 $[\sigma]=120\mathrm{MPa}$,吊环最大吊重 $G=150\mathrm{kN}$。试按强度准则设计斜杆 AB,AC 的截面直径 d。

解:(1)求斜杆 AB,AC 的轴力。对于吊环整体,由二力平衡可知$F_{\mathrm{T}}=G$。在 A 点附近用截面法截开杆 AB,AC,并设杆 AB,AC 的轴力分别为F_{N1},F_{N2}。画出 A 点的受力图,列平衡方程式求得斜杆 AB,AC 的轴力。

$$\sum F_{x}=0,-F_{\mathrm{N1}}\sin\alpha+F_{\mathrm{N2}}\sin\alpha=0$$

$$F_{\mathrm{N1}}=F_{\mathrm{N2}}$$

$$\sum F_{y}=0,F_{\mathrm{T}}-F_{\mathrm{N1}}\cos\alpha-F_{\mathrm{N2}}\cos\alpha=0$$

$$F_{\mathrm{N1}}=F_{\mathrm{N2}}=\frac{F_{\mathrm{T}}}{2\cos\alpha}=\frac{\sqrt{3}}{3}G=\frac{\sqrt{3}\times150}{3}=86.6(\mathrm{kN})$$

(2)设计截面。由强度条件可得:

$$\sigma=\frac{F_{\mathrm{N}}}{A}=\frac{F_{\mathrm{N}}}{\frac{\pi d^{2}}{4}}\leqslant[\sigma]$$

$$d\geqslant\sqrt{\frac{4F_{\mathrm{N}}}{\pi[\sigma]}}=\sqrt{\frac{4\times86.6\times10^{3}}{\pi\times120}}=30.3(\mathrm{mm})$$

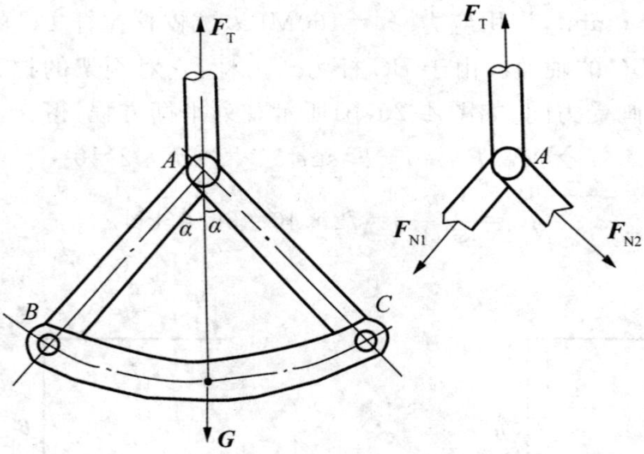

图 4-21

本章小结

一、材料力学

(1)构件的承载能力:强度——构件抵抗破坏的能力;刚度——构件抵抗变形的能力;稳定性——压杆抵抗其原有直线失衡状态的能力。

（2）材料力学的任务：在保证构件既安全又经济的前提下，为构件选择合适的材料，确定合理的截面形状和尺寸，提供必要的理论基础和实用的计算方法。

（3）变形体及基本假设：均匀连续性假设、各向同性假设、弹性小变形。

（4）杆件变形的基本形式：轴向拉（压）、剪切、扭转、弯曲。

二、轴向拉伸和压缩的外力与内力

（1）拉（压）杆受力与变形特点：外力（或合外力）沿杆件的轴线作用，杆件沿轴线方向伸长（或缩短），沿横向缩短（或伸长）。

（2）拉（压）杆的内力——轴力：截面法是求内力最基本的方法；两外力作用点之间各个截面的轴力相等；求截面轴力的简便方法为：杆件任意截面的轴力$F_N(x)$等于截面一侧（左段或右段）杆件上所有外力的代数和，左段向左、右段向右的外力产生正值轴力，反之产生负值轴力。

（3）轴力图：轴力随截面坐标 x 变化的曲线图。

三、拉（压）杆横截面及斜截面上的应力

（1）应力为内力在截面上的集度。垂直于截面的应力称为“正应力”，平行于截面的应力称为“切应力”。

（2）工程单位换算：

$$1\text{MPa}=10^6\text{N/m}^2=1\text{N/mm}^2$$

（3）拉（压）杆的应力：

1）在截面上呈均匀分布。

2）计算公式：

横截面上的应力：

$$\sigma=\frac{F_N}{A}$$

斜截面上的应力：

$$p_\alpha=\frac{F}{A}\cos\alpha=\sigma\cos\alpha$$

斜截面上的正应力为：

$$\sigma_\alpha=p_\alpha\cos\alpha=\sigma\cos^2\alpha$$

斜截面上的切应力为：

$$\tau_\alpha=p_\alpha\sin\alpha=\sigma\cos\alpha\sin\alpha=\frac{\sigma}{2}\sin2\alpha$$

四、材料在拉伸和压缩时的力学性能

（1）低碳钢拉伸时的 σ-ε 曲线分为 4 个阶段，有 3 个重要的强度指标、2 个塑性指标和 1 个刚度指标。

（2）冷作硬化：将材料预拉到强化阶段后卸载，重新加载使材料的比例极限提高而塑性降低的现象。

(3)低碳钢的抗拉性能与抗压性能是相同的,即弹性模量 E、比例极限σ_p、屈服点σ_s相同。

(4)对于没有明显屈服阶段的塑性材料,常用其产生 0.2%塑性应变所对应的应力值作为名义屈服点,称为“材料的屈服极限”,用$\sigma_{0.2}$表示。

(5)铸铁的抗拉强度较低,其抗压性能远大于抗拉性能,这反映了脆性材料共有的属性。铸铁等脆性材料常用作承压构件,而不用作承拉构件。

五、轴向拉(压)杆变形及强度计算

(1)杆的纵向线应变:

$$\varepsilon=\frac{\Delta l}{l}$$

杆的横向线应变:

$$\varepsilon'=\frac{\Delta d}{d}$$

(2)泊松比:

$$\mu=\left|\frac{\varepsilon'}{\varepsilon}\right|$$

胡克定律:

$$\Delta l=\frac{F_N l}{EA}$$

(3)强度计算:

强度条件:

$$\sigma_{max}=\frac{F_{Nmax}}{A}\leqslant[\sigma]$$

强度计算的三类问题:校核强度、设计截面、确定许可荷载。

思考题

1. 什么是内力?截面法计算内力的步骤有哪些?为什么轴向拉(压)杆的内力必定垂直于横截面且沿杆轴方向作用?

2. 两根材料不同、截面面积不同的杆,受同样的轴向拉力作用时,它们的内力是否相同?

3. 轴力和截面面积相等,而材料和截面形状不同的两根拉杆,在应力均匀分布的条件下,它们的应力是否相同?

4. 在拉(压)杆中,轴力最大的截面一定是危险截面,这种说法对吗?为什么?

5. 低碳钢在拉伸试验中表现为几个阶段?有哪几个特征点?怎样从 σ-ε 曲线上求出拉压弹性模量 E 的值?

6. 拉(压)杆斜截面上的应力公式是如何建立的?正应力、切应力与方位角的正负号是如何规定的?最大正应力与最大切应力各位于哪个方位的截面?其值为多少?

7. 拉(压)杆的胡克定律是如何建立的?有几种表达形式?该定律的应用条件是什

么？何谓杆件的拉压刚度？

8. 材料的塑性如何衡量？何谓塑性材料？何谓脆性材料？塑性材料和脆性材料的力学特性有哪些主要区别？

9. 胡克定律有几种表达形式？其应用条件是什么？

10. 斜截面上一点处的应力可分解为哪两个分量？其正负号是如何规定的？

习　题

4-1　求图 4-22 所示杆各段横截面上的轴力，并作杆的轴力图。

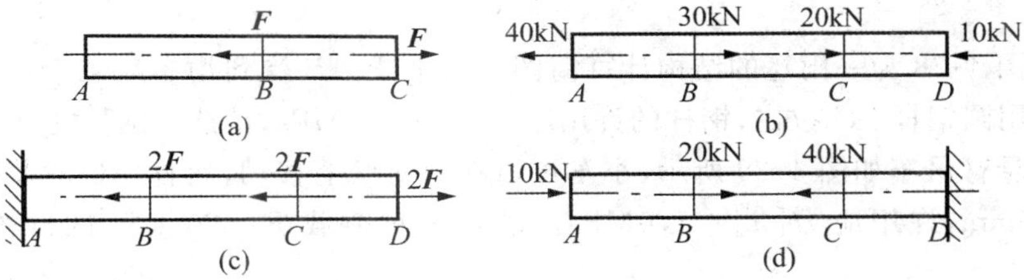

图 4-22

4-2　作出图 4-23 所示阶梯状直杆的轴力图。如横截面的面积 $A_1=200\text{mm}^2$，$A_2=300\text{mm}^2$，$A_3=400\text{mm}^2$，求各横截面上的应力。

4-3　一高为 10m 的石砌桥墩，其横截面尺寸如图 4-24 所示。已知轴向压力 $F=800\text{kN}$，材料的容重 $\gamma=23\text{kN/m}^3$，试求桥墩底面上的压应力的大小。

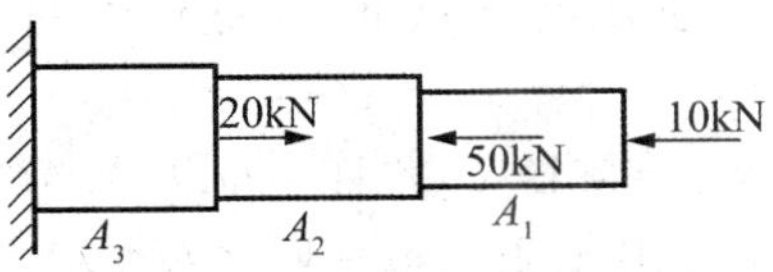

图 4-23

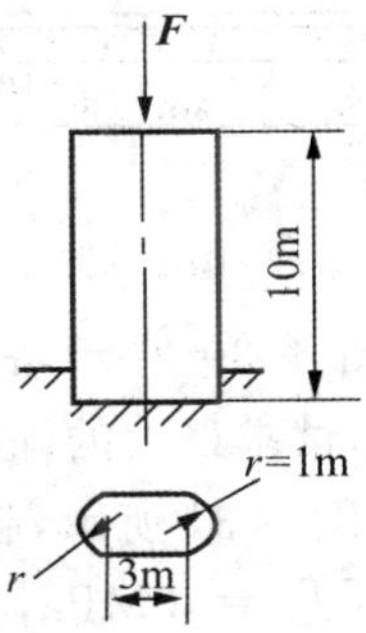

图 4-24

4-4　图 4-25 所示为一根承受轴向拉力 $F=10\text{kN}$ 的等直杆，已知杆的横截面面积 $A=100\text{mm}^2$，试求 $\alpha=0°,30°,60°,90°$的各斜截面上的正应力和剪应力。

4-5　用绳索吊起重量为 10kN 的箱子，如图 4-26 所示。设绳索的直径 $d=25\text{mm}$，许用应力$[\sigma]=10\text{MPa}$，试校核绳索的强度。

4-6　图 4-27 所示为一个三角支架。已知杆 AC 是一根圆截面钢杆，许用应力$[\sigma]=170\text{MPa}$，杆 BC 是正方形截面木杆，许用应力$[\sigma]=12\text{MPa}$，荷载 $F=60\text{kN}$，试求钢杆的直径 d 和木杆的截面边长 a。

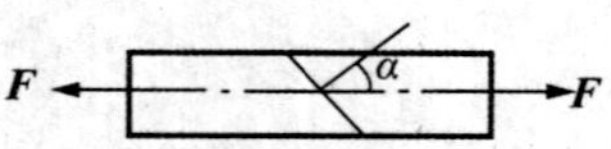

图 4-25

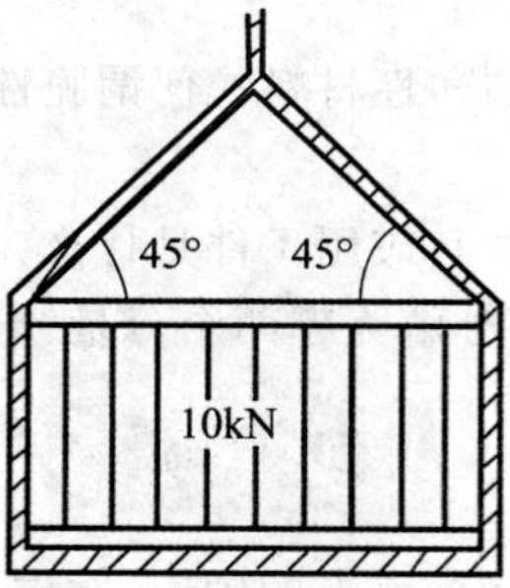

图 4-26

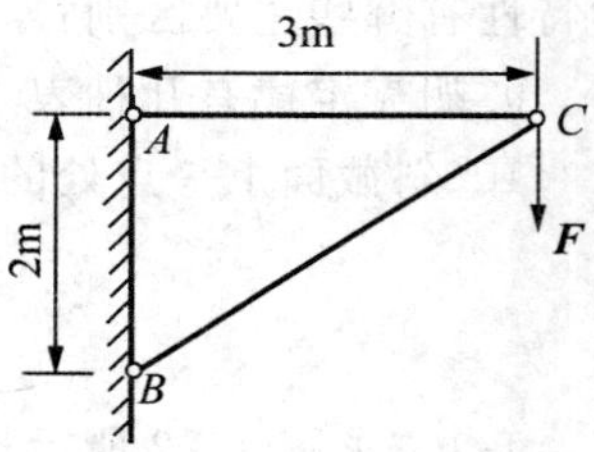

图 4-27

4-7　图 4-28 为一雨篷的结构计算简图。水平梁 AB 受到均布荷载 $q=10\text{kN/m}$ 的作用，B 端用圆钢杆 BC 拉住，钢杆的许用应力$[\sigma]=160\text{MPa}$，试选择钢杆的直径。

4-8　悬臂吊车如图 4-29 所示，小车可以在 AB 梁上移动，斜杆 AC 的截面为圆形，直径 $d=70\text{mm}$，许用应力$[\sigma]=170\text{MPa}$。已知小车荷载 $F=200\text{kN}$，试校核杆 AC 的强度。

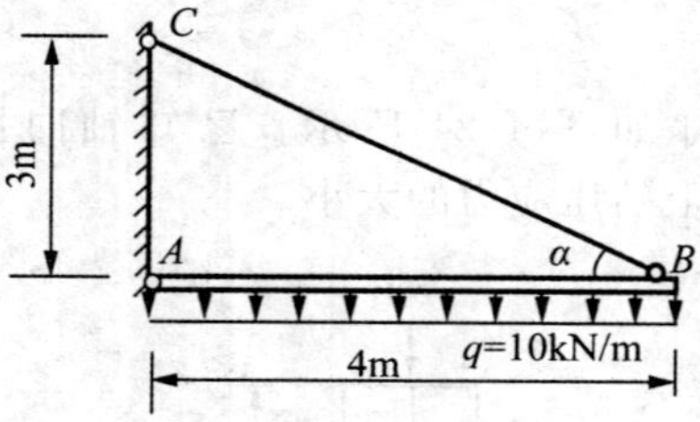

图 4-28

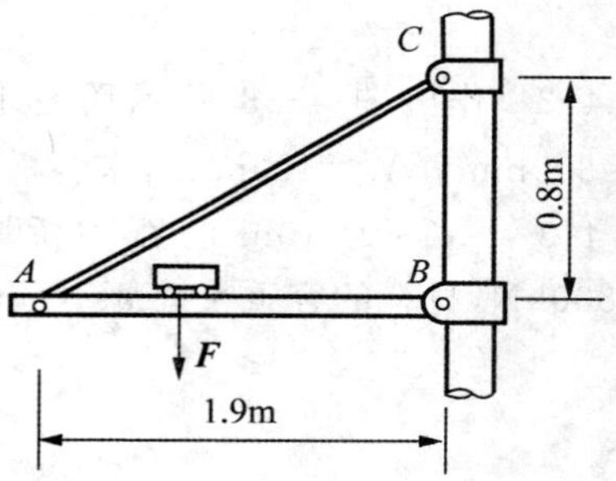

图 4-29

4-9　如图 4-30 所示，吊架中拉杆 AB 是用直径 $d=6\text{mm}$ 的钢筋制成的，已知$[\sigma]=170\text{MPa}$，试求最大的许用荷载 q。

4-10　如图 4-31 所示，起重架在 D 点作用荷载 $F=30\text{kN}$。若杆 AD，ED，AC 的许用应力分别为$[\sigma]_1=40\text{MPa}$，$[\sigma]_2=100\text{MPa}$，$[\sigma]_3=100\text{MPa}$，求三根杆所需的面积。

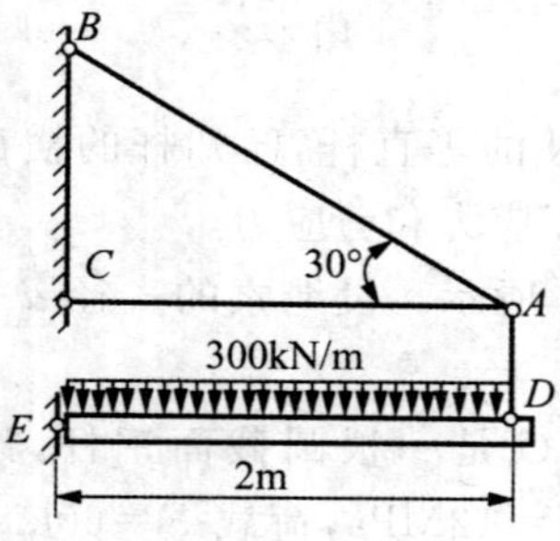

图 4-30

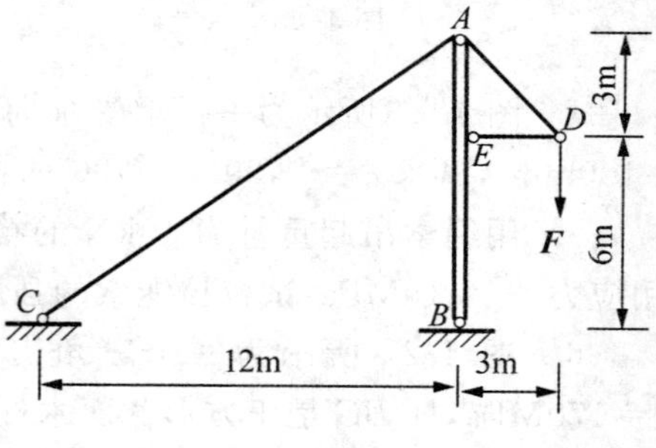

图 4-31

4-11 如图 4-32 所示，刚性梁 ACB 用一圆钢杆 CD 悬挂着，B 端作用集中力 $F=25\text{kN}$。已知 CD 杆的直径 $d=20\text{mm}$，许用应力$[\sigma]=160\text{MPa}$，试校核 CD 杆的强度，并求：(1)结构的许用荷载$[F]$；(2)$F=60\text{kN}$ 时，设计 CD 杆的直径。

4-12 图 4-33 所示为一双层吊架，设 1，2 杆的直径为 8mm，3，4 杆的直径为 12mm。杆材料的许用应力$[\sigma]=170\text{MPa}$，试验算各杆的强度。

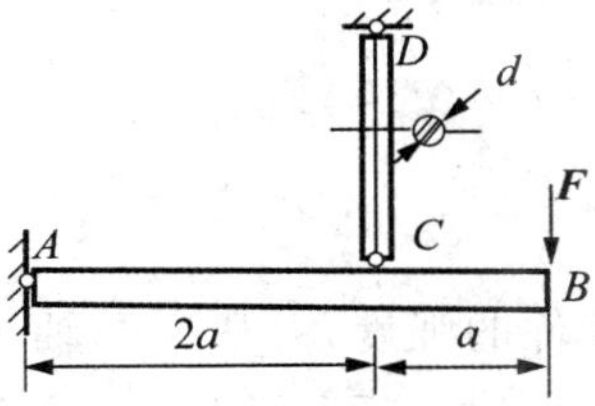

图 4-32

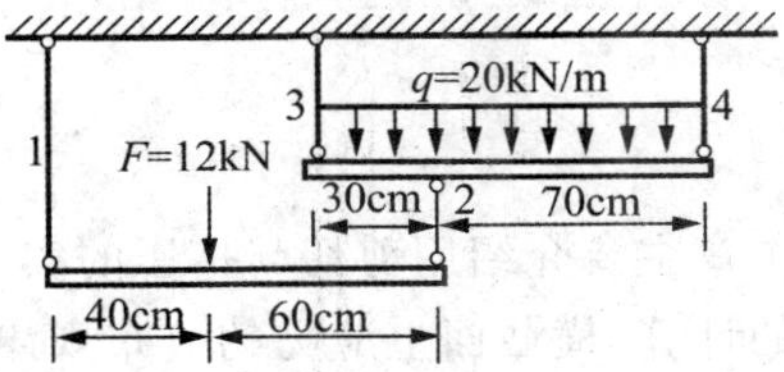

图 4-33

第五章　剪切、挤压和扭转

本章主要介绍用剪切与挤压的实用计算方法校核连接件的强度，并研究圆轴扭转时扭矩的计算、横截面上应力的分布规律及强度条件。其中，变形分析和剪切面、挤压面计算，扭转内力和内力图，扭转时应力和强度计算是本章的重点，需要认真练习并逐步掌握。

第一节　剪切和挤压

一、剪切变形

剪切变形是杆件的基本变形形式之一。图 5-1 为剪刀裁剪杆件的受力示意图。可见，杆件受到大小相等、方向相反、作用线与杆轴线垂直且相距很近的一对外力作用，处在两外力作用线之间的横截面发生了相对错动，这种变形称为“剪切变形”，产生相对错动的截面称为“剪切面”。

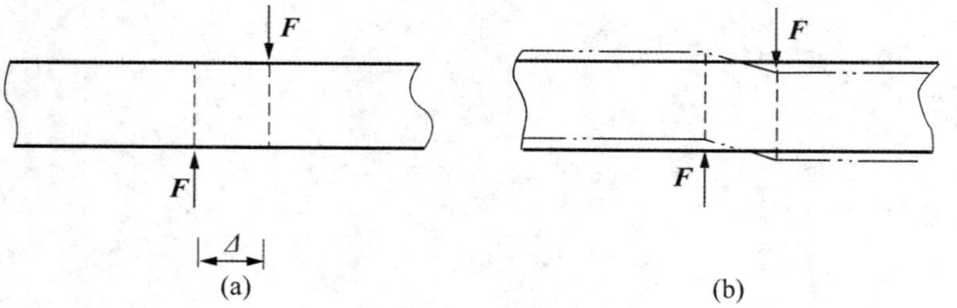

图 5-1

由此可以得出剪切的受力与变形特点：沿杆件横向作用一对大小相等、方向相反、作用线平行且相距很近的外力，夹在两外力作用线之间的剪切面发生了相对错动。

工程上常用的连接件，如螺栓、铆钉、销钉、联轴键等，通常都会发生剪切变形。桁架结点用铆钉连接[见图 5-2(a)]；桁架结点用焊接连接[见图 5-2(b)]。铆钉两侧面上作用大小相等、方向相反、作用线平行且相距很近的两侧外力，两外力作用线之间的截面发生了相对错动。同理，焊缝在外力作用下也会发生相对错动，如图 5-2(c)所示。

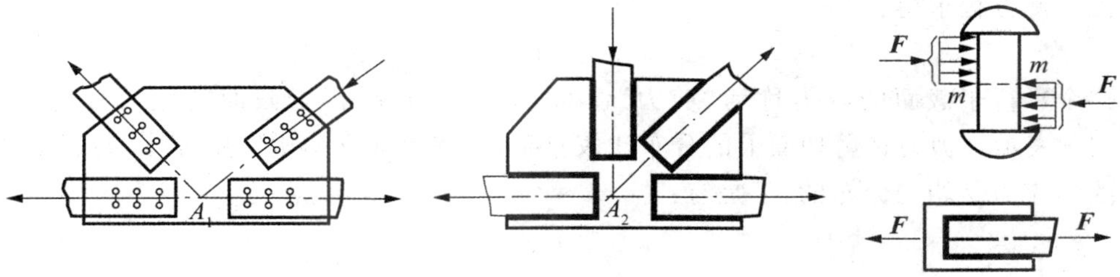

(a) (b) (c)

图 5-2

二、挤　压

连接件发生剪切变形的同时，连接件与被连接件的接触面会因相互作用而压紧，这种现象称为“挤压”。若挤压力过大，则在接触面的局部范围内将发生塑性变形，甚至被压溃，这种因挤压力过大，连接件在接触面的局部范围内发生塑性变形或压溃，称为“挤压破坏”。

实际上，挤压变形就是物体相互机械作用接触面局部发生的变形。当机械作用接触面较小而作用力较大时，在接触面的局部就会发生塑性变形或破碎溃坏。接触面局部材料为塑性材料，会发生塑性变形；为脆性材料，会发生破碎溃坏(称为“压溃”)。工程实际中，构件连接处发生塑变是不允许的，发生压溃也是不允许的。因此，必须对构件接触面局部的强度进行计算，即挤压强度计算。连接件发生剪切变形的同时，在构件连接处也会发生挤压变形，因此把挤压变形与剪切变形放在一起研究。

值得注意的是，挤压和压缩是两个完全不同的概念，挤压变形发生在两物体相互作用接触面的局部，而压缩变形则是发生在一个构件上。

第二节　剪切和挤压的实用计算

一、剪切的实用计算

为了对连接件进行剪切强度计算，需先求出剪切面上的内力。现以图 5-3(a)所示的铆钉接头中的铆钉为例进行分析。用截面法假想将铆钉沿其剪切面 $m—m$ 截开，取任一部分为研究对象[见图 5-3(c)]。

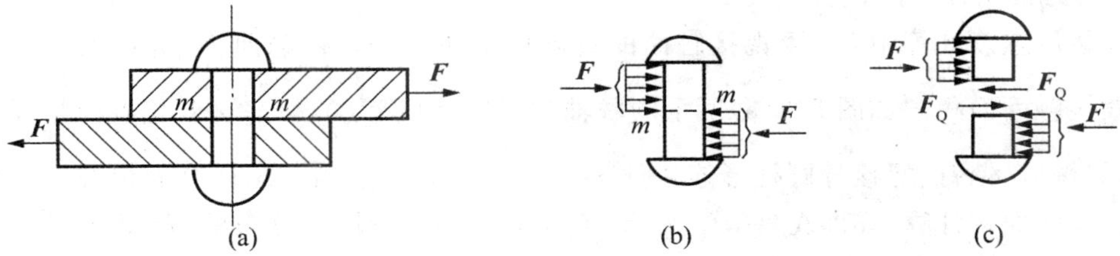

(a) (b) (c)

图 5-3

由平衡方程求得：

$$F_Q=F$$

这个平行于截面的内力称为“剪力”，用F_Q表示。其平行于截面的应力称为“切应力”，用τ表示。剪力在剪切面上的分布比较复杂，工程上通常采用实用计算，即假定剪切面上的切应力是均匀分布的，于是有：

$$\tau=\frac{F_Q}{A} \tag{5-1}$$

式中，A为剪切面面积。

为了保证连接件安全可靠地工作，要求切应力τ不得超过连接件的许用切应力$[\tau]$，则相应的剪切强度设计准则为：

$$\tau=\frac{F_Q}{A}\leqslant[\tau] \tag{5-2}$$

式中，$[\tau]=\frac{\tau_b}{n_\tau}$为抗剪强度，它是由实际连接构件或模拟受剪构件在类似条件下，通过剪断试验测得剪断时的剪力$F_{\tau b}$，然后用假定切应力计算公式得到的；n_τ为与剪切变形相对应的安全因数。

剪切实用计算中的许用切应力$[\tau]$与拉伸时的许用正应力$[\sigma]$有关。在一般工程规范中，对塑性性能较好的钢材有：

$$[\tau]=(0.75\sim0.8)[\sigma]$$

应用式(5-2)，同样可以解决连接件剪切强度计算的三类问题。但在计算中要注意考虑所有的剪切面，以及每个剪切面上的剪力和切应力。

二、挤压的实用计算

当考虑机械作用接触面局部的挤压强度时，机械作用接触面的面积称为“挤压面”，用A_{jy}表示；机械作用力这时就称为“挤压力”，用F_{jy}表示；挤压面上由挤压力引起的应力称为“挤压应力”，用σ_{jy}表示。联轴键与键槽相互接触并产生挤压的侧面为挤压面，挤压面上的作用力为挤压力，挤压面上由挤压力引起的应力为挤压应力。挤压应力在挤压面上的分布也是比较复杂的，所以工程计算中常采用实用计算，即假定挤压力在挤压面上是均匀分布的。为保证连接件不致因挤压而失效，挤压的强度设计准则为：

$$\sigma_{jy}=\frac{F_{jy}}{A_{jy}}\leqslant[\sigma_{jy}] \tag{5-3}$$

式中，A_{jy}为挤压计算面积。

在挤压强度计算中，A_{jy}要视接触面的具体情况而定。若接触面为平面，则挤压面积为有效接触面面积。如图5-4(a)所示的联轴键，挤压面积为$A_{jy}=\frac{lh}{2}$。若接触面是圆柱形曲面，如铆钉、销钉、螺栓等圆柱形连接件[见图5-4(b)(c)]，则挤压计算面积按半圆柱侧面的正投影面积计算，亦即$A_{jy}=dt$。由于挤压应力并不是均匀分布的，而最大挤压应力发生于半圆柱形侧面的中间部分，所以采用半圆柱形侧面的正投影面积作为挤压计算面积，所得的应力与接触面的实际最大挤压应力大致相近。

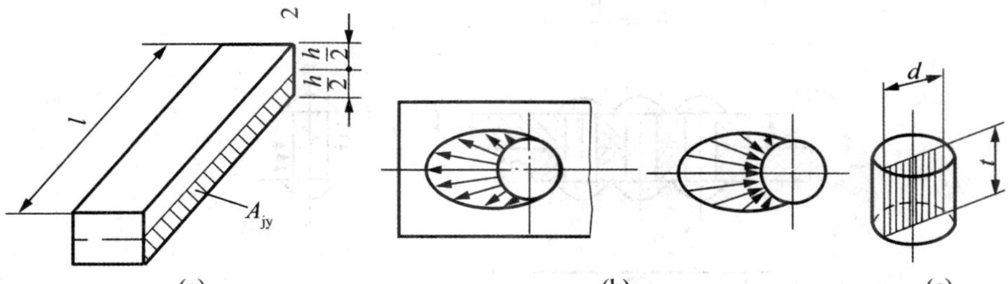

图 5-4

许用挤压应力$[\sigma_{jy}]$的确定与剪切许用切应力的确定方法相类似，由试验结果通过实用计算确定。设计时可查阅有关设计规范，一般塑性材料的许用挤压应力$[\sigma_{jy}]$与许用正应力$[\sigma]$之间存在如下关系：

$$[\sigma_{jy}]=(1.7\sim2.0)[\sigma]$$

不难看出，许用挤压应力远大于许用正应力。但须注意，如果连接件和被连接件的材料不同，应以许用应力较低者进行挤压强度计算，这样才能保证结构安全可靠地工作。

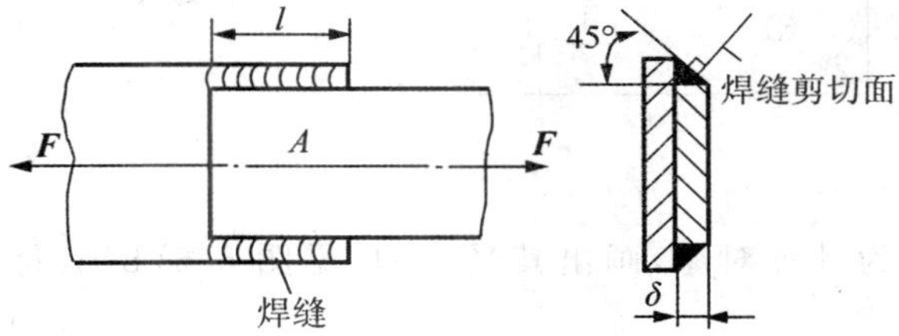

图 5-5

三、焊接焊缝的实用计算

工程结构中，有许多构件是通过焊接连接的。如图 5-5 所示，对于主要承受剪切的焊接焊缝，假定沿焊缝的最小断面即焊缝最小剪切面发生破坏，并假定切应力在剪切面上是均匀分布的。若一侧焊缝的剪力$F_Q=F/2$，则焊缝的剪切强度准则为：

$$\tau_{max}=\frac{F_Q}{A_{min}}=\frac{F_Q}{\delta l\cos45^\circ}\leqslant[\tau] \tag{5-4}$$

例 5-1 图 5-6(a)所示为一铆钉连接件，受轴向拉力 $\boldsymbol{F}$ 作用。已知 $F=100$kN，钢板厚 $\delta=8$mm，宽 $b=100$mm，铆钉直径 $d=16$mm，许用剪应力$[\tau]=140$MPa，许用挤压应力$[\sigma_{jy}]=340$MPa，钢板许用拉应力$[\sigma]=170$MPa，试校核该连接件的强度。

解：连接件存在三种破坏的可能：铆钉被剪断；铆钉或钢板发生挤压破坏；钢板由于钻孔，断面受到削弱，在削弱截面处被拉断。

要使连接件安全可靠，必须同时满足以上三方面的强度条件。

(1)铆钉的剪切强度条件。

连接件有 n 个直径相同的铆钉，且对称于外力作用线布置时，则可设各铆钉所受的力相等，即：

$$F_i=\frac{F}{n}\quad(i=1,2,\cdots,n)$$

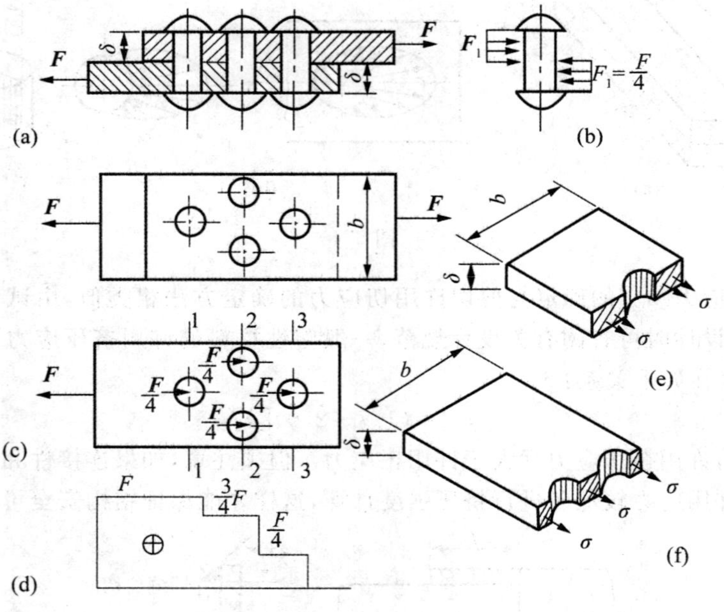

图 5-6

现取一个铆钉作为计算对象，画出其受力图[见图 5-6(b)]，每个铆钉所受的作用力为：

$$F_1=\frac{F}{n}=\frac{F}{4}$$

剪切面上的剪力为：

$$F_Q=F_1$$

根据式(5-2)得：

$$\tau=\frac{F_Q}{A}=\frac{F_1}{A}=\frac{F/4}{\pi d^2/4}=\frac{100\times10^3}{\pi\times16^2}=124(\text{MPa})<[\sigma]=140(\text{MPa})$$

所以铆钉满足剪切强度条件。

(2)挤压强度校核。

每个铆钉所受的挤压力为：

$$F_{jy}=F_1=\frac{F}{4}$$

根据式(5-3)得：

$$\sigma_{jy}=\frac{F_{jy}}{A_{jy}}=\frac{F/4}{d\delta}=\frac{100\times10^3}{4\times16\times8}=195(\text{MPa})<[\sigma_{jy}]=340(\text{MPa})$$

所以连接件满足挤压强度条件。

(3)板的抗拉强度校核。

两块钢板的受力情况及开孔情况相同，只要校核其中一块即可。现取下面一块钢板为研究对象，画出其受力图[见图 5-6(c)]和轴力图[见图 5-6(d)]。

截面 1—1 和 3—3 的净面积相同[见图 5-6(e)]，而截面 3—3 的轴力较小，故截面 3—3 不是危险截面。截面 2—2 的轴力虽比截面 1—1 小，但净面积也小[见图 5-6(f)]，故需对截面 1—1 和 2—2 进行强度校核。

截面 1—1：

$$\sigma_1=\frac{N_1}{A_1}=\frac{F}{(b-d)\delta}=\frac{100\times10^3}{(100-16)\times8}=149(\text{MPa})<[\sigma]=170(\text{MPa})$$

截面 2—2：

$$\sigma_2=\frac{N_2}{A_2}=\frac{3F/4}{(b-2d)\delta}=\frac{3\times100\times10^3}{4(100-2\times16)\times8}=138(\text{MPa})<[\sigma]=170(\text{MPa})$$

所以钢板满足抗拉强度条件。

根据以上三方面的校核，该连接件满足强度要求。

例 5-2 如图 5-7 所示，两块钢板搭接焊在一起，钢板 A 的厚度 $\delta=8\text{mm}$，已知 $F=150\text{kN}$，焊缝的许用切应力 $[\tau]=108\text{MPa}$，试求焊缝抗剪所需的长度 l。

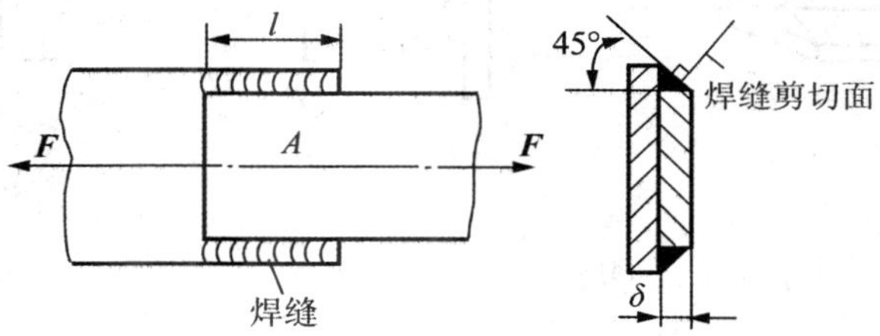

图 5-7

解：在图 5-7 所示的受力情形下，焊缝主要发生剪切变形，两条焊缝承受的总剪力和总剪切面积分别为：

$$F_Q=F,A=2\delta l\cos45^\circ$$

由剪切强度准则：

$$\tau_{\max}=\frac{F_Q}{A_{\min}}=\frac{F_Q}{2\delta l\cos45^\circ}\leqslant[\tau]$$

得：

$$l\geqslant\frac{F_Q}{2\delta\cos45^\circ[\tau]}=\frac{150\times10^3}{2\times8\times0.707\times108}=123(\text{mm})$$

考虑到在工程实际中，开始焊接和焊接终了时的两段焊缝有可能未焊接，实际焊缝的长度应稍微大于计算长度。一般应在由强度计算得到的长度再加上 2δ（δ 为钢板厚度），故该焊接焊缝长度可取为 $l=140\text{mm}$。

第三节 扭转及内力分析

一、扭转和力学简图

扭转变形是杆件的基本变形形式之一。通常把发生扭转变形的杆件称为“轴”。在工程实际中，经常会看到一些发生扭转变形的杆件，如汽车转向盘操纵杆、机械传动轴[见图5-8(a)]、水轮发电机的主轴[见图5-8(b)]等。将图5-8所示机械传动轴的 AB 段和水轮发电机主轴的受力进行简化，可以得到图5-9所示的力学简图。

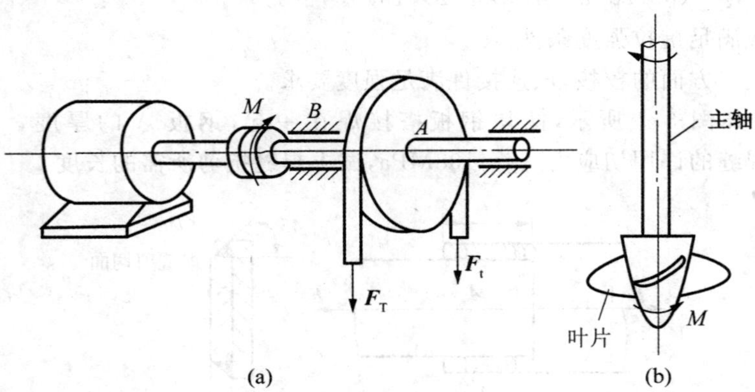

图 5-8

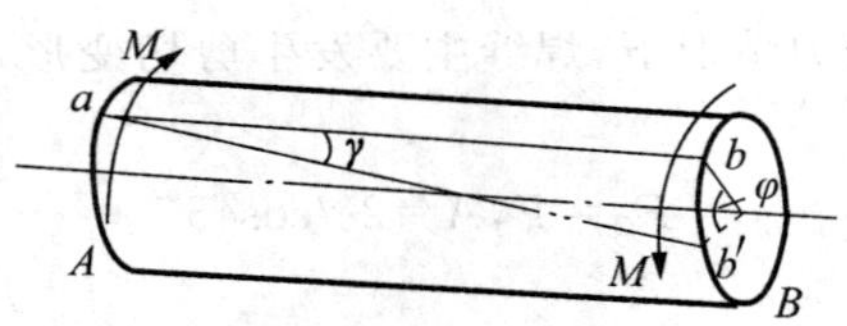

图 5-9

由图5-9可以看出，扭转变形的受力特点是：在垂直于杆件轴线的平面内，作用了一对大小相等、转向相反、与作用平面平行的外力偶矩。其变形特点是：纵向线 ab 倾斜了一个微小的角度 γ；A，B 两端横截面绕轴线相对转动了一个角度 φ，称为“扭转角”。

二、扭转内力——扭矩

研究圆轴扭转问题的方法与研究轴向拉(压)杆一样，首先要计算作用于轴上的外力偶矩，再分析圆轴横截面的内力，然后计算轴的应力和变形，最后进行轴的强度及刚度计算。

1.外力偶矩的计算

在工程实际中，作用于轴上的外力偶矩一般并不是直接给出的，而是根据所给定轴的转速 n 和轴传递的功率 P，通过下列公式确定：

$$M=9549\frac{P}{n} \tag{5-5}$$

式中，M 为外力偶矩，单位是 N·m；P 为功率，单位是 kW；n 为转速，单位是 r/min。

在确定外力偶矩的转向时应注意，轴上主动轮的输入功率所产生的力偶矩为主动力偶矩，其转向与轴的转向相同；而从动轮的输出功率所产生的力偶矩为阻力偶矩，其转向与轴的转向相反。

2.圆轴扭转时的内力——扭矩

圆轴在外力偶矩的作用下，其横截面上将有内力产生，应用截面法可以求出横截面的内力。

以图 5-10(a)所示圆轴扭转的力学简图为例，应用截面法，假想用一截面 $m—m$ 将轴分成两段，取其左段为研究对象，由于轴原来处于平衡状态，则其左段也必然是平衡的，$m—m$ 截面上必有一个内力偶矩，与左段上的外力偶矩平衡。把截面上平行于截面的内力偶矩称为“扭矩”，用 T 表示。列力偶矩平衡方程，可得：

$$T-M=0$$

$$T=M$$

式中，T 为 $m—m$ 截面的内力——扭矩。

同理，也可以取截面右段为研究对象，此时求得的扭矩与取左段为研究对象所求得的扭矩大小相等、转向相反。

为了使所取截面左段或右段求得的同一截面上的扭矩大小和符号一致，通常用右手法则规定扭矩的正负[见图 5-10(b)]：以右手四指沿扭矩转向握住轴线，若大拇指方向离开截面，则扭矩为正，反之为负。

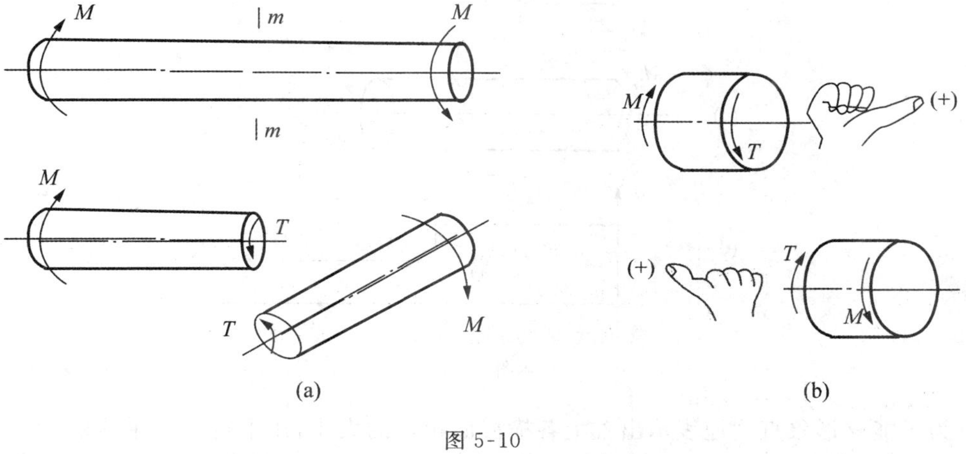

图 5-10

3.扭矩图

从上述截面法求横截面扭矩可知，当圆轴两端作用一对外力偶矩使轴平衡时，圆轴各个横截面上的扭矩都是相同的。若轴上作用 3 个或以上的外力偶矩使轴平衡，则轴上各段横截面的扭矩将是不相同的。例如，图 5-11(a)所示的传动轴，输入一个不变外力偶矩 M_1，设轴输出的力偶矩分别为 $M_2=M_1/3$，$M_3=2M_1/3$。外力偶矩 M_1，M_2，M_3 将轴分为

AB,BC 两段,应用截面法可求出各段横截面的扭矩。

在 AB 段用 1—1 截面将轴分为两段,取左段为研究对象[见图 5-11(b)],由力偶平衡可得:

$$T_1 = M_1$$

求出了 1—1 截面的扭矩,也就求出了 AB 段轴上任意截面的扭矩。

同理,在 BC 段用 2—2 截面将轴分为两段,取左段为研究对象[见图 5-11(c)],由力偶平衡方程得:

$$T_1 + M_2 - M_1 = 0$$

可得 BC 段轴上各截面的扭矩为:

$$T_2 = M_1 - M_2 = \frac{2}{3}M_1$$

所以,求横截面扭矩的简便方法为:轴上任一横截面的扭矩等于该截面一侧(左侧或右侧)轴段上所有外力偶矩的代数和。左段外力偶矩箭头向上或右段向下产生正值扭矩,反之为负。

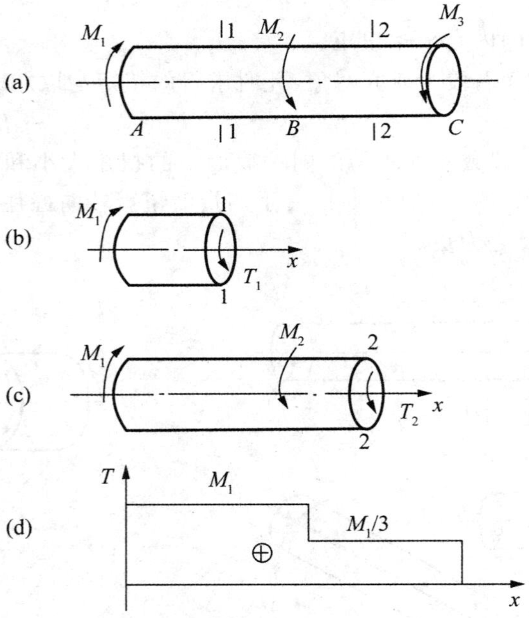

图 5-11

为了能够形象直观地表示出轴上各横截面扭矩的大小,用平行于杆轴线的 x 坐标作为横截面的位置坐标,用垂直于 x 轴的坐标 T 表示横截面上扭矩的大小,把各截面扭矩表示在 x-T 坐标系中,描绘出截面扭矩随着截面位置变化的曲线,称为"扭矩图",如图 5-11(d)所示。

例 5-3 如图 5-12(a)所示,传动轴主动轮 A 输入功率 $P_A = 50\text{kW}$,从动轮 B,C 输出功率分别为 $P_B = 30\text{kW}$,$P_C = 20\text{kW}$,轴的转速为 $n = 300\text{r/min}$。(1)画出轴的扭矩图,并求轴的最大扭矩 $T_{\max}$;(2)若将轮 A 置于轮 B 和 C 中间,则两种布置形式中哪一种较为合理?

解:(1)计算外力偶矩。由式(5-5)可得:

$$M_A = 9549\frac{P_A}{n} = 9549 \times \frac{50}{300} = 1592(\text{N}\cdot\text{m})$$

$$M_B = 9549\frac{P_B}{n} = 9549 \times \frac{30}{300} = 955(\text{N}\cdot\text{m})$$

$$M_C = 9549\frac{P_C}{n} = 9549 \times \frac{20}{300} = 637(\text{N}\cdot\text{m})$$

求各段轴的扭矩。

AB 段:由求扭矩的简便方法得,1—1 截面扭矩等于该截面左侧轴段上所有外力偶矩的代数和。左侧轴段上作用 M_A,产生负值扭矩,可得:

$$T_1 = -M_A = -1592(\text{N}\cdot\text{m})$$

BC 段:扭矩 T_2 等于该截面左侧轴段上所有外力偶矩的代数和,即:

$$T_2 = -M_A + M_B = -1592 + 955 = -637(\text{N}\cdot\text{m})$$

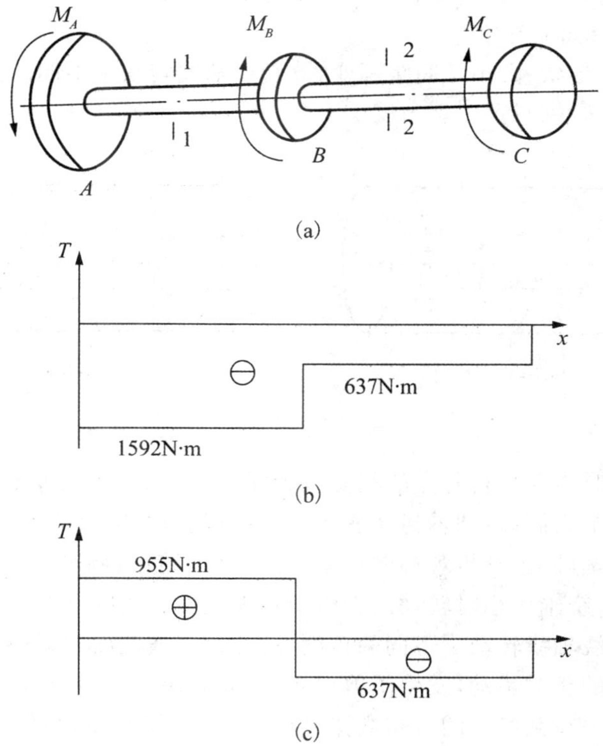

图 5-12

画扭矩图。根据各段轴上的扭矩,按比例作扭矩图,如图 5-12(b)所示。可见,最大扭矩发生在 *AB* 段,其值为:

$$|T_{\max}| = 1592(\text{N}\cdot\text{m})$$

(2)若将轮 A 置于轨 B 和 C 中间，轴的扭矩图如图 5-12(c)所示，最大扭矩为：

$$|T_{max}|=955(N \cdot m)$$

可见，传动轮系上各轮的布置不同，轴的最大扭矩就不同。从力学角度考虑，后者的布置较合理。由此可知，在轮系的所有布置中，扭矩较小的布置为合理的轮系布置。

第四节　圆轴扭转时应力、强度和变形计算

一、圆轴扭转时横截面上的应力

为了求得圆轴扭转时横截面上的应力，必须了解应力在截面上的分布规律。为此，先从观察和分析变形的现象入手。

取图 5-13(a)所示圆轴，在其表面画出一组平行于轴线的纵向线和圆周线，表面就形成许多小矩形。在轴上作用外力偶 M(作用面垂直于轴线)时，可以观察到圆轴扭转变形[见图 5-13(b)]具有如下现象：

(1)各圆周线的形状、大小及间距不变，分别绕轴线转动了不同的角度。

(2)各纵向线同时倾斜了一个角度 γ。

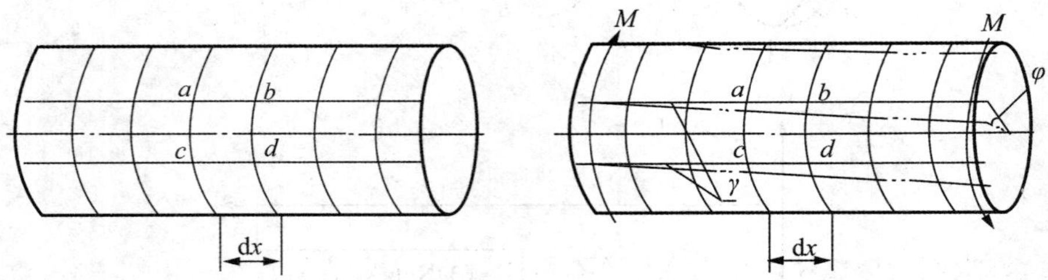

图 5-13

由于圆轴扭转时内部材料各点的相对位置无法观察，依据观察到的“圆周线的形状、大小不变”，作如下平面假设：圆轴扭转变形时，各横截面始终保持为平面，且形状、大小不变。在平面假设的基础上，分析观察的现象，得出以下结论：圆轴扭转变形可以看作横截面像刚性平面一样，绕轴线相对转动。①由于相邻截面的间距不变，所以横截面上无正应力。②由于横截面绕轴线转动了不同的角度，因此相邻横截面间就产生了微小转角，即横截面间发生旋转式的相对错动，发生了剪切变形，故截面上有切应力存在。

为了求得切应力在截面上的分布规律，取出一对相邻截面相对错动的示意图观察其变形，如图 5-14(a)所示。

可以看出，截面上距轴线越远的点，相对错动的位移越大，说明该点的切应变越大。由剪切胡克定律可知，在剪切弹性范围内，切应力与切应变成正比。从而得出横截面上任一点的切应力与该点到轴线的距离 ρ 成正比，且与 ρ 垂直，其线性分布规律如图 5-14(b)所示。

应用变形几何关系和静力学平衡关系可以推知：横截面任一点的切应力与截面扭矩 T 成正比，与该点到轴线的距离 ρ 成正比，而与截面的极惯性矩 I_P 成反比(推证从略)，其

切应力公式为：

$$\tau_\rho = \frac{T\times\rho}{I_P} \tag{5-6}$$

式中，I_P称为“横截面对圆心的极惯性矩”，其大小与截面形状、尺寸有关。最大切应力发生在截面边缘处，即当$\rho=D/2$时，其值为：

$$\tau_{max} = \frac{T\times\dfrac{D}{2}}{I_P} = \frac{T}{W_P} \tag{5-7}$$

式中，$W_P=\dfrac{I_P}{D/2}$称为“抗扭截面系数”。

必须指出，式(5-6)只适用于圆轴，且横截面上最大切应力τ_{max}不超过材料的剪切比例极限。

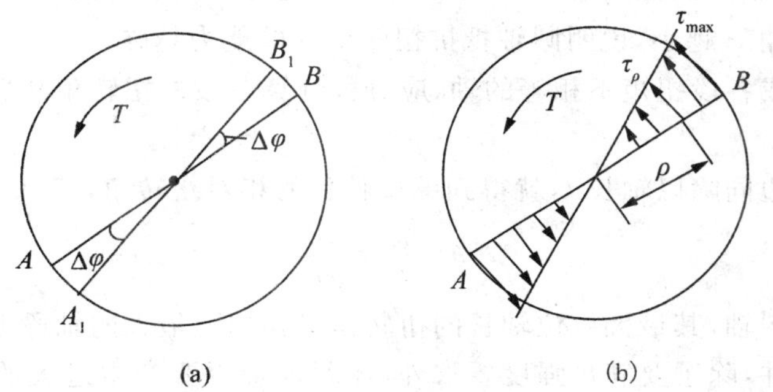

图 5-14

二、圆截面的极惯性矩和抗扭截面系数的计算(推证从略)

(1)实心圆截面。设直径为D，则：

$$I_P = \frac{\pi D^4}{32} \approx 0.1D^4 \tag{5-8}$$

$$W_P = \frac{I_P}{\dfrac{D}{2}} = \frac{\pi D^3}{16} \approx 0.2D^3 \tag{5-9}$$

(2)空心圆截面。设外径为D，内径为d，并取内外径之比$d/D=\alpha$，则：

$$I_P = \frac{\pi D^4}{32}(1-\alpha^4) \approx 0.1D^4(1-\alpha^4) \tag{5-10}$$

$$W_P = \frac{I_P}{\dfrac{D}{2}} = \frac{\pi D^3}{16}(1-\alpha^4) \approx 0.2D^3(1-\alpha^4) \tag{5-11}$$

三、圆轴扭转时的强度计算

与拉伸(压缩)时的强度计算一样，圆轴扭转时必须使最大工作切应力τ_{max}不超过材料的许用切应力$[\tau]$，故等直圆轴扭转切应力强度条件为：

$$\tau_{max}=\frac{T_{max}}{W_P}\leqslant[\tau] \tag{5-12}$$

对于阶梯轴，由于各段轴上截面的W_P不同，最大切应力不一定发生在最大扭矩所在的截面上，因此需综合考虑W_P和 T 两个量来确定。

四、圆轴扭转时的变形和刚度计算

圆轴扭转变形的大小是用两横截面绕轴线的相对扭转角 φ 来度量的。理论推证表明，对于轴长为 l、扭矩为常量的等截面圆轴，两端截面间的相对扭转角 φ 与扭矩 T 成正比，与轴长 l 成正比，与截面的极惯性矩成反比，即：

$$\varphi=\frac{Tl}{GI_P} \tag{5-13}$$

式中，GI_P称为"圆轴的抗扭刚度"，反映了圆轴抵抗扭转变形的能力。当 T 和 l 一定时，GI_P越大，则扭转角 φ 越小，说明圆轴抵抗扭转变形的能力越强。

对于阶梯轴或各段扭矩不相等的轴，应分段计算各段的扭转角然后求代数和，可求得全轴的扭转角。

式(5-13)两边同除以轴长 l，就得到单位轴长的相对扭转角，即：

$$\theta=\frac{\varphi}{l}=\frac{T}{GI_P}$$

对于等截面圆轴，其最大单位轴长的扭转角必在扭矩最大的轴段上产生。

对于轴类构件，除了要满足强度要求外，还要求轴不要产生过大的变形，即要求轴的最大单位轴长的扭转角不超过其许用扭转角，从而得到圆轴扭转的刚度准则为：

$$\theta_{max}=\frac{T_{max}}{GI_P}\leqslant[\theta]$$

式中，θ_{max}的单位是弧度/米(rad/m)。而工程上许用扭转角的常用单位是度/米[(°/m)]，因此，将 θ_{max}的单位(rad/m)换算成[θ]的单位[(°/m)]，则上式刚度准则即为：

$$\theta_{max}=\frac{T_{max}}{GI_P}\times\frac{180°}{\pi}\leqslant[\theta] \tag{5-14}$$

单位轴长的许用扭转角[θ]的取值，可查阅有关设计手册。

应用圆轴扭转的刚度准则，可以解决刚度计算的三类问题，即校核刚度、设计截面和确定许可荷载。

例 5-4 某汽车的传动轴 AB 由 45 号无缝钢管制成。轴的外径 $D=90$mm，壁厚 $t=2.5$mm，传递的最大力偶矩为 $M=1.5$kN·m，材料的许用剪应力[τ]=60MPa。(1)校核轴的强度。(2)若改用相同材料的实心轴，并要求它和原轴强度相同，试设计其直径 D_1。(3)比较实心轴和空心轴的重量。

解：(1)校核强度。传动轴各截面的扭矩为：

$$T=M=1.5(\text{kN}\cdot\text{m})$$

抗扭截面系数为：

$$W_P=0.2D^3(1-\alpha^4)=0.2\times90^3\times[1-(\frac{85}{90})^4]=29.8\times10^3(\text{mm}^3)$$

最大切应力为：

$$\tau_{max}=\frac{T}{W_P}=\frac{1.5\times10^3\times10^3}{29.8\times10^3}=50.3(\text{MPa})<[\tau]$$

故轴的强度满足。

(2)设计实心轴直径D_1。由于实心轴和原传动轴的扭矩相同，当要求它们的强度相同时，则需它们的抗扭截面系数相等即可，于是得：

$$W_P=0.2D_1^3=0.2D^3(1-\alpha^4)$$

$$D_1=D\sqrt[3]{1-\alpha^4}=90\times\sqrt[3]{1-(\frac{85}{90})^4}=53(\text{mm})$$

(3)重量比较。设实心轴重量为G_1，空心轴重量为G，由于两轴材料、长度相同，所以重量比即为截面积之比：

$$\frac{G_1}{G}=\frac{\frac{\pi D_1^2}{4}}{\frac{\pi(D^2-d^2)}{4}}=\frac{53^2}{90^2-85^2}=3.21$$

计算结果表明，在等强度条件下，空心轴比实心轴节省材料。因此，空心圆截面是圆轴扭转时的合理截面形状。

例 5-5 图 5-15 所示为一钢制圆轴，受一对外力偶的作用，其力偶距 $M_e=2.5$ kN·m，已知轴的直径 $D=60$mm，许用剪应力$[\tau]=60$MPa，试对该轴进行强度校核。

解：(1)计算扭矩 T_n：

$$T_n=M_e$$

(2)校核强度：圆轴受扭时最大剪应力发生在横截面的边缘上，按式(5-12)计算，得：

$$\tau_{max}=\frac{T_n}{W_P}=\frac{T_n}{\frac{\pi D^3}{16}}=\frac{2.5\times10^6\times16}{3.14\times60^3}=59(\text{MPa})<[\tau]=60(\text{MPa})$$

故该轴满足强度要求。

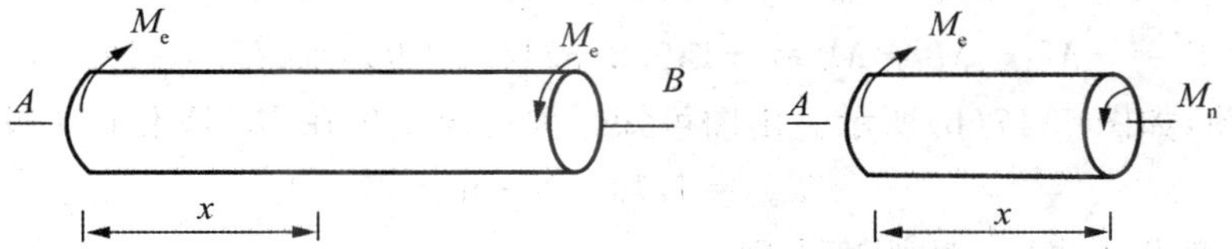

图 5-15

例 5-6 图 5-16 所示为传动轴，已知 $M_1=640$N·m，$M_2=840$N·m，$M_3=200$ N·m，轴材料的切变模量 $G=80$GPa，试求截面 C 相对于截面 A 的转角。

解：(1)分段计算各段截面的扭矩并画出扭矩图。

AB 段：　$T_1=-M_1=-640(\text{N}\cdot\text{m})$

BC 段：　$T_2=-M_1+M_2=-640+840=200(\text{N}\cdot\text{m})$

画扭矩图，如图 5-16(b)所示。

(2)计算扭转角。由于 A,C 两截面间的扭矩 T 和极惯性矩 I_P不是常量，故应分段计

算出 AB 段和 BC 段的相对扭转角，再进行叠加。

$$\varphi_{AB}=\frac{T_1 l_1}{GI_{P1}}=\frac{-640\times10^3\times400}{80\times10^3\times0.1\times40^4}=-0.013(\text{rad})$$

$$\varphi_{BC}=\frac{T_2 l_2}{GI_{P2}}=\frac{200\times10^3\times150}{80\times10^3\times0.1\times32^4}=0.004(\text{rad})$$

故：

$$\varphi_{AC}=\varphi_{AB}+\varphi_{BC}=-0.013+0.004=-0.009(\text{rad})$$

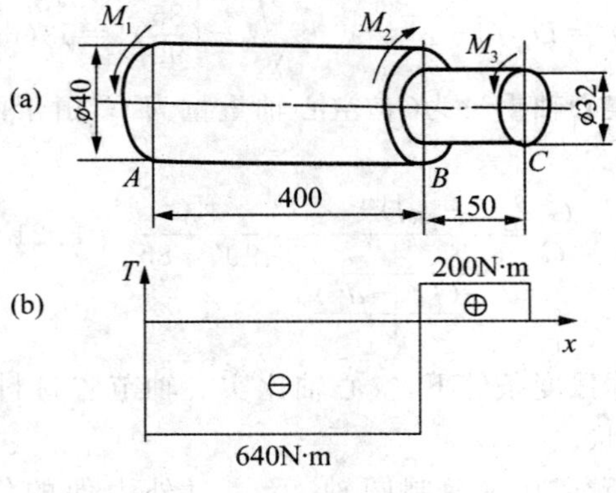

图 5-16

例 5-7 如图 5-17 所示，传动轴的转速 $n=300\text{r/min}$，主动轮 C 的输入外力矩 $M_C=955\text{N}\cdot\text{m}$，从动轮 A,B,D 的输出外力矩分别为 $M_A=159.2\text{N}\cdot\text{m}$，$M_B=318.3\text{N}\cdot\text{m}$，$M_D=477.5\text{N}\cdot\text{m}$，已知材料的切变模量 $G=80\text{GPa}$，许用切应力 $[\tau]=40\text{MPa}$，许用扭转角 $[\theta]=1°/\text{m}$，试按轴的强度和刚度准则设计轴的直径。

解：(1)计算轴各段的扭矩。

AB 段：$$T_1=-M_C=-159.2(\text{N}\cdot\text{m})$$

BC 段：$$T_2=-M_A-M_B=-159.2-318.3=-477.5(\text{N}\cdot\text{m})$$

CD 段：$$T_3=-M_A-M_B+M_C=-159.2-318.3+955=477.5(\text{N}\cdot\text{m})$$

画扭矩图，如图 5-17(b)所示。由图可知最大扭矩发生在 BC 段和 CD 段。

$$T_{\max}=477.5(\text{N}\cdot\text{m})$$

(2)按强度设计轴径。由强度准则

$$\tau_{\max}=\frac{T_{\max}}{W_P}=\frac{T_{\max}}{0.2d^3}\leqslant[\tau]$$

得：

$$d\geqslant\sqrt[3]{\frac{T_{\max}}{0.2[\tau]}}=\sqrt[3]{\frac{477.5\times10^3}{0.2\times40}}=39.3(\text{mm})$$

(3)按刚度设计轴径。由刚度准则

$$\theta_{\max}=\frac{T_{\max}}{GI_P}\times\frac{180°}{\pi}=\frac{T_{\max}}{G\times0.1d^4}\times\frac{180°}{\pi}\leqslant[\theta]$$

得：

$$d \geqslant \sqrt[4]{\frac{T_{\max} \times 180}{0.1 \times \pi G[\theta]}} = \sqrt[4]{\frac{477.5 \times 10^3 \times 180}{0.1 \times \pi \times 80 \times 10^3 \times 1 \times 10^{-3}}} = 43.2(\text{mm})$$

为使轴既满足强度准则又满足刚度准则，可选取较大的值，即取 $d=44\text{mm}$。

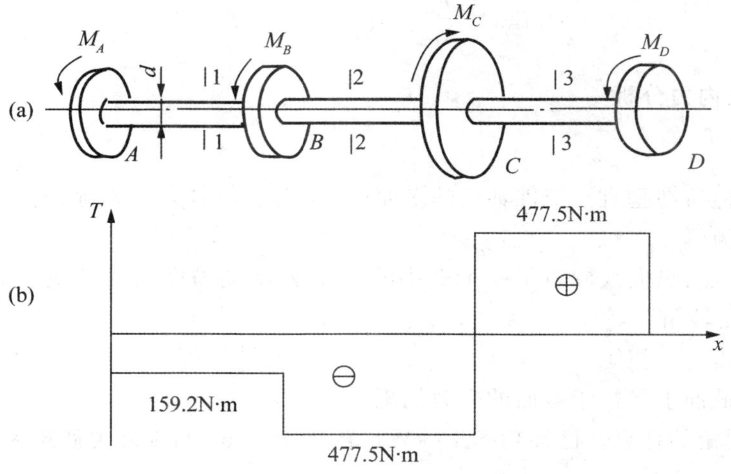

图 5-17

本章小结

一、剪切和挤压

(1)剪切。剪切的受力与变形特点是：沿杆件横向作用一对大小相等、方向相反、作用线平行且相距很近的外力，夹在两外力作用线之间的剪切面发生了相对错动。

(2)挤压。挤压变形就是物体相互机械作用，接触面局部发生的变形。在工程实际中，构件连接处发生塑变是不允许的，发生压溃也是不允许的。

二、剪切和挤压的实用计算

(1)剪切的实用计算。工程上通常采用实用计算，即假定剪切面上的切应力是均匀分布的，其相应的剪切强度准则为：

$$\tau = \frac{F_Q}{A} \leqslant [\tau]$$

(2)挤压的实用计算。工程中常采用实用计算，即假定挤压力在挤压面上是均匀分布的。挤压的强度设计准则为：

$$\sigma_{jy} = \frac{F_{jy}}{A_{jy}} \leqslant [\sigma_{jy}]$$

(3)剪切面与挤压面的确定。确定构件的剪切面和挤压面是进行剪切和挤压强度计算的关键。剪切面与外力平行且夹在两外力之间。当挤压面为平面时，其计算面积就是实际面积；当挤压面为一半圆柱形侧面时，其挤压计算面积为半圆柱侧面的正投影面积

$A_{jy}=dt$。

(4)焊接焊缝的实用计算。对于主要承受剪切的焊接焊缝，其焊缝的剪切强度准则为：

$$\tau_{max}=\frac{F_Q}{A_{min}}=\frac{F_Q}{\delta l\cos45°}\leqslant[\tau]$$

三、扭转及内力分析

1.扭 转

(1)受力特点：在垂直于杆件轴线的平面内，作用了一对大小相等、转向相反、与作用平面平行的外力偶矩。

(2)变形特点：纵向线倾斜了一个微小的角度 γ，两端横截面绕轴线相对转动了一个角度 φ，称为"扭转角"。

2.扭转内力——扭矩

(1)扭矩：截面上平行于截面的内力偶矩。

(2)外力偶矩的计算。已知功率 P(kW)、转速 n(r/min)，则外力偶矩为 $M(\mathrm{N\cdot m})=9549\,\dfrac{P}{n}$。

(3)求内力扭矩。①基本方法：截面法。②简便方法：轴上任一横截面的扭矩等于该截面一侧(左侧或右侧)轴段上所有外力偶矩的代数和。

四、扭转应力和强度变形计算

(1)应力分布和最大切应力。横截面任一点的切应力与截面扭矩 T 成正比，与该点到轴线的距离 ρ 成正比，而与截面的极惯性矩 I_P 成反比。最大切应力发生在截面圆周边缘处。

$$\tau_{\rho}=\frac{T\rho}{I_P},\tau_{max}=\frac{T}{W_P}$$

(2)极惯性矩和抗扭截面系数。①实心圆截面：$I_P\approx0.1D^4$，$W_P\approx0.2D^3$。②空心圆截面：$I_P\approx0.1D^4(1-\alpha^4)$，$W_P\approx0.2D^3(1-\alpha^4)$。

(3)强度计算。扭转切应力强度准则为：$\tau_{max}=\dfrac{T_{max}}{W_P}\leqslant[\tau]$。

(4)变形计算。扭转变形计算公式为：$\varphi=\dfrac{Tl}{GI_P}$。

思考题

1.剪切变形的受力特点和变形特点是什么？

2.挤压变形与轴向压缩变形有什么区别？

3.挤压面与计算挤压面有何不同？

4.研究圆扭转时，所作的平面假设是什么？横截面上产生什么应力？它是如何分布的？

5. 直径相同、材料不同的两根等长的实心圆轴，在相同的扭矩作用下，其τ_{max}，φ是否相同？

6. 从力学角度讲，为什么说空心截面比实心截面较为合理？

习 题

5-1 如图5-18所示，正方形的混凝土柱，其横截面边长为b=200mm，其基底为边长a=1m的正方形混凝土板。柱受轴向压力F=100kN作用，假设地基对混凝土板的反力为均匀分布，混凝土的许用剪应力[τ]=1.5MPa。试问：若使柱不致穿过混凝土板，所需的最小厚度δ应为多少？

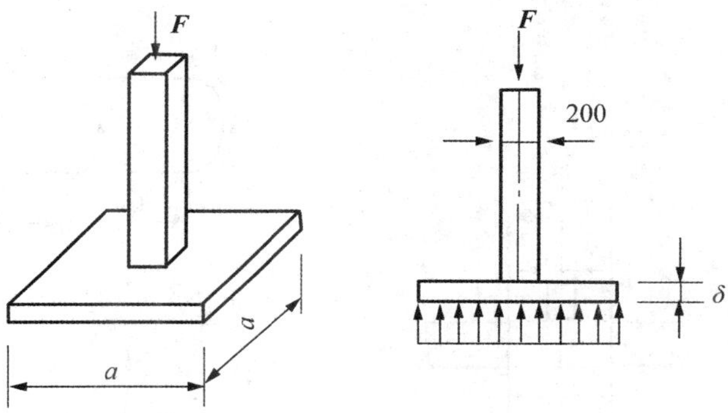

图 5-18

5-2 如图5-19所示，厚度δ=6mm的两块钢板用3个铆钉连接。已知F=50kN，连接件的许用剪应力[τ]=100MPa，σ_c=280MPa，试确定铆钉直径d。

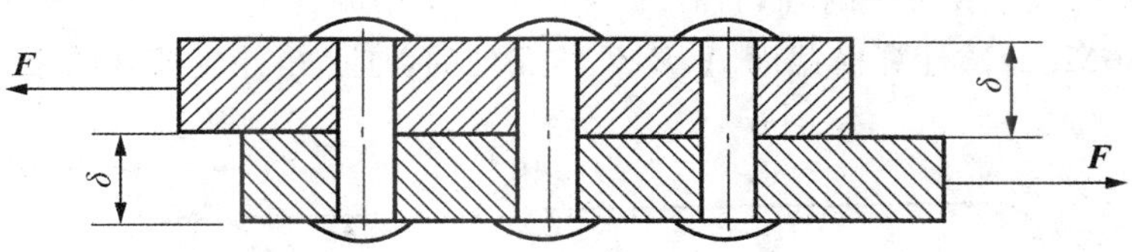

图 5-19

5-3 两块钢板的搭接焊缝如图5-20所示，两钢板的厚度δ相同，δ=12mm，左端钢板宽度b=120mm，轴向加载，焊缝的许用切应力[τ]=90MPa，钢板的许用应力[σ]=120MPa。试求钢板与焊缝等强度时（同时失效称为"等强度"），每边所需的焊缝长度l。

5-4 如图5-21所示，冲床的最大冲力F=400kN，冲头材料的许用挤压应力[σ_{jy}]=440MPa，钢板的抗剪强度τ_b=360MPa，试求在最大冲力作用下能冲剪的最小圆孔直径d和钢板的最大厚度t。

5-5 如图5-22所示，已知钢拉杆和销子的材料相同，[τ]=80MPa，[σ_{jy}]=150MPa，d=50mm，F=100kN，试按强度准则设计销子的尺寸h和b。

5-6　试用截面法求图 5-23 所示两轴各段的扭矩 M_n。

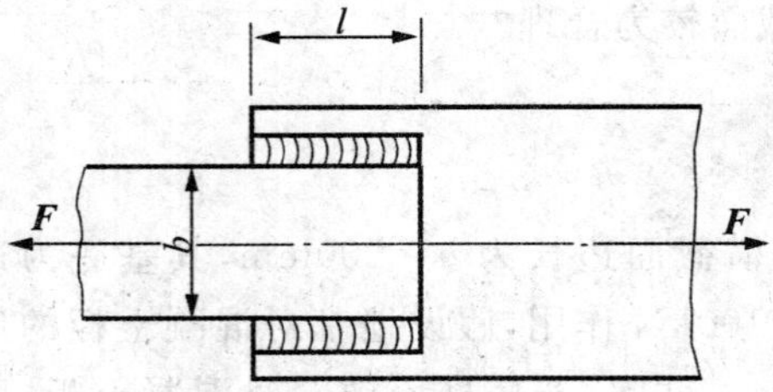

图 5-20

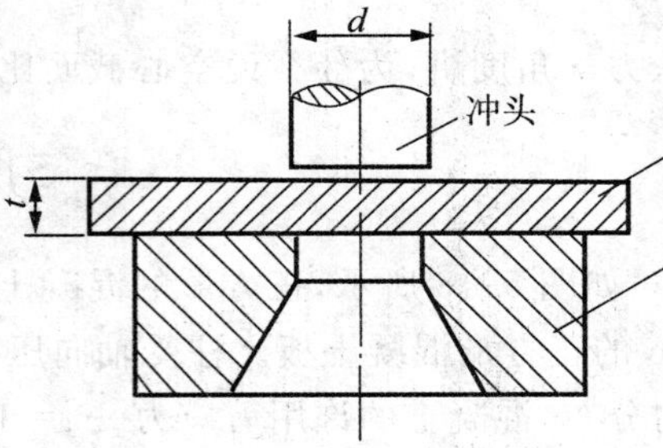

图 5-21

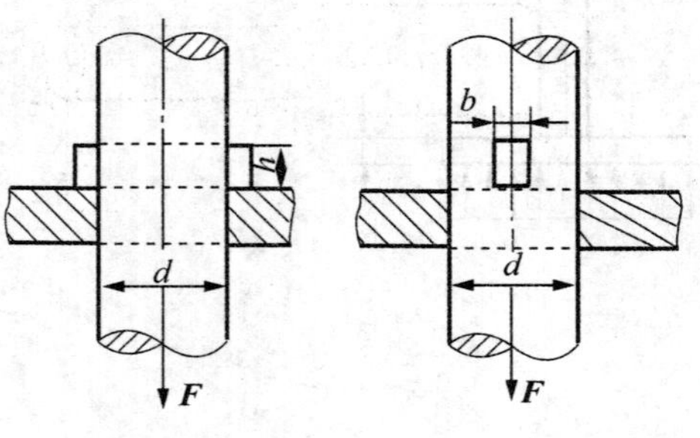

图 5-22

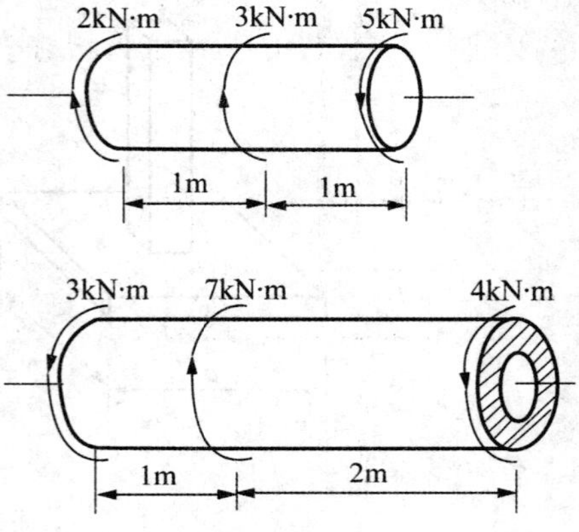

图 5-23

5-7　图 5-24 所示为一圆轴，直径 $D=110\text{mm}$，力偶矩 $M_e=14\text{kN}\cdot\text{m}$，材料的许用剪应力$[\tau]=70\text{MPa}$，试计算横截面 A,B,C 各点处的剪应力，并校核轴的强度。

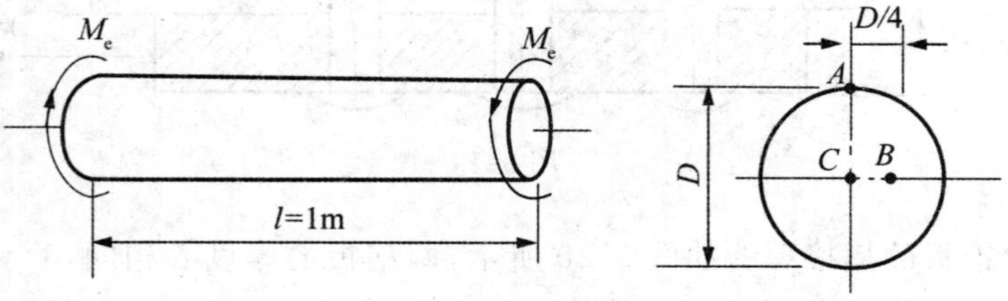

图 5-24

5-8　如图 5-25 所示，实心轴和空心轴通过牙嵌式离合器连接在一起，已知轴的转速 $n=120\text{r/min}$，传递的功率 $P=14\text{kW}$，材料的许用切应力$[\tau]=60\text{MPa}$，空心圆截面的内外径之比 $\alpha=0.8$，试确定实心轴的直径 d_1 和空心轴外径 D、内径 d，并比较两轴的横截面面积大小。

5-9　图 5-26 所示为一船用推进器，一端是实心的，直径 $d_1=28\text{cm}$；另一端是空心的，内径 $d=14.8\text{cm}$，外径 $D=29.6\text{cm}$。若$[\tau]=50\text{MPa}$，试求此轴允许传递的最大外力偶矩。

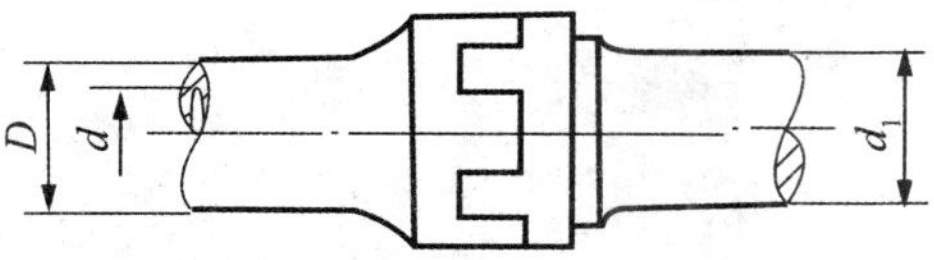

图 5-25

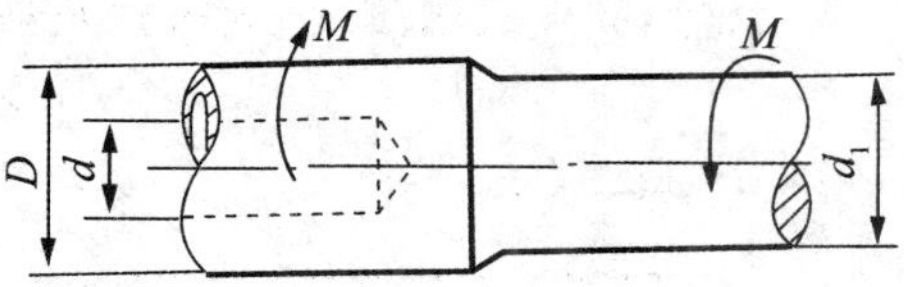

图 5-26

5-10 如图 5-27 所示，圆轴的直径 $d=50\text{mm}$，作用外力偶矩 $M=2\text{kN}\cdot\text{m}$，材料的切变模量 $G=80\text{GPa}$。(1)试求横截面上最大切应力和单位轴长的相对扭转角；(2)已知 $r_B=15\text{mm}$，求横截面上 A,B,C 三点的切应变。

5-11 如图 5-28 所示，传动轴作用的外力偶矩 $M_1=3\text{kN}\cdot\text{m}$，$M_2=1\text{kN}\cdot\text{m}$，直径 $d_1=50\text{cm}$，$d_2=40\text{cm}$，$l=100\text{mm}$，材料的切变模量 $G=80\text{GPa}$。(1)画轴的扭矩图；(2)求轴的最大切应力 τ_{max}；(3)求 C 截面相对于 A 截面的扭转角 φ_{AC}。

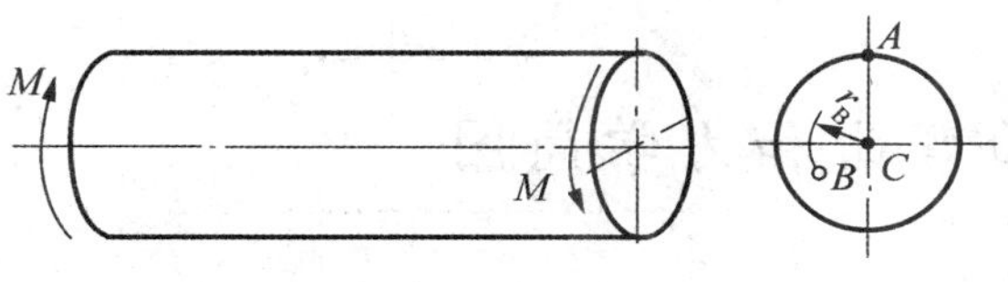

图 5-27

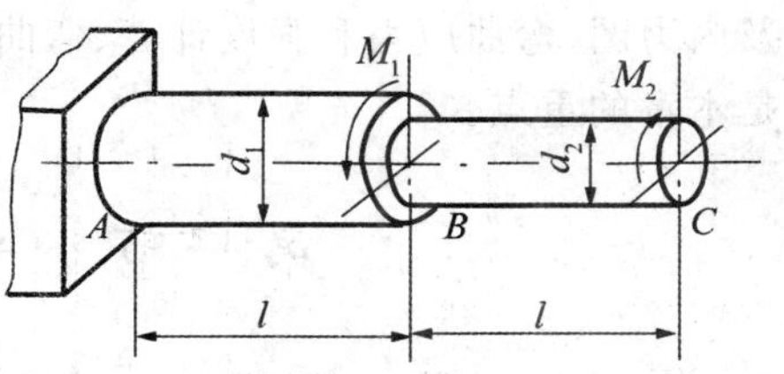

图 5-28

第六章 梁的弯曲

弯曲变形是杆件比较常见的基本变形形式。通常把以发生弯曲变形为主的杆件称为“梁”。本章主要讨论直梁的平面弯曲问题，内容包括弯曲和静定梁的力学简图、弯曲内力及内力图、弯曲应力和强度计算、弯曲变形和刚度计算。其中，梁的内力分析和画弯矩图是本章的重点。

第一节 平面弯曲和力学简图

一、弯曲和受力特点

当杆件受到垂直于杆轴的外力作用或在纵向平面内受到力偶作用(见图 6-1)时，杆轴由直线弯成曲线，这种在外力作用下其轴线变成了一条曲线的变形称为“弯曲变形”。工程上通常把以弯曲变形为主的杆件称为“梁”。

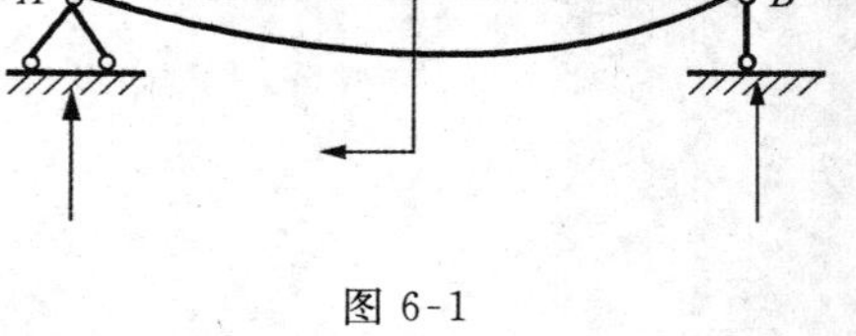

图 6-1

弯曲变形是工程中最常见的一种基本变形。例如，房屋建筑中的楼面梁和阳台挑梁，受到楼面荷载和梁自重的作用，将发生弯曲变形，如图 6-2 所示。一些杆件在荷载作用下不仅发生弯曲变形，还发生扭转等变形。但当讨论其弯曲变形时，仍然把这些杆件看作梁。

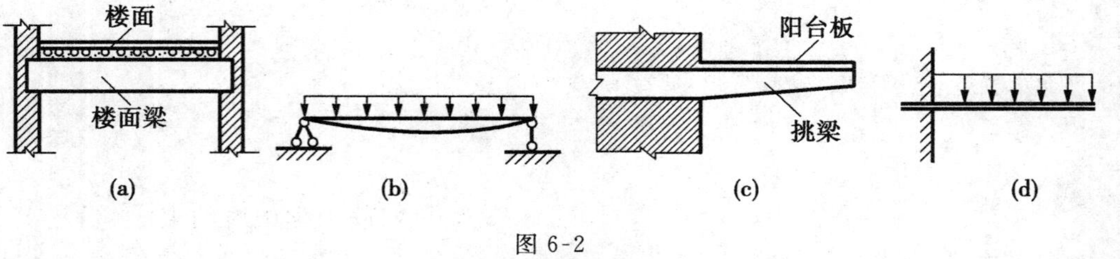

图 6-2

工程实际中常见到的直梁，其横截面大多有一根纵向对称轴，如图 6-3 所示。梁的无数个横截面的纵向对称轴构成了梁的纵向对称平面，如图 6-4 所示。

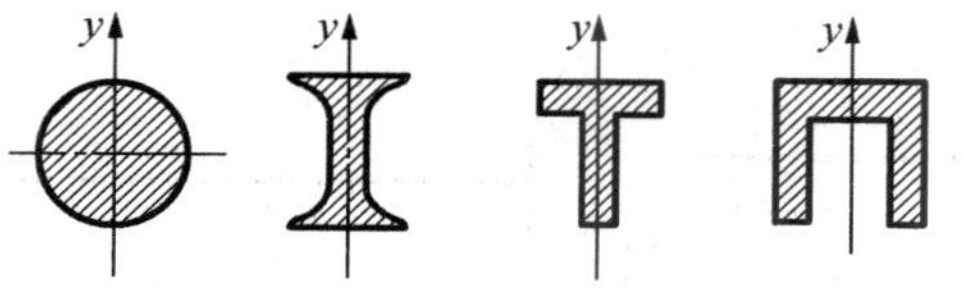

图 6-3

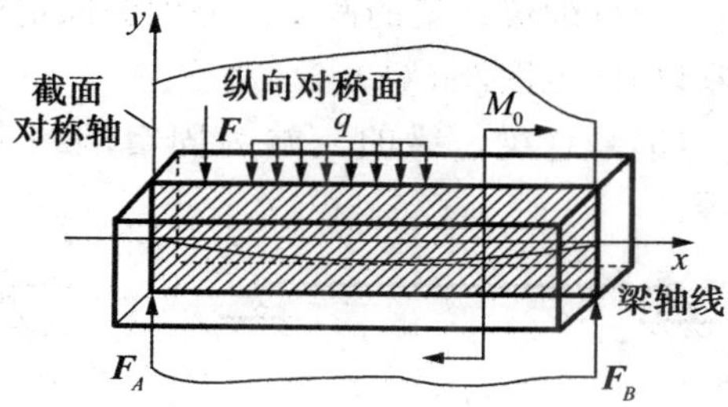

图 6-4

若梁上的所有外力(包括力偶)作用在梁的纵向对称平面内,梁的轴线将在其纵向对称平面内弯成一条平面曲线,梁的这种弯曲称为“平面弯曲”,它是最常见、最基本的弯曲变形。本章主要讨论直梁的平面弯曲变形。

从以上工程实例中可以得出,直梁平面弯曲的受力与变形特点是:外力作用于梁的纵向对称平面内,梁的轴线在此纵向对称面内弯成一条平面曲线。

二、梁的受力简图

为了便于分析和计算直梁平面弯曲时的强度和刚度,需建立梁的力学简图。梁的力学简图(力学模型)包括梁的简化、荷载的简化和支座的简化。

1. 梁的简化

由前述平面弯曲的定义可知,荷载作用在梁的纵向对称平面内,梁的轴线弯成一条平面曲线。因此,无论梁的外形尺寸如何复杂,用梁的轴线来代替梁可以使问题得到简化。例如,图 6-2 所示的楼面梁和阳台挑梁,可分别用梁的轴线代替梁进行简化[见图 6-2(b)和图 6-2(d)]。

2. 荷载的简化

作用于梁上的荷载可以简化为:

(1)集中力。如火车车厢对轮轴的作用力及起重机吊重对大梁的作用等,都可简化为集中力。

(2)集中力偶。若分布在很短的一段梁上的力能够形成力偶时,可以不考虑分布长度的影响,简化为一个集中力偶。

(3)均布分荷。将荷载连续均匀分布在梁的全长或部分长度上,若其分布长度与梁长比较不是一个很小的数值时,则称此数值为“均布荷载的荷载集度”(用 q 表示)。例如,楼房大梁承受自重和预制板的作用,所受荷载可简化为均布荷载。若荷载分布连续但不均匀,则称为“分布荷载”,用 $q(x)$ 表示,$q(x)$ 称为“分布荷载的荷载集度”。

3. 支座的简化

按支座对梁的不同约束特性,静定梁的约束支座可按静力学中对约束简化的知识进行力学简化,分别简化为固定铰支座、活动铰支座和固定端支座。

4. 静定梁的力学简图

根据梁所受的不同支座约束,梁平面弯曲时的基本力学简图可分为以下 3 种类型。

(1)简支梁。梁的两端分别为固定铰支座和活动铰支座[见图 6-5(a)]。

(2)外伸梁。梁的两支座分别为固定铰支座和活动铰支座，但梁的一端（或两端）伸出支座以外[见图 6-5(b)]。

(3)悬臂梁。梁的一端为固定端约束，另一端为自由端[见图 6-5(c)]，如外伸阳台等。

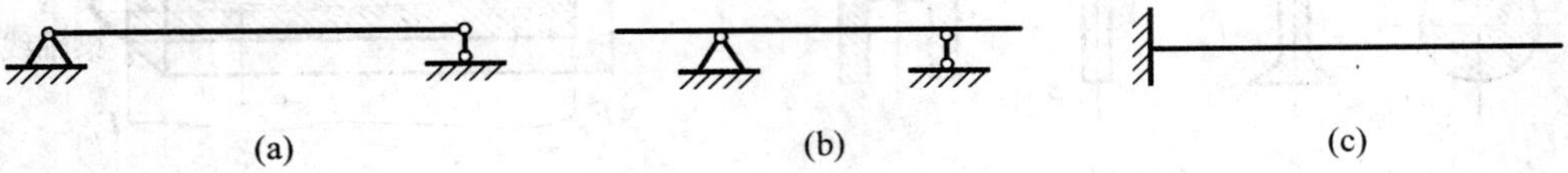

图 6-5

以上梁的支座反力均可通过静力学平衡方程求得，因此称为“静定梁”。若梁的支座反力的个数多于独立平衡方程的个数，支座反力就不能完全由静力学平衡方程式来确定，这样的梁称为“超静定梁”。

第二节　弯曲的内力分析、剪力图和弯矩图

当作用在梁上的全部外力（包括荷载和支座反力）确定后，应用截面法可求出任一横截面上的内力。

一、用截面法求剪力和弯矩

如图 6-6(a)所示，悬臂梁 AB 的自由端作用一集中力 F，由静力学平衡方程可求出其固定端的约束力 $F_B=F$，约束力偶矩 $M_B=Fl$。

把距梁左端 A 的 x 处横截面，称为梁的 x 截面，x 是梁的横截面坐标。

为了求出任一 x 截面的内力，假想地用截面 $m—m$ 将梁截分为两段，取左段梁为研究对象，如图 6-6(c)所示。由于整个梁在外力作用下是处于平衡的，所以梁的各段也必定处于平衡状态。要使左段的梁处于平衡，横截面上必定有一个作用线与外力 $\boldsymbol{F}$ 平行的力 $\boldsymbol{F}_Q$ 和一个在梁纵向对称平面内的力偶矩 M。由平衡方程式得：

$$\sum F_y=0,F-F_Q=0$$

$$F_Q=F \tag{6-1}$$

这个力作用线平行于横截面的内力称为“剪力”，用符号 F_Q 表示。

$$\sum M_C=0,M-Fx=0$$

$$M=Fx \tag{6-2}$$

矩心 C 是 x 截面的形心。这个作用平面垂直于横截面的内力偶矩称为“弯矩”，用符号 M 表示。

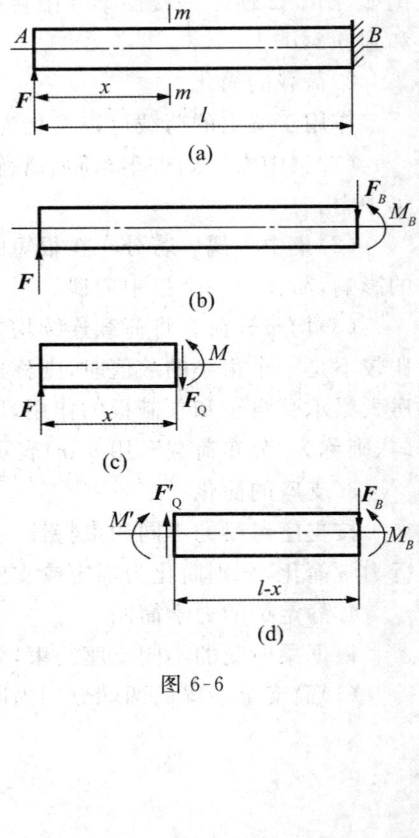

图 6-6

同理，取 x 截面右段梁为研究对象，如图 6-6(d)所示。列平衡方程得：

$$\sum F_y=0, F_Q'-F_B=0$$

$$F_Q'=F_B=F \tag{6-3}$$

$$\sum M_C=0, -M'-F_B(l-x)+M_B=0$$

$$M'=M_B-F(l-x)=Fx \tag{6-4}$$

二、剪刀 F_Q、弯矩 M 的正负符号规定

从图 6-6(c)和图 6-6(d)可以看出，应用截面法求任意 x 截面的剪力和弯矩，无论取 x 截面左段梁还是右段梁，求得的 x 截面的剪力和弯矩，其数值是相等的，方向是相反的，反映了力的作用和反作用关系。

为了使所取截面左段梁和所取截面右段梁求得的剪力与弯矩不仅数值相等，而且符号一致，规定剪力和弯矩的正负符号如下(见图 6-7)：

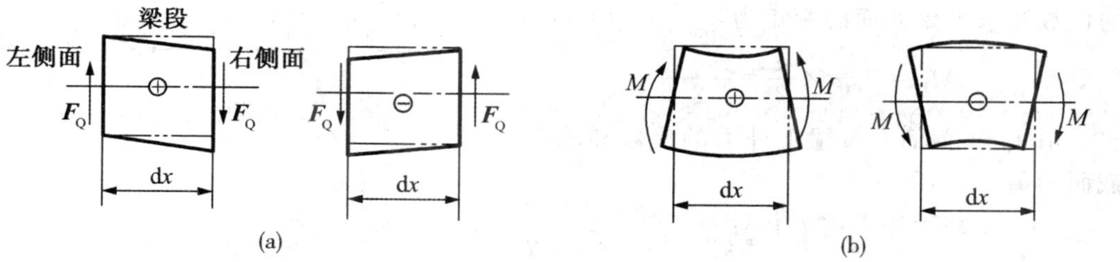

图 6-7

(1)剪力的正负规定：某梁段上左侧截面向上或右侧截面向下的剪力为正，反之为负，简述为“左上、右下为正”。

(2)弯矩的正负规定：某梁段上左侧截面顺时针转向或右侧截面逆时针转向的弯矩为正，反之为负，简述为“左顺、右逆为正”。

三、求截面剪力和弯矩的简便方法

从上述截面法求任意 x 截面的剪力和弯矩的表达式(6-1)与式(6-3)、式(6-2)与式(6-4)可以看出：任意 x 截面的剪力，等于 x 截面左(或右)段梁上外力的代数和；左段梁上向上(或右段梁上向下)的外力产生正值剪力；任意 x 截面的弯矩，等于 x 截面左(或右)段梁上外力对 x 截面形心力矩的代数和；左段梁上顺时针(或右段梁上逆时针)转向的外力矩产生正值弯矩，反之产生负值弯矩。

这种用外力求截面内力的简便方法可以简述为：

$F_Q(x)$等于 x 截面左(或右)段梁上外力的代数和，左上、右下为正；

$M(x)$等于 x 截面左(或右)段梁上外力矩的代数和，左顺、右逆为正。

例 6-1 外伸梁 DB 的受力如图 6-8 所示。已知分布荷载集度为 q，集中力偶 $M_C=3qa^2$。图中 2—2 与 3—3 截面称为“A 点的临近截面”，即 $\Delta\to0$；同样 4—4 与 5—5 截面为 C 点处的临近截面。试求指定截面的剪力和弯矩。

解：(1)求梁的支座反力。取整个梁为研究对象，画受力图并列平衡方程：

$$\sum M_B = 0, -F_A \times 4a - M_C + q \times 2a \times 5a = 0$$

$$F_A = \frac{7qa}{4}$$

$$\sum F_y = 0, F_B + F_A - q \times 2a = 0$$

$$F_B = 2qa - F_A = \frac{qa}{4}$$

(2)求各指定截面的剪力和弯矩。

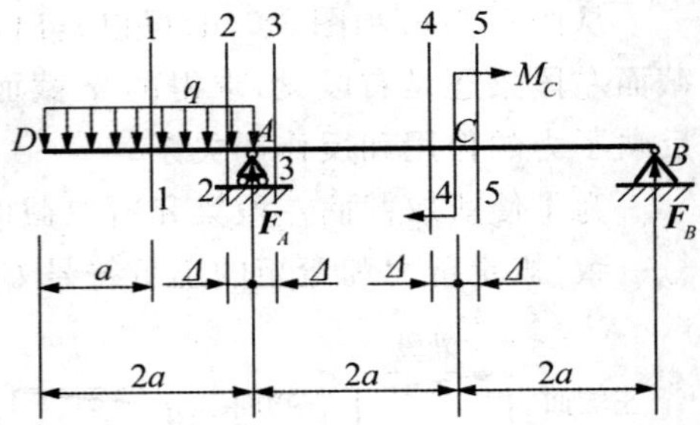

图 6-8

1—1 截面：由 1—1 截面左段梁上外力的代数和求得该截面的剪力为：

$$F_{Q_1} = -qa$$

由 1—1 截面左段梁上外力对截面形心力矩的代数和求得该截面的弯矩为：

$$M_1 = -qa \times \frac{a}{2} = \frac{-qa^2}{2}$$

由 1—1 截面右段梁上外力的代数和求得该截面的剪力为：

$$F_{Q_1} = qa - F_B - F_A = qa - \frac{qa}{4} - \frac{7qa}{4} = -qa$$

由 1—1 截面右段梁上外力对截面形心力矩的代数和求得该截面的弯矩为：

$$M_1 = F_B \times 5a - M_C + F_A \times a - qa \times \frac{a}{2} = \frac{5qa^2}{4} - 3qa^2 + \frac{7qa^2}{4} - \frac{qa^2}{4} - \frac{qa^2}{2} = \frac{-qa^2}{2}$$

由此可见，无论用 1—1 截面左段梁还是右段梁上外力求该截面的剪力和弯矩，其数值相同、符号相同，但外力代数和与外力矩代数和繁简不同，因此，在求指定截面的剪力和弯矩时，选择该截面作用外力较少的一侧梁段求剪力和弯矩较为简便。

2—2 截面：取 2—2 截面左段梁计算，得：

$$F_{Q_2} = -q(2a - \Delta) \approx -2qa$$

$$M_2 = -q \times 2a(a - \Delta) \approx -2qa^2$$

式中，Δ 是一个无穷小量，计算时可当作零来处理。

3—3 截面：取 3—3 截面左段梁计算，得：

$$F_{Q_3} = -q \times 2a + F_A = -2qa + \frac{7qa}{4} = \frac{-qa}{4}$$

$$M_3 = -q \times 2a(a + \Delta) + F_A \times \Delta = -2qa^2$$

4—4 截面：取 4—4 截面右段梁计算，得：

$$F_{Q_4} = -F_B = \frac{-qa}{4}$$

$$M_4 = F_B(2a + \Delta) - M_C = \frac{qa^2}{2} - 3qa^2 = -\frac{5qa^2}{2}$$

5—5 截面：取 5—5 截面右段梁计算，得：

$$F_{Q_5}=F_B=\frac{-qa}{4}$$

$$M=F_B\times(2a-\Delta)=\frac{qa^2}{2}$$

由以上计算结果可以看出：

(1)集中力作用处的两侧临近截面的弯矩相同、剪力不同，说明剪力在集中力作用处产生了突变，突变的幅值等于集中力的大小。

(2)集中力偶作用处的两侧临近截面的剪力相同、弯矩不同，说明弯矩在集中力偶处产生了突变，突变的幅值等于集中力偶矩的大小。

(3)由于集中力的作用截面和集中力偶的作用截面上剪力和弯矩有突变，因此，用截面法求任一指定截面的剪力和弯矩时，截面不能取在集中力和集中力偶所在的截面上。

四、用剪力、弯矩方程画剪力图、弯矩图

一般情况下，梁横截面上的剪力与弯矩随截面位置 x 的变化而连续变化。剪力和弯矩可以表示为截面坐标 x 的单值连续函数，即：

$$F_Q=F_Q(x)$$
$$M=M(x)$$

以上两式分别是梁的剪力方程和弯矩方程。

为了能够直观地表明梁上各截面的剪力和弯矩的大小及正负，通常把剪力方程和弯矩方程用图形表示，称为“剪力图”和“弯矩图”。

剪力图和弯矩图的基本作法是：以沿梁轴线的横坐标表示梁横截面的位置，以纵坐标表示相应横截面上的剪力或弯矩，在土建工程中，习惯上把正剪力画在 x 轴上方，负剪力画在 x 轴下方；而把弯矩图画在梁受拉的一侧，即正弯矩画在 x 轴下方，负弯矩画在 x 轴上方。

例 6-2 如图 6-9(a)所示，台钻手柄杆 AB 用螺纹固定在转盘上，其长度为 l，自由端作用力 $\boldsymbol{F}$，试建立手柄杆 AB 的剪力、弯矩方程，并画出其剪力图和弯矩图。

解：(1)求支座反力。建手柄杆 AB 的力学简图为图 6-9(b)所示悬臂梁，列平衡方程求得约束力为：

$$F_A=F, M_A=Fl$$

(2)列剪力方程和弯矩方程。以梁的左端 A 点为坐标原点，选取任意 x 截面[见图 6-9(b)]，用 x 截面左段梁上的外力求 x 截面的剪力、弯矩，即得到手柄杆 AB 的剪力、弯矩方程为：

$$F_Q(x)=F_A=F \quad (0<x<l)$$

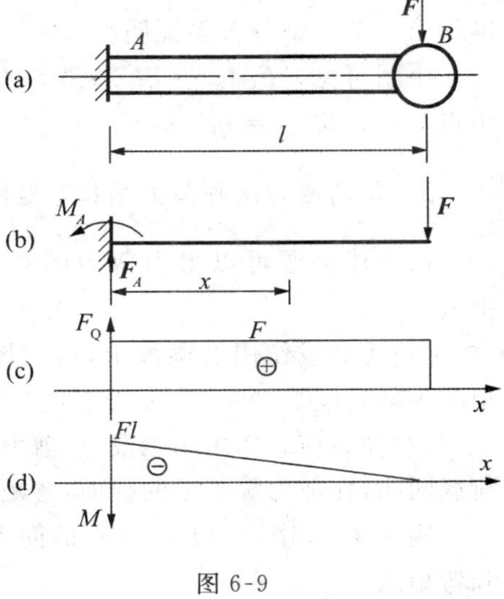

图 6-9

$$M(x)=F_Ax-M_A=-F(l-x)\quad(0<x\leqslant l)$$

(3)画剪力图、弯矩图。由剪力方程 $F_Q(x)=F$ 可知，梁各横截面的剪力均等于 F，且为正值。剪力图为平行于 x 轴的水平线，如图 6-9(c)所示。

由弯矩方程 $M(x)=-F(l-x)$ 可知，截面弯矩是截面坐标 x 的一次函数(直线)，确定直线两点的坐标，即 A 端临近截面的弯矩 $M(0)=-Fl$；B 端临近截面的弯矩 $M(l)=0$，连接两点坐标即得弯矩方程的直线，如图 6-9(d)所示。

(4)最大弯矩。由弯矩图可见，手柄杆固定端截面上弯矩值的绝对值最大，即：

$$|M|_{\max}=Fl$$

例 6-3 如图 6-10(a)所示，简支梁 AB 上作用有均布荷载 q，试画出该梁的剪力图、弯矩图。

解：(1)求支座反力。画受力图，由平衡方程得：

$$F_A=\frac{ql}{2},F_B=\frac{ql}{2}$$

(2)建立剪力、弯矩方程。选取任意 x 截面坐标，如图 6-10(a)所示，得：

$$F_Q(x)=F_A-qx=\frac{ql}{2}-qx\quad(0<x<l)$$

$$M(x)=F_Ax-qx\times\frac{x}{2}=\frac{ql}{2}x-\frac{q}{2}x^2\quad(0\leqslant x\leqslant l)$$

(3)画剪力、弯矩图。由剪力方程可知剪力是截面坐标 x 的直线方程，因此确定直线两点的坐标 $F_Q(0)=ql/2$，$F_Q(l)=-ql/2$，作这两点的连线即可得到剪力图，如图 6-10(b)所示。

由弯矩方程可知截面弯矩是截面坐标 x 的二次函数，弯矩图曲线为一条抛物线，由函数作图法便可绘出弯矩图，如图 6-10(c)所示。其中，剪力为零的截面坐标对应弯矩图抛物线的极值点，这一点可用本章第三节的微分关系证明。

由图可见，$|F_Q|_{\max}=ql/2$；最大的弯矩值在梁的中点截面，$|M|_{\max}=ql^2/8$。

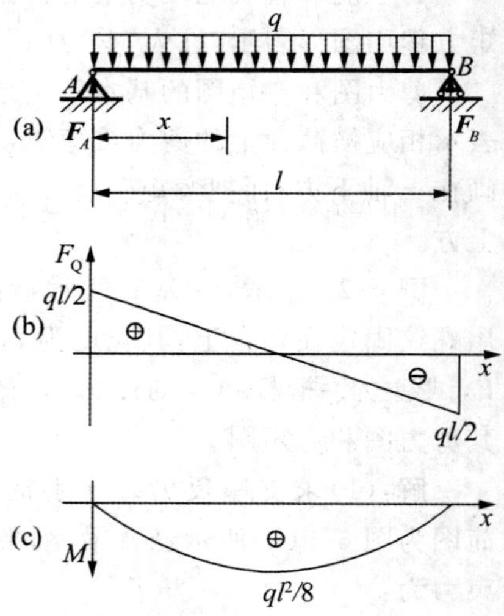

图 6-10

五、用简便方法画剪力图和弯矩图

从上述例题可以得出剪力图和弯矩图的简便画法：

(1)无荷载作用的梁段上，剪力图为水平线，弯矩图为斜直线。

(2)均布荷载作用的梁段上，剪力图为斜直线，弯矩图为二次曲线。曲线凸向与均布荷载同向，在剪力等于零的截面，弯矩有极值。

例 6-4 如图 6-11(a)所示的简支梁 AB，在 C 点处作用集中力 F，试画出梁的剪力图和弯矩图。

解:(1)求支座反力。画受力图并列平衡方程得:

$$F_A=\frac{Fb}{l},F_B=\frac{Fa}{l}$$

(2)画剪力图。由于 AC,CB 段无荷载作用,所以剪力图均为水平线。

AC 段任一截面的剪力为:

$$F_{Q_1}=F_A=\frac{Fb}{l}$$

CB 段任一截面的剪力为:

$$F_{Q_2}=-F_B=-\frac{Fa}{l}$$

在剪力图坐标中画出 AC,BC 段的水平线,如图 6-11(b)所示。

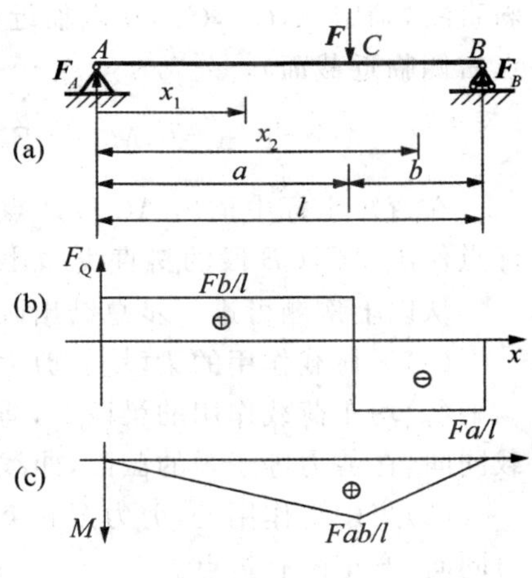

图 6-11

(3)画弯矩图。AC,CB 段无荷载作用,弯矩图为斜直线,确定 A,C,B 三点临近截面的弯矩值。

$$M_A=F_A\Delta=0,M_C=F_Aa=\frac{Fab}{l},M_B=F_B\Delta=0$$

在弯矩坐标中描出 AC 段两点坐标 0,Fab/l,CB 段两点坐标 Fab/l,0,分别过坐标点作出 AC,CB 段的斜直线,如图 6-11(c)所示。

由剪力图、弯矩图可见,当 $a>b$ 时,$|F_Q|_{max}=Fa/l$,在 C 截面有最大的弯矩值 $|M|_{max}=Fab/l$;当 $a=b=l/2$,即集中力作用在梁的中点时,梁的中点有最大弯矩值 $|M|_{max}=Fl/4$。

例 6-5 如图 6-12(a)所示的简支梁 AB,在 C 点处作用集中力偶 M_0,试画出此梁的剪力图和弯矩图。

解:(1)求支座反力。画受力图并列平衡方程得:

$$F_A=-\frac{M_0}{l},F_B=\frac{M_0}{l}$$

(2)画剪力图。由于 AC,CB 段无荷载作用,所以剪力图均为水平线。

AC 段任一截面的剪力为:

$$F_{Q_1}=F_A=-\frac{M_0}{l}$$

CB 段任一截面的剪力为:

$$F_{Q_2}=-F_B=-\frac{M_0}{l}$$

在剪力坐标中画出 AC,CB 段的水平线,如图 6-12(b)所示。

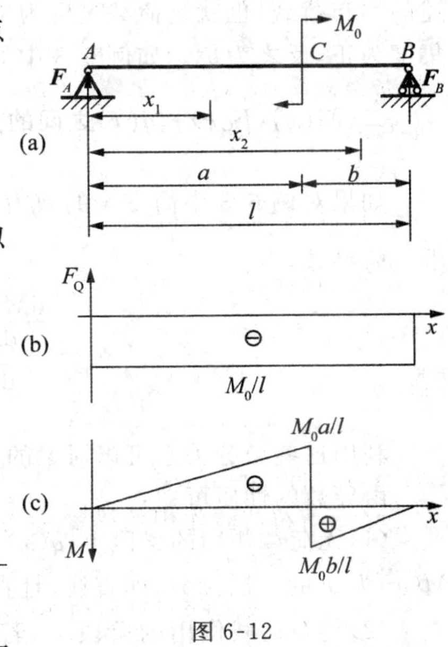

图 6-12

(3)画弯矩图。AC,CB 段无荷载作用,弯矩图为斜直线，确定 A,C_-,C_+,B 点临近截面的弯矩值（C_- 表示 C 点左侧临近截面，C_+ 表示 C 点右侧临近截面）。

$$M_A=F_A\Delta=0,M_{C_-}=F_Aa=-\frac{M_0a}{l},M_{C_+}=F_Bb=\frac{M_0b}{l},M_B=F_B\Delta=0$$

在弯矩坐标中描出 AC 段两点坐标 $0,-M_0a/l$，CB 段两点坐标 $M_0b/l,0$，分别过坐标点作出 AC，CB 段的斜直线，如图 6-12(c)所示。

从以上例题可进一步总结出画剪力图和弯矩图的简便方法：

(1)无荷载作用的梁段上，剪力图为水平线，弯矩图为斜直线。

(2)均布荷载作用的梁段上，剪力图为斜直线；弯矩图为二次曲线，曲线凸向与均布荷载同向，在剪力等于零的截面，曲线有极值。

(3)集中力作用处，剪力图有突变，突变的幅值等于集中力的大小，突变的方向与集中力同向；弯矩图有折点。

(4)集中力偶作用处，剪力图不变；弯矩图突变，突变的幅值等于集中力偶矩的大小，突变的方向，集中力偶顺时针向坐标正向突变，反之向坐标负向突变。

尽管用剪力、弯矩方程能够画出剪力图和弯矩图，但是应用选取特殊点的简便方法绘制剪力图和弯矩图会更加简捷方便。

第三节　弯矩、剪力和分布荷载集度间的关系

一、荷载集度

若将分布荷载表示成截面坐标 x 的函数 $q(x)$，则 $q(x)$ 就称为“荷载集度函数”。前述的均布荷载，也就是荷载集度为常量的分布荷载。同时规定，均布荷载方向向上，荷载集度为正，反之为负。如例 6-3 中的简支梁，作用的均布荷载的荷载集度 $q(x)=-q$。

二、$M(x)$，$F_Q(x)$，$q(x)$之间的关系

如果对例 6-3 中简支梁的剪力方程 $F_Q(x)=\frac{ql}{2}-qx$ 和弯矩方程 $M(x)=\frac{ql}{2}x-\frac{q}{2}x^2$ 求一阶导数，得：

$$\frac{dM(x)}{dx}=\frac{ql}{2}-qx=F_Q(x) \tag{6-5}$$

$$\frac{dF_Q(x)}{dx}=-q=q(x) \tag{6-6}$$

利用这些微分关系可以对梁的剪力图、弯矩图进行绘制和检查。

由导数的性质可知：

(1)无荷载作用的梁段上，$q(x)=0$，由式(6-6)可知，$F_Q(x)=$常量，再由式(6-5)可知 $M(x)$为 x 的一次函数，即直线，且直线的斜率为 $F_Q(x)=$常量。

(2)均布荷载作用的梁段上，若均布荷载方向向下，$q(x)=-q$，再由式(6-6)可知，$F_Q(x)$为 x 的一次函数，即为直线，且直线的斜率为负；再由式(6-5)可知，$M(x)$是 x 的二

次函数，即为抛物线，抛物线的顶点即二次曲线的极值点 $F_Q(x_0)=0$。式(6-5)、式(6-6)表示弯矩函数曲线的二阶导数等于荷载集度，二阶导数小于零，曲线凸向向下。若均布荷载方向向上，$q(x)=q$，$F_Q(x)$为直线，且直线斜率为正；$M(x)$为抛物线，二阶导数大于零，$M(x)$的凸向向上。

(3)集中力作用处，剪力值突变，由式(6-5)可知弯矩图曲线在该点的斜率发生了突变，剪力值突变为正，弯矩图曲线斜率将沿正值突变，反之沿负值突变。斜率在该点的突变形成了弯矩图的折点。

利用上述荷载、剪力和弯矩之间的微分关系及规律，可更简捷地绘制出梁的剪力图和弯矩图，其步骤如下：

(1)分段，即根据梁上外力及支承等情况将梁分成若干段。

(2)根据各段梁上的荷载情况，判断其剪力图和弯矩图的大致形状。

(3)利用计算内力的简便方法，直接求出若干控制截面上的剪力值和弯矩值。

(4)逐段直接绘出梁的剪力图和弯矩图。

第四节　弯曲正应力和强度计算

在确定了梁横截面的内力之后，还需进一步研究横截面上的应力与截面内力之间的定量关系，从而建立梁的强度设计准则，进行强度计算。

一、纯弯曲与横力弯曲

火车轮轴的力学简图为图 6-13(a)所示的外伸梁，画其剪力图和弯矩图，如图 6-13(b)(c)所示。可见，在其 AC，DB 段内各横截面上弯矩 M 和剪力 F_Q 同时存在，故梁在此段内既有弯曲变形，也有剪切变形，这种变形称为“剪切弯曲”，也称为“横力弯曲”。在其 CD 段内各横截面上，只有弯矩 M 而无剪力 F_Q，这种弯曲称为“纯弯曲”。

二、纯弯曲正应力公式

1. 试验观察和平面假设

如图 6-14(a)所示，取一矩形截面等直梁，试验前在其表面画两条横向线 m—m 和 n—n，再画两条纵向线 aa 和 bb，然后在其两端作用外力偶矩 M，梁将发生平面纯弯曲变形。观察其变形，可以看到如下现象[见图 6-14(b)]：

(1)横向线 m—m 和 n—n 仍为直线且与纵向线正交，并相对转动了一个微小角度。

(2)纵向线 a—a 和 b—b 弯成了曲线，且 a—a 线缩短而 b—b 线伸长。

由于梁内部材料的变化无法观察，因此假设横截面在变形过程中始终保持为平面，这就是梁纯弯曲时的平面假设。可以设想梁由无数条纵向纤维组成，且纵向纤维间无相互挤压作用，即处于单向受拉或受压状态。

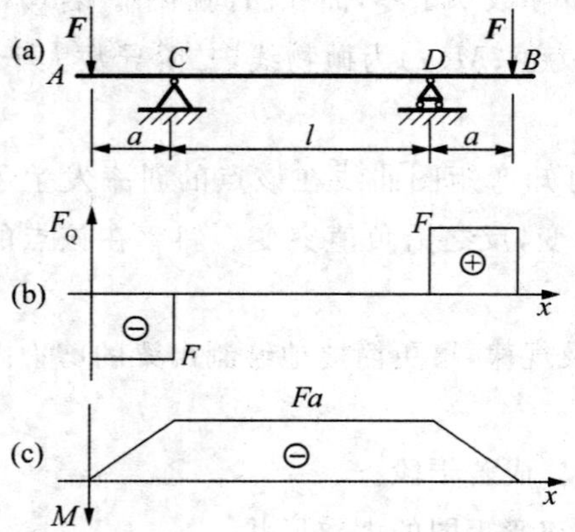

图 6-13

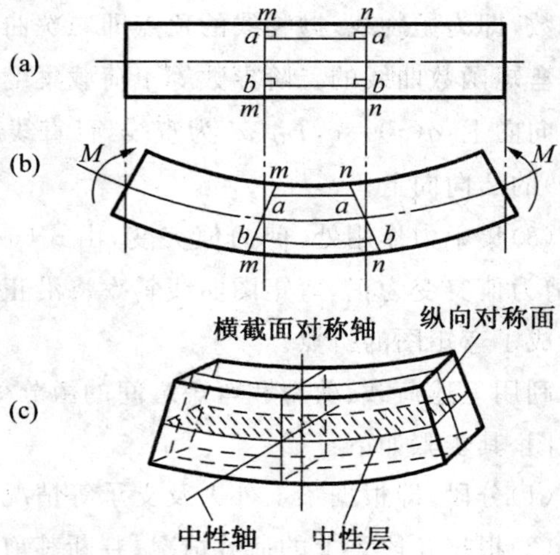

图 6-14

2. 中性层与中性轴

由试验观察和平面假设推知：当梁纯弯曲时，从凸边纤维伸长连续变化到凹边纤维缩短，其间必有一层纤维既不伸长也不缩短，这一纵向纤维层称为“中性层”［见图 6-14(c)］。中性层与横截面的交线称为“中性轴”，中性轴过截面的形心。梁纯弯曲时，各横截面绕其中性轴转动了一个角度。

从上述分析可以得出以下结论：纯弯曲时，梁的各横截面像刚性平面一样绕其自身中性轴转动了不同的角度，两相邻横截面之间产生了相对转角 $d\theta$；两横截面间的纵向纤维发生拉伸或压缩变形，梁的横截面有垂直于截面的正应力；纵向纤维与横截面保持垂直，截面无切应力。

3. 正应力公式

为了求得正应力在截面上的分布规律，在梁的横截面建立 xyz 坐标系，x 轴为轴线，y 轴为截面的对称轴，方向向下，z 轴为中性轴。截取出一横截面绕其中性轴与相邻截面产生相对转角 $d\theta$ 的示意图［见图 6-15(a)］，观察其变形。

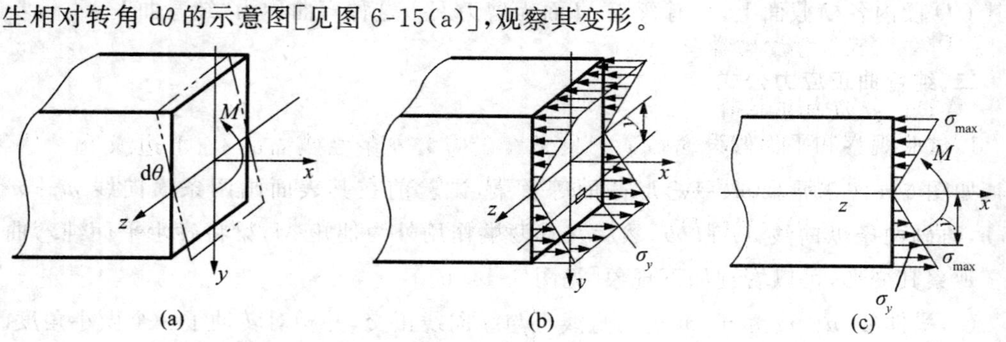

图 6-15

从图 6-15(a)可以看出，截面上距中性轴越远的点，纵向纤维的伸长(缩短)量越大，说明该点的线应变越大。由拉(压)胡克定律可知，材料在弹性范围内时，正应力与正应变成正比，从而得出横截面上任一点的正应力与该点到中性轴的距离 y 成正比，正应力与横截面垂直，其线性分布规律如图 6-15(b)(c)所示。

应用变形几何关系和静力学平衡关系进一步可推知：横截面任一点的正应力与截面弯矩 M 成正比，与该点到中性轴的距离 y 成正比，而与截面对中性轴 z 的惯性矩 I_z 成反比，其纯弯曲正应力计算公式为：

$$\sigma_y=\frac{My}{I_z} \tag{6-7}$$

式中，σ_y 表示横截面上距中性轴 z 为 y 的点处的正应力。

4. 最大正应力计算公式

由式(6-7)可知，截面的最大正应力发生在离中性轴最远的上、下边缘的点上，即：

$$\sigma_{\max}=\frac{My_{\max}}{I_z} \tag{6-8}$$

令

$$W_z=\frac{I_z}{y_{\max}} \tag{6-9}$$

则梁截面的最大正应力为：

$$\sigma_{\max}=\frac{M}{W_z} \tag{6-10}$$

式中，W_z 为截面的抗弯截面系数。

三、常用截面的惯性矩和抗弯截面系数

1. 矩形截面

设截面宽为 b，高为 h，则：

$$I_z=\frac{bh^3}{12},W_z=\frac{bh^2}{6} \tag{6-11}$$

2. 圆截面

设圆截面直径为 D，则：

$$I_z=\frac{\pi D^4}{64},W_z=\frac{I_z}{y_{\max}}=\frac{\pi D^3}{32}\approx 0.1D^3 \tag{6-12}$$

四、弯曲正应力强度计算

1. 弯曲正应力强度准则

由式(6-10)可知，梁弯曲时截面上的最大正应力发生在截面的上、下边缘处。对于等截面梁来说，全梁的最大正应力一定发生在最大弯矩所在截面的上、下边缘处。要使梁具有足够的强度，必须使梁的最大工作应力不超过材料的许用应力，此即为梁弯曲时的正应力强度条件，即：

$$\sigma_{\max}=\frac{M_{\max}}{W_z}\leqslant[\sigma] \tag{6-13}$$

需要说明的是，式(6-13)是以平面纯弯曲正应力建立的强度准则。对于横力弯曲的梁，当梁的跨度 l 远大于截面高度 $h(l/h>5)$时，截面剪力对正应力的分布影响很小，可以忽略不计。此时，纯弯曲的正应力强度条件可推广应用于横力弯曲时梁的正应力强度计算。

2.弯曲正应力强度计算

应用式(6-13)弯曲正应力强度条件可以解决弯曲强度计算的三类问题,即校核强度、设计截面和确定许可荷载。

例 6-6 图 6-16 所示为矩形截面简支木梁 AB,已知$[\sigma]=10\text{MPa}$,作用力 $F=10\text{kN}$,$l=6\text{m}$,截面高度是宽度的 2 倍。(1)试按弯曲正应力强度准则设计梁的截面尺寸;(2)若将梁平放[见图 6-16(c)],试设计梁的截面尺寸;(3)计算梁平放与竖放所用木材的体积比。

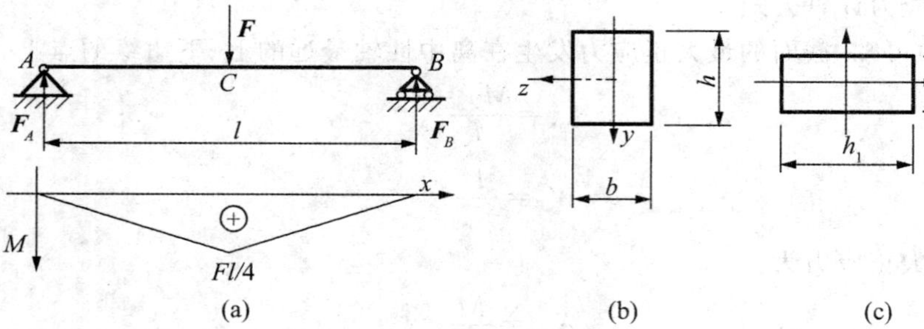

图 6-16

解:(1)画梁的受力图并求约束力。

$$F_A=\frac{F}{2},F_B=\frac{F}{2}$$

画梁的弯矩图[见图 6-16(a)],求最大弯矩。

$$M_{\max}=\frac{F}{2}\times\frac{l}{2}=\frac{Fl}{4}$$

按正应力强度准则设计截面尺寸。

$$\sigma_{\max}=\frac{M_{\max}}{W_z}=\frac{\frac{Fl}{4}}{\frac{bh^2}{6}}=\frac{3Fl}{2b(2b)^2}=\frac{3Fl}{8b^3}\leqslant[\sigma]$$

$$b\geqslant\sqrt[3]{\frac{3Fl}{8[\sigma]}}=\sqrt[3]{\frac{3\times10\times10^3\times6\times10^3}{8\times10}}=131(\text{mm})$$

取 $b=131\text{mm}$,则 $h=262\text{mm}$。

(2)按强度准则设计梁平放时的截面尺寸。

$$\sigma_{\max}=\frac{M_{\max}}{W_z}=\frac{\frac{Fl}{4}}{\frac{h_1b_1^2}{6}}=\frac{3Fl}{2\times(2b_1)\times b_1^2}=\frac{3Fl}{4b_1^3}\leqslant[\sigma]$$

$$b_1\geqslant\sqrt[3]{\frac{3Fl}{4[\sigma]}}=\sqrt[3]{\frac{3\times10\times10^3\times6\times10^3}{4\times10}}=165(\text{mm})$$

取 $b_1=165\text{mm}$,则 $h_1=330\text{mm}$。

(3)梁平放与竖放所用木材的体积比。

$$\frac{V_1}{V}=\frac{A_1l}{Al}=\frac{b_1h_1}{bh}=\frac{165\times330}{131\times262}=1.59$$

例 6-7 T形截面外伸梁如图 6-17(a)所示，已知荷载 $F_{P1}=40\text{kN}$，$F_{P2}=15\text{kN}$，材料的弯曲许用应力分别为$[\sigma_t]=45\text{MPa}$，$[\sigma_c]=175\text{MPa}$，截面对中性轴的惯性矩 $I_z=5.73\times10^{-6}\text{m}^4$，下边缘到中性轴的距离 $y_1=72\text{mm}$，上边缘到中性轴的距离 $y_2=38\text{mm}$，其他尺寸如图所示，试校核该梁的强度。

解：此问题属于正应力强度计算中的强度校核。

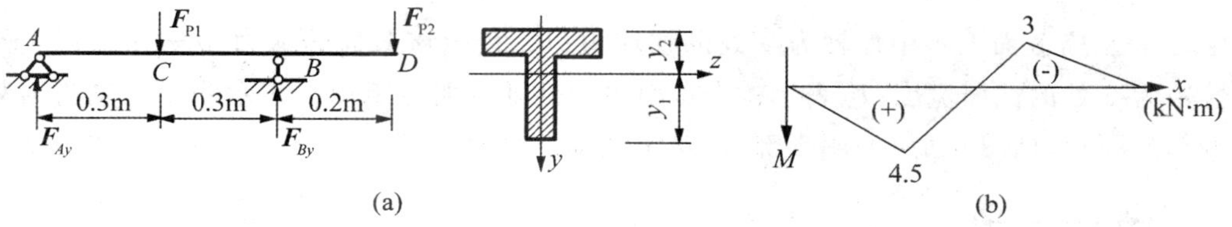

图 6-17

(1)求梁在图示荷载作用下的最大弯矩。作出梁的弯矩图，如图 6-17(b)所示。由图可知，B 截面上弯矩取得最大负值，$M_B=3\text{kN}\cdot\text{m}$；$C$ 截面上弯矩取得最大正值，$M_C=4.5\text{kN}\cdot\text{m}$。

(2)校核梁的正应力强度。

因为该梁的截面为上、下边缘对中性轴不对称，所以对该梁进行校核时应当同时校核最大正弯矩截面和最大负弯矩截面。

①最大负弯矩截面(B 截面)强度校核。B 截面上边缘产生最大拉应力，下边缘产生最大压应力，即：

$$\sigma_{t\max}=\frac{M_B y_2}{I_z}=\frac{3\times10^6\times38}{5.73\times10^{-6}\times10^{12}}=19.9(\text{MPa})<[\sigma_t]$$

$$\sigma_{c\max}=\frac{M_B y_1}{I_z}=\frac{3\times10^6\times72}{5.73\times10^{-6}\times10^{12}}=37.7(\text{MPa})<[\sigma_c]$$

B 截面满足正应力强度条件。

②最大正弯矩截面(C 截面)强度校核。C 截面上边缘产生最大压应力，下边缘产生最大拉应力，即：

$$\sigma_{c\max}=\frac{M_C y_2}{I_z}=\frac{4.5\times10^6\times38}{5.73\times10^{-6}\times10^{12}}=39.8(\text{MPa})<[\sigma_c]$$

$$\sigma_{t\max}=\frac{M_C y_1}{I_z}=\frac{4.5\times10^6\times72}{5.73\times10^{-6}\times10^{12}}=56.5(\text{MPa})<[\sigma_t]$$

C 截面不满足正应力强度条件，所以该梁的正应力强度不满足要求。

第五节　弯曲切应力

一、弯曲切应力

梁在横力弯曲时，其横截面不仅有弯矩，而且有剪力，因而横截面也就有切应力。对于矩形、圆形截面的梁，当其跨度比高度大得多时，因为其弯曲正应力比切应力大得多，所以切应力就可以略去不计。但对于跨度短而截面高的梁，以及一些薄壁梁或剪力较大的截面，切应力就不能忽略。本节只介绍几种常见截面梁的切应力分布及其最大切应力计算公式。

由弹性力学的分析结果可知，剪力 F_Q 在横截面上分布，即切应力计算公式为：

$$\tau=\frac{F_Q S_z^*}{I_z b} \tag{6-14}$$

式中，τ 表示横截面上距中性轴为 y 处的切应力；F_Q 表示该截面的剪力；b 表示截面上距中性轴为 y 处的截面宽度；I_z 表示整个截面对中性轴的惯性矩；S_z^* 表示距中性轴为 y 处外侧部分面积[见图 6-18(a)阴影部分]对中性轴的静矩。

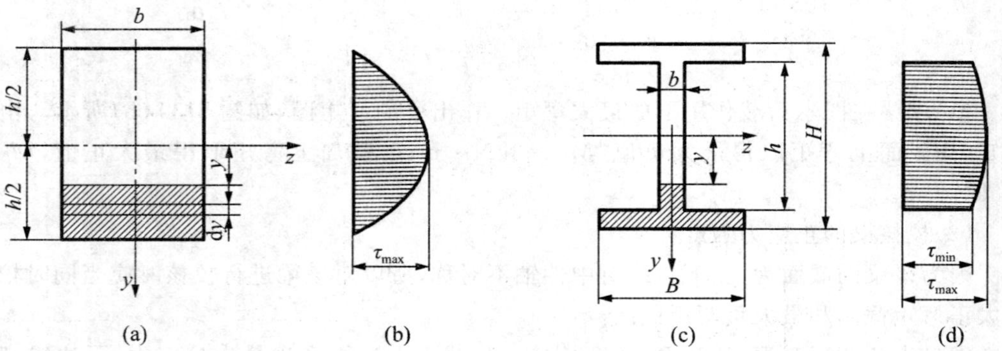

图 6-18

二、常见截面的最大切应力

现以矩形截面为例，说明 τ 沿截面高度的变化规律及最大切应力作用位置，如图 6-18(a)所示。

取一高为 h、宽为 b 的矩形截面，求距中性轴为 y 处的切应力 τ。先求出距中性轴为 y 处外侧部分面积对中性轴的静矩 S_z^*，取微面积 $\mathrm{d}A=b\mathrm{d}y$，从而可得：

$$S_z^*=\int_{A^*} y\mathrm{d}A=\int_y^{\frac{h}{2}} yb\mathrm{d}y=\frac{b}{2}(\frac{h^2}{4}-y^2)$$

代入式(6-14)，得：

$$\tau=\frac{F_Q}{2I_z}(\frac{h^2}{4}-y^2)$$

由此可见，切应力的大小沿矩形截面的高度按二次曲线(抛物线)规律分布，如图 6-18(b)所示。当 $y=\pm h/2$ 时，即在截面上、下边缘的各点处切应力 $\tau=0$；越靠近中性轴处切应力越大；当 $y=0$ 时，即在中性轴上各点处，其切应力达到最大值，也就是：

$$\tau_{\max}=\frac{F_Q h^2}{8I_z}=\frac{3F_Q}{2bh}=\frac{3F_Q}{2A}$$

可见，矩形截面的最大切应力是截面平均切应力的 1.5 倍。

对于其他截面形状的切应力，仍可应用式(6-14)求得，且其最大切应力总是出现在截面中性轴上的各点处。如图 6-18(c)所示的“工”字形截面，切应力沿截面高度也是按抛物线规律分布的[见图 6-18(d)]。在截面腹板上最大切应力与最小切应力相差不大，可近似认为其均匀分布于腹板面积上，即 $\tau_{max}=F_Q/A_0$($A_0=bh$ 为截面腹板面积)。对于圆截面，$\tau_{max}=4F_Q/(3A)$；对于圆环截面，$\tau_{max}=2F_Q/A$。

三、切应力强度计算

对于短跨梁、薄壁梁或承受较大剪力的梁，除了进行弯曲正应力强度计算外，还应考虑进行弯曲切应力强度计算。其弯曲切应力强度准则为：最大切应力不得超过材料的许用切应力，即：

$$\tau_{max}\leqslant[\tau] \tag{6-15}$$

例 6-8 如图 6-19(a)所示的简支梁 AB，作用荷载 $q=10\text{kN/m}$，$F=200\text{kN}$，$l=2\text{m}$，$a=0.2\text{m}$，材料的许用正应力$[\sigma]=160\text{MPa}$，许用切应力$[\tau]=120\text{MPa}$，试选择工字钢型号。

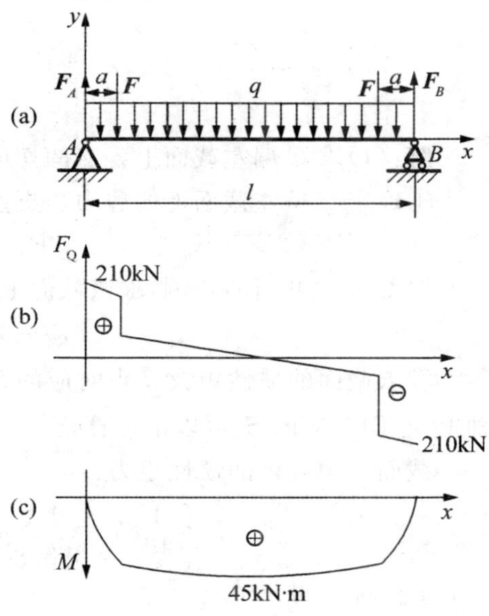

图 6-19

解：(1)求最大弯矩。求出约束力，并画出梁的剪力图和弯矩图，分别如图 6-19(b)(c)所示。梁中间截面弯矩最大，其值为：

$$M_{max}=45(\text{kN}\cdot\text{m})$$

(2)强度计算。按正应力强度准则初选工字钢型号，由正应力强度设计准则

$$\sigma_{max}=\frac{M_{max}}{W_z}\leqslant[\sigma]$$

得：

$$W_z\geqslant\frac{M_{max}}{[\sigma]}=\frac{45\times10^6}{160}=281\times10^3(\text{mm}^3)=281(\text{cm}^3)$$

查附录 C 型钢表，选用 22a 号工字钢，其 $W_z=309\text{cm}^3$，$h=220\text{mm}$，$t=12.3\text{mm}$，腹板厚度 $d=7.5\text{mm}$。

按切应力强度准则进行校核，由剪力图知 $F_{Qmax}=210\text{kN}$，代入切应力强度准则，得：

$$\tau_{max}=\frac{F_{Qmax}}{A_0}=\frac{F_{Qmax}}{(h-2t)d}=\frac{210\times10^3}{(220-2\times12.3)\times7.5}=143.3(\text{MPa})>[\tau]$$

因为最大切应力超过许用切应力很多，所以应重新选取较大的工字钢型号。现选取 22b 工字钢，由表查出 $h=220\text{mm}$，$t=12.3\text{mm}$，腹板厚度 $d=9.5\text{mm}$。代入切应力强度准则进行校核，得：

$$\tau_{max}=\frac{F_{Qmax}}{(h-2t)d}=\frac{210\times10^3}{(220-2\times12.3)\times9.5}(\text{N/mm}^2)=113.1(\text{MPa})<[\tau]$$

可见，选用 22b 号工字钢能同时满足正应力强度准则和切应力强度准则。

对于本例这样的薄壁梁或短跨梁来说，进行强度计算时，一般先用正应力强度准则进行设计，再用切应力强度准则进行校核。

例 6-9　一矩形截面简支梁受荷载作用，如图 6-20(a)所示，截面宽度 $b=100\text{mm}$，高度 $h=200\text{mm}$，$q=4\text{kN/m}$，$F_P=40\text{kN}$，d 点到中性轴的距离为 50mm。

(1)求 C 偏左截面上 a，b，c，d 四点的切应力。

(2)该梁的最大切应力发生在何处？其数值等于多少？

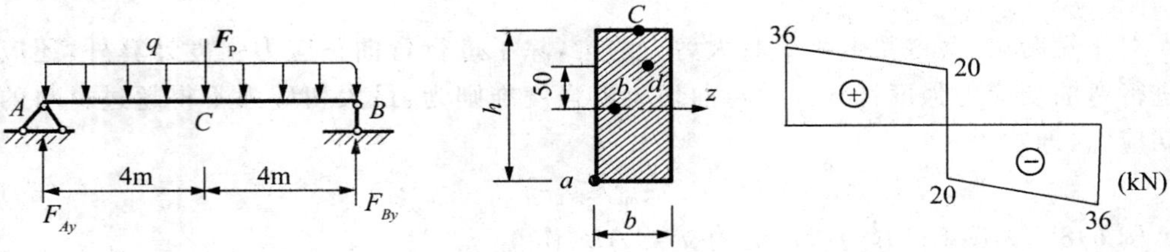

(a)　　　　(b)

图 6-20

解：(1)求 C 偏左截面上各点的切应力。

①确定 C 偏左截面上的剪力。支座反力为：

$$F_{Ay}=F_{By}=36(\text{kN})$$

取 C 偏左截面的左侧，求该截面上的剪力：

$$F_{QC}=36-4\times4=20(\text{kN})$$

②求截面的惯性矩及 d 点对应的 S_z^*（a，c 点分别在截面的下、上边缘上，b 点在中性轴上，它们对应的 S_z^* 可以不计算）。

截面对中性轴的惯性矩为：

$$I_z=\frac{1}{12}bh^3=\frac{1}{12}\times100\times200^3=66.7\times10^6(\text{mm}^4)$$

d 点对应的 S_z^*：

$$S_z^*=50\times100\times75=3.75\times10^5(\text{mm}^3)$$

③求各点的切应力。

a，c 点分别在截面的下、上边缘上，距中性轴距离最远。

$$\tau_a=\tau_c=0$$

b 点在中性轴上，该点的切应力最大，代入公式得：

$$\tau_b=1.5\frac{F_{QC}}{bh}=1.5\times\frac{20\times10^3}{100\times200}=1.5(\text{MPa})$$

d 点为截面上的任意点，代入公式计算得：

$$\tau_d=\frac{F_{QC}S_z^*}{I_zb}=\frac{20\times10^3\times3.75\times10^5}{66.7\times10^6\times100}=1.12(\text{MPa})$$

(2)求该梁的最大切应力。

作出梁的剪力图，梁的最大剪力发生在 A 偏右及 B 偏左截面，其数值 $F_{Q\max}=36\text{kN}$。该梁的最大切应力一定发生在最大剪力作用截面的中性轴上。

$$\tau_{\max}=1.5\times\frac{F_{Q\max}}{bh}=1.5\times\frac{36\times10^3}{100\times200}=2.7(\text{MPa})$$

第六节　梁的变形及刚度计算

在建筑工程中，梁除了应有足够的强度外，还必须具有足够的刚度，即在荷载作用下梁的弯曲变形不能过大，否则梁就不能正常工作。因此，在工程中，对梁的变形有一定的要求，即其变形量不得超出工程允许的范围。

一、挠度和转角

度量梁的变形的基本物理量是挠度和转角。如图 6-21 所示，在悬臂梁的纵向对称平面内作用力 F，其轴线弯成一条平面曲线。变形时，梁的每一个横截面绕其中性轴转动了不同的角度，同时每一个截面形心产生了不同的位移。

1. 挠度 y

横截面形心在垂直于梁轴线方向的位移称为“挠度”，用 y 表示。在图示坐标系中，挠度 y 向上为正，向下为负。实际上，由于轴线在中性层上长度不变，所以当横截面形心产生垂直位移时，还伴有轴线方向的位移，因其极微小，可略去不计。

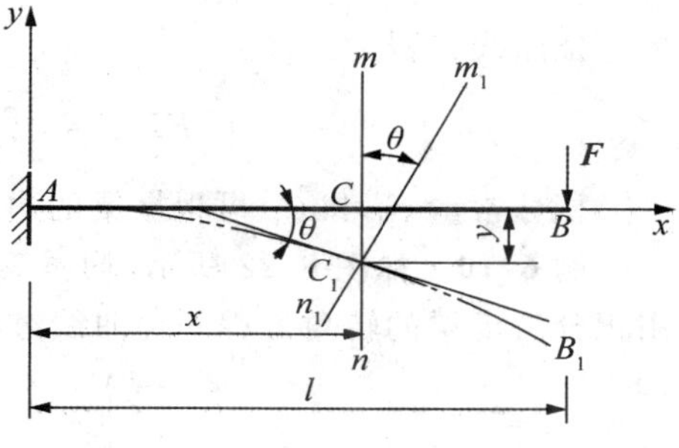

图 6-21

2. 转角 θ

横截面绕中性轴转过的角度称为“截面转角”，简称“转角”，用 θ 表示。在图示坐标系中，转角 θ 逆时针为正，顺时针为负。

3. 挠曲线方程

梁发生平面弯曲变形后，其各个横截面形心的连线是一条连续光滑的平面曲线，这条曲线称为“挠曲线”。若沿梁的轴线建立截面坐标轴 x，则挠曲线可表示为截面坐标 x 的单值连续函数，即：

$$y=f(x)$$

称为“挠曲线方程”。

因为横截面转角往往很小，所以 $\theta\approx\tan\theta=f'(x)$ 称为“转角方程”，即梁的挠曲线上任一点的斜率等于该点处横截面的转角。

综上所述，只要确定了梁的挠曲线方程，即可求得任一横截面的挠度和转角。

二、用积分法求梁的变形

1. 挠曲线近似微分方程

当梁纯弯曲时，梁的轴线弯成了一条平面曲线，其曲线的曲率公式为：

$$\frac{1}{\rho}=\frac{M(x)}{EI_z}$$

此即为纯弯曲时挠曲线的曲率。由于剪力对梁弯曲变形的影响忽略不计，故可由纯弯曲时的曲率公式建立梁的挠曲线近似微分方程。由数学分析可知，平面曲线的曲率为：

$$\frac{1}{\rho}=\pm\frac{y''}{(1+y'^2)^{\frac{3}{2}}}$$

在弹性小变形条件下，y'很小，y'^2 是高阶无穷小量，可略去不计，则 $1+y'^2\approx1$，于是得 $1/\rho=y''$，从而得出挠曲线近似微分方程为：

$$y''=\frac{M(x)}{EI_z} \tag{6-16}$$

2. 用积分法求梁的变形

对于等截面直梁来说，式(6-16)可写为：

$$EI_z y''=M(x)$$

对上式分离变量后进行积分，即可得到等截面直梁的转角方程为：

$$EI_z\theta = EI_z y' = \int M(x)\mathrm{d}x + C_1 \tag{6-17}$$

挠曲线方程为：

$$EI_z y = \int\left[\int M(x)\mathrm{d}x + C_1\right]\mathrm{d}x + C_2 \tag{6-18}$$

积分常量 C_1 和 C_2 可根据梁的边界条件和挠曲线的光滑连续条件确定。

例 6-10 如图 6-22 所示，均质等截面悬臂梁 AB 受均布荷载 q 作用，EI 为常量，试用积分法求梁的转角方程和挠曲线方程。

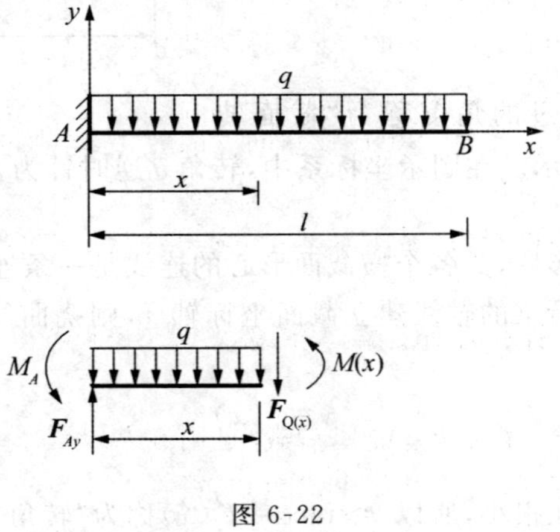

图 6-22

解：(1)求支座反力。列弯矩方程得：

$$F_Ay=ql, M_A=\frac{ql^2}{2}$$

$$M(x)=qlx-\frac{1}{2}ql^2-\frac{1}{2}qx^2$$

(2)列挠曲线近似微分方程并积分，得：

$$EI_z\theta=EI_zy'=\frac{1}{2}qlx^2-\frac{1}{2}ql^2x-\frac{1}{6}qx^3+C_1$$

$$EI_zy=\frac{1}{6}qlx^3-\frac{1}{4}ql^2x^2-\frac{1}{24}qx^4+C_1x+C_2$$

(3)确定积分常量。根据边界条件,A 端为固定端,当 $x=0$ 时,将 $\theta_A=0$ 代入得 $C_1=0$;当 $x=0$ 时,将 $y_A=0$ 代入得 $C_2=0$。将积分常量代入以上两式,得转角方程和挠曲线方程为:

$$\theta=-\frac{qx}{6EI_z}(x^2-3lx+3l^2),y=-\frac{qx^2}{24EI_z}(x^2-4lx+6l^2)$$

(4)求最大转角和最大挠度。应用以上两个方程,很容易求出梁各个截面的转角和挠度。由图 6-22 可见,梁 B 端截面有最大转角和最大挠度,把 B 端截面坐标 $x=l$ 代入方程得:

$$\theta_B=-\frac{ql^3}{6EI_z},y_B=-\frac{ql^4}{8EI_z}$$

需要注意的是,应用积分法求梁的变形,当梁上作用的荷载将梁分为几段时,梁的弯矩方程是分段定义的函数,转角方程和挠曲线方程要分段积分。对于变截面梁,由于其抗弯刚度已不是常量,也要分段进行积分计算。

三、用叠加法求梁的变形

在复杂荷载作用下,由于梁的分段很多,积分和积分常量的运算相当麻烦。由于工程实际中一般并不需要计算整个梁的挠曲线方程,只需计算最大挠度和最大转角,所以应用叠加法求指定截面的挠度和转角比较方便。

从例 6-10 可以看出,梁的挠度和转角都与荷载呈线性关系,且变形为弹性小变形,材料服从胡克定律。这样,梁上由某一荷载所引起的变形,不会受其他作用荷载的影响,即每个荷载对梁的弯曲变形的作用是相互独立的。因此,当梁上同时作用几个荷载时,梁截面的总变形就等于每个荷载单独作用时产生变形的代数和,这种方法称为“叠加法”。梁在简单荷载作用下的变形可查表(见附录 B)。应用叠加法,便可求得复杂荷载作用下梁的变形。

例 6-11 如图 6-23 所示为简支梁,试用叠加法求梁跨度中点 C 的挠度 y_C 和支座处截面的转角 θ_A,θ_B。

解:梁上作用荷载可以分为两个简单荷载[见图 6-23(b)(c)]。应用附录 B 查出它们分别作用时产生的相应变形,然后叠加求代数和,得:

$$y_C=y_{Cq}+y_{CM}=-\frac{5ql^4}{384EI}-\frac{M_0l^2}{16EI}$$

$$\theta_A=\theta_{Aq}+\theta_{AM}=-\frac{ql^3}{24EI}-\frac{M_0l}{6EI}$$

$$\theta_B=\theta_{Bq}+\theta_{BM}=\frac{ql^3}{24EI}+\frac{M_0l}{6EI}$$

例 6-12 如图 6-24 所示为悬臂梁,已知 EI,l,F,q,试用叠加法求梁的最大挠度和最大转角。

解:梁上作用荷载分别为两种形式[见图 6-24(b)(c)]。从悬臂梁在荷载作用下自由端有最大变形可知,梁 B 端有最大挠度和最大转角。应用附录 B 查出它们分别作用时产生的相应变形,然后叠加求代数和,得:

$$y_{max}=y_{Bq}+y_{BF}=-\frac{ql^4}{8EI}-\frac{Fl^3}{3EI}$$

$$\theta_{max}=\theta_{Bq}+\theta_{BF}=-\frac{ql^3}{6EI}-\frac{Fl^2}{2EI}$$

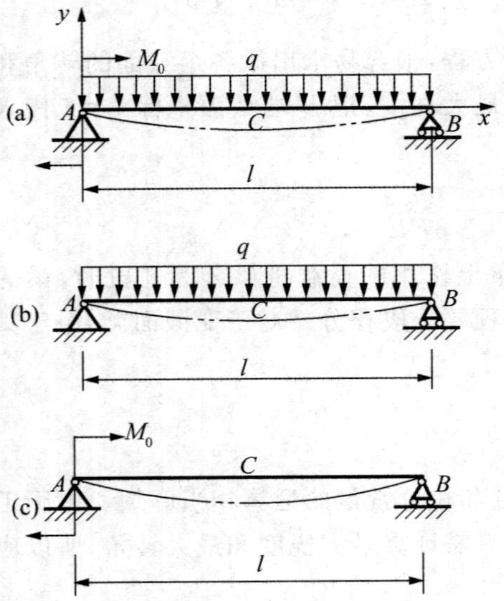

图 6-23

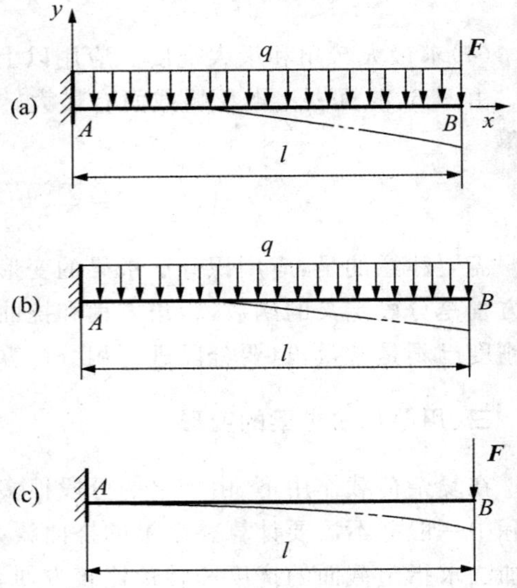

图 6-24

四、梁的弯曲刚度计算

1. 刚度设计准则

设计梁时，除了进行强度计算外，还应考虑进行刚度计算，把梁的最大挠度和最大转角限制在一定的允许范围内。在机械工程中，往往要同时对挠度和转角进行校核，即要求 $|y|_{max}\leqslant[y]$，$|\theta|_{max}\leqslant[\theta]$。但在土建工程中对梁进行刚度计算时，通常只对挠度进行校核，对转角一般不作校核。要求梁的最大相对挠度不超过许用相对挠度，即土建工程中，梁的刚度设计准则为：

$$\frac{y_{max}}{l}\leqslant\left[\frac{f}{l}\right]$$

式中，$\frac{y_{max}}{l}$为“最大相对挠度”；$\left[\frac{f}{l}\right]$为许用相对挠度，其值可根据梁的工作情况及要求查阅有关设计手册。土建工程中的许用相对挠度$\left[\frac{f}{l}\right]$值常限制在$\frac{1}{1000}\sim\frac{1}{250}$范围内。

2. 刚度准则的应用

与强度设计准则类似，刚度设计准则也可以解决刚度计算的三类问题，即校核刚度、设计截面、确定许可荷载。对于土建工程中的梁，一般情况下当梁的强度满足要求时，其刚度也能满足要求。所以，通常在设计时先按强度准则设计截面或确定许可荷载，再按刚度准则进行校核。当刚度不满足时，再按刚度准则设计。

例 6-13 如图 6-25(a)所示,简支梁用 32a 号工字钢制成,已知均布荷载$q=8\text{kN/m}$,梁跨长 $l=6\text{m}$,弹性模量 $E=200\text{GPa}$,许用应力$[\sigma]=170\text{MPa}$,许用相对挠度$[\frac{f}{l}]=\frac{1}{400}$,试校核梁的强度和刚度。

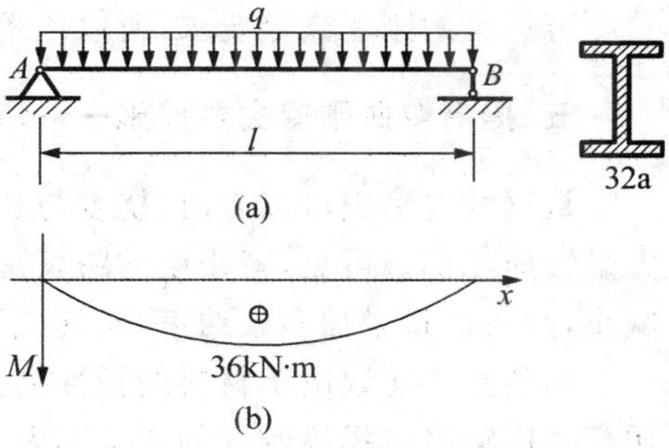

图 6-25

解:(1)求最大弯矩。画梁的弯矩图[见图 6-25(b)],可知:

$$M_{\max}=36(\text{kN}\cdot\text{m})$$

(2)确定截面参数。查型钢表,得:

$$W_z=692(\text{cm}^3),I_z=11100(\text{cm}^4)$$

(3)校核梁的强度。

$$\sigma_{\max}=\frac{M_{\max}}{W_z}=\frac{36\times10^6}{692\times10^3}=52(\text{MPa})<[\sigma]$$

可知梁的强度满足要求。

(4)校核梁的刚度。查附录 B 得该简支梁的最大挠度为:

$$y_{\max}=\frac{5ql^4}{384EI}$$

则最大相对挠度为:

$$\frac{y_{\max}}{l}=\frac{5ql^3}{384EI}=\frac{5\times8\times6^3\times10^9}{384\times200\times10^3\times11100\times10^4}=\frac{1}{987}<[\frac{1}{400}]$$

可知梁的刚度满足要求。

例 6-14 如图 6-26(a)所示的简支木梁,已知作用荷载 $F=3.6\text{kN}$,梁跨长 $l=4\text{m}$,木材的许用应力$[\sigma]=10\text{MPa}$,弹性模量 $E=10\text{GPa}$,许用相对挠度$[\frac{f}{l}]=\frac{1}{250}$,试设计该木梁的截面直径 d。

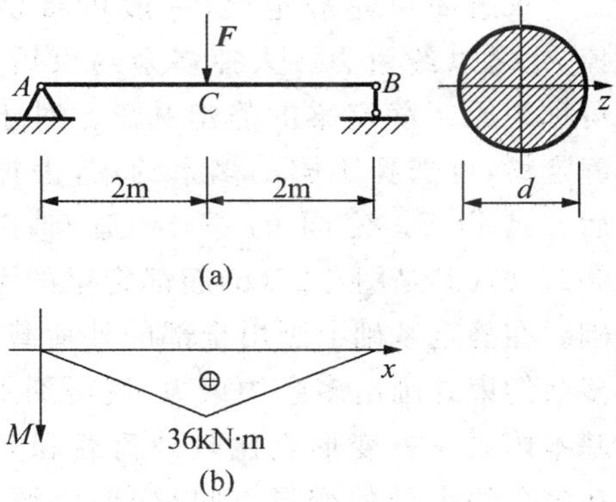

图 6-26

解:(1)求最大弯矩。画梁的弯矩图[见图 6-26(b)],可知:

$$M_{\max}=3.6(\text{kN}\cdot\text{m})$$

(2)按正应力强度设计。由强度准则

$$\sigma_{\max}=\frac{M_{\max}}{W_z}=\frac{M_{\max}}{0.1d^3}\leqslant[\sigma]$$

得:

$$d\geqslant\sqrt[3]{\frac{M_{\max}}{0.1[\sigma]}}=\sqrt[3]{\frac{3.6\times10^6}{0.1\times10}}=153.3(\text{mm})$$

故取 $d=160\text{mm}$。

(3)按梁的刚度准则校核。查附录 B 得该简支梁的最大挠度为:

$$y_{\max}=\frac{Fl^3}{48EI}$$

故最大相对挠度为：

$$\frac{y_{\max}}{l}=\frac{Fl^2}{48EI}=\frac{3.6\times10^3\times4^2\times10^6}{48\times10\times10^3\times0.05\times160^4}=\frac{1}{273}<\left[\frac{1}{250}\right]$$

可见梁的刚度满足要求，所以该木梁的直径取 $d=160\text{mm}$。

五、提高弯曲刚度主要措施——增加约束，减小跨长

从梁的变形表可以看出，挠度与长度的三次方量级成比例，而梁转角与梁长度的二次方量级成比例。可见，减小梁的跨长是提高梁刚度的主要措施之一。如果梁的长度无法减小，则可通过增加多余约束，使其成为超静定梁。

梁的刚度还取决于材料的弹性模量 E，但是各类钢材的弹性模量值都很接近，采用优质高强度钢材对提高刚度的意义不大。

第七节 简单超静定梁的解法

用静力学平衡方程不能求解出全部约束力的梁，称为“超静定梁”。工程上为了提高梁的强度和刚度，或因结构上的需要，往往给静定梁再增加约束，这时梁就成为了超静定梁。多于静力学平衡方程个数的约束称为“多余约束”。例如，图 6-27(a)所示外伸梁，A 端为固定端约束，为使梁的承载能力有所增加，在 B 端用一根立柱支承。这就是用增加多余约束的方法，使静定梁变成超静定梁。

求解简单超静定梁，一般可将多余约束去掉，代之以约束力。去掉多余约束后的静定梁，可称为原超静定梁的静定基础。对于同一个超静定梁，可选择不同的多余约束，去掉多余约束后，就得到不同的静定基础。例如，图 6-27(c)(d)是图 6-27(b)超静定梁的不同静定基础。在静定基础上画出全部的外荷载，并在去掉多余约束处画出多余约束力，就得到了静定梁的基本体系。查变形表比较外荷载和多余约束力在多余约束处的变形，列出变形协调方程，即可解出多余约束力，使超静定梁求解。

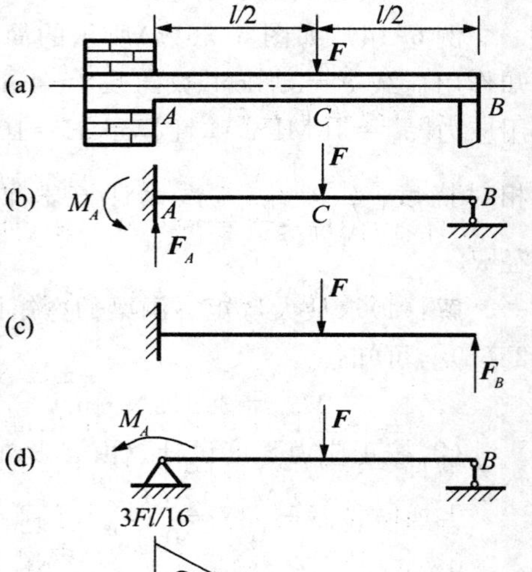

图 6-27

例 6-15 如图 6-27(a)所示外伸挑梁，已知梁的 EI，l，荷载 $\boldsymbol{F}$ 作用在梁跨中点，试求该梁的约束力，并画出梁的弯矩图。

解：(1) 建立外伸梁的力学简图，如图 6-27(b)所示，为超静定梁。

(2) 去掉 B 端活动铰支座约束，得悬臂梁为静定基础，在静定基础上画出荷载和多余约束力 $\boldsymbol{F}_B$，得图 6-27(c)所示的基本体系。

(3)查变形表,比较 $\boldsymbol{F}$ 和 $\boldsymbol{F}_B$ 分别作用时 B 端的变形。因为 $y_B=0$,所以得出变形协调方程为:

$$y_B=(y_B)_F+(y_B)_{F_B}=\frac{F(\frac{l}{2})^2}{6EI_z}(3l-\frac{l}{2})-\frac{F_Bl^3}{3EI_z}=\frac{5Fl^3}{48EI_z}-\frac{F_Bl^3}{3EI_z}=0$$

解得:

$$F_B=\frac{5F}{16}$$

(4)列平衡方程,得:

$$F_A=\frac{11F}{16},M_A=\frac{3Fl}{16}$$

(5)画梁的弯矩图,如图 6-27(e)所示。

选取简支梁为静定基础,建立图 6-27(d)所示的基本体系。因为 $\theta_A=0$,所以 A 端的转角为:

$$\theta_A=(\theta_A)_F+(\theta_A)_{M_A}=\frac{Fl^2}{16EI_z}-\frac{M_Al}{3EI_z}=0$$

$$M_A=\frac{3Fl}{16}$$

列平衡方程,得:

$$F_A=\frac{11F}{16},M_A=\frac{3Fl}{16}$$

本章小结

一、直梁平面弯曲

受力与变形特点是,外力作用于梁的纵向对称平面内,梁的轴线弯成一条平面曲线。静定梁的应用性力学模型是简支梁、外伸梁和悬臂梁。

二、弯曲的内力——剪力和弯曲

任意 x 截面的剪力,等于 x 截面左段梁或右段梁上外力的代数和;左段梁上向上的外力或右段梁上向下的外力产生正值剪力,反之产生负值剪力。任意 x 截面的弯矩,等于 x 截面左段梁或右段梁上外力对 x 截面形心力矩的代数和;左段梁上顺时针转向或右段梁上逆时针转向的外力矩产生正值弯矩,反之产生负值弯矩。可简述为:

$F_Q(x)$等于 x 截面左(或右)段梁上外力的代数和,左上、右下为正。

$M(x)$等于 x 截面左(或右)段梁上外力矩的代数和,左顺、右逆为正。

三、剪力图和弯矩图

剪力图和弯矩图是分析梁危险截面的重要依据。正确、熟练地画出剪力图和弯矩图是本章的重点和难点。列剪力、弯矩方程是剪力图和弯矩图的基本方法,但简便画法比较简捷实用。

四、$M(x)$，$F_Q(x)$，$q(x)$的微分方程

利用$M(x)$，$F_Q(x)$，$q(x)$的微分关系可检查剪力图和弯矩图画得是否正确。

五、弯曲正应力和强度计算

(1)直梁平面纯弯曲时，由平面假设可知，梁的每个横截面绕其自身中性轴(中性轴过平面的形心)转动了一个角度。有一个既不伸长又不缩短的中性层，中性层上、下两侧一侧纵向纤维拉长，另一侧纵向纤维缩短。其应力分布公式和最大正应力公式分别为：

$$\sigma=\frac{M_y}{I_z},\sigma_{\max}=\frac{M_{\max}}{W_z}$$

(2)弯曲正应力强度准则为：

$$\sigma_{\max}=\frac{M_{\max}}{W_z}\leqslant[\sigma]$$

六、弯曲切应力

横力弯曲时的最大切应力发生在中性轴上。梁的弯曲切应力强度准则为：

$$\tau_{\max}\leqslant[\tau]$$

设计时，对于$l/h>5$，一般只进行正应力强度计算；但对于薄壁梁或短跨梁，既要进行正应力强度计算，又要进行切应力强度计算。

七、梁的变形和刚度的计算

梁的变形用挠度和转角衡量：可通过积分法求出梁的挠曲线、转角方程，确定指定截面的挠度和转角；梁的变形与作用荷载呈线性关系，求复杂荷载作用下梁的变形一般应用叠加法。

八、简单超静定梁的解法

用变形比较法求解超静定梁，先解除多余约束确定静定基础，即建立静定梁的基本体系，在比较荷载和多余约束的变形并满足变形条件，解出多余约束力，然后列平衡方程可解出全部约束力。

思考题

1. 什么是梁的平面弯曲？
2. 梁的剪力和弯矩的正负号是如何规定的？
3. 如何利用简便方法计算梁指定截面上的内力？
4. 弯矩、剪力与荷载集度间的微分关系的意义是什么？
5. 如何确定弯矩的极值？弯矩图上的极值是否就是梁的最大弯矩？
6. 何谓梁的中性层、中性轴？
7. 梁弯曲时横截面上的正应力按什么规律分布？最大正应力和最小正应力发生在何处？

8. 梁中性轴处的剪应力值为最大还是最小？

9. 用叠加法计算梁的变形有哪些步骤？

10. 求任意截面剪力、弯矩时，截面为什么不能取在集中力偶作用处，而是取在集中力或集中力偶作用处的临近？

11. 在集中力作用处，剪力图有突变，弯矩图有折点，是否说明内力在该点处不连续，是否无法确定该点处的内力？

12. 如图 6-28(a)所示，梁受均布荷载 q 作用，能否应用静力等效的 $F=qa$ [见图 6-28(b)]代替均布荷载？

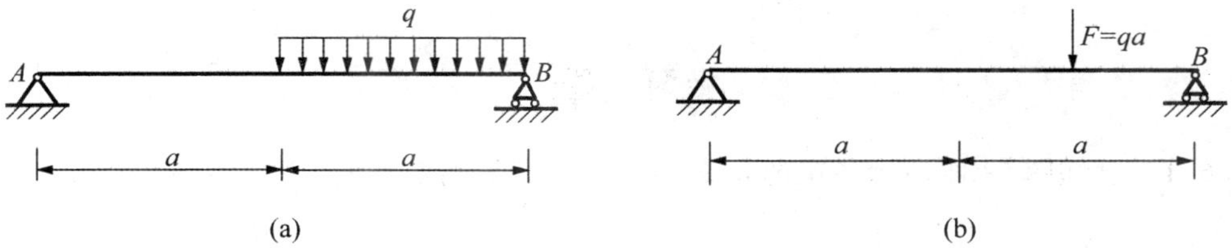

图 6-28

13. 梁弯曲时的中性轴过截面的形心，中性轴是否一定是截面的对称轴？

14. 横力弯曲时，最大正应力发生在横截面的什么位置？最大切应力发生在横截面的什么位置？

15. 危险截面一定是梁的最大弯矩作用截面吗？

16. 矩形截面梁的横截面高度增加到原来的两倍，梁的强度增大到原来的几倍？若宽度增加到原来的两倍，梁的强度增大到原来的几倍？

17. 图 6-29 为实心圆轴和空心圆轴扭转时横截面上的切应力分布图，试判断它们是否正确。

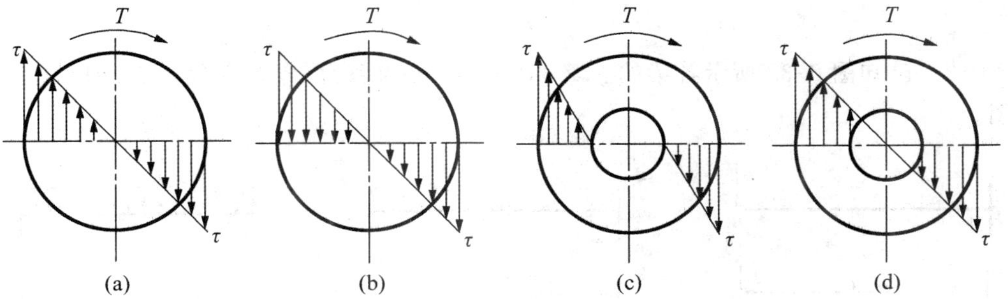

图 6-29

18. 矩形截面梁(长宽比 $h/b=2$)竖放和平放，其抗弯强度和抗弯刚度有无变化？

19. 矩形截面梁沿其纵向对称平面剖开为双梁，梁的承载能力有无变化？若沿其中性层剖开为双梁，梁的承载能力有无变化？

20. 如图 6-30 所示，当截面梁发生弯曲时，绘出截面上的正应力沿截面高度的分布图。

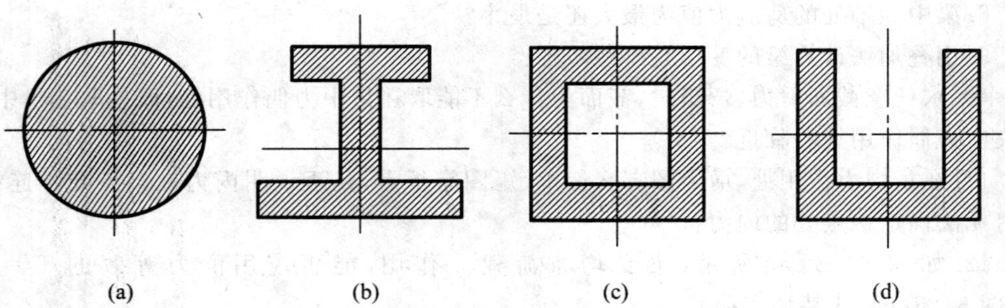

图 6-30

习 题

6-1 已知图 6-31 所示各梁的 $q,\boldsymbol{F},l,a$，试求各梁指定截面上的剪力和弯矩。

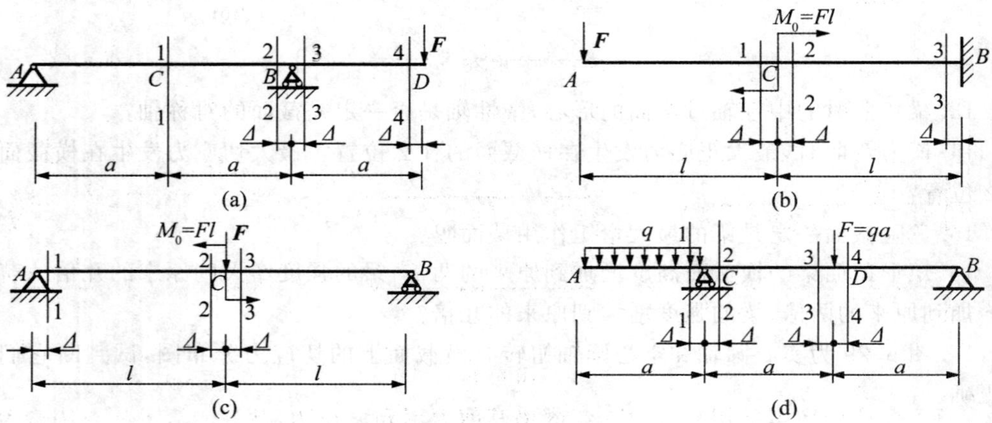

图 6-31

6-2 已知图 6-32 所示各梁的 $q,\boldsymbol{F},l$，列出各梁的剪力、弯矩方程，画出剪力图和弯矩图。

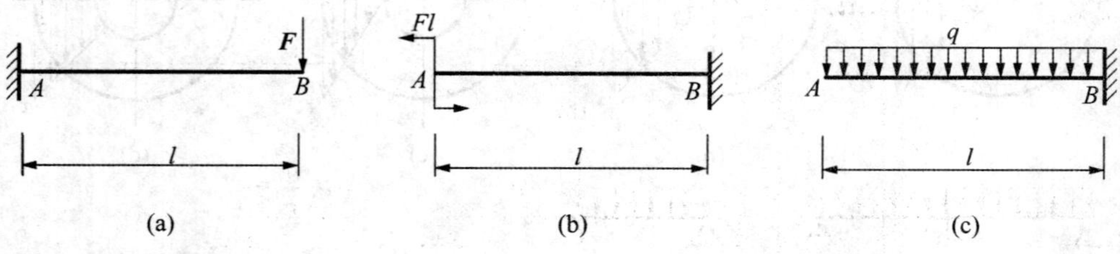

图 6-32

6-3 已知图 6-33 所示各简支梁的 $q,\boldsymbol{F},M_0,l,a$，试用简便方法画出各梁的剪力图和弯矩图。

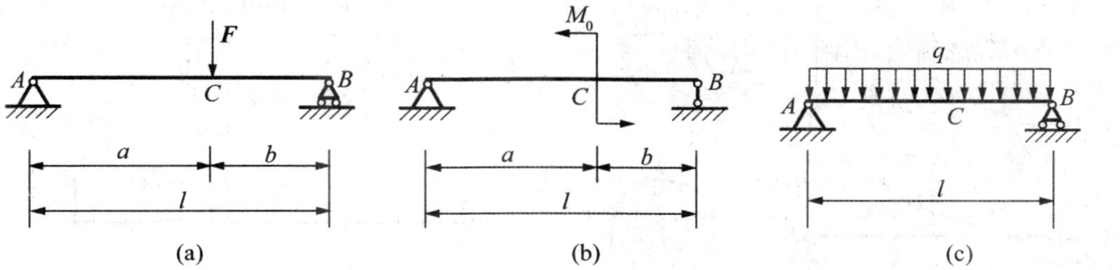

图 6-33

6-4　已知图 6-34 所示各梁的 $\boldsymbol{F}, M_0, l, a$，试画出其剪力图和弯矩图，并求出最大剪力和最大弯矩值。

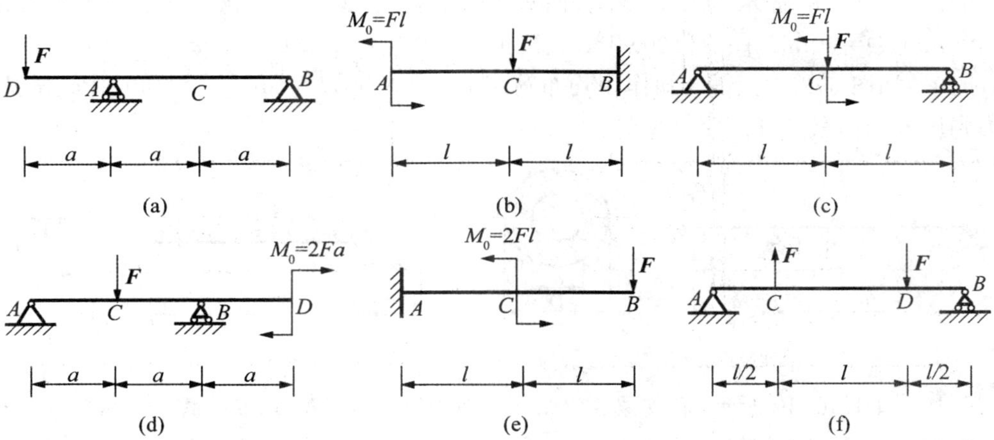

图 6-34

6-5　各梁的数据如图 6-35 所示，画出其剪力图和弯矩图，并求出最大剪力和最大弯矩值。

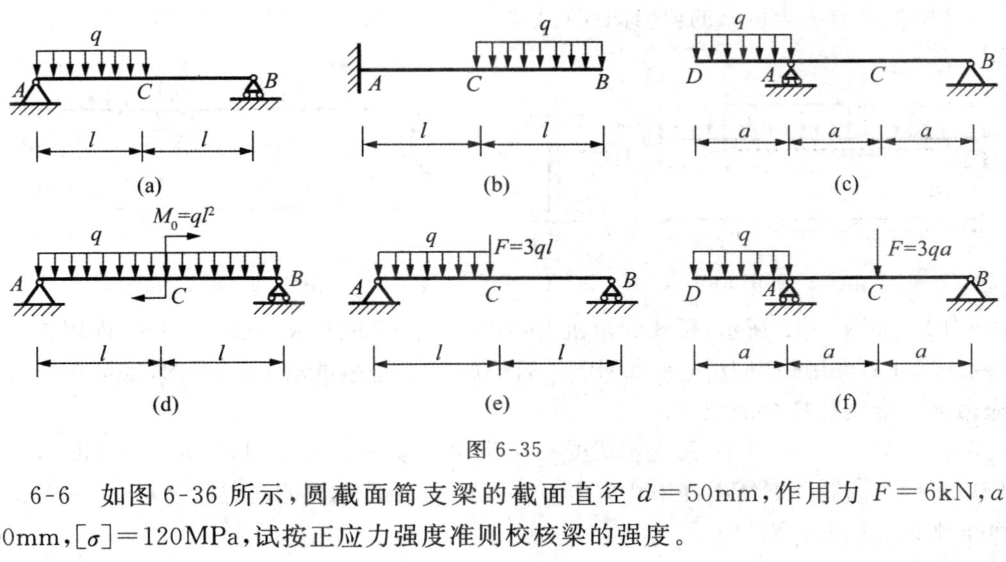

图 6-35

6-6　如图 6-36 所示，圆截面简支梁的截面直径 $d=50\text{mm}$，作用力 $F=6\text{kN}$，$a=500\text{mm}$，$[\sigma]=120\text{MPa}$，试按正应力强度准则校核梁的强度。

6-7　如图 3-37 所示，矩形截面悬臂梁的截面 $b\times h=60\times 100\text{mm}^2$，梁跨 $l=1\text{m}$，$[\sigma]=100\text{MPa}$，试确定该梁的许用荷载。

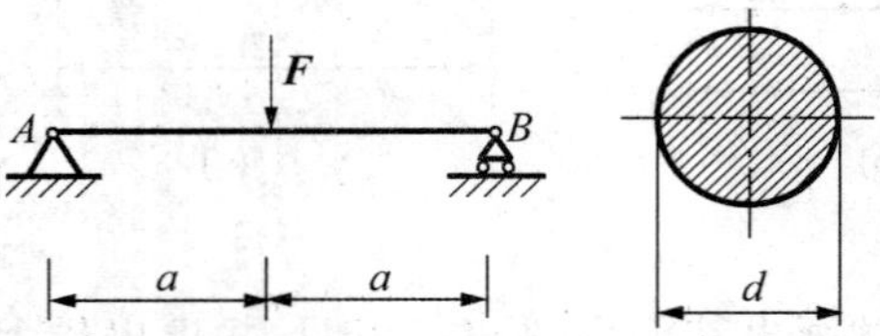

图 6-36

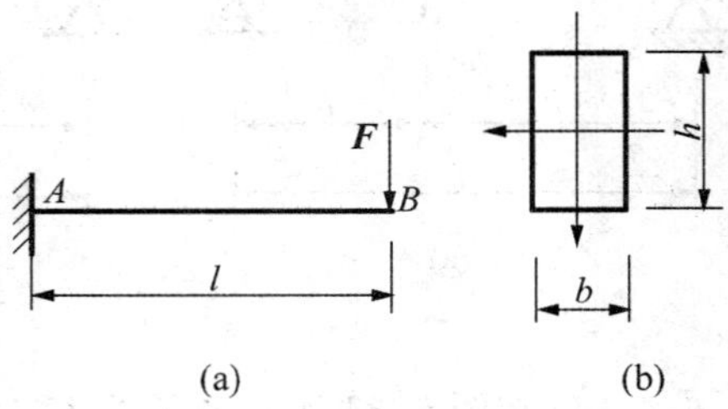

图 6-37

6-8　图 6-38 所示为空心圆截面外伸梁，已知 $M_0=1.2\text{kN}\cdot\text{m}$，$l=300\text{mm}$，$a=100\text{mm}$，$D=60\text{mm}$，$[\sigma]=120\text{MPa}$，试按正应力强度准则设计内径 d。

6-9　如图 6-39 所示，已知作用均布荷载 $q=4\text{kN/m}$，$l=4\text{m}$，$[\sigma]=160\text{MPa}$，试按正应力强度准则为梁选择工字钢型号。

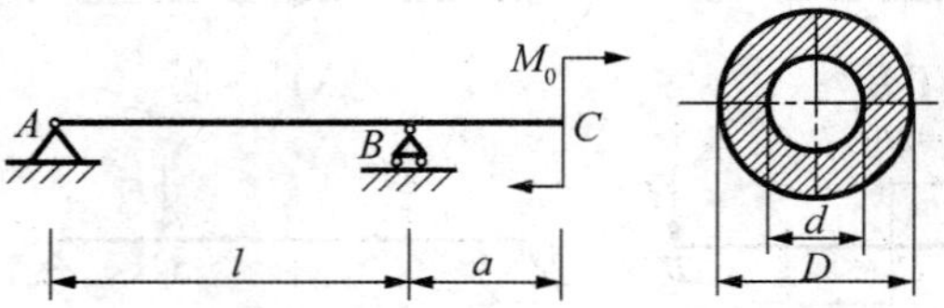

图 6-38

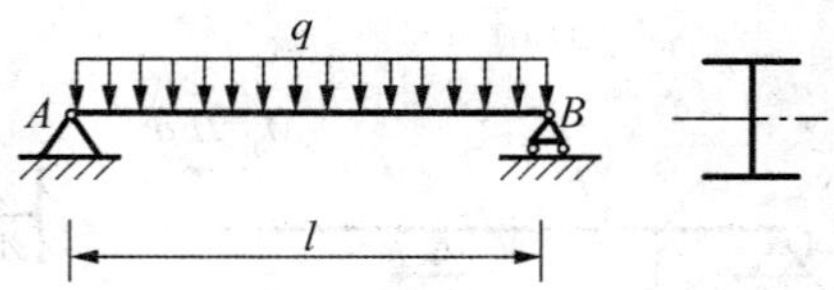

图 6-39

6-10　如图 6-40 所示，简支梁用 32a 号工字钢制成，已知均布荷载 $q=8\text{kN/m}$，梁跨长 $l=6\text{m}$，弹性模量 $E=200\text{GPa}$，许用应力 $[\sigma]=170\text{MPa}$，许用相对挠度 $\left[\frac{f}{l}\right]=\frac{1}{400}$。试校核梁的强度和刚度。

6-11　如图 6-41 所示，外伸梁 AD 作用均布荷载 q，集中力偶 $M_0=3qa^2/2$，集中力 $F=qa/2$，用简化方法画该梁的剪力图和弯矩图。

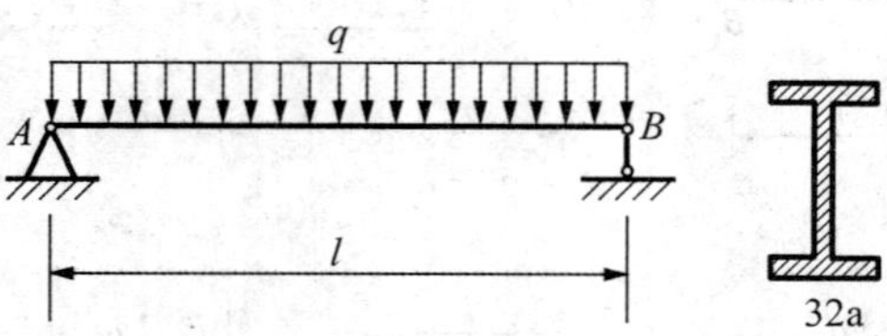

图 6-40

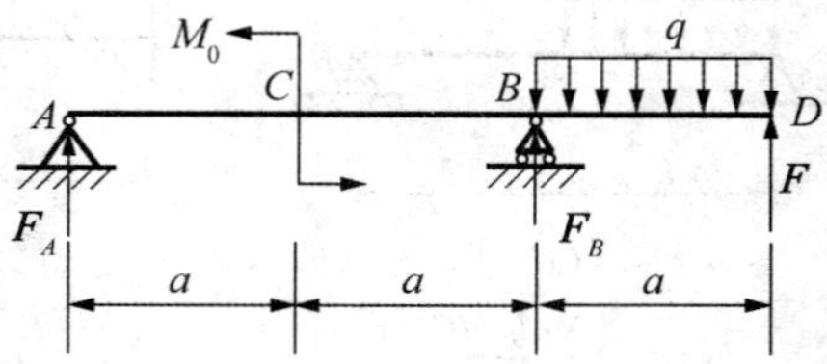

图 6-41

6-12　如图 6-42 所示，桥式起重机大梁由 32a 工字钢制成，梁跨 $l=8\text{m}$，许用正应力 $[\sigma]=160\text{MPa}$，许用切应力 $[\tau]=90\text{MPa}$。若梁的最大起吊重量 $F=50\text{kN}$，试按正应力和切应力强度准则校核梁的强度。

6-13　如图 6-43 所示，简支木梁受一可沿梁移动的荷载作用，已知 $F=20\text{kN}$，木材的许用正应力 $[\sigma]=10\text{MPa}$，许用切应力 $[\tau]=3\text{MPa}$，矩形截面的高宽比为 $h/b=3/2$，试按强度准则设计梁的截面尺寸。

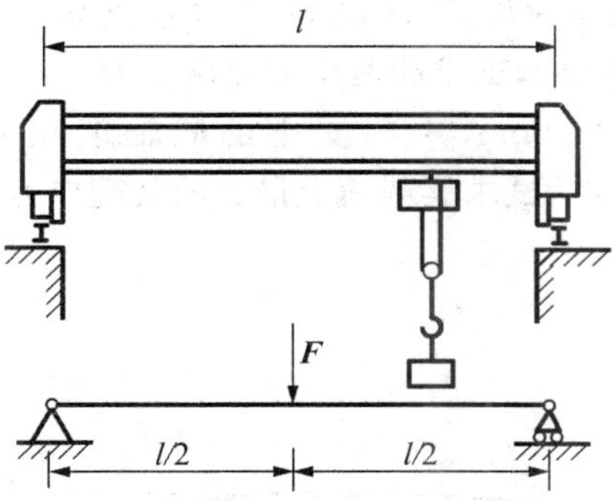

图 6-42

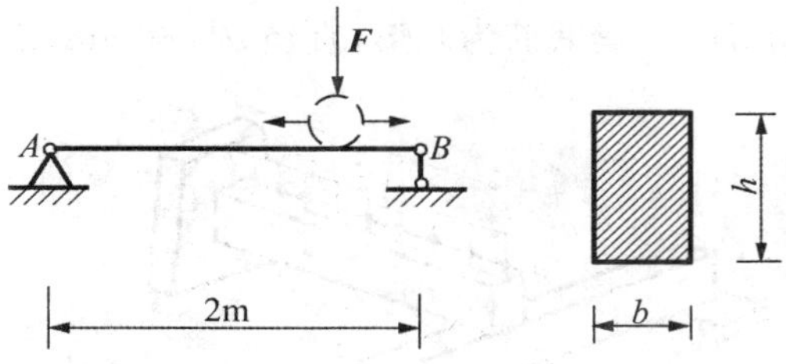

图 6-43

6-14　已知图 6-44 所示各梁的 $EI,M_0,\boldsymbol{F},q,l$，试用叠加法求各梁的最大挠度和最大转角。

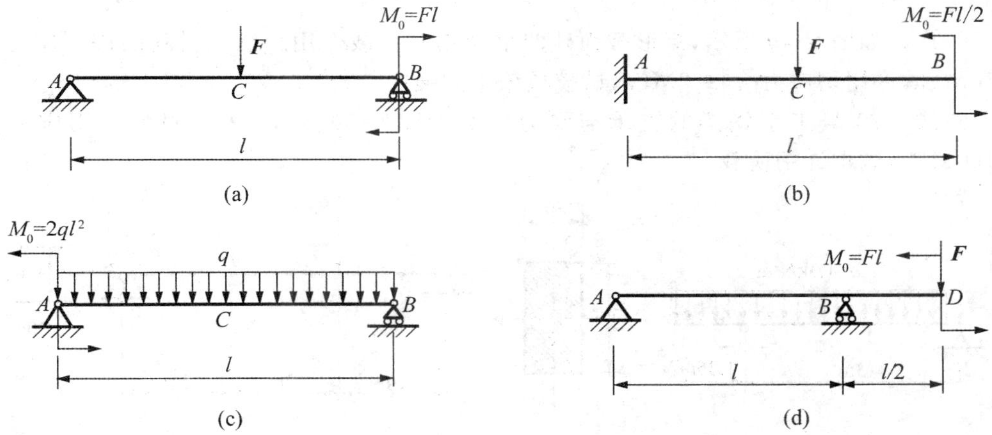

图 6-44

6-15　如图 6-45 所示，桥式起重机大梁为 32a 号工字钢，材料的弹性模量 $E=200\text{GPa}$，梁跨 $l=8\text{m}$，梁的许用相对挠度$\left[\frac{f}{l}\right]=\frac{1}{400}$。若起重机的最大荷载 $F=20\text{kN}$，试校核梁的刚度。

6-16　如图 6-46 所示，简支梁由两槽钢组成，槽钢材料的弹性模量 $E=200\text{GPa}$，梁跨 $l=4\text{m}$，许用相对挠度$\left[\frac{f}{l}\right]=\frac{1}{300}$。若梁承受的荷载 $F=20\text{kN}$，$q=10\text{kN/m}$，试按刚度设计准则为梁选择槽钢型号。

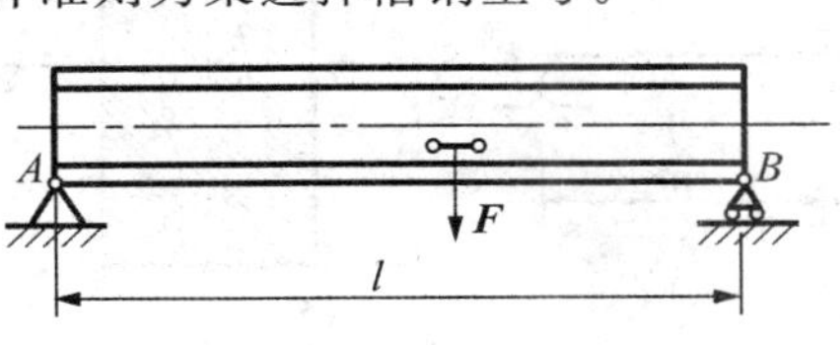

图 6-45

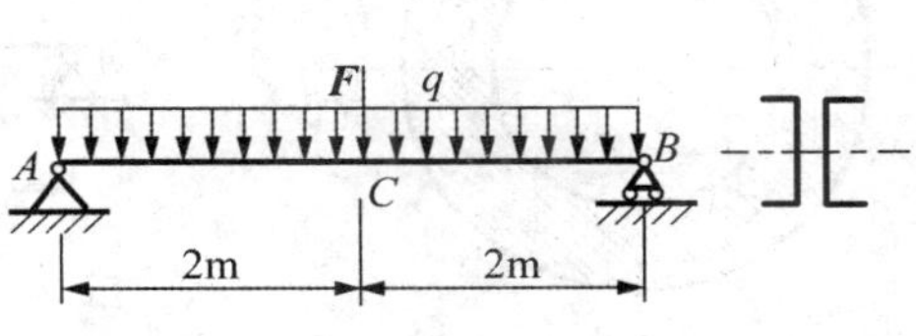

图 6-46

6-17　如图 6-47 所示，一受均布荷载 q 作用的梁 AB，其 A 端固定，B 端支承于 CD 梁的中点上。已知两梁的抗弯刚度 EI 相同，跨长均为 l，试求此两梁的支座反力。

6-18　如图 6-48 所示，三支点梁跨度 $l=200\text{mm}$，中间支座的同轴度相差 $\delta=0.1\text{mm}$，梁截面为圆形，直径 $d=60\text{mm}$，$E=200\text{GPa}$，试求梁截面上最大的装配应力。

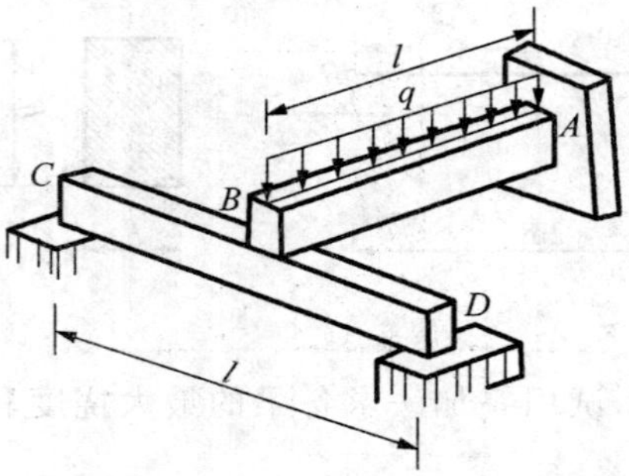

图 6-47

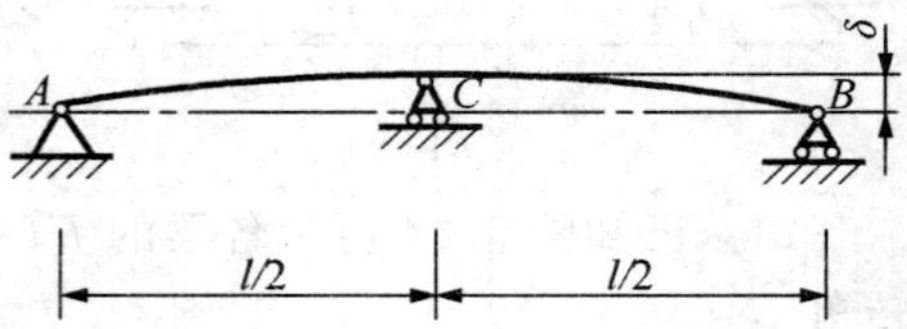

图 6-48

6-19　如图 6-49 所示，矩形截面外伸梁受均布荷载作用。已知材料的许用应力$[\sigma]=10\text{MPa}$，许用切应力$[\tau]=2\text{MPa}$，试校核该梁的强度。

6-20　20 号工字钢梁的支承与受力情况如图 6-50 所示，若钢材的许用应力$[\sigma]=160\text{MPa}$，试求许用荷载。

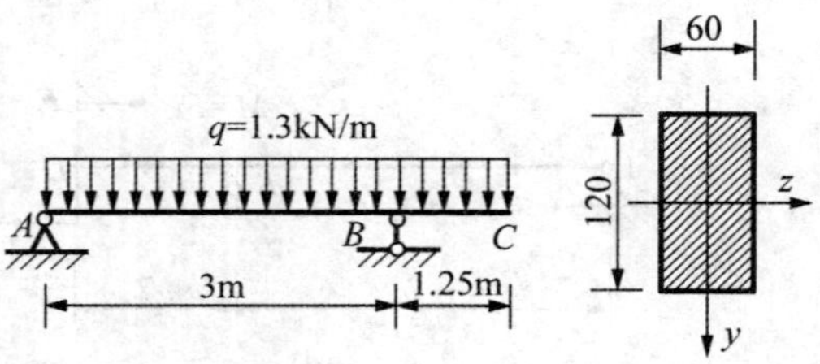

图 6-49

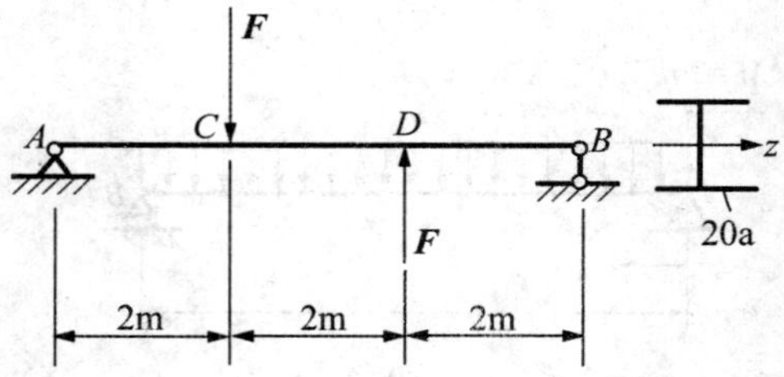

图 6-50

6-21　如图 6-51 所示，横截面为圆环形的梁，受正弯矩 $M=10\text{kN}\cdot\text{m}$ 的作用，试求横截面上 a，b，c 三点处的切应力。

6-22　如图 6-52 所示，试求简支梁横截面 D 上 a，b，c 三点处的切应力。

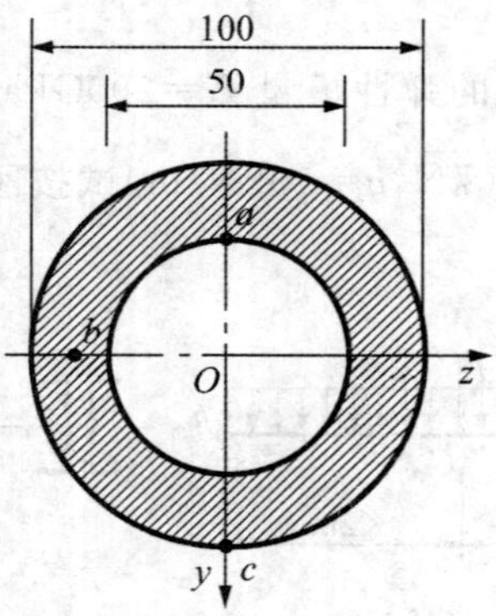

图 6-51

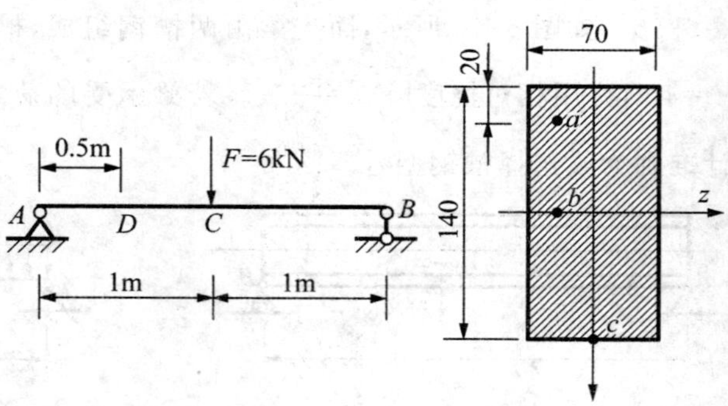

图 6-52

6-23 T形截面铸铁悬臂梁，尺寸及荷载如图 6-53 所示。材料的许用拉应力$[\sigma_t]=40\text{MPa}$，许用压应力$[\sigma_c]=160\text{MPa}$，截面对形心轴 z_C 的惯性矩 $I_{z_C}=101.8\times10^6\text{mm}^4$，$y_1=96.4\text{mm}$。试求该梁的许用荷载。

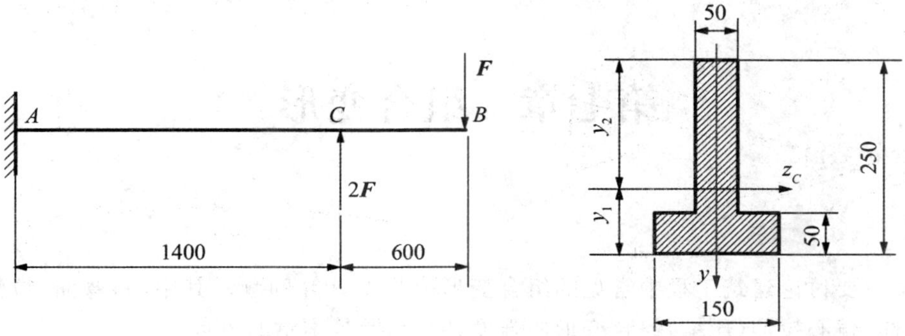

图 6-53

第七章　组合变形

本章主要讨论建筑工程中常见的组合变形的强度计算问题。其中，斜弯曲、拉伸(压缩)与弯曲、偏心拉伸(压缩)组合变形的强度计算问题是本章的重点。

第一节　组合变形

前面的章节分别研究了杆件在轴向拉(压)、剪切、扭转、平面弯曲基本变形下的强度和刚度计算，但在工程实际中，结构中一些杆件的受力情况是复杂的，往往同时发生两种或以上的基本变形。这种由两种或以上的基本变形组合而成的变形称为“组合变形”。

例如，图 7-1(a)所示的烟囱，除自重引起的轴向压缩外，还有水平方向的风力引起的弯曲变形，即同时产生两种基本变形。又如，图 7-1(b)所示的备有吊车的厂房柱，作用在立柱上的荷载 $\boldsymbol{F}_1$ 和 $\boldsymbol{F}_2$，其合力的作用线一般不在立柱轴线上。此时，立柱既发生压缩变形又发生弯曲变形。再如，图 7-1(c)所示的曲拐轴，在荷载 $\boldsymbol{F}$ 作用下，曲拐 AB 段同时发生扭转和弯曲变形。上述这些杆件的变形，都是结构杆件发生组合变形的工程实例。

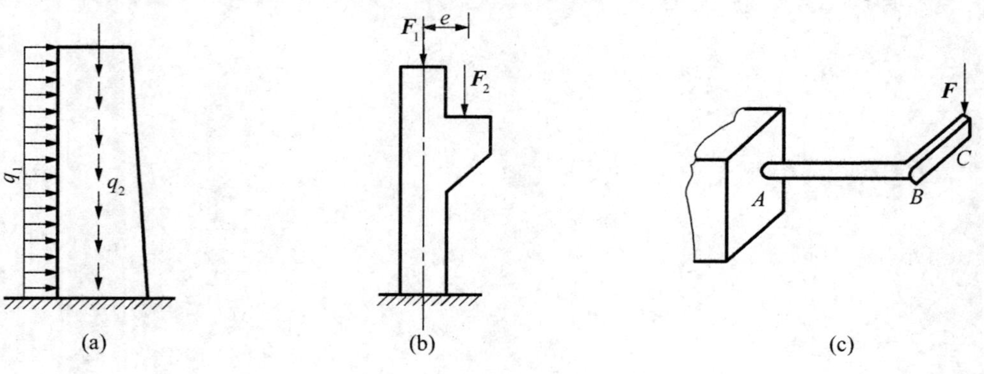

图 7-1

由梁的弯曲可知：外力沿横向作用在梁的纵向对称平面内，梁将发生平面弯曲变形。那么，外力虽然沿梁的横向(垂直于轴线)，但不作用在纵向对称平面内时，梁会发生怎样的变形呢？试验及理论研究得知，此时梁轴线变形后弯成的曲线已不在荷载的作用平面内，即不属于平面弯曲，这种弯曲称为“斜弯曲”。若外力不沿梁的横向(斜交于轴线)，但力作用仍在纵向对称平面内，梁将发生拉(压)与弯曲组合变形。若作用外力虽然沿杆件轴向方向,但不与轴线重合,杆件也将发生拉(压)与弯曲组合变形,称为“偏心拉(压)”。对发生组合变形的杆件计算应力和变形时,可将荷载进行简化或分解,使简化或分解后得到静力等效的荷载,每类荷载各自只引起一种基本变形,分别计算,再进行叠加,就得到由原来的荷载所引起的组合变形的应力和变形,这就是组合变形的分析方法和组合变形计算的叠加原理。这里需要强调的是,叠加原理是在满足小变形和力与位移呈线性关系的条件下才适用。

本章将主要讨论斜弯曲、拉伸(压缩)与弯曲、偏心拉伸(压缩)组合变形的强度计算问题。

第二节　拉伸(压缩)与弯曲的组合变形

若外力不沿梁的横向(斜交于轴线),但力仍作用在纵向对称平面内,这时梁将发生拉伸(压缩)与弯曲变形。如图 7-2(a)所示的矩形截面悬臂梁,外力 $\boldsymbol{F}$ 斜交于轴线,与 y 轴夹角为 α。若将力沿 x,y 轴方向正交分解,则分力 $\boldsymbol{F}_x$ 沿梁的轴线作用,使梁发生轴向拉伸变形;分力 $\boldsymbol{F}_y$ 沿垂直于轴线作用,使梁发生平面弯曲变形。因此,悬臂梁的变形为轴向拉伸(压缩)与弯曲的组合变形,简称为“拉(压)弯曲组合变形”。下面以图 7-2(a)为例,说明拉(压)弯曲组合变形时的正应力及强度计算。

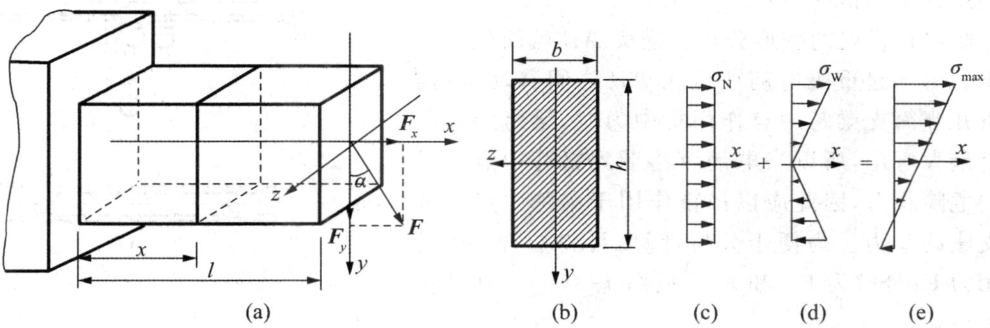

图 7-2

杆件发生拉(压)弯曲组合变形时,截面上的弯曲切应力较小,可略去不计,杆件截面上既有轴向拉(压)时均匀分布的拉应力,又有线性分布的弯曲正应力,如图 7-2(c)(d)所示。截面各点处同时作用的正应力可以叠加,如图 7-2(e)所示。可见截面上边缘有最大的拉应力,其值为:

$$\sigma_{\max}=\frac{F_{\mathrm{N}}}{A}+\frac{M}{W_z}$$

由上式可知,拉(压)与弯曲组合变形时最大应力发生在弯矩最大的截面上,其强度设计准则为:

$$\sigma_{\max}=\frac{F_{\mathrm{N}}}{A}+\frac{M_{\max}}{W_z}\leqslant[\sigma] \tag{7-1}$$

式(7-1)表明,发生拉(压)与弯曲组合变形时,危险截面上危险点的应力不得超过材料的许用应力。在进行组合变形强度计算时,需要先分析杆件的危险截面和危险点,然后用该强度准则进行计算校核。

例 7-1 图 7-2(a)所示为矩形截面悬臂木梁,已知作用外力 $F=10\text{kN}$,与 y 轴夹角为 $\alpha=30°$,梁跨 $l=4\text{m}$,矩形截面尺寸 $b\times h=200\times 300\text{mm}^2$,$[\sigma]=12\text{MPa}$,试校核梁的强度。

解:(1)求最大内力。由前述分析可知,梁发生拉弯组合变形,其危险截面是左端固定端截面,截面内力为:

$$F_N=F\sin 30°=\frac{F}{2}=\frac{10}{2}=5(\text{kN})$$

$$M_{\max}=F\cos 30°l=\frac{\sqrt{3}Fl}{2}=\frac{\sqrt{3}\times 10\times 4}{2}=34.64(\text{kN}\cdot\text{m})$$

(2)强度计算。危险点是固定端截面上边缘的点,即:

$$\sigma_{\max}=\frac{F_N}{A}+\frac{M_{\max}}{W_z}=\frac{5\times 10^3}{200\times 300}+\frac{34.64\times 10^6}{200\times 300^2/6}=11.63(\text{MPa})<[\sigma]$$

所以,梁的强度满足要求。

例 7-2 图 7-3 所示为简易起重机,其最大起吊重量 $G=15.5\text{kN}$,横梁 AB 为工字钢,许用应力 $[\sigma]=170\text{MPa}$。若梁的自重不计,试按正应力强度准则选择工字钢的型号。

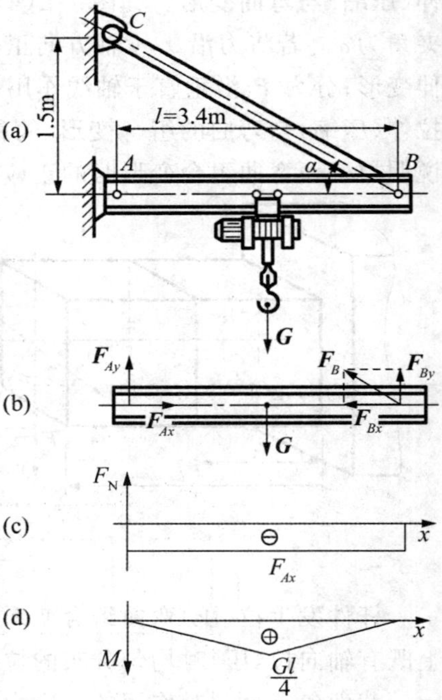

图 7-3

解:(1)横梁的变形分析。横梁 AB 可简化为简支梁。由于起重机电葫芦可在 AB 之间移动,由前述可知当简支梁跨中点作用集中力时,梁跨中点截面有最大弯矩,所以当电葫芦移动到梁跨中点时是梁的危险状态,因此应以吊重作用于梁跨中点来计算支座约束力。为便于分析计算,可将拉杆 BC 的作用力 $\boldsymbol{F}_B$ 分解为 $\boldsymbol{F}_{Bx}$ 和 $\boldsymbol{F}_{By}$[见图 7-3(b)],列平衡方程得:

$$F_{By}=F_{Ay}=\frac{G}{2}=7.75(\text{kN})$$

$$F_{Bx}=F_{Ax}=F_{By}\times\cot\alpha=7.75\times\frac{3.4}{1.5}=17.57(\text{kN})$$

力 $\boldsymbol{F}_{Ay}$,$\boldsymbol{G}$ 与 $\boldsymbol{F}_{By}$ 沿 AB 的横向作用,使梁 AB 发生弯曲变形,力 $\boldsymbol{F}_{Ax}$ 与 $\boldsymbol{F}_{Bx}$ 沿梁 AB 的轴向作用,使梁 AB 发生轴向压缩变形,所以梁 AB 发生压缩与弯曲组合变形。

(2)横梁内力分析。作梁 AB 的轴力图和弯矩图[见图 7-3(c)(d)],可见,横梁 AB 中点截面的弯矩最大,其值为:

$$M_{\max}=\frac{Gl}{4}=\frac{15.5\times 3.4}{4}=13.18(\text{kN}\cdot\text{m})$$

横梁各截面的轴力为:

$$F_N=F_{Ax}=17.57(\text{kN})$$

(3)选择工字钢型号。由于在横梁跨长中点的截面上弯矩最大,故此截面为危险截面。最大压应力发生在该截面的上边缘各点处。由强度准则

$$\sigma_{\max}=\frac{F_N}{A}+\frac{M_{\max}}{W_z}\leqslant[\sigma]$$

确定工字钢型号。因强度准则含有截面 A 和抗弯截面系数 W_z 两个未知量,不易确定。为便于计算,可以先不考虑压缩正应力,只根据弯曲正应力强度准则进行初步选择,然后再按拉(压)与弯曲强度准则进行校核。由弯曲正应力强度准则得:

$$\sigma_{\max}=\frac{M_{\max}}{W_z}\leqslant[\sigma]$$

$$W_z\geqslant\frac{M_{\max}}{[\sigma]}=\frac{13.18\times10^6}{170}=77.5\times10^3(\text{mm}^3)=77.5(\text{cm}^3)$$

查附表型钢表,选 14 号工字钢,其 $W_z=102\text{cm}^3=102\times10^3\text{mm}^3$,$A=21.5\text{cm}^2=21.5\times10^2\text{mm}^2$。

(4)校核。初选工字钢型号后,再按拉(压)与弯曲组合强度准则校核。

$$\sigma_{\max}=\frac{F_N}{A}+\frac{M_{\max}}{W_z}=\frac{17.57\times10^3}{21.5\times10^2}+\frac{13.18\times10^6}{102\times10^3}=137(\text{MPa})<[\sigma]$$

所以选用 14 号工字钢可满足强度要求。若不满足强度条件,可重新选择工字钢型号,直到满足强度条件为止。

第三节 斜弯曲

如图 7-4(a)所示,矩形截面梁在外力 $\boldsymbol{F}$ 作用下发生变形,但外力 $\boldsymbol{F}$ 的作用线只通过端截面的形心而不在梁的纵向对称平面内,此时梁将发生斜弯曲变形。把外力 $\boldsymbol{F}$ 沿截面对称轴方向进行正交分解,斜弯曲变形就分解为两个垂直平面上的平面弯曲变形的组合。

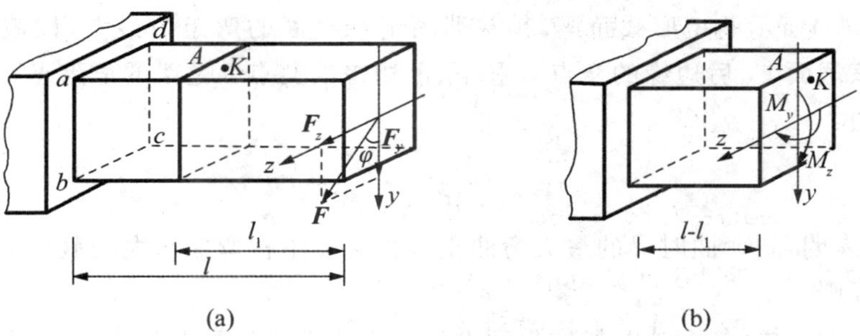

图 7-4

一、斜弯曲的应力分析

当梁发生斜弯曲时,梁的横截面上同时存在正应力和切应力。由于弯曲切应力与弯曲正应力相比,切应力的值较小,一般可以忽略不计。先将外力 $\boldsymbol{F}$ 沿截面两个对称轴方向分解为 $\boldsymbol{F}_y$ 和 $\boldsymbol{F}_z$,分别计算 $\boldsymbol{F}_y$ 和 $\boldsymbol{F}_z$ 单独作用下的 M_z 和 M_y,以及两个弯矩各自产生的正应力,然后再进行同一点应力的叠加,即得出截面任意点的应力值。

由图 7-4(a)可知,外力 $\boldsymbol{F}$ 可沿截面两个对称轴方向分解为 $\boldsymbol{F}_y$ 和 $\boldsymbol{F}_z$,其值为:

$$F_y = F\cos\varphi, F_z = F\sin\varphi$$

则任意截面 A 的弯矩[见图 7-4(b)]为:

$$M_z = F_y l_1 = F l_1 \cos\varphi, M_y = F_z l_1 = F l_1 \sin\varphi$$

式中,M_z 和 M_y 下标 z,y 分别表示截面弯曲的中性轴。

由弯曲应力分布公式可知,截面 A 任意点 K 处的弯曲正应力分别为:

$$\sigma_z = \pm\frac{M_z y}{I_z}, \sigma_y = \pm\frac{M_y z}{I_y}$$

$\boldsymbol{F}_y$ 和 $\boldsymbol{F}_z$ 作用下,截面 A 中任意点 K 处的弯曲应力为:

$$\sigma_K = \sigma_z + \sigma_y = \pm\frac{M_z y}{I_z} \pm \frac{M_y z}{I_y} \tag{7-2}$$

式(7-2)即为斜弯曲时梁横截面上任意点的正应力计算公式。其中,I_z,I_y 分别为截面对 z 轴和 y 轴的惯性矩;y 和 z 分别为所求应力点的截面坐标。

二、斜弯曲的强度计算

1. 最大应力

由图 7-4(b)可见,M_z 使截面 A 上边缘有最大拉应力、下边缘有最大压应力;M_y 使截面 A 后边缘有最大拉应力、前边缘有最大压应力。故截面 A 的上、后边缘的交点处有最大拉应力,截面 A 的下、前边缘的交点处有最大压应力,其计算公式为:

$$\sigma_{A\max} = \frac{M_z}{W_z} + \frac{M_y}{W_y} \tag{7-3}$$

式(7-3)即为任意截面的最大应力计算公式。可以看出,对工程常用的工字形、矩形等对称截面梁,斜弯曲时最大应力一定发生在弯矩最大截面的边缘交点处。通常把最大弯矩的截面称为"危险截面",危险截面上最大正应力的作用点称为"危险点"。

如图 7-4(a)所示的矩形截面梁,其左端固定端截面的弯矩值最大,该截面即是梁的危险截面。该截面上、后边缘的交点 d 和下、前边缘的交点 b 是梁的危险点。全梁的最大弯曲正应力为:

$$\sigma_{A\max} = \frac{M_{z\max}}{W_z} + \frac{M_{y\max}}{W_y} \tag{7-4}$$

式(7-4)表明,斜弯曲时梁的最大弯曲正应力必发生在弯矩最大的截面上。

2. 强度准则

与平面弯曲一样,斜弯曲时梁的强度设计准则要求梁的最大工作应力(即危险截面上危险点的最大正应力)不超过材料的许用应力,即:

$$\sigma_{\max} = \frac{M_{z\max}}{W_z} + \frac{M_{y\max}}{W_y} \leqslant [\sigma] \tag{7-5}$$

式(7-5)即为斜弯曲梁的强度准则。

应用斜弯曲梁的强度准则,同样可以解决工程中常见的三类问题,即校核强度、设计截面和确定许用荷载。但在设计截面时应注意:因为式中存在两个未知变量 M_z 和 M_y,所以在选择截面时,需先设定一个比值 M_z/M_y(工程中一般为:矩形截面取 $M_z/M_y = 1.2$~

2；工字形截面取 $M_z/M_y=6\sim10$），然后再用式(7-5)设计截面的具体尺寸，最后对所选截面进行校核，以确保满足强度准则。

例 7-3 图 7-5 所示为矩形悬臂梁，已知 $F_1=0.5\text{kN}$，$F_2=0.8\text{kN}$，截面尺寸 $b=100\text{mm}$，$h=150\text{mm}$，试计算梁的最大拉应力及所在位置。

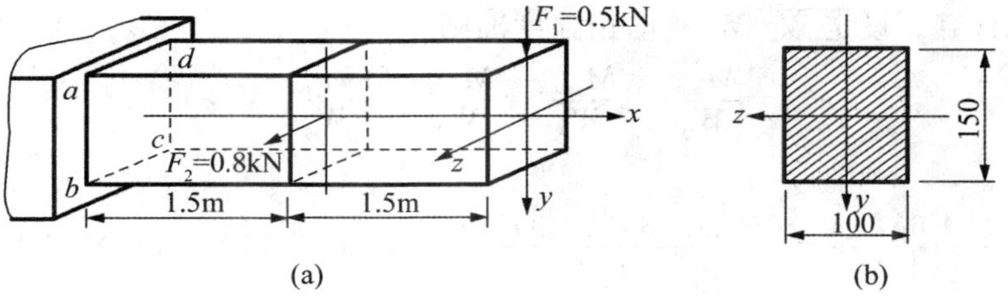

图 7-5

解：(1)求最大弯矩。梁受铅垂力 $\boldsymbol{F}_1$ 和水平力 $\boldsymbol{F}_2$ 共同作用，发生双向弯曲变形。梁的危险截面是左端固定端截面，最大弯矩分别为：

$$M_{z\max}=F_1\times3=0.5\times3=1.5(\text{kN}\cdot\text{m})$$

$$M_{y\max}=F_2\times1.5=0.8\times1.5=1.2(\text{kN}\cdot\text{m})$$

(2)求最大弯曲正应力。

$$\sigma_{\max}=\frac{M_{z\max}}{W_z}+\frac{M_{y\max}}{W_y}=\frac{6M_{z\max}}{bh^2}+\frac{6M_{y\max}}{hb^2}=\frac{6\times1.5\times10^6}{100\times150^2}+\frac{6\times1.2\times10^6}{150\times100^2}=8.8(\text{MPa})$$

(3)危险点位置。最大拉应力位于固定端截面上边缘和后边缘的交点 d，即梁的危险截面是固定端截面，危险点为截面的 d 角点。

例 7-4 如图 7-6(a)所示，跨度为 $l=4\text{m}$ 的简支梁拟用工字钢制成，跨中作用集中力 $F=7\text{kN}$，其与横截面纵向对称轴 y 的夹角 $\alpha=20°$[见图 7-6(b)]，$[\sigma]=160\text{MPa}$，试选择工字钢的型号(提示：先假定 W_z/W_y 的比值，试选后再进行校核)。

解：(1)画弯矩图。所得弯矩图如图 7-6(a)所示。

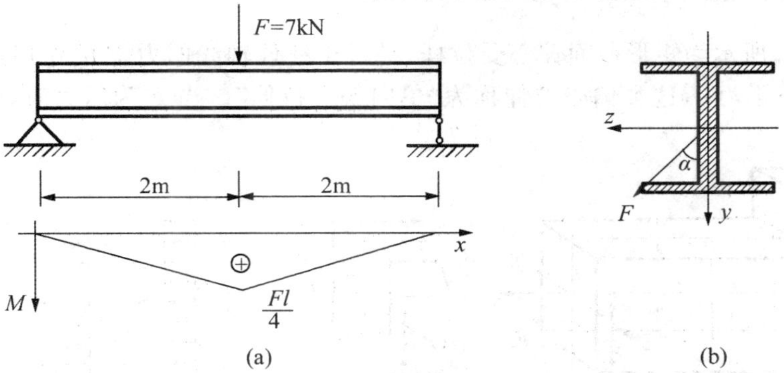

图 7-6

(2)分解外力。

$$F_y=F\cos20°=7\times0.94=6.58(\text{kN})$$

$$F_z=F\sin20°=7\times0.34=2.39(\text{kN})$$

(3)求最大弯矩。

$$M_{z\max}=\frac{F_y l}{4}=\frac{6.58\times 4}{4}=6.58(\text{kN}\cdot\text{m})$$

$$M_{y\max}=\frac{F_z l}{4}=\frac{2.39\times 4}{4}=2.39(\text{kN}\cdot\text{m})$$

(4)强度计算。设定 $W_z/W_y=6$，由强度准则

$$\sigma_{\max}=\frac{M_{z\max}}{W_z}+\frac{M_{y\max}}{W_y}=\frac{M_{z\max}}{W_z}+\frac{6M_{y\max}}{W_z}\leqslant[\sigma]$$

得：

$$W_z\geqslant\frac{M_{z\max}+6M_{y\max}}{[\sigma]}=\frac{(6.58+6\times 2.39)\times 10^6}{160}=130.8\times 10^3(\text{mm}^3)=130.8(\text{cm}^3)$$

查型钢表选 16 号工字钢，查得 $W_z=141\text{cm}^3$，$W_y=21.2\text{cm}^3$。

(5)校核梁的强度。

$$\sigma_{\max}=\frac{M_{z\max}}{W_z}+\frac{M_{y\max}}{W_y}=\frac{6.58\times 10^6}{141\times 10^3}+\frac{2.39\times 10^6}{21.2\times 10^3}=159.4(\text{MPa})\leqslant[\sigma]$$

梁的强度满足要求，故此梁选用 16 号工字钢。

第四节　偏心拉伸(压缩)的强度计算

由前面章节可知：轴向拉伸(压缩)时，外力 $\boldsymbol{F}$ 的作用线与杆件轴线重合。工程中，若杆件作用外力虽然沿杆件轴线方向，但不与杆件轴线重合，此时杆件将发生拉伸(压缩)与弯曲的组合变形，简称为“偏心拉伸(压缩)”。偏心拉伸(压缩)是轴向拉伸(压缩)和弯曲两种基本变形的组合。

偏心拉伸(压缩)分为单向偏心拉伸(压缩)和双向偏心拉伸(压缩)，本节将分别讨论两种情况下的应力和强度计算。

一、单向偏心拉伸(压缩)时的正应力和强度计算

图 7-7(a)所示为矩形截面偏心受拉杆，平行于杆件轴线的力 $\boldsymbol{F}$ 的作用点在 y 轴上，且距 z 轴偏心距为 e，这类偏心拉伸称为“单向偏心拉伸”。当 $\boldsymbol{F}$ 为压力时，则称为“单向偏心压缩”。

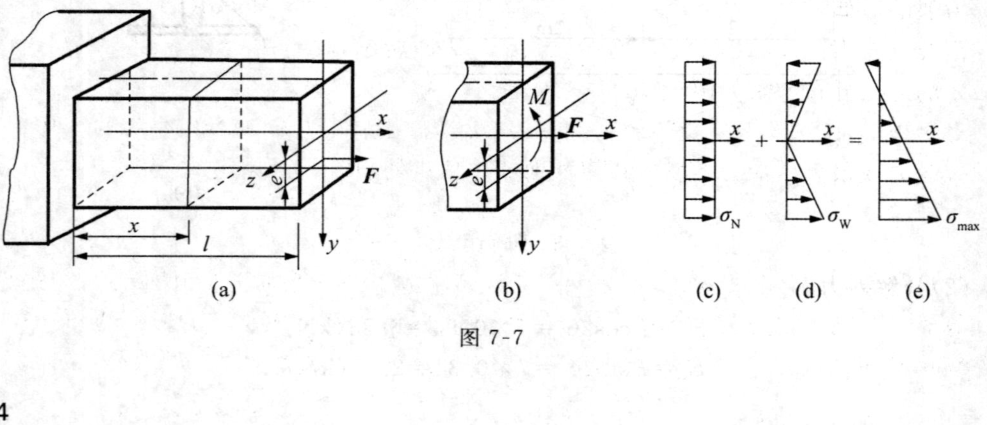

图 7-7

分析偏心拉伸(压缩)的应力时,可将力 **F** 平移到杆件的轴线上[见图 7-7(b)]。由力的平移定理可知,平移后得到的平移力 **F** 与轴线重合,使杆件发生轴向拉(压)力;附加力偶矩 $M_z = Fe$,使杆件发生平面弯曲(纯弯曲)。由此可知,单向偏心拉伸(压缩)就是轴向拉伸(压缩)与一个平面弯曲的组合。所以,任意横截面上最大正应力显然发生在截面的上、下边缘处[见图 7-7(e)],其强度准则为:

$$\sigma_{\max} = \frac{F_N}{A} \pm \frac{M_z}{W_z} \leqslant [\sigma]$$

式中,"±"表示在计算强度时,对于脆性材料既要考虑拉应力强度,又要考虑压应力强度,即杆件中的最大拉应力、压应力均不得超过材料的许用拉应力和许用压应力。

二、双向偏心拉伸(压缩)时的正应力和强度计算

图 7-8(a)所示为偏心受拉杆,平行于轴线的力 **F** 的作用点不在截面的任何一个轴线上,偏心距分别为 e_y 和 e_z。这类偏心拉伸称为"双向偏心拉伸"。当力 **F** 为压力时,称为"双向偏心压缩"。

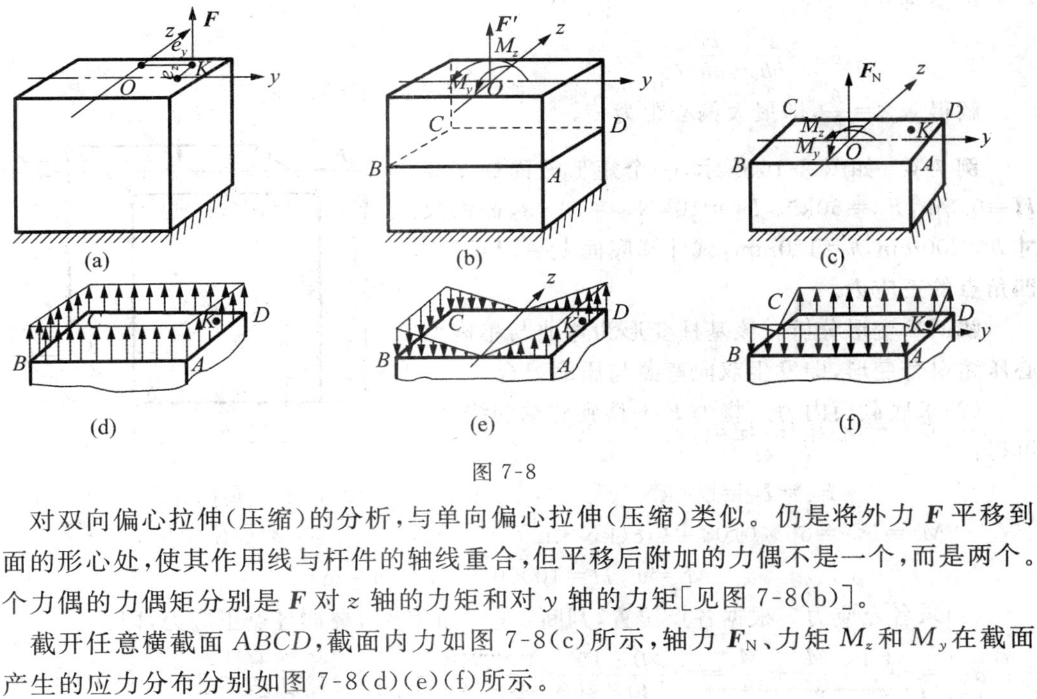

图 7-8

对双向偏心拉伸(压缩)的分析,与单向偏心拉伸(压缩)类似。仍是将外力 **F** 平移到截面的形心处,使其作用线与杆件的轴线重合,但平移后附加的力偶不是一个,而是两个。两个力偶的力偶矩分别是 **F** 对 z 轴的力矩和对 y 轴的力矩[见图 7-8(b)]。

截开任意横截面 $ABCD$,截面内力如图 7-8(c)所示,轴力 $\boldsymbol{F}_N$、力矩 M_z 和 M_y 在截面上产生的应力分布分别如图 7-8(d)(e)(f)所示。

对于矩形、工字形等具有两个对称轴的横截面,在 $\boldsymbol{F}_N$、力矩 M_z 和 M_y 的共同作用下,最大拉应力或最大压应力均发生在横截面的边角点处,其正应力的强度准则为:

$$\sigma_{\max} = \frac{F_N}{A} \pm \frac{M_z}{W_z} \pm \frac{M_y}{W_y} \leqslant [\sigma] \tag{7-6}$$

与单向偏心拉压强度准则比较,式(7-6)只是多了一项平面弯曲正应力。在进行强度计算时,注意分析危险截面上的最大应力分布情况,确定最大正应力即危险点的位置,切勿简单套用公式。

例 7-5 图 7-9(a)所示为单向偏心受压矩形截面杆件，力 $\boldsymbol{F}$ 的作用点位于杆端截面的 y 轴上，试求杆的横截面不出现拉应力时的最大偏心距 $e_{\max}$。

解：(1)将力 $\boldsymbol{F}$ 平移到杆端截面的形心处并附加一力偶矩 $M_z=Fe_{\max}$[见图 7-9(b)]。

(2)轴力 $F_N=F$ 作用时横截面上各点的压应力为：

$$\sigma_N=\frac{F_N}{A}=\frac{F}{bh}$$

(3)弯矩 $M_z=Fe_{\max}$ 作用时横截面右侧边缘的最大压应力为：

$$\sigma_M=\frac{M_z}{W_z}=\frac{Fe_{\max}}{bh^2/6}$$

(4)求最大偏心距。欲使横截面不出现拉应力，应使杆件横截面左侧边缘处的拉应力等于零[见图 7-9(b)]，即：

$$\sigma_M=\frac{F}{bh}+\frac{Fe_{\max}}{bh^2/6}=0$$

解得 $e_{\max}=\dfrac{h}{6}$，即最大偏心距为$\dfrac{h}{6}$。

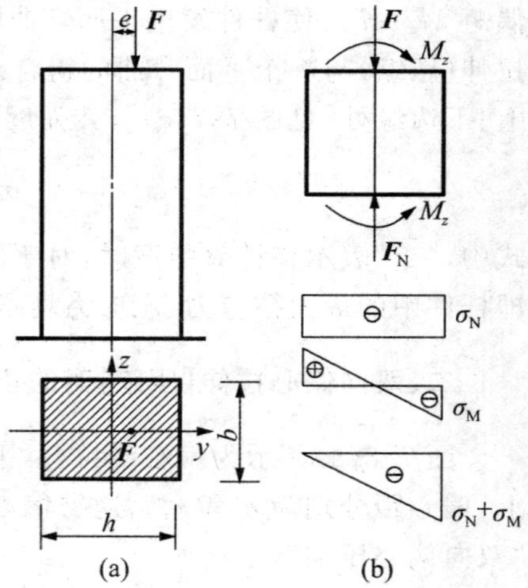

图 7-9

例 7-6 如图 7-10 所示，一个矩形截面柱基高 $H=0.5\text{m}$，$F_1=60\text{kN}$，$F_2=10\text{kN}$，$e=0.03$，截面尺寸 $b=200\text{mm}$，$h=120\text{mm}$，试计算底面上 A,B,C,D 四角点的正应力。

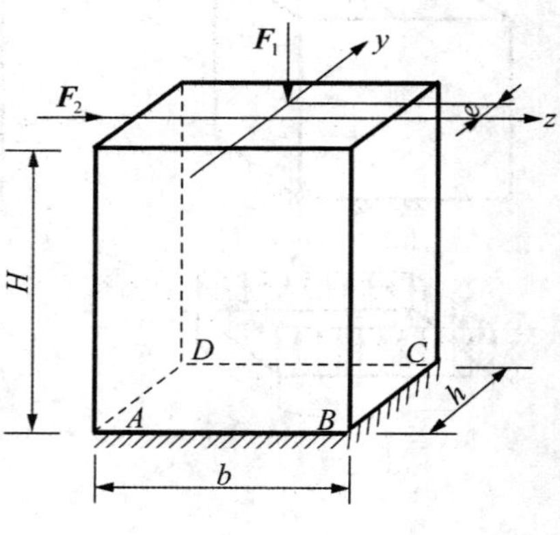

图 7-10

解：(1)变形分析。该基柱变形为弯曲与单向偏心压缩组合变形，即发生双向弯曲与压缩组合。

(2)求底截面内力。将力 $\boldsymbol{F}$ 平移到柱端轴线处，可得：

$$F_N=F_1=60(\text{kN})$$

$$M_z=F_1e=60\times0.03=1.8(\text{kN}\cdot\text{m})$$

$$M_y=F_2H=10\times0.5=5(\text{kN}\cdot\text{m})$$

(3)求各点应力。根据各点位置，判断正应力正负号，叠加各点正应力，即：

$$\sigma_A=-\frac{F_N}{A}+\frac{M_z}{W_z}+\frac{M_y}{W_y}=-\frac{60\times10^3}{120\times200}+\frac{1.8\times10^6}{200\times120^2/6}+\frac{5\times10^6}{120\times200^2/6}=7.5(\text{MPa})$$

$$\sigma_B=-\frac{F_N}{A}+\frac{M_z}{W_z}-\frac{M_y}{W_y}=-\frac{60\times10^3}{120\times200}+\frac{1.8\times10^6}{200\times120^2/6}-\frac{5\times10^6}{120\times200^2/6}=-5(\text{MPa})$$

$$\sigma_C=-\frac{F_N}{A}-\frac{M_z}{W_z}-\frac{M_y}{W_y}=-\frac{60\times10^3}{120\times200}-\frac{1.8\times10^6}{200\times120^2/6}-\frac{5\times10^6}{120\times200^2/6}=12.5(\text{MPa})$$

$$\sigma_D=-\frac{F_N}{A}-\frac{M_z}{W_z}+\frac{M_y}{W_y}=-\frac{60\times10^3}{120\times200}-\frac{1.8\times10^6}{200\times120^2/6}+\frac{5\times10^6}{120\times200^2/6}=0$$

本章小结

一、组合变形

杆件同时发生两种或以上的基本变形称为“组合变形”，常见的组合变形有：

(1)斜弯曲——外力虽然沿梁的横向(垂直于轴线)，但力不作用在梁的纵向对称平面内，梁变形后其轴线也与荷载不在同一平面内所引起的变形。

(2)拉压与弯曲组合——若外力不沿梁的轴向(斜交于轴线)，但力仍作用在纵向对称平面内。

(3)偏心拉伸(压缩)——杆件受到平行于轴线但不与轴线重合的力的作用时引起的变形。

二、组合变形的应力和强度准则

危险截面和危险点——通常把最大弯矩所在的截面称为“危险截面”，危险截面上具有最大应力的点称为“危险点”。

(1)斜弯曲强度准则为：

$$\sigma_{\max}=\frac{M_{z\max}}{W_z}+\frac{M_{y\max}}{W_y}\leqslant[\sigma]$$

(2)拉压与弯曲组合强度准则为：

$$\sigma_{\max}=\frac{F_N}{A}+\frac{M_{\max}}{W_z}\leqslant[\sigma]$$

(3)偏心拉伸(压缩)强度准则为单向偏心拉伸(压缩)时：

$$\sigma_{\max}=\frac{F_N}{A}\pm\frac{M_z}{W_z}\leqslant[\sigma]$$

双向偏心拉伸(压缩)时：

$$\sigma_{\max}=\frac{F_N}{A}\pm\frac{M_z}{W_z}\pm\frac{M_y}{W_y}\leqslant[\sigma]$$

思考题

1. 计算组合变形的基本假设是什么？用什么方法进行计算？

2. 图 7-11 所示各杆的 AB，BC，CD 各段截面上有哪些内力？各段又发生了什么组合变形？

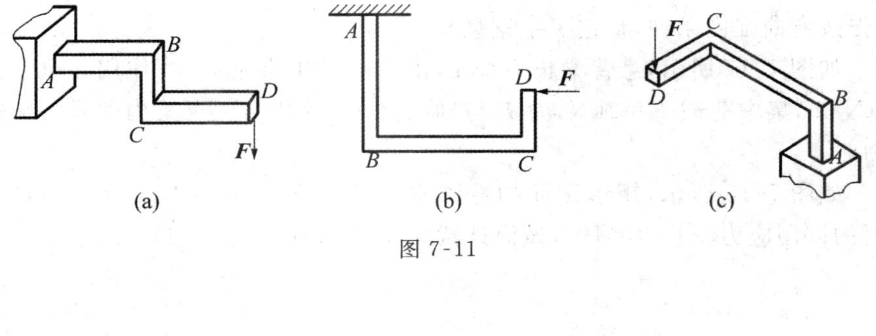

图 7-11

3. 图 7-12 所示各杆的组合变形是由哪些基本变形组合而成的？判断在各个基本变形情况下 A,B,C,D 各点处的正应力。

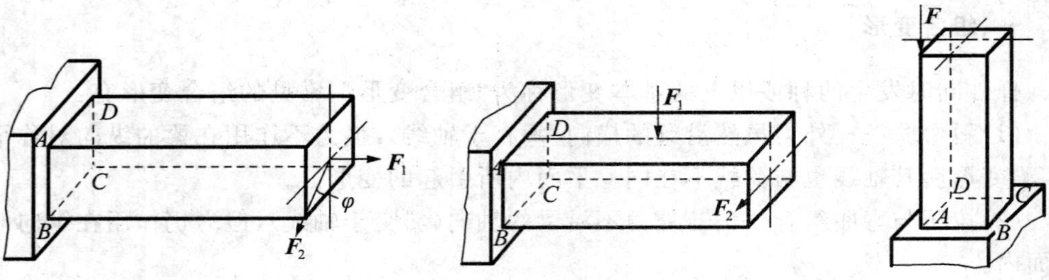

图 7-12

习　题

7-1　图 7-13 所示为 14 号工字钢制成的简支梁，力 $\boldsymbol{F}$ 作用线过截面形心且与 y 轴成 15°角，$F=6\text{kN}$，$l=4\text{m}$，试求梁的最大正应力。

7-2　图 7-14 所示为矩形截面悬臂梁，力 $\boldsymbol{F}$ 过截面形心且与 y 轴成 12°角，已知 $F=6\text{kN}$，$l=2\text{m}$，材料的许用应力$[\sigma]=10\text{MPa}$，试确定 b 和 h 的尺寸（可设 $h/b=1.5$）。

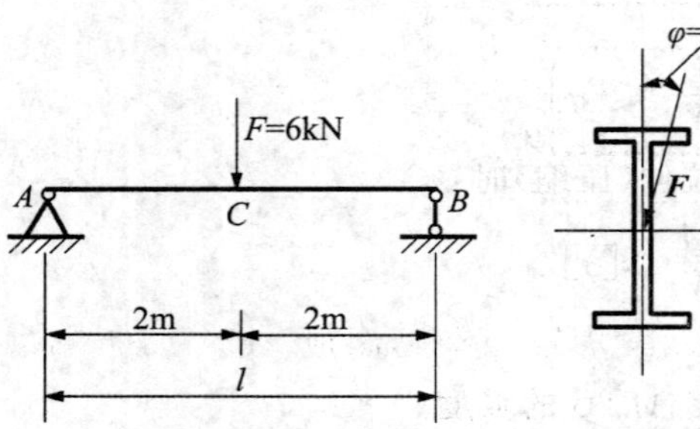

图 7-13

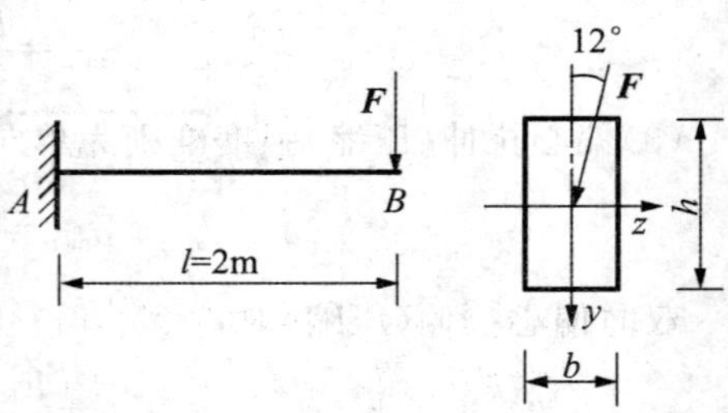

图 7-14

7-3　横截面为正方形的简支斜梁承受铅直荷载 $F=3\text{kN}$ 作用，如图 7-15 所示。已知边长 $a=100\text{mm}$，试求梁内的最大拉应力和最大压应力。

7-4　图 7-16 为简易吊车的计算简图，横梁 AB 用工字钢制成。已知小车连同吊重共重 $W=24\text{kN}$，小车给横梁的力可视为集中力，横梁 AB 长 $l=4\text{m}$，$\alpha=30°$，钢材的许用应力$[\sigma]=100\text{MPa}$。试选择工字钢的型号（提示：小车与吊重移至横梁 AB 中点时，横梁 AB 最危险；先按弯曲强度条件，初选工字钢型号）。

7-5　如图 7-17 所示，悬臂梁长 $l=3\text{m}$，由 25b 号工字钢制成，作用在梁上的均布荷载 $q=5\text{kN/m}$，集中荷载 $F=2\text{kN}$，力 $\boldsymbol{F}$ 与轴的夹角 $\varphi=30°$，试求梁内的最大拉应力和最大压应力。

7-6　如图 7-18 所示，矩形截面的悬臂木梁承受 $F_1=0.8\text{kN}$，$F_2=1.6\text{kN}$ 的作用。已知材料的许用应力$[\sigma]=10\text{MPa}$，试设计截面尺寸 b,h（设 $h/b=2$）。

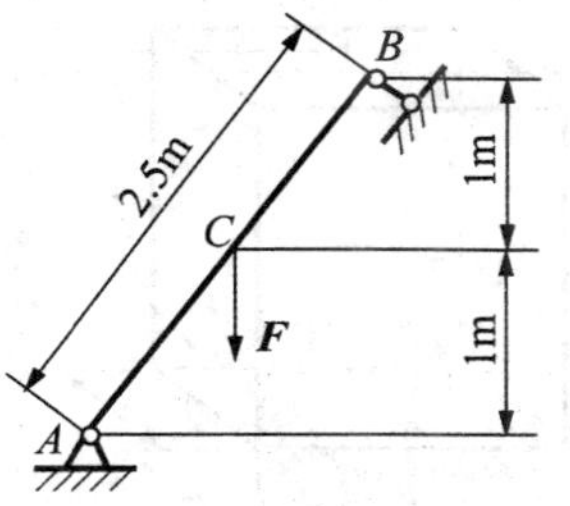

图 7-15

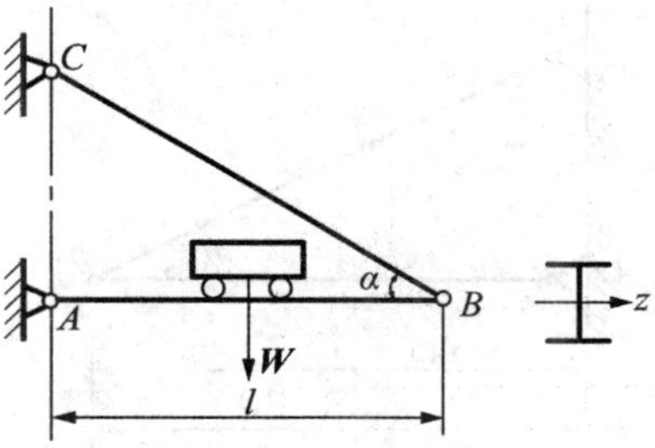

图 7-16

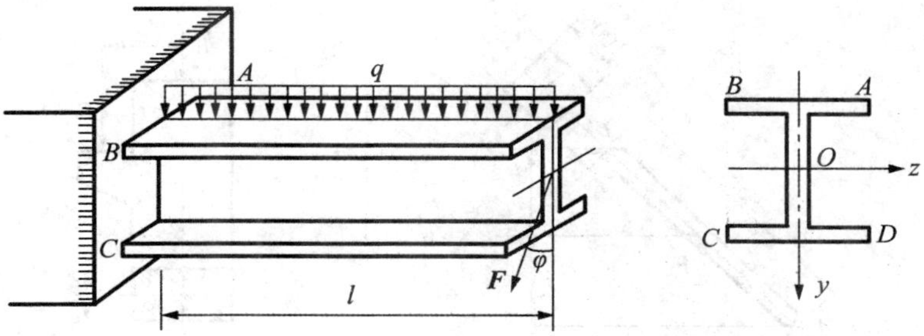

图 7-17

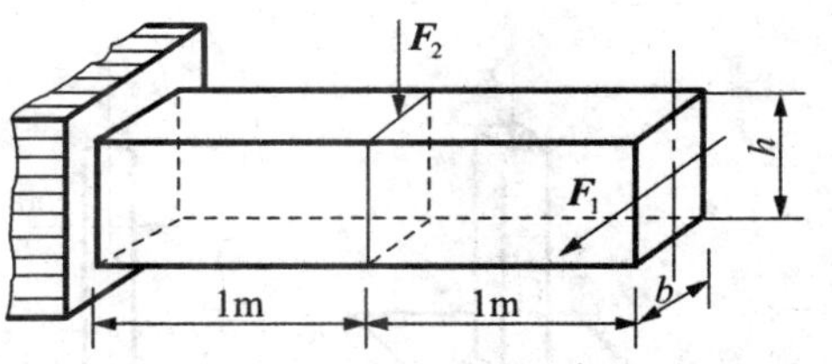

图 7-18

7-7　如图 7-19 所示的桁架结构，杆 AB 由 18 号工字钢制成。已知 $F=30\text{kN}$，$l=2.8\text{m}$，材料的许用应力$[\sigma]=170\text{MPa}$，试校核杆 AB 的强度。

7-8　图 7-20 所示矩形截面柱基高 $H=0.5\text{m}$，$F_1=60\text{kN}$，$F_2=10\text{kN}$，$e=0.03\text{m}$，截面尺寸 $b=200\text{mm}$，$h=120\text{mm}$，试计算底面上 A,B,C,D 四角点的正应力。

7-9　如图 7-21 所示，斜梁 AB 的截面为正方形，边长为 100mm，$F=3\text{kN}$，试求斜梁 AB 的最大拉应力与最大压应力。

7-10　如图 7-22 所示，矩形截面厂房立柱所受压力 $F_1=100\text{kN}$，$F_2=45\text{kN}$，$e=200\text{mm}$，截面宽度 $b=200\text{mm}$。若要求立柱截面上不出现应力，则截面高度 h 应为多少？此时最大应力为多少？

7-11　如图 7-23 所示，正方形截面的混凝土柱横截面边长为 200mm，基底为边长 $a=1\text{m}$的正方形混凝土板，柱受轴向压力 $F=100\text{kN}$ 作用。假设地基对混凝土板的支反力为均匀分布，混凝土的许用应力$[\tau]=1.5\text{MPa}$。为使柱不致穿混凝土板，板的最小厚度 t 应为多少？

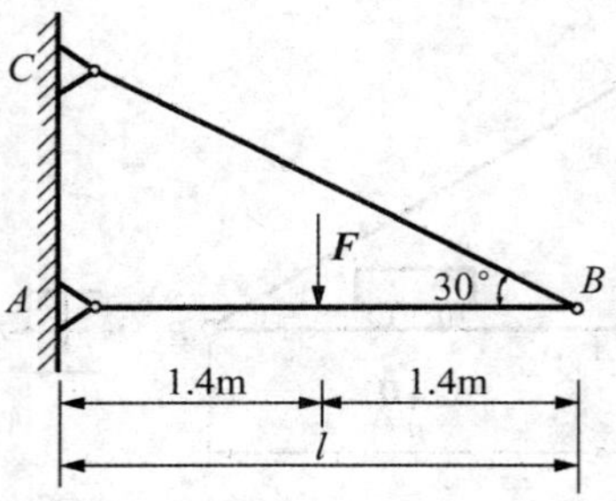

图 7-19

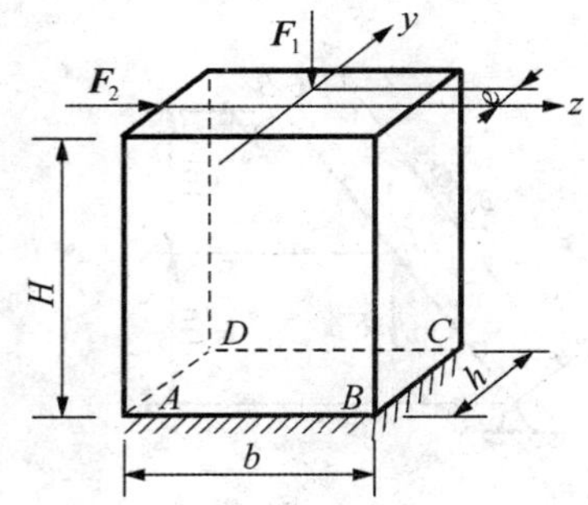

图 7-20

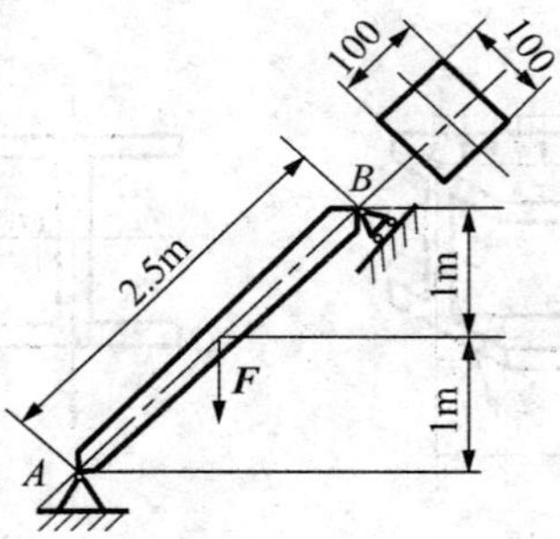

图 7-21

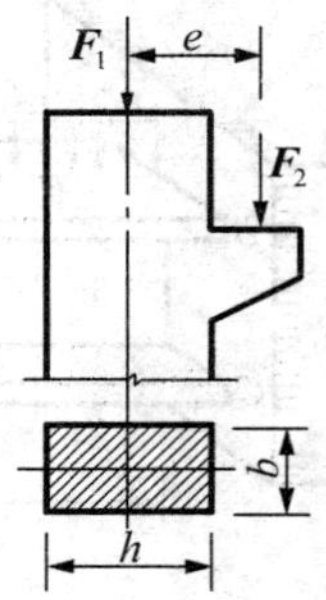

图 7-22

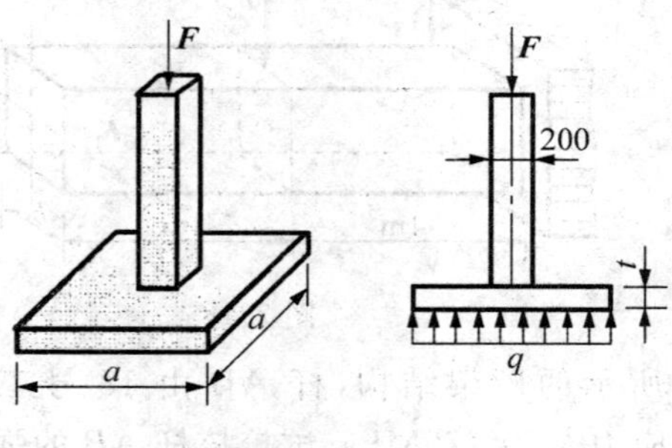

图 7-23

第八章 压杆稳定

本章主要研究受压杆件的稳定性问题，它与强度、刚度问题一样，也是材料力学所研究的基本问题之一。

第一节 压杆稳定

一、工程实例与力学模型

由生活中的常识可知，当一根细长直立在地上的竹竿受到来自竹竿顶端并逐渐增大的垂直向下的压力时，开始竹竿是直的，但随着压力的增加竹竿将被压弯，且弯曲会不断加大，直至最后折断。工程结构中有很多受压杆件，如图 8-1(a)所示桥梁的支柱、图 8-1(b)所示起重机或装载机中的液压挺杆、图 8-1(c)所示桁架结构中的受压杆件等。当压力超过某一限度时，其直线平衡形式将不能保持，从而使杆件丧失正常工作能力。这是区别于强度失效和刚度失效的又一种失效形式，称为“稳定失效”。压杆的稳定性问题在工程结构的设计中占有重要地位。

杆件受轴向压力作用时，实际情况往往比较复杂，排除一些次要因素，将受压杆件抽象为由均质材料制成、轴线为直线、外加压力的作用线与压杆轴线重合的理想“中心受压直杆”这种力学模型，即如图 8-2 所示的两端铰支的约束模型。除此以外，还有两端固定，一端固定、一端自由，一端固定、一端铰支等约束模型。

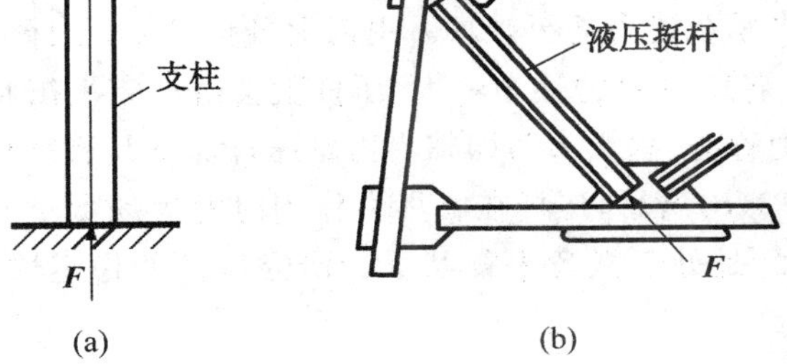

(a) (b) (c)

图 8-1

图 8-2

二、稳定平衡与不稳定平衡状态

如图 8-3(a)所示，当中心受压直杆作用较小的轴向压力 $\boldsymbol{F}_1$ 时，杆件处于二力平衡状态，在杆件上施加一微小的横向干扰力 $\boldsymbol{F}_P$，杆直线将发生微小弯曲变形。当去掉干扰力 $\boldsymbol{F}_P$ 后，杆件经过几次摆动，杆轴线的微弯变形可以恢复到其原来的直线平衡位置。这表明受压杆件具有保持其原来直线平衡状态的能力，此时压杆原有的二力平衡状态就称为“稳定平衡状态”。

如图 8-3(c)所示，当中心受压直杆作用较大的轴向压力 $\boldsymbol{F}_2$ 时，即 $\boldsymbol{F}_2$ 超过某一限度时，杆件也处于二力平衡状态，在杆上施加一微小的横向干扰力 $\boldsymbol{F}_P$，杆直线也将发生微小弯曲变形。但去掉干扰力 $\boldsymbol{F}_P$ 后，杆轴线的微弯变形不能恢复到原来的直线平衡位置。这表明受压杆件没有保持其原来直线平衡状态的能力，此时压杆原有的二力平衡状态就称为“不稳定平衡状态”。

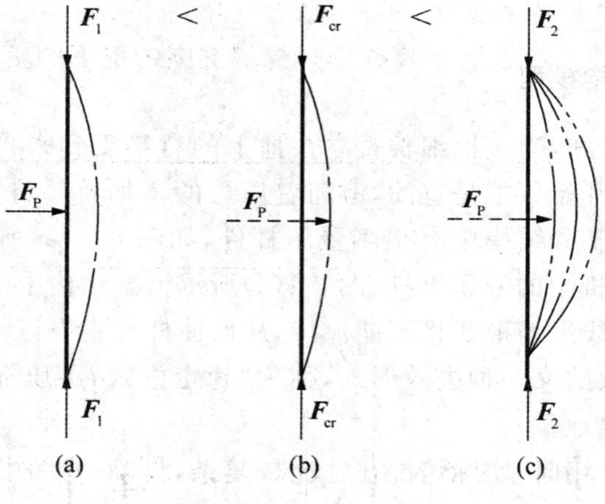

图 8-3

三、压杆的稳定性

所谓压杆稳定性，就是压杆抵抗其直线失衡状态的能力。当压杆不能维持原有的直线平衡状态时，这种现象称为“丧失稳定”，简称“失稳”。杆件失稳后，压力的微小增加将引起弯曲变形的显著增大，导致杆件丧失承载能力甚至破坏。由以上分析可见，压杆的稳定性与压力 $\boldsymbol{F}$ 的逐渐增大密切相关。随着压力 $\boldsymbol{F}$ 的逐渐增大、压杆就会由稳定平衡状态过渡到不稳定平衡状态，此时的分界压力称为“临界力”，即临界力是压杆保持其稳定平衡状态时的最大压力，用 $\boldsymbol{F}_{cr}$ 表示。如图 8-3(b)所示，压杆在临界力作用时发生的微小变形在干扰力 $\boldsymbol{F}_P$ 去掉后，既不恢复也不扩大，是处于微弯平衡状态。研究压杆的稳定性，关键是确定临界力。

第二节　压杆的临界力与临界应力

一、细长压杆的临界力

当作用在细长压杆上的压力 $F = F_{cr}$ 时，杆受到扰动发生微弯变形，撤去干扰力 $\boldsymbol{F}_P$ 后，杆将处于微弯临界平衡状态。为方便分析计算，临界力 F_{cr} 也可以定义为使压杆保持微小弯曲平衡状态的最小压力。在杆内应力不超过材料的比例极限条件下，根据弯曲变形理论（推证从略）可以求出临界力的大小为：

$$F_{cr} = \frac{\pi^2 EI}{(\mu l)^2} \tag{8-1}$$

式中，I 为杆横截面对中性轴的惯性矩；l 为杆长；μ 为与支承情况有关的长度系数；μl 称为“相当长度”。此式即为细长压杆的欧拉公式。

由式（8-1）可以看出，临界力与压杆的材料、截面形状、截面尺寸、杆长、两端的支承情况有关。实际应用时，要根据实际约束与哪种理想约束相近，或界于哪两种理想约束之间，从而确定实际问题的长度系数。几种理想杆端支座约束下的长度系数如表 8-1 所示。

表 8-1　　不同支座约束下的长度系数 μ

杆端约束情况	两端铰支	一端固定、一端自由	两端固定	一端固定、一端铰支
挠度曲线形状	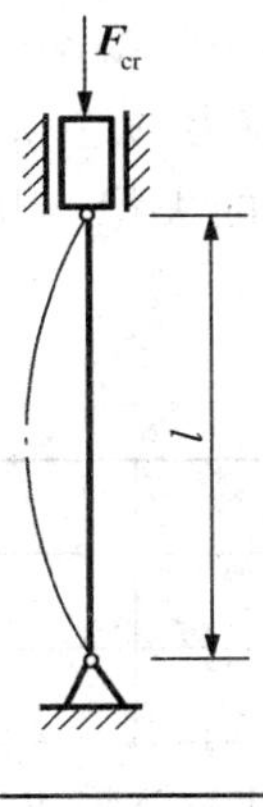	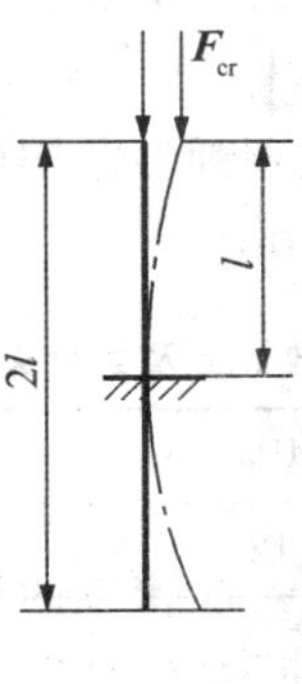	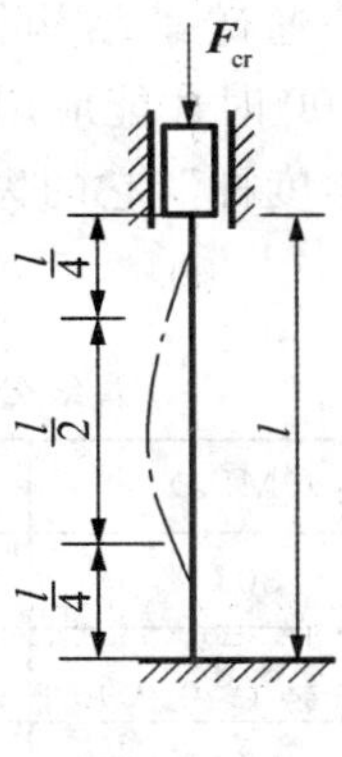	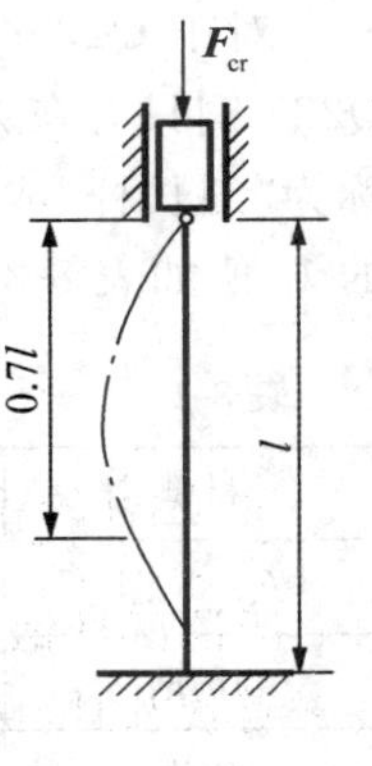

二、临界应力

将细长压杆的临界力除以横截面面积，便得到横截面上的应力，称为“临界应力”，用 σ_{cr} 表示，即：

$$\sigma_{cr} = \frac{F_{cr}}{A} = \frac{\pi^2 EI}{(\mu l)^2 A} = \frac{\pi^2 E}{\left(\frac{\mu l}{i}\right)^2}$$

式中，$\frac{I}{A}=i^2$，i 称为“压杆截面的惯性半径”。

令
$$\lambda=\frac{\mu l}{i} \tag{8-2}$$

λ 称为“压杆的柔度”，它是量纲为 1 的量，因此可得：

$$\sigma_{cr}=\frac{\pi^2 E}{\lambda^2} \tag{8-3}$$

式(8-3)为欧拉公式的另一种形式。不难看出，λ 值越大，临界力越小，压杆的稳定性越差；反之，λ 越小，临界力就越大，压杆的稳定性就越好。所以，柔度 λ 是压杆稳定性计算的一个重要参数。

三、欧拉公式的适用范围

由于欧拉公式是在材料服从胡克定律的条件下推导出来的，故临界应力在不超过材料比例极限条件下才能应用，即：

$$\sigma_{cr}=\frac{\pi^2 E}{\lambda^2}\leqslant\sigma_p$$

或

$$\lambda\geqslant\sqrt{\frac{\pi^2 E}{\sigma_p}}$$

令 $\lambda_p=\sqrt{\frac{\pi^2 E}{\sigma_p}}$（$\lambda_p$ 称为“与比例极限相对应的柔度”），则得欧拉公式的应用范围为 $\lambda\geqslant\lambda_p$。

对于 Q235 钢（普通碳素结构钢），$E=206\text{GPa}$，$\sigma_p=200\text{MPa}$，得 $\lambda_p\approx100$。因此，Q235 钢只有在 $\lambda\geqslant100$ 时才能应用欧拉公式计算临界力或临界应力。$\lambda\geqslant\lambda_p$ 的压杆一般称为“细长杆”或“大柔度杆”，它的失稳是属于弹性范围（$\sigma\leqslant\sigma_p$）内的失稳。几种常用材料的 λ_p 值如表 8-2 所示。

表 8-2　　直线公式的系数 a，b 及柔度 λ_p，λ_s

材料	a(MPa)	b(MPa)	λ_p	λ_s
Q235 钢	304	1.12	100	60
45 钢	578	3.744	100	60
铸铁	332.2	1.454	80	
木材	28.7	0.19	110	40

四、直线经验公式

对于不能应用欧拉公式计算临界应力的压杆，例如：当压杆的柔度 $\lambda=\lambda_p$，但杆内的工作应力小于屈服极限时，可应用在试验基础上建立的经验公式。经验公式有直线公式和抛物线公式等，这里仅介绍直线经验公式，即：

$$\sigma_{cr} = a - b\lambda \tag{8-4}$$

式中，a 和 b 是与材料性质有关的常数，其单位为 MPa，一些常用材料的 a,b 值列于表8-2中。式(8-4)也有一个适用范围，如对于塑性材料制成的压杆，要求其临界应力不得超过材料的屈服点 σ_s，即：

$$\sigma_{cr} = a - b\lambda < \sigma_s$$

或

$$\lambda > \frac{a - \sigma_s}{b}$$

令 $\lambda_s = \dfrac{a - \sigma_s}{b}$，则 λ_s 称为“与屈服点相对应的柔度”。如 Q235 钢的 $\sigma_s = 235\text{MPa}$，$a = 304\text{MPa}$，$b = 1.12\text{MPa}$，将这些值代入上式得 $\lambda_s \approx 60$。直线经验公式的应用范围为：

$$\lambda_s < \lambda < \lambda_p$$

柔度在该范围内的压杆称为“中长杆或中柔度杆”。

对于 $\lambda \leqslant \lambda_s$ 的压杆，称为“粗短杆”或“小柔度杆”。如压缩试验用的金属短柱或水泥块，受压时不可能像大柔度杆那样出现弯曲变形，而是会因应力达到屈服极限(塑性材料)或强度极限(脆性材料)而失效，此时失效属于强度问题。其临界应力为：

$$\sigma_{cr} = \sigma_s, \sigma_{cr} = \sigma_b \tag{8-5}$$

根据以上分析，可将各类柔度压杆的临界应力计算公式归纳如下：

(1)对于细长杆($\lambda \geqslant \lambda_p$)，用欧拉公式 $\sigma_{cr} = \dfrac{\pi^2 E}{\lambda^2}$ 计算其临界应力。

(2)对于中长杆($\lambda_s < \lambda < \lambda_p$)，用经验公式 $\sigma_{cr} = a - b\lambda$ 计算其临界应力。

(3)对于粗短杆($\lambda \leqslant \lambda_s$)，用压缩强度公式 $\sigma_{cr} = \sigma_s$，$\sigma_{cr} = \sigma_b$ 计算其临界应力。

五、临界应力总图

上述临界应力 σ_{cr} 与柔度 λ 之间的关系可用图 8-4 表示，称为“临界应力总图”。可以看出，细长杆和中长杆的临界应力随柔度的增加而减小，而粗短杆的临界应力与柔度无关。

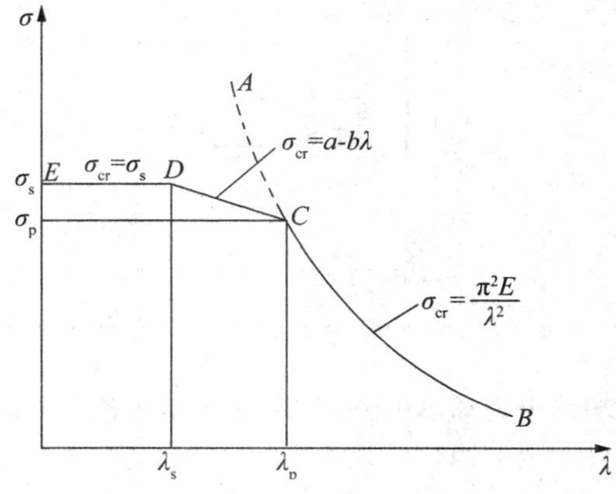

图 8-4

值得注意的是，上述讨论的压杆是以塑性材料为例的。若压杆为脆性构件，只需将屈服极限换成抗压强度极限 σ_p 即可。这时粗短杆的破坏不是屈服，而是压溃。

例 8-1 用 Q235 钢制成三根压杆，两端均为铰支，横截面直径 $d=50\text{mm}$，长度分别为 $l_1=2\text{m}$，$l_2=1\text{m}$，$l_3=0.5\text{m}$。已知 Q235 钢的弹性模量 $E=200\text{GPa}$，$\sigma_s=235\text{MPa}$，试求这三根压杆的临界压力。

解：(1)计算柔度，确定压杆的临界应力。由于三根压杆的截面直径相同，$I_z=\pi d^4/64$，$A=\pi d^2/4$，则其圆截面的惯性半径为 $i=\sqrt{I_z/A}=d/4$，代入柔度的计算公式得：

$$\lambda_1=\frac{\mu l_1}{d/4}=\frac{1\times 2000\times 4}{50}=160$$

因为 $\lambda_1>\lambda_p=100$，所以杆 1 是细长杆，用欧拉公式计算临界应力。

$$\lambda_2=\frac{\mu l_2}{d/4}=\frac{1\times 1000\times 4}{50}=80$$

因为 $\lambda_s=60<\lambda_2<\lambda_p=100$，所以杆 2 是中长压杆，用经验公式计算临界应力。

$$\lambda_3=\frac{\mu l_3}{d/4}=\frac{1\times 500\times 4}{50}=40$$

因为 $\lambda_3=\lambda_s=60$，所以杆 3 是粗短压杆，其临界应力是材料的屈服点。

(2)计算各杆的临界压力。

$$F_{\text{cr1}}=A\sigma_{\text{cr1}}=\frac{\pi d^2}{4}\times\frac{\pi^2 E}{\lambda_1^2}=\frac{\pi^3\times 50^2\times 200\times 10^3}{4\times 160^2}=151\times 10^3(\text{N})=151(\text{kN})$$

$$F_{\text{cr2}}=A\sigma_{\text{cr2}}=\frac{\pi d^2}{4}(a-b\lambda_2)=\frac{\pi\times 50^2}{4}\times(304-1.12\times 80)=421\times 10^3(\text{N})=421(\text{kN})$$

$$F_{\text{cr3}}=\frac{\pi d^2}{4}\sigma_s=\frac{\pi\times 50^2}{4}\times 235=461\times 10^3(\text{N})=461(\text{kN})$$

例 8-2 有一两端铰支的细长木柱，如图 8-5 所示。已知柱长 $l=3\text{m}$，横截面为 80mm×140mm 的矩形，木材的弹性模量 $E=10\text{GPa}$，试求此木柱的临界力。

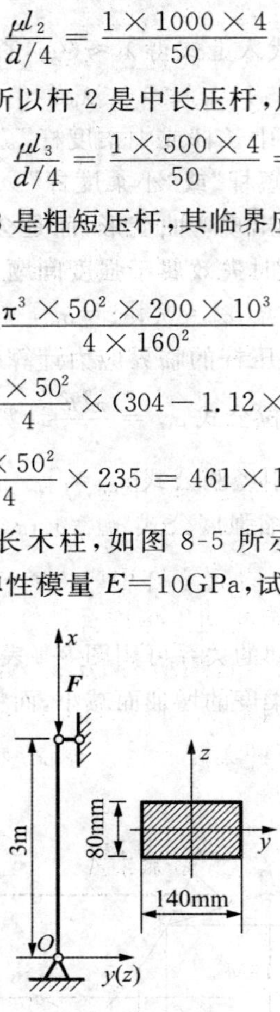

图 8-5

解：(1)由于木柱两端约束为球形铰支，故木柱两端在各个方向的约束都相同，都是铰支。因为临界力是使压杆产生失稳时的最小压力，所以式(8-1)中的 I 应取 $I_{\min}$。由图8-5 知，$I_{\min}=I_y$，其值为：

$$I_y=\frac{140\times 80^3}{12}=597.3\times 10^4(\text{mm}^4)=597.3\times 10^{-8}(\text{m}^4)$$

(2)临界力为:

$$F_{cr} = \frac{\pi^2 EI_y}{(\mu l)^2} = \frac{\pi^2 \times 10 \times 10^9 \times 597.3 \times 10^{-8}}{(1 \times 3)^2} = 655 \times 10^2(\text{N}) = 65.5(\text{kN})$$

(3)在临界力 F_{cr} 作用下,木柱将在弯曲刚度最小的 xz 平面内发生失稳。

第三节 压杆稳定性的计算

一、安全系数法

由于压杆在使用过程中存在失稳破坏的问题,且一般情况下发生失稳时的临界应力 σ_{cr} 低于强度许用应力$[\sigma]$。为了使压杆具有足够的稳定性,不仅要使压杆上的工作应力小于临界应力,而且还应有一定的安全储备,即压杆的稳定性设计准则为:

$$\sigma \leqslant \frac{\sigma_{cr}}{n_{st}} = [\sigma]_{st} \tag{8-6}$$

式中,$[\sigma]_{st}$ 为稳定许用应力;n_{st} 为稳定安全因数。

式(8-6)表明,压杆正常工作时,其工作应力不能超过压杆的稳定许用应力。因为工程实际中的压杆并非是理想的直杆,如加工制造过程中不可避免地存在轴线偏差或局部削弱等,这些情况都会引起压杆临界力的下降,造成压杆的受力偏心或突然失稳。

二、折减系数法

为了计算上的实用和简便,可将稳定许用应力 $[\sigma]_{st}$ 用强度许用应力 $[\sigma]$ 乘以折减系数 φ 表示为 $[\sigma]_{st} = \varphi[\sigma]$ 。其中,折减系数 φ 总是一个小于1的系数。此式表明,压杆的强度许用应力 $[\sigma]$ 经过折减后为压杆稳定许用应力 $[\sigma]_{st}$ 。必须指出,这里的强度许用应力和稳定许用应力有着明显的本质区别。强度许用应力 $[\sigma]$ 只取决于压杆的材料,若材料确定,则 $[\sigma]$ 为一确定值。而稳定许用应力 $[\sigma]_{st}$ 不仅与压杆的材料有关,还与压杆的柔度 λ 有关。同一材料制成的不同柔度 λ 的压杆,其 $[\sigma]_{st}$ 是不同的。因为同样材料的压杆其折减系数 φ 是不同的,它随压杆柔度 λ 的改变而变化。表 8-3 列出了几种工程常用材料的折减系数,以供查用。

表 8-3 折减系数

λ	φ 值				
	Q235	16Mn	铸铁	木材	砌体
0	1.000	1.000	1.00	1.000	1.000
20	0.981	0.973	0.91	0.932	0.96
40	0.927	0.895	0.69	0.822	0.83
60	0.842	0.776	0.44	0.658	0.70

续表

λ	φ值				
	Q235	16Mn	铸铁	木材	砌体
70	0.789	0.705	0.34	0.575	0.63
80	0.731	0.627	0.26	0.470	0.57
90	0.669	0.546	0.20	0.370	0.51
100	0.604	0.462	0.16	0.300	0.46
110	0.536	0.384		0.248	
120	0.466	0.325		0.208	
130	0.401	0.279		0.178	
140	0.349	0.242		0.153	
150	0.306	0.213		0.133	
160	0.272	0.188		0.117	
170	0.243	0.168		0.104	
180	0.218	0.151		0.093	
190	0.197	0.136		0.083	
200	0.180	0.124		0.075	

工程上，压杆的设计规范通常采用以下的稳定性设计准则，即：

$$\sigma = \frac{F}{A} \leqslant \varphi[\sigma]$$

三、压杆的稳定性计算

与强度计算相类似，压杆的稳定性计算也可以解决三类问题：

(1)校核稳定性。已知压杆的几何尺寸、材料、支承及轴向压力，校核压杆是否满足稳定性准则。

(2)设计截面。由于稳定性设计准则中截面尺寸未知，所以柔度 λ 和折减系数 φ 也未知。计算时一般先假设 $\varphi=0.5$，试选截面尺寸、型号，算得 λ 再查 φ'。若 φ' 与假设 φ 相差较大，则再用两者的中间值重新试算，直至两者相差不大，最后进行稳定性校核。

(3)确定许可荷载。已知压杆的几何尺寸、材料、支承情况，确定压杆满足稳定性准则时所能承受的最大荷载。

例 8-3 长度为 1.8m 两端铰支的实心圆截面钢压杆，已知 $\lambda_p=123$，$E=210\text{GPa}$，$d=45\text{mm}$，$n_{st}=2$，试求该压杆的许可荷载$[F]$。

解：(1)压杆两端铰支，$\mu=1$，截面为圆形，$i=\sqrt{I/A}=d/4$，柔度为：

$$\lambda = \frac{\mu l}{i} = \frac{\mu l}{d/4} = \frac{1\times 1800}{45/4} = 160 > \lambda_p = 123$$

(2)可以用欧拉公式计算其临界力,即:

$$F_{cr} = A\sigma_{cr} = \frac{\pi d^2}{4} \times \frac{\pi^2 E}{\lambda^2} = 128.8 \times 10^3 (\text{N}) = 128.8(\text{kN})$$

(3)压杆的许可荷载为:

$$[F] = \frac{F_{cr}}{n_{st}} = 64.4(\text{kN})$$

例 8-4 如图 8-6 所示,木屋架中 AB 杆的截面为边长 $a = 100\text{mm}$ 的正方形,杆长 $l=2.3\text{m}$,承受的轴向压力 $F=25\text{kN}$,许用应力$[\sigma]=10\text{MPa}$,试校核 AB 杆的稳定性(只考虑在桁架平面内的失稳)。

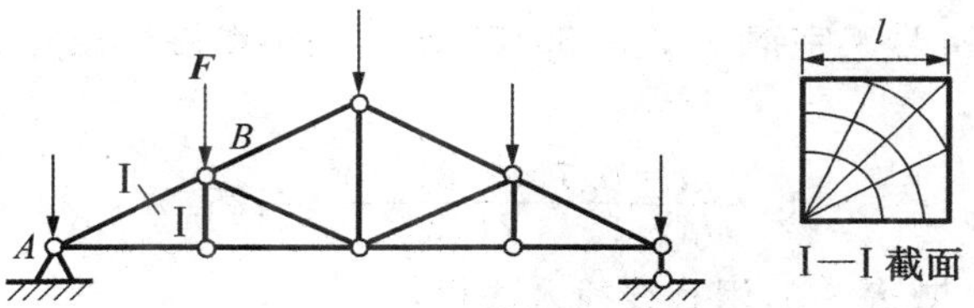

图 8-6

解:(1)正方形截面的惯性半径为:

$$i = \sqrt{\frac{I}{A}} = \sqrt{\frac{a^4/12}{a^2}} = \frac{a}{\sqrt{12}} = \frac{100}{\sqrt{12}} = 28.87(\text{mm})$$

(2)由于桁架平面内 AB 杆两端为铰支,故 $\mu=1$,AB 杆的柔度为:

$$\lambda = \frac{\mu l}{i} = \frac{1 \times 2.3 \times 10^3}{28.87} = 80$$

(3)求折减系数。查表 8-3 得 $\varphi=0.47$,所以:

$$\varphi[\sigma] = 0.47 \times 10 = 4.7(\text{MPa})$$

(4)AB 杆的工作应力为:

$$\sigma = \frac{F}{A} = \frac{25 \times 10^3}{100^2 \times 10^{-6}} = 2.5(\text{MPa}) < 4.7(\text{MPa})$$

满足稳定条件,故 AB 杆是稳定的。

例 8-5 如图 8-7 所示的立柱用工字钢制成,材料为 Q235 钢,许用应力$[\sigma]=170\text{MPa}$。已知 $l=3.8\text{m}$,杆端压力 $F=250\text{kN}$。在立柱中点 C 截面上因构造需要开一直径 $d = 40\text{mm}$ 的圆孔。试选择工字钢的型号。

解:(1)选工字钢。设 $\varphi_1 = 0.5$,由稳定性准则 $\sigma = \frac{F}{A_1} \leqslant \varphi_1[\sigma]$,得:

$$A_1 \geqslant \frac{F}{\varphi_1[\sigma]} = \frac{250\times10^3}{0.5\times170} = 2.94\times10^3(\text{mm}^2) = 29.4(\text{cm}^2)$$

查型钢表,初选 18 号工字钢。$A'_1=30.756\ \text{cm}^2$,最小惯性半径 $i_{min}=i_y=2\text{cm}$,压杆的柔度为:

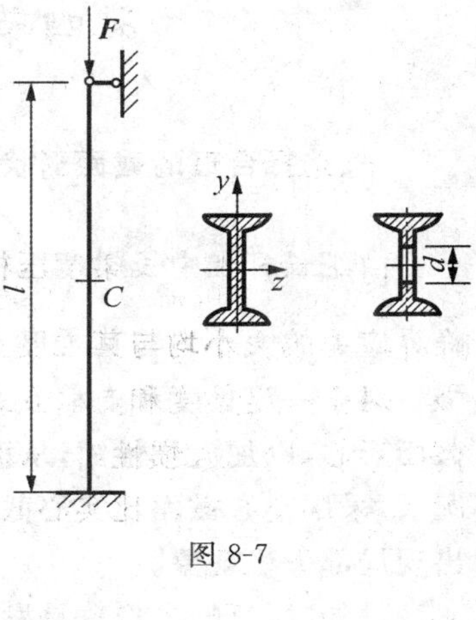

图 8-7

$$\lambda_1 = \frac{\mu l}{i_y} = \frac{0.7 \times 3.8 \times 10^3}{20} = 133$$

计算折减系数。查表 8-3,用直线插入法得:

$$\varphi'_1 = 0.349 + \frac{(0.401 - 0.349) \times (140 - 133)}{140 - 130} = 0.3854$$

φ'_1 与 φ_1 相差较多,故需第二次试算。

(2)第二次试算。设 $\varphi_2 = \frac{\varphi_1 + \varphi'_1}{2} = \frac{0.5 + 0.3854}{2} = 0.443$,由稳定性准则得:

$$A_2 \geqslant \frac{F}{\varphi_2[\sigma]} = \frac{250 \times 10^3}{0.443 \times 170} = 3.32 \times 10^3(\text{mm}^2) = 33.2(\text{cm}^2)$$

查型钢表,选 20a 号工字钢。$A'_2 = 35.58\ \text{cm}^2$,最小惯性半径 $i_{\min} = i_y = 2.12\text{cm}$,压杆的柔度为:

$$\lambda_2 = \frac{\mu l}{i_y} = \frac{0.7 \times 3.8 \times 10^3}{21.2} = 125.5$$

再算折减系数。查表 8-3,用直线插入法得:

$$\varphi'_2 = 0.401 + \frac{(0.466 - 0.401) \times (130 - 125.5)}{130 - 120} = 0.430$$

φ'_2 比较接近于设定的 $\varphi_2 = 0.443$,所以选用 20a 号工字钢。

(3)稳定性校核。

$$\varphi[\sigma] = 0.43 \times 170 = 73.1(\text{MPa})$$

$$\sigma = \frac{F}{A} = \frac{250 \times 10^3}{35.58 \times 10^2} = 70.27(\text{MPa}) < \varphi[\sigma]$$

可知选 20a 号工字钢,立柱的稳定性满足要求。

(4)强度校核。查型钢表 20a 号工字钢,$A' = 35.58\ \text{cm}^2$,腰厚度 $\delta = 7\text{mm}$。

$$\sigma = \frac{F}{A} = \frac{F}{A' - \delta d} = \frac{250 \times 10^3}{35.58 \times 10^2 - 7 \times 40} = 76.27(\text{MPa}) < [\sigma]$$

满足强度要求。所以,选 20a 号工字钢立柱能同时满足稳定性和强度的要求。

第四节 提高压杆稳定性的措施

一、选择合理的截面形状

由细长杆和中长柔度压杆的临界应力公式 $\sigma_{cr} = \frac{\pi^2 E}{\lambda^2}$,$\sigma_{cr} = a - b\lambda$ 可知,两类压杆的临界应力的大小均与其柔度有关。柔度越小,则临界应力越大,压杆抵抗失稳的能力越强。对于一定长度和支承方式的压杆,在横截面面积一定的前提下,应尽可能使材料远离截面形心,以加大惯性矩,从而减小其柔度。如图 8-8 所示,在材料用量(或重量)相同情况下,采用空心截面比实心截面更为合理。但应注意,空心截面的壁厚不能太薄,以防止出现局部失稳现象。

另外,压杆的失稳总是发生在柔度大的纵向平面内,因此,最理想的设计应该是使各个纵向平面内有相等或近似相等的柔度。根据 $\lambda=\frac{\mu l}{i}$ 可知，当压杆在其两个纵向平面内的约束类型不同时，应采用矩形或工字形截面，使压杆在两个纵向平面内有相等或近似相等的稳定性。

图 8-8

二、减小杆长，改善两端支承

由于柔度 λ 与 μl 成正比，因此在工作条件允许的前提下，应尽量减小压杆的长度 l，还可以利用增加中间支承的办法来提高压杆的稳定性。

如图 8-9(a)所示，两端铰支的细长压杆，在压杆中点处增加一铰支座[见图 8-9(b)]，其柔度为原来的$\frac{1}{2}$。

若将压杆两端的铰支约束加固为两端固定约束[见图 8-9(c)]，其柔度为两端铰支约束的$\frac{1}{2}$。

无论是压杆增加中间支承，还是加固杆端约束，都是提高压杆稳定性的有效方法。因此，应尽可能制成刚性连接或采用较紧密的配合。

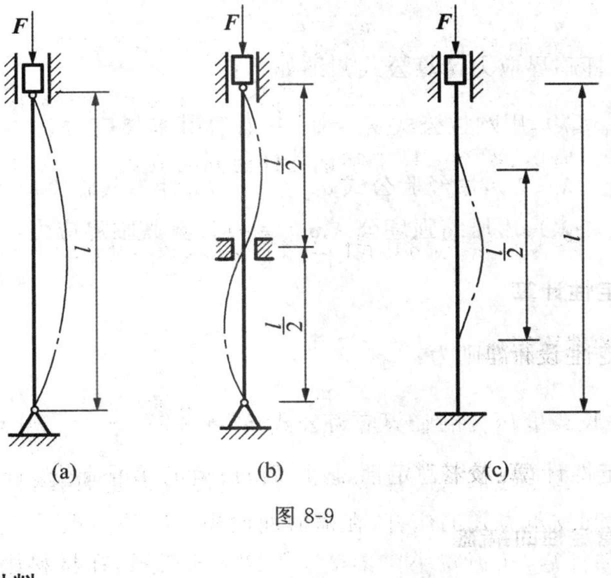

图 8-9

三、合理选择材料

对于细长杆，其临界应力 σ_{cr} 与材料弹性模量 E 成正比。但由于各种钢材的弹性模量 E 相差不大，因此，采用高强度钢并不能有效地提高细长压杆的临界力。工程上一般都采用普通碳素钢制造细长压杆，这样既经济又合理。但对于中长杆，其临界应力 σ_{cr} 与材料的强度有关。材料的强度越高，临界应力 σ_{cr} 也就越高，所以，选用优质钢材可以提高中长压杆的稳定性。

本章小结

一、压杆的稳定性

压杆稳定性就是压杆抵抗其直线失衡状态的能力。研究压杆的稳定性，关键是确定临界力。

二、压杆的临界力和临界应力

细长压杆的临界力为：

$$F_{cr} = \frac{\pi^2 EI}{(\mu l)^2}$$

临界应力为：

$$\sigma_{cr} = \frac{\pi^2 E}{\lambda^2}$$

欧拉公式的适用范围为：

$$\lambda \geqslant \lambda_p$$

直线经验公式为：

$$\sigma_{cr} = a - b\lambda$$

各类柔度的压杆临界应力计算公式归纳如下：

对于细长杆($\lambda_p \leqslant \lambda$)，用欧拉公式 $\sigma_{cr} = \frac{\pi^2 E}{\lambda^2}$ 计算其临界应力。

对于中长杆($\lambda_s < \lambda < \lambda_p$)，用经验公式 $\sigma_{cr} = a - b\lambda$ 计算其临界应力。

对于粗短杆($\lambda \leqslant \lambda_s$)，用压缩强度公式 $\sigma_{cr} = \sigma_s$ 计算其临界应力。

三、压杆的稳定性计算

(1)压杆的稳定性设计准则为：

$$\sigma = \frac{F}{A} \leqslant \varphi[\sigma]$$

(2)压杆的稳定性计算：校核稳定性、设计截面、确定许可荷载。

四、提高压杆稳定性的措施

选择合理的截面形状；减小杆长，改变两端支承；合理选择材料。

思考题

1. 有人说临界力是使压杆丧失稳定所需的最小荷载，也有人说临界力是使压杆维持直线平衡状态所能承受的最大荷载。这两种说法对吗？一致吗？

2. 由塑性材料制成的中、小柔度压杆，在临界力作用下是否仍处于弹性状态？

3. 实心截面改为空心截面能增大截面的惯性矩从而能提高压杆的稳定性，是否可以把材料无限制地加工，使其远离截面形心，就此提高压杆的稳定性？

4. 只要保证压杆的稳定就能够保证其承载能力，这种说法是否正确？

习　题

8-1　三根圆截面压杆，直径均为 $d=160\text{mm}$，材料为 Q235 钢，$E=200\text{GPa}$，$\sigma_s=240\text{MPa}$，$\sigma_p=200\text{MPa}$，两端均为铰支，长度分别为 l_1，l_2 和 l_3，且 $l_1=2l_2=4l_3=5\text{m}$。试求各杆的临界力 F_{cr}。

8-2　柴油机的挺杆长度 $l=257\text{mm}$，横截面为圆形，其直径 $d=8\text{mm}$，钢材的 $E=210\text{GPa}$，$\sigma_p=240\text{MPa}$。挺杆所受的最大压力 $F=1.76\text{kN}$，规定的稳定安全因数 $n_{st}=2\sim3.5$。试校核挺杆的稳定性。

8-3　如图 8-10 所示，蒸汽机的活塞杆 AB 所受压力 $F=120\text{kN}$，$l=1.8\text{m}$，横截面为圆形，直径 $d=75\text{mm}$。材料为 Q235 钢，$E=210\text{GPa}$，$\sigma_p=240\text{MPa}$。规定 $n_{st}=8$。试校核活塞杆的稳定性。

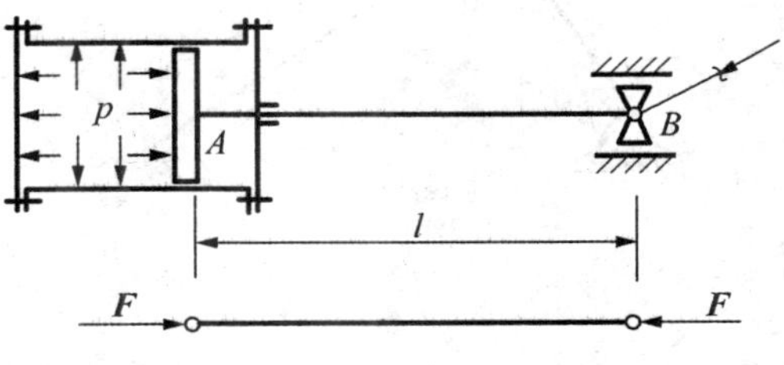

图 8-10

8-4　一两端铰支的钢管柱，长 $l=3.5\text{m}$，截面外径 $D=100\text{mm}$，内径 $d=70\text{mm}$，材料为 Q235 钢，$E=210\text{GPa}$，$\sigma_p=240\text{MPa}$，$n_{st}=2.5$。试求此柱的许可荷载。

8-5　如图 8-11 所示，BD 杆为正方形截面的木杆，已知 $l=2\text{m}$，$a=0.1\text{m}$，木材的许用应力$[\sigma]=10\text{MPa}$。试从 BD 杆的稳定考虑，确定该结构的许可荷载$[F]$。

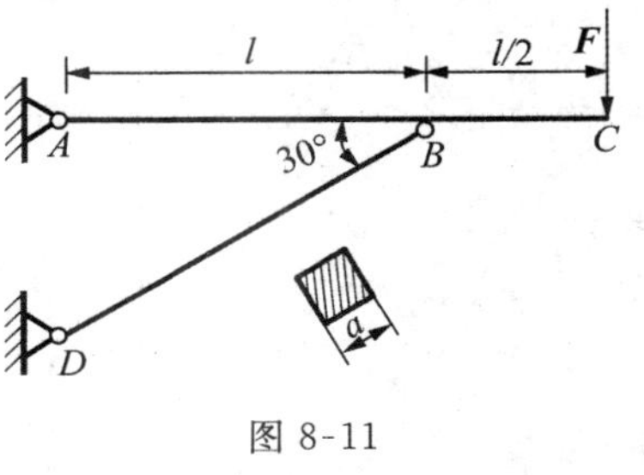

图 8-11

8-6　由三根钢管构成的支架如图 8-12 所示。钢管的外径为 30mm，内径为 22mm，长度 $l=2.5\text{m}$，$E=210\text{GPa}$，$\sigma_p=200\text{MPa}$。在支架的顶点三杆铰接。若取稳定安全因数 $n_{st}=3$，试求许可荷载[F]。

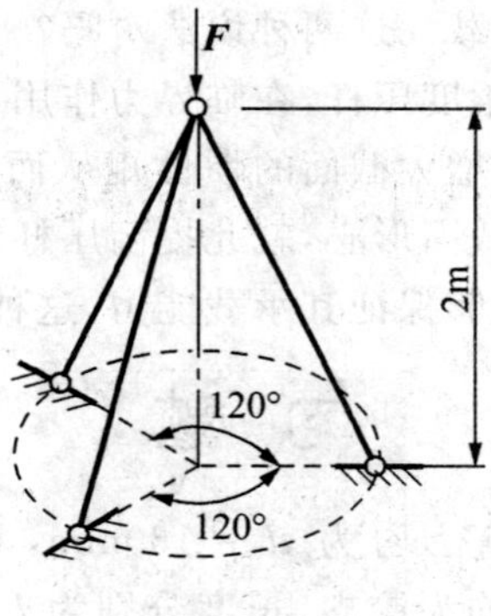

图 8-12

8-7　在图 8-13 中，铰接杆系 ABC 的 AB 和 BC 皆为细长压杆，且截面和材料均相同。若杆系因在 ABC 平面内失稳而破坏，并规定 $0°<\theta<\frac{\pi}{2}$，试确定 F 为最大的 θ 角。

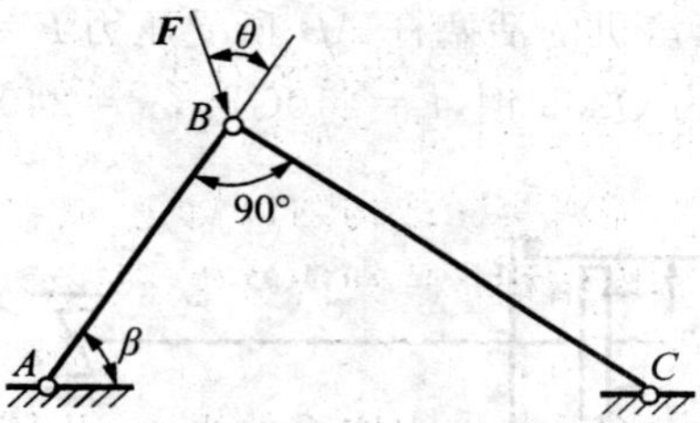

图 8-13

第九章 结构体系的几何组成分析

本章主要是了解几何不变体系及几何可变体系，了解几何组成分析的目的是掌握自由度、约束的概念及几何不变体系的基本组成规则，并熟练掌握平面体系的几何组成分析。

第一节 结构体系学

一、结构的计算简图

实际工程中的结构，其构造、体系的组成及受力往往是比较复杂的，如果完全按照结构的实际情况进行力学分析和计算，会使问题变得非常繁杂甚至无法求解。因此，在对实际结构进行力学分析和计算时，需将实际结构加以简化，略去其次要因素，显示其基本特点，用一个简化的图形来代替实际结构。这种能够代替实际结构进行力学分析和计算的简图称为“结构的计算简图”。

结构计算简图的原则是：能够反映结构体系的受力、几何及变形特征，使计算结果接近实际情况，便于进行力学计算和工程设计。计算简图是结构计算的依据，若所有因素都加以考虑，则计算工作量太大；若考虑的因素过于简略，则可能不满足工程的精度要求。

结构计算简图包括以下几个方面的简化内容：

1. 结构的简化

(1)将空间杆系结构简化为平面杆系结构。一般杆系结构都是空间结构[见图 9-1(a)]，选择合适的简化平面，可以把空间杆系结构简化为平面杆系结构[见图 9-1(b)]。

(2)用杆件的轴线来代替杆件[见图 9-1(c)(d)]。

2. 结点的简化

杆系结构中，把杆件之间的连接区称为“结点”。按杆件的约束、受力、变形特点，可以将实际杆件间的连接区简化为两种理想化的结点。

(1)铰结点。被连接的杆件在连接处不能相对移动，但可以相对转动的结点称为“铰结点”。铰结点用小圆圈表示。桁架结构中的结点通常被简化为铰结点[见图 9-1(c)和图 9-2(a)]。

(2)刚结点。被连接的杆件在连接处，既不能相对移动也不能相对转动的结点称为“刚结点”。刚结点用线段相接表示。刚架结构中的结点通常被简化为刚结点[见图 9-2(b)]。

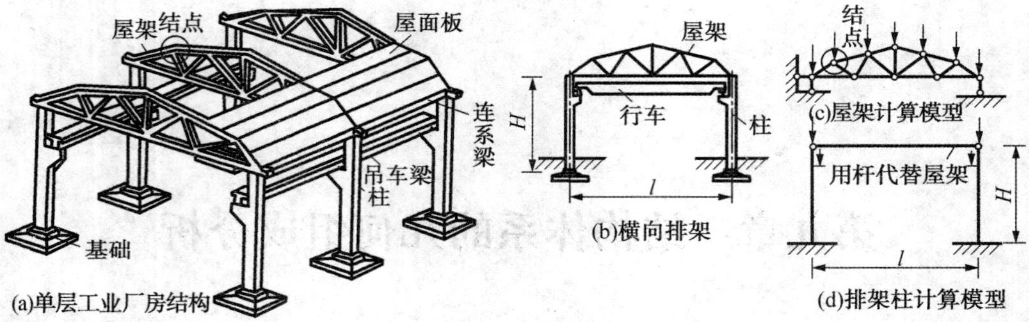

图 9-1

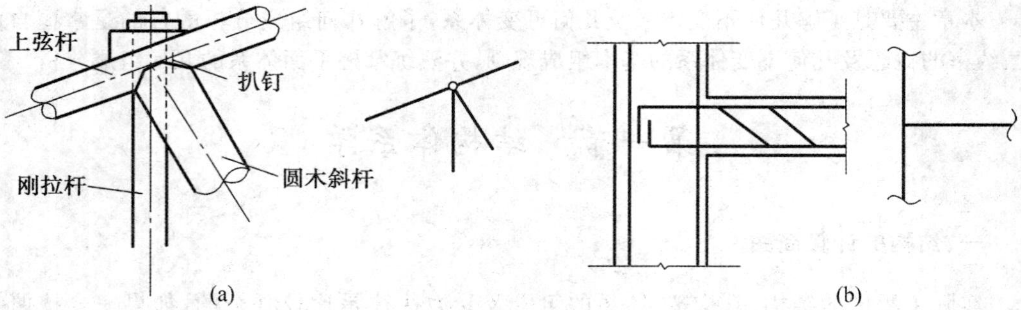

图 9-2

3. 支座的简化

把结构构件与基础连接起来的装置称为“支座”。结构构件所受的荷载通过支座传递给基础或地基。平面杆件结构的实际支座常简化为以下四种理想化的形式：

(1)固定铰支座：限制了结构构件的随意移动，不限制结构构件绕铰链的转动，如图 9-3(a)所示，其简化的固定铰支座画法如图 9-3(b)(c)所示。

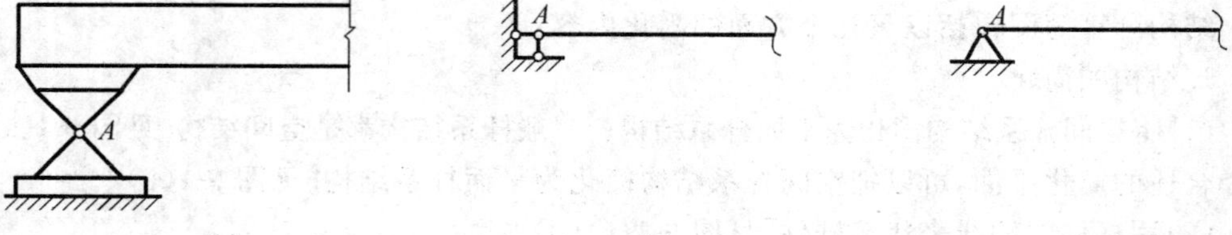

图 9-3

(2)活动铰支座：只限制了结构构件沿支承面法线方向的移动，不限制结构构件沿支承面水平方向的移动，如图 9-4(a)所示。用一根垂直于支承面的链杆作为表示符号，如图 9-4(b)所示。

(3)定向支座：仅限制结构构件沿某一个方向的移动，不限制结构构件沿另一个方向的移动及结构构件的转动，如图 9-4(c)所示，常用图 9-4(d)所示符号表示。

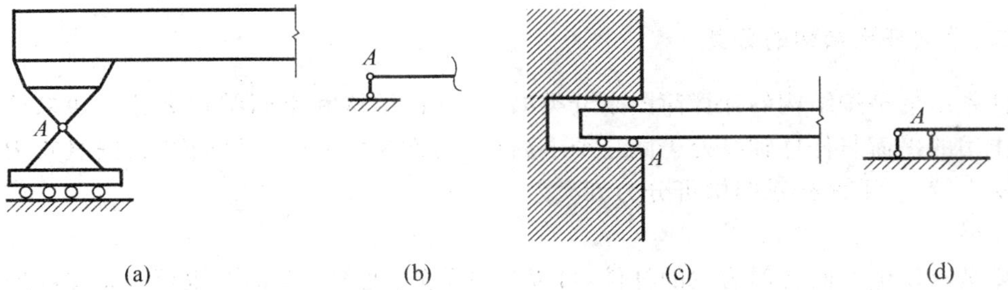

图 9-4

（4）固定端支座：既限制了结构构件的任意移动，又限制了结构构件的转动，如图 9-5（a）所示，常用图 9-5（b）（c）所示符号表示。

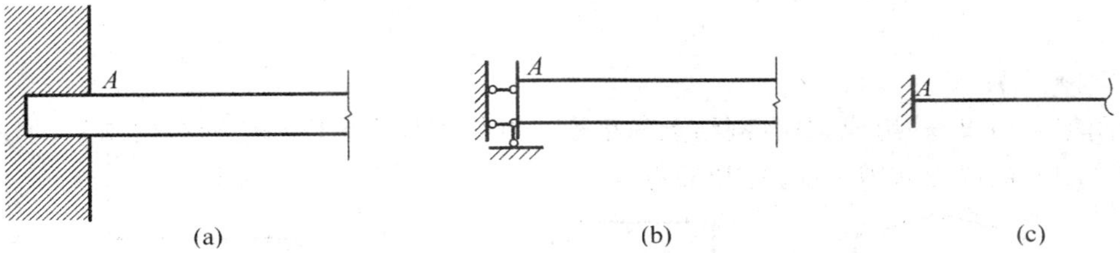

图 9-5

4. 荷载的简化

荷载是直接作用于结构构件上的主动外力，是引起结构构件内力和变形的重要因素。如构件自重、物品重量、水压、风压和雪压等，都是以力的形式直接作用于结构上的，习惯上称为“荷载”。

荷载按其作用的范围可以简化为集中荷载（或集中力）和分布荷载。在杆件结构的计算简图中，杆件用轴线代替，分布荷载简化为线分布，荷载集度用 q 表示，单位为 N/m。

图 9-6 为肋拱式输水渡槽的计算简图。

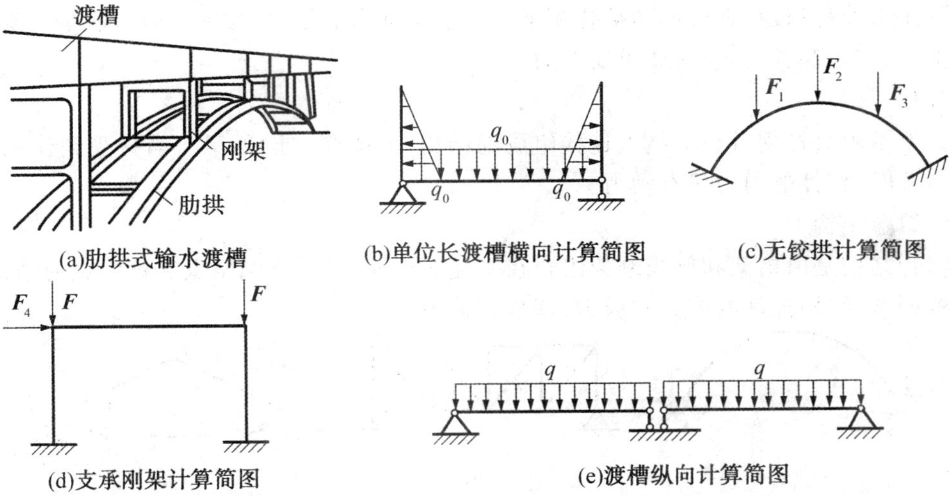

图 9-6

二、平面杆系结构的分类

杆系结构是按结构的计算简图来分类的，有平面结构和空间结构之分。如果结构中力系作用的平面与杆件轴线处于同一个平面内，则称为“平面杆系结构”。按照其构造特征和受力特点，平面杆系结构可分为五类。

1. 梁

梁是以发生弯曲变形为主的杆件，可以是单跨的[见图 9-7(a)]，也可以是多跨连续的[见图 9-7(b)]。梁截面的内力有剪力和弯矩。

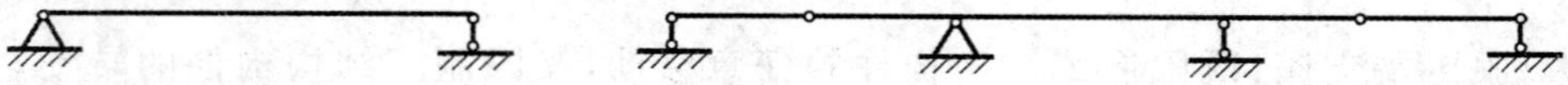

(a) (b)

图 9-7

2. 刚　架

刚架是由梁、柱组成，具有刚结点的结构。刚架可分为单层刚架和多层刚架，如图9-8所示。刚架的内力有剪力、弯矩和轴力。

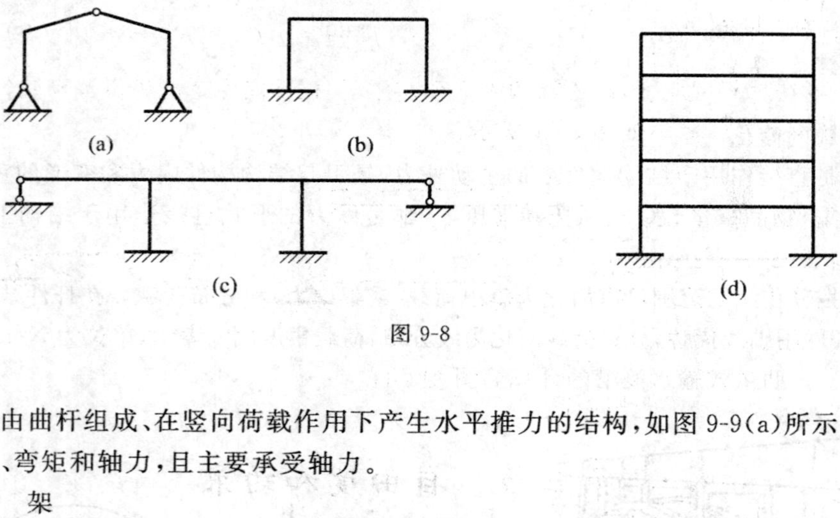

(a) (b) (c) (d)

图 9-8

3. 拱

拱是由曲杆组成、在竖向荷载作用下产生水平推力的结构，如图 9-9(a)所示。拱的内力有剪力、弯矩和轴力，且主要承受轴力。

4. 桁　架

桁架是由直杆用理想铰结点连接组成的结构，如图 9-9(b)所示。当只受到作用于结点的荷载时，杆件的内力只有轴力。

5. 组合结构

组合结构是由桁架和梁或刚架组合在一起而形成的、具有刚结点和铰结点的结构[见图 9-9(c)]。结构杆件的内力有剪力、弯矩和轴力。

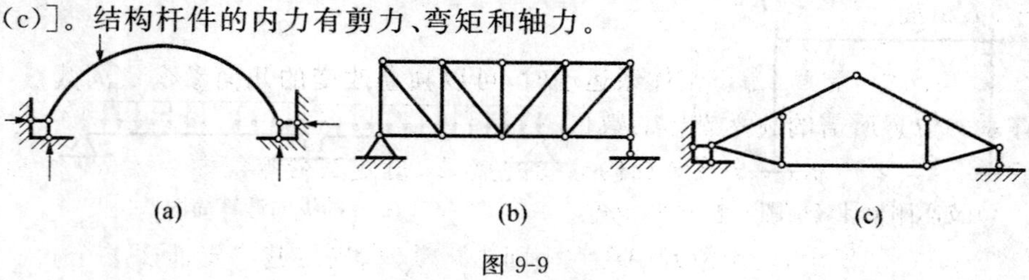

(a) (b) (c)

图 9-9

第二节 几何不变体系和几何可变体系

一、几何不变体系

工程结构中各构件既要起到骨架作用，又要能承受荷载作用，因此，结构的组成体系必须是合理的，其几何体系的位置和形状要保持不变。若不考虑材料的应变，任意荷载作用下，能够保持原有位置和几何形状的体系称为“几何不变体系”，如图 9-10 所示。

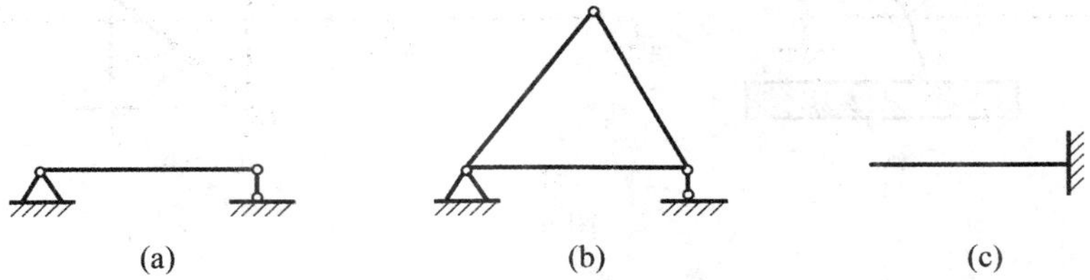

图 9-10

二、几何可变体系

若不考虑材料的应变，即使在微小荷载作用下，也不能保持原有位置和几何形状的体系称为“几何可变体系”，如图 9-11 所示。

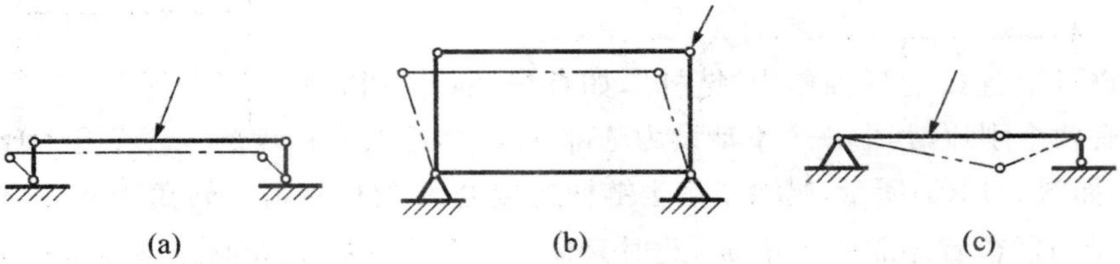

图 9-11

第三节 自由度和约束

杆件结构是由若干个杆件按照一定的组成方式相互连接而构成的一种体系。体系中，任何几何不变部分都可以看作一个刚体，它在平面体系中简称为“钢片”。因此，一根梁、一根链杆或支承地基，以及体系中确定为几何不变的某个部分，都可以看成一个刚片。

一、自由度

平面体系的自由度，是指该体系运动时，可以独立改变的几何参变量的数目，也就是确定体系的位置所需的独立坐标的数目。

如图 9-12(a)所示，一个在平面内运动的点 A，确定其位置需要 x 和 y2 个独立的坐标，因此平面内的一个点有 2 个自由度。

如图 9-12(b)所示，一个刚片 AB 在平面内运动时，确定其位置需要 3 个独立的几何参变量；在平面上用 x,y 2 个独立的坐标确定刚片上 A 点的位置，再用倾角 φ 确定刚片上直线 AB 的位置。这样，刚片的位置就完全确定了。因此，一个刚片在平面内有 3 个自由度。地基可以看作一个不动的刚片，其自由度为零。由此看出，体系几何不变的必要条件是自由度等于或小于零（超静定结构）。那么，如何适当、合理地给体系增加约束，使其成为几何不变体系是以下要解决的问题。

图 9-12

二、约　束

在实际结构体系中的各杆件、体系与基础之间，加入一些连接装置，这些装置使体系内各构件（刚片）之间相对运动受到了限制，自由度将会减少。能使体系减少自由度的装置也称为"约束"。减少 1 个自由度的装置称为"1 个约束"，减少 n 个自由度的装置称为"n 个约束"。在体系几何组成中常见的约束有链杆、铰链和刚结点。

1. 链　杆

两端以铰链连接的杆件称为"链杆"，如直杆、曲杆、折杆。

假设有两个刚片，其中一个不动设为基础，此时体系的自由度为 3。若用一链杆将它们连接起来，如图 9-13(a)所示，则除了确定链杆连接处 A 的位置需一转角坐标 φ_1 外，确定刚片绕 A 转动时的位置还需一转角 φ_2，此时只需 2 个独立坐标就能确定该体系的运动位置，则体系的自由度为 2，它比没有链杆时减少了一个自由度，所以一根链杆相当于一个约束。

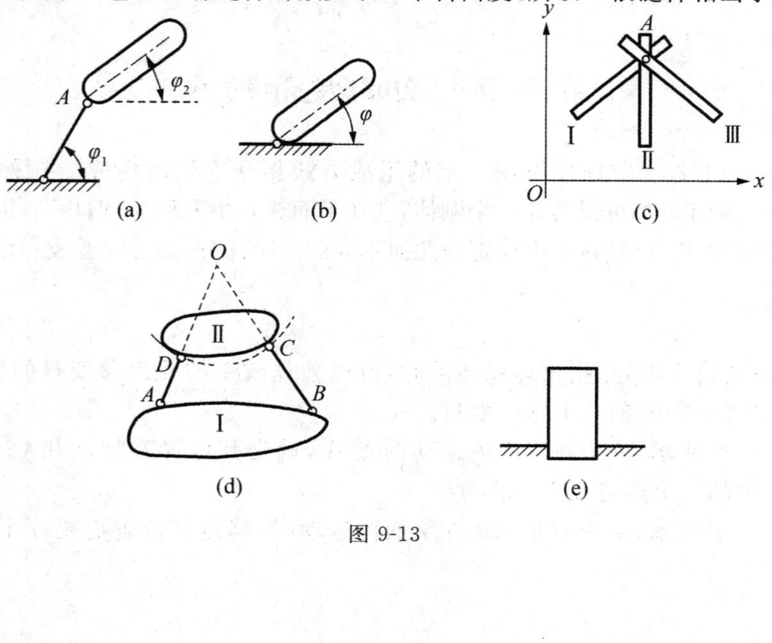

图 9-13

2. 铰　链

(1)单铰。连接 2 个刚片的铰链称为“单铰”。

若用一个单铰把刚片同基础连接起来，如图 9-13(b)所示，则只需转角坐标 φ 就能确定体系的运动位置，这时体系比原体系减少了 2 个自由度，所以一个单铰相当于 2 个约束。

(2)复铰。连接 3 个及以上刚片的铰链称为“复铰”。

如图 9-13(c)所示，若要确定刚片Ⅰ的位置需要 3 个坐标，但当刚片Ⅱ，Ⅲ和Ⅰ用一复铰连接在一起后，刚片Ⅱ，Ⅲ都只能绕 A 点转动，则Ⅱ，Ⅲ刚片位置的确定只需再增加 2 个坐标，自由度共计为 5 个，它比Ⅰ，Ⅱ，Ⅲ之间没有复铰连接时的 9 个自由度减少了 4 个自由度。所以，连接 3 个刚片的复铰相当于 2 个单铰的作用，由此可推知，连接 n 个刚片的复铰相当于($n-1$)个单铰(n 为刚片数)约束。

(3)虚铰。连接在 2 个刚片上的两链杆延长线的交点称为“虚铰”(也称为“瞬铰”)。虚铰与单铰的作用相同，因此，2 个不共线链杆相当于一个单铰[见图 9-13(d)]。

3. 刚结点

两个刚片之间不发生相对移动和转动的结点称为“刚结点”。若将刚片同基础刚性连接起来[见图 9-13(e)]，则它们成为一个整体，都不能动，体系的自由度为 0，因此，刚结点相当于 3 个约束。

三、必要约束与多余约束

1. 必要约束

撤去之后不能保持体系几何不变的约束称为“必要约束”。如图 9-14(a)所示，平面内 A 点通过两根链杆分别使其减少一个自由度而保持不动，至少 2 根链杆是 A 点的必要约束。

2. 多余约束

撤去之后能够保持体系几何不变的约束称为“多余约束”。如图 9-14(b)所示，A 点通过 3 根链杆与基础相连，这时 A 点虽然保持不动，但减少的自由度仍为 2 个，显然 3 根链杆中有一根没有起到减少自由度的作用，因而是多余约束。或者撤去任一链杆，都能保持 A 点的几何不变，所以体系有一个多余约束。

应当指出，多余约束只表明对保持体系几何不变性来讲是多余的。工程实际中，在体系中增设多余约束，可以提高结构的承载能力。

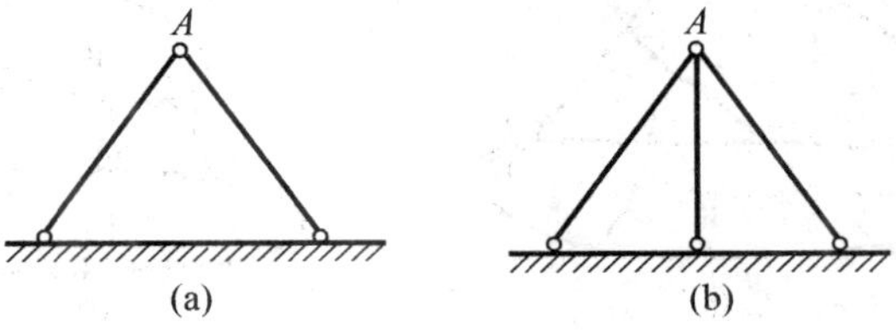

图 9-14

第四节　几何体系的组成规则

一、几何不变体系的基本组成规则

1. 二元体规则

在一个刚片上增加(或拆除)一个二元体后仍为无多余约束的几何不变体系，这一规则称为“二元体规则”。

所谓二元体，是指由两根不在同一直线上的链杆铰接一个结点的装置。如图 9-15(a)所示，一个点和一个刚片用两根不共线的链杆相连，则组成无多余约束的几何不变体系。因此，在已知体系上依次加上或拆除二元体，不会影响原体系的几何不变性或可变性。如图 9-15(b)所示的桁架，就是在铰接三角形 ABC 的基础上，依次增加二元体而形成的一个无多余约束的几何不变体系。同样，也可以对该桁架从 H 点起依次拆除二元体而成为铰接三角形 ABC 。

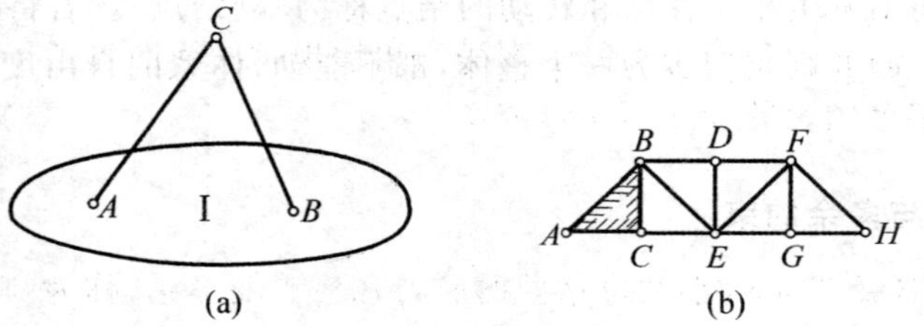

图 9-15

2. 两刚片规则

两刚片用不在一条直线上的一个铰和一根链杆连接，则组成无多余约束的几何不变体系。如图 9-16(a)所示，若刚片Ⅰ和Ⅱ用一个铰 A 和一根不通过该铰链中心的链杆 CB 连接，这样组成的体系是几何不变的，且无多余约束。如图 9-16(b)所示，若刚片Ⅰ和Ⅱ用 3 个不交于一点的链杆连接，这样组成的体系也是几何不变的。因此，两刚片规则也可表述为：两刚片用不全平行也不全交于一点的 3 根链杆连接，则组成无多余约束的几何不变体系。

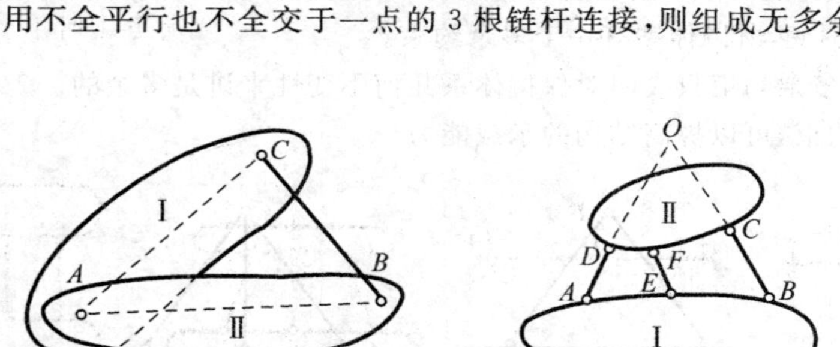

图 9-16

3. 三刚片规则

三刚片用不共线的 3 个铰两两相连接，则组成无多余约束的几何不变体系。

如图 9-17(a)所示，刚片Ⅰ，Ⅱ，Ⅲ用不在同一直线上的 A,B,C 3 个铰两两相连，这样组成的体系是几何不变的。如图 9-17(b)所示，由于两根链杆的作用相当于一个单铰，可将任一单铰改为两根链杆所构成的虚铰，只要 3 个铰(实铰或虚铰)不在同一直线上，组成的体系也是几何不变的。

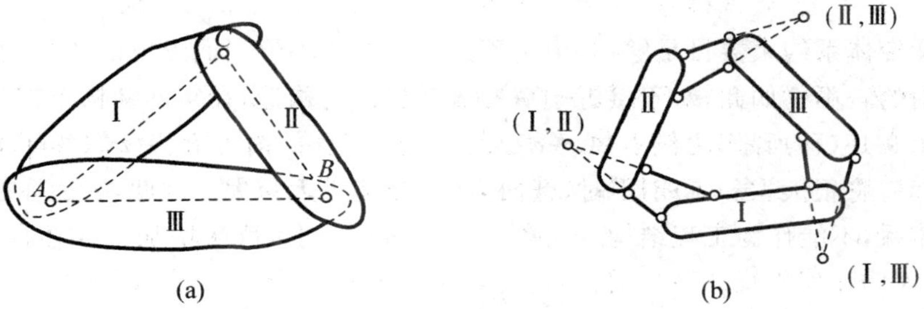

图 9-17

从以上叙述可知，这 3 个规则实际上都是三角形规律的不同表达方式，即 3 个不共线的铰，可以组成无多余约束的铰接三角形体系。

二、瞬变体系

一个几何可变体系发生微小的位移后即成为几何不变体系，称为“瞬变体系”。

前面在论述几何不变体系的基本组成规则时，提出了一些附加条件，如要求二元体结构中的两根杆不共线；连接两刚片的 3 根链杆不交于一点且不完全平行；连接三刚片的 3 个铰不共线等。现在研究当体系的组成不满足这些附加条件时，体系将如何变化。

如图 9-18(a)所示，一个点 A 用两根共线的链杆 BA 和 CA 连接在基础上，保持几何不变的约束数目是够用的。但是这两根水平链杆只能限制 A 点的水平位置，不能限制 A 点的竖向位移。如图 9-18(b)所示，两根链杆处于水平线上的瞬间，A 点可以在外力作用下发生微小的竖向位移。这时，链杆 BA,CA 不再在一条直线上，到达最低端时，A 点就不继续向下移动了，这种本来是几何可变的，经微小位移后又成为几何不变的。因此，该体系是一个瞬变体系。

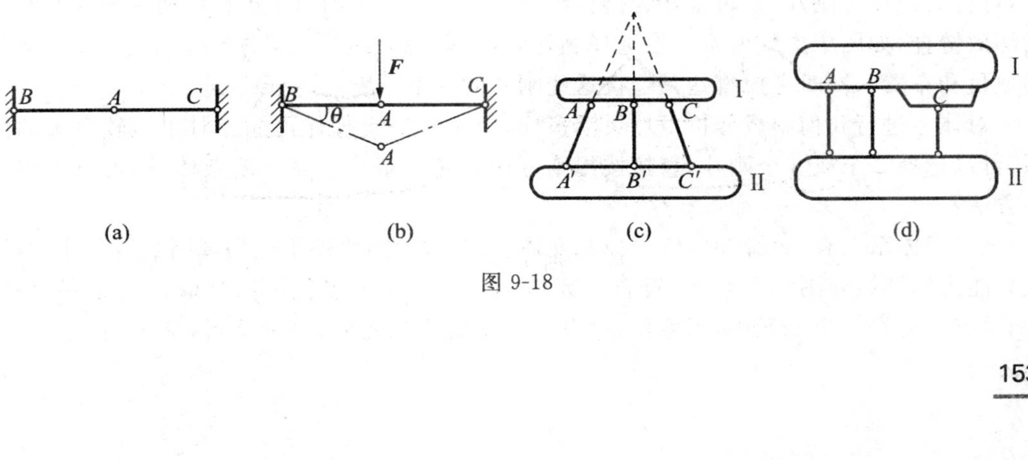

图 9-18

图 9-18(c)所示的两刚片用交于 O 点的 3 根链杆相连，此时两刚片可以绕 O 点做相对转动，体系是几何可变的。但是，当发生一微小转动后，3 根杆就不再交于一点，从而将不再继续发生相对转动，又变成几何不变体系，因此，该体系也是一个瞬变体系。在图 9-18(d)所示体系中，刚片Ⅰ和Ⅱ之间由 3 根不等长但相互平行的链杆相连接，两刚片可以发生相对移动，体系在这一瞬间是几何可变的，但经微小水平位移后，由于各杆长度不等，各杆的转角不相等，3 根杆不再互相平行，体系成为几何不变的，所以这种体系也是瞬变体系。

虽然瞬变体系约束数目足够用，但由于是约束布置不恰当而形成的体系，所以工程上是不能采用的。不仅如此，对于接近于瞬变体系的几何构造，在实际结构布置时也不允许出现。如图 9-18(b)所示，由结点 A 平衡条件可知，杆件的内力 $F_N=F/(2\sin\theta)$，当 θ 很小时，杆内力 F_N 将很大；当 θ 趋于零时，杆内力 F_N 将趋于无穷大。因此，瞬变体系是不能承担荷载的体系，不能作为工程结构。

第五节　平面体系几何组成分析

一、几何组成分析的目的

土建工程中的结构必须是几何不变体系，因此，在结构设计和计算之前，首先要研究其几何性质，判断其是否几何不变，这种判别工作称为“几何组成分析”。

几何组成分析的目的在于：判断体系是否为几何不变的，从而确定它能否作为结构，以保证结构的几何不变性；根据体系的几何组成，可以确定结构是静定的还是超静定的，从而选择相应的计算方法；通过几何组成分析，明确结构各部分在几何组成上的相互关系，从而选择简便的计算顺序。

二、几何组成分析的示例

进行几何组成分析的基本依据是前述 3 个规则。要用这 3 个规则去分析形式多样的平面杆系结构，关键在于选择哪些部分作为刚片，哪些部分作为约束。这就是问题的难点所在，通常可以作以下的选择：一根杆件或某个几何不变部分(包括地基)，都可选作刚片；体系中的铰都是约束；只用两个铰与其他部分相连的杆件或几何不变部分，根据分析需要，可将其选作为刚片，也可选作为链杆约束；图 9-19(a)中的 AB 折杆可视为连接两刚片的等效链杆，如图中虚线所示。在选择刚片时，要联想到组成规则的约束要求(铰或链杆的数目和布置)，同时考虑哪些是连接这些刚片的约束。

对体系进行几何组成分析虽然灵活多样，但也有一定规律可循。对于比较简单的体系，可以选择 2 个或 3 个刚片，直接按规则分析其几何组成。对于复杂体系，可以采用以下方法：

(1)当体系上有二元体时，应去掉二元体使体系简化，以便于应用规则。但需注意，每次只能去掉体系外围的二元体(符合二元体的定义)，而不能从中间抽取。例如，图 9-19(b)结点 1 处有一个二元体，拆除后，结点 2 处暴露出二元体，再拆除后，又可在结点 3 处拆除二元体，剩下为三角形 $AB4$。它是几何不变的，故原体系为几何不变体系。也可以继续在结点 4 处拆除二元体，剩下的只是大地了，这说明原体系相对于大地是不能动的，即为几何不变。

图 9-19

(2)从一个刚片(例如地基或铰接三角形等)开始，依次增加二元体，尽量扩大刚片范围，使体系中的刚片个数尽量少，便于应用规则。仍以图 9-19(b)为例，将地基视为一个刚片，增加二元体 $A4B$，地基刚片扩大，依次扩充结点 3 处二元体、结点 2 处二元体、结点 1 处二元体，即体系为几何不变。

(3)如果体系的支座链杆只有 3 根，且不完全平行也不完全相交于同一点，则地基与体系本身的连接已符合两刚片规则，因此可以去掉支座链杆和地基而只对体系本身进行分析。如图 9-20(a)所示体系，除去两支座的 3 根小链杆，只需对图 9-20(b)所示体系进行分析，按两刚片规则组成无多余约束的几何不变体系。

(4)当体系的支座链杆多于 3 根时，应考虑把地基作为一刚片，将体系本身和地基一起用三刚片规则进行分析。否则，往往会得出错误的结论。如图 9-20(c)所示体系，若不考虑 4 根支座处小链杆和地基，将 ABC，DEF 作为刚片Ⅰ，Ⅱ，它们只由 2 根链杆 1,2 连接，从而得出几何可变体系的结论显然是错误的。正确的方法是再将地基作为刚片Ⅲ，对整个体系用三刚片规则进行分析，结论是无多余约束的几何不变体系。

(5)先确定一部分为刚片，连续几次使用两刚片或三刚片规则，逐步扩大到整个体系。如图 9-20(d)所示，从下往上看，下层是按三刚片规则组成的几何不变的三铰刚架 ABH，上层两个刚片 CDE 与 EFG 和下层(刚片)按三刚片规则组成为几何不变体系。

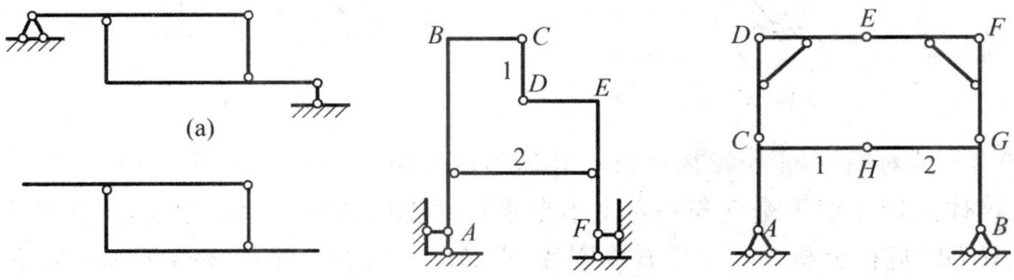

图 9-20

在进行组成分析时，体系中的每根杆件和约束都不能遗漏，也不可重复使用(复铰可重复使用，但重复使用的次数不能超过其相当的单铰数)。当分析进行不下去时，一般是所选择的刚片或约束不恰当，应重新选择刚片或约束再试。对于某一体系，可能有多种分析途径，但结论是唯一的。

例 9-1 试对图 9-21 所示体系进行几何组成分析。

解：方法 1：从右端依次拆除二元体 CD 和链杆 5、BC 和链杆 4、AB 和杆 3、链杆 1 和链杆 2，余下地基几何不变。因此，整个体系是几何不变体系，且没有多余约束。

方法 2：以地基为刚片、AB 为刚片，两刚片用 3 根不全相交于一点也不全平行的链杆 1,2,3 相连，根据两刚片规则，此部分为几何不变体系，且没有多余约束。以此部分为刚片Ⅰ，与刚片 BC 用 B 铰和链杆 4 相连，组成几何不变体系。再以这部分为刚片Ⅱ，与刚片 CD 用 C 铰和链杆 5 相连。因此，整个体系是几何不变体系，且没有多余约束。

图 9-21

例 9-2 试对图 9-22 所示体系进行几何组成分析。

解：分别以三角形 ABC 和 BDE 为大刚片Ⅰ和Ⅱ，链杆 1 和链杆 2 相当于虚铰 F，链杆 3 和链杆 4 相当于虚铰 G，且 F,G,B 三铰不在同一条直线上，由三刚片规则可知，体系为无多余约束的几何不变体系。

例 9-3 试对图 9-23 所示体系进行几何组成分析。

解：先应用二元体规则进行分析。在地基上依次增加二元体 A-D-B 和 A-C-D 组成一刚片，EF 看作另一刚片，该两刚片由链杆 DE 和支座处两水平链杆相连。根据二刚片规则可知，体系为无多余约束的几何不变体系。

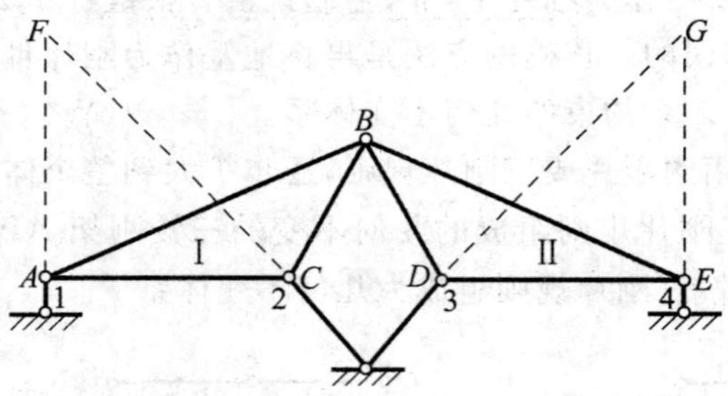

图 9-22

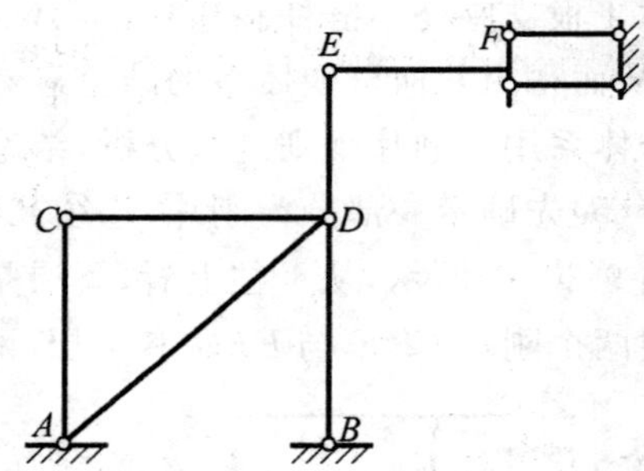

图 9-23

例 9-4 试对图 9-24 所示体系进行几何组成分析。

解：该体系用 3 根不全交于一点也不全平行的支座链杆与地基相连，因此可直接取内部部分 $ABDC$ 进行分析。将 AB 看作刚片，在 AB 上增加二元体 A-C-E 和 B-D-F 组成几何不变体系，链杆 CD 是加在几何不变体上的多余约束。所以，该体系为有一个多余约束的几何不变体系。

例 9-5 试对图 9-25 所示体系进行几何组成分析。

解：方法 1：从上部分析，将在地基 C,D 上加上二元体三角形 CEF 和 DEI 组成的几何不变部分 $CFEIDE$ 看作刚片Ⅰ，又将在刚片Ⅰ上加上二元体 A-H-E 组成的几何不变

部分 $CFEIDEHA$ 看作刚片Ⅱ，再在刚片Ⅱ上加上二元体 H-J-I 组成几何不变部分，但是链杆 FG 和 B 端支座链杆没有用到，表示体系有两个多余约束。因此，整个体系为有两个多余约束的几何不变体系。

方法 2：从上部分析，地基与三角形 CEF 和 DEI 用 3 个铰 C,E,D 两两相连，由三刚片规则可知，组成的几何不变部分 $CFEIDE$ 看作刚片Ⅰ，横梁 AH 为刚片Ⅱ，HB 为刚片Ⅲ，刚片Ⅰ，Ⅱ，Ⅲ之间用铰 A 和铰 H 以及由链杆 IJ 和 B 支座的竖向支杆所组成的在无穷远处的虚铰两两相连，根据三刚片规则可知组成几何不变体系，但有两个多余约束（链杆 FG 和 EH 可视为多余约束）。因此，整个体系为有两个多余约束的几何不变体系。

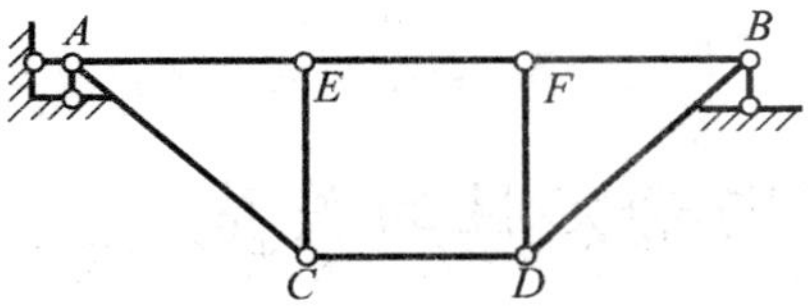

图 9-24

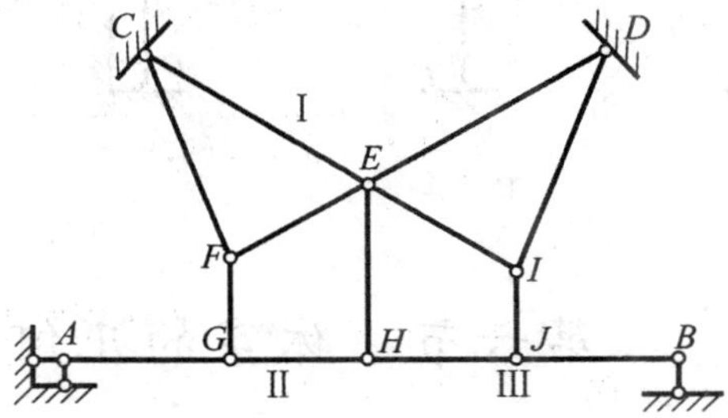

图 9-25

例 9-6 试对图 9-26(a)所示体系进行几何组成分析。

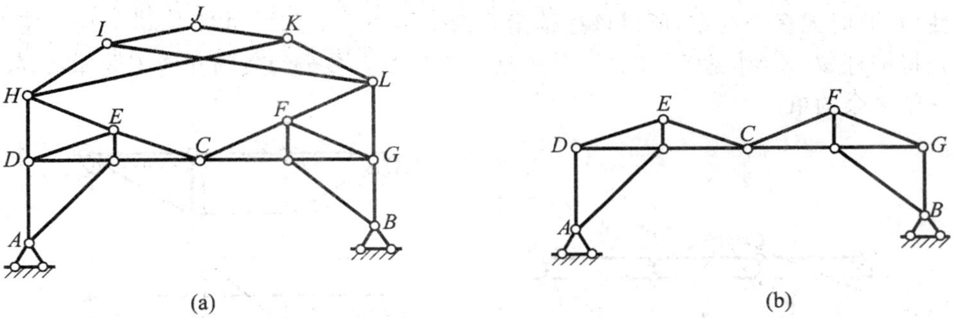

图 9-26

解：从上部开始，首先依次拆除二元体 I-J-K，H-I-L，H-K-L，D-H-E 和 F-L-G，如图 9-26(b)所示，剩下的部分 $ADEC$，则是从一个铰接三角形开始，依次添加二元体所组成的几何不变体系，看作刚片Ⅰ。同理，$BGFC$ 为刚片Ⅱ，地基为刚片Ⅲ，它们之间用 3 个铰 A,B,C 两两相连，由三刚片规则可知，该体系是几何不变的，且无多余约束。因此，整个体系是无多余约束的几何不变体系。

例 9-7 试对图 9-27 所示体系进行几何组成分析。

解：把 BCE 视为刚片Ⅰ，地基视为刚片Ⅱ。刚片Ⅰ与刚片Ⅱ之间用 AB,DC,FE 3 根链杆相连，而 3 根链杆的延长线相交于一点 O，因此体系是一个瞬变体系。

例 9-8 试对图 9-28(a)所示的正六边形体系进行几何组成分析，图形中 O 点不是结点。

解:用三刚片规则进行分析。把图中3根相互竖向平行的链杆视为3个刚片,如图9-28(b)所示。刚片Ⅰ和刚片Ⅱ之间由链杆1,2连接,它们构成虚铰O_1;刚片Ⅱ和刚片Ⅲ之间由链杆3,4连接,它们构成虚铰O_2;刚片Ⅰ和刚片Ⅲ之间由链杆5,6连接构成虚铰O。3个虚铰共线,因此,体系为瞬变体系。

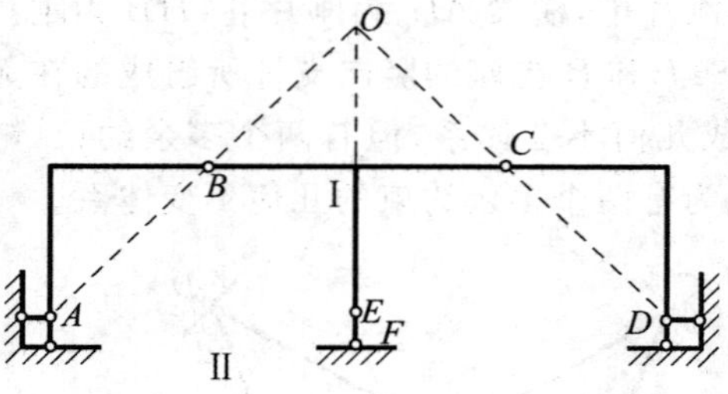

图 9-27

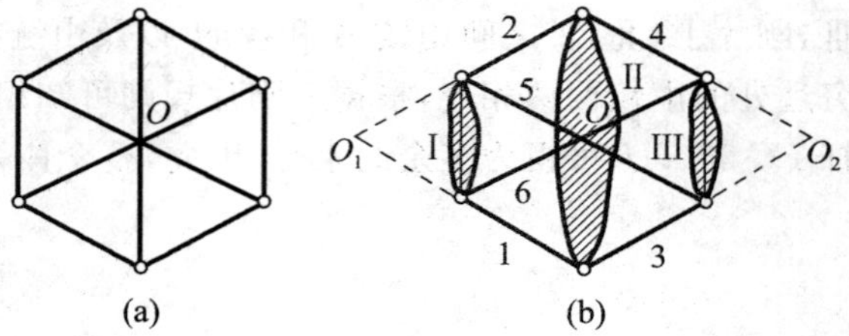

图 9-28

第六节　体系的几何组成与静定性的关系

前已述及,用来作为结构的杆件体系,必须是几何不变的,而几何不变体系又可分为无多余约束的和有多余约束的。因此,结构可分为无多余约束的和有多余约束的两类。如图9-29(a)所示连续梁,如果将C,D两支座链杆去掉[见图9-29(b)],仍能保持其几何不变性,且此时无多余约束,所以该连续梁有两个多余约束。又如图9-30(a)所示梁(组合梁),若将链杆ab去掉[见图9-30(b)],则结构成为没有多余约束的几何不变体系,故该梁具有一个多余约束。

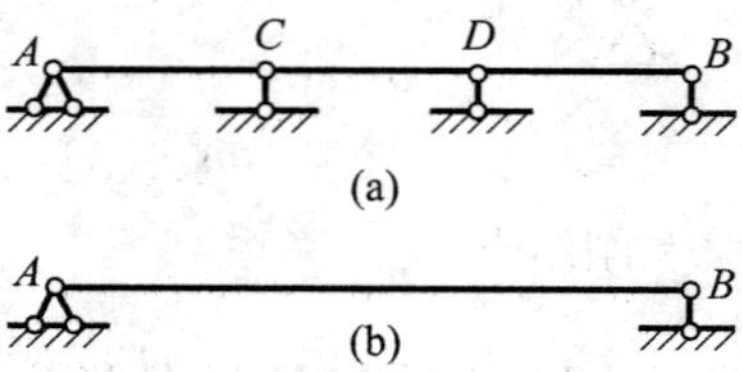

图 9-29

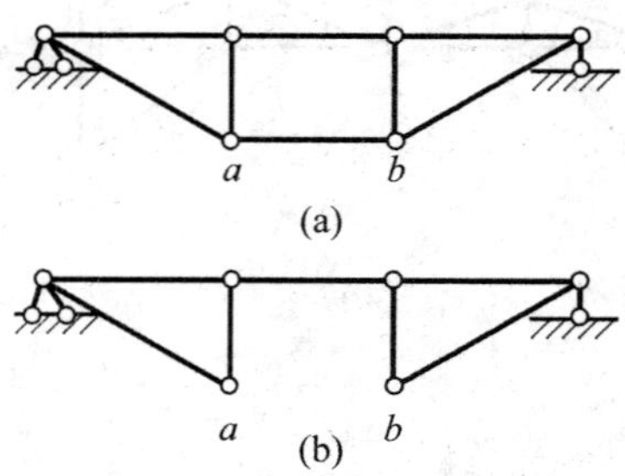

图 9-30

对于无多余约束的结构(见图9-31所示简支梁),由静力学可知,它的全部反力和内力都可有静力平衡条件($\sum x=0$,$\sum y=0$,$\sum M=0$)求得,这类结构称为"静定结构"。

但是,对于具有多余约束的结构,却不能由静力平衡条件求得其全部反力和内力。如图9-32所示的连续梁,其支座反力共有5个,而静力平衡条件只有3个,因而仅利用3个静力平衡条件无法求得其全部反力,因此也不能求出其全部内力,这类结构称为"超静定结构"。总之,静定结构是没有多余约束的几何不变体系,超静定结构是有多余约束的几何不变体系。结构的超静定次数就等于几何不变体系的多余约束个数。

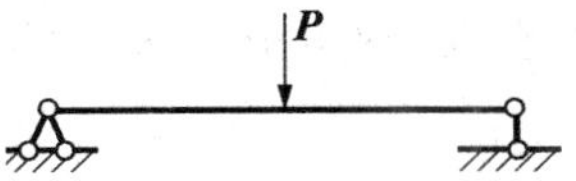

图 9-31

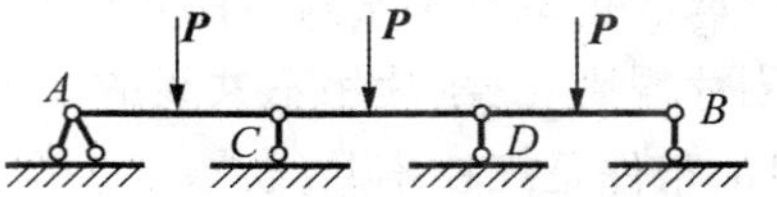

图 9-32

本章小结

一、结构的计算简图

(1)能够代替实际结构进行力学分析和计算的简图称为“结构的计算简图”。

(2)结构计算简图包括以下几方面的简化内容：

1)结构的简化：将空间杆系结构简化为平面杆系结构，用杆件的轴线来代替杆件。

2)结点的简化：铰结点、刚结点。

3)支座的简化：固定铰支座、活动铰支座、定向支座、固定端支座。

4)荷载的简化：简化为集中荷载(或集中力)和分布荷载。

(3)平面杆系结构的类型为：梁、刚架、拱、桁架、组合结构。

二、几何不变体系和几何可变体系

几何可变体系与几何不变体系关系密切。几何不变体系的组成规则包括二元体规则、两刚片规则和三刚片规则。

三、自由度和约束

(1)平面体系的自由度，是指该体系运动时，确定体系的位置所需的独立坐标的数目。能使体系减少自由度的装置也称为“约束”。

(2)减少一个自由度的装置称为“一个约束”，减少 n 个自由度的装置称为“n 个约束”。在体系几何组成中，常见的约束有链杆、铰链和刚结点。

(3)约束与自由度的关系

1)一根链杆或一个活动铰支座相当于一个约束，能使平面体系减少一个自由度。

2)一个单铰、固定铰支座、定向支座相当于两个约束，能使平面体系减少两个自由度。

3)一个刚结点相当于 3 个约束，能使平面体系减少 3 个自由度。

四、几何体系的基本组成规则

(1)二元体规则：在一个刚片上增加(或拆除)一个二元体，或一个点和一个刚片用两根不共线的链杆相连，则组成无多余约束的几何不变体系。附加条件是两链杆不共线。

(2)两刚片规则：两刚片用不在一条直线上的一个铰和一根链杆连接，或用不全平行也不全交于一点的 3 根链杆连接，则组成无多余约束的几何不变体系。附加条件是铰和链杆不共线，或 3 根链杆不平行也不汇交。

(3)三刚片规则：三刚片用不共线的 3 个铰两两相连接，则组成无多余约束的几何不变体系。附加条件是三铰不共线。

五、平面体系几何组成分析

几何组成分析的目的在于：判断体系是否为几何不变的，从而确定它能否作为结构，以保证结构的几何不变性；根据体系的几何组成，可以确定结构是静定的还是超静定的，从而选择相应的计算方法；通过几何组成分析，明确结构各部分在几何组成上的相互关系，从而选择简便的计算顺序。

六、几何组成与静定性的关系

静定结构的几何组成特征是无多余约束的几何不变体系；超静定结构的几何组成特征是有多余约束的几何不变体系。

思考题

1. 平面杆件结构可分为哪几种类型？

2. 何谓几何不变体系、几何可变体系和瞬变体系？几何可变体系和瞬变体系为什么不能作为工程结构？

3. 平面一个点有几个自由度？一个刚片有几个自由度？何谓多余约束？

4. 试叙述二元体规则、两刚片规则、三刚片规则。

5. 对于复杂体系平面几何组成分析通常都采用什么方法？

6. 何谓静定结构和超静定结构？何谓超静定次数？

习 题

9-1　对图 9-33 所示的各梁进行几何组成分析。

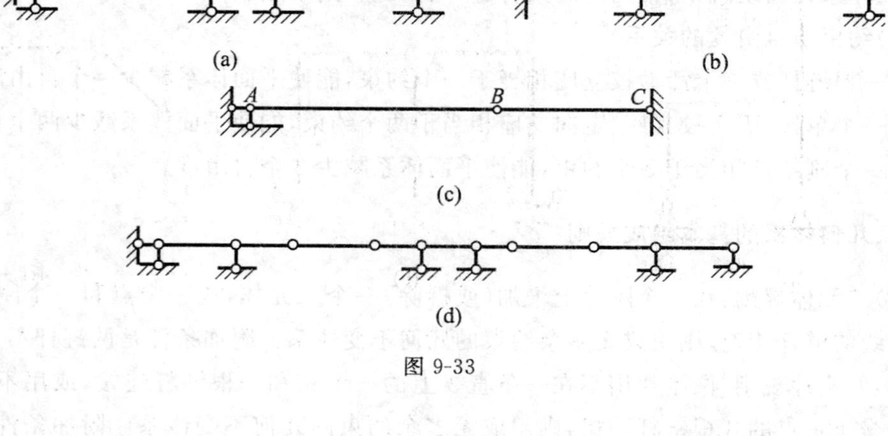

图 9-33

9-2 对图 9-34 所示的各桁架进行几何组成分析。

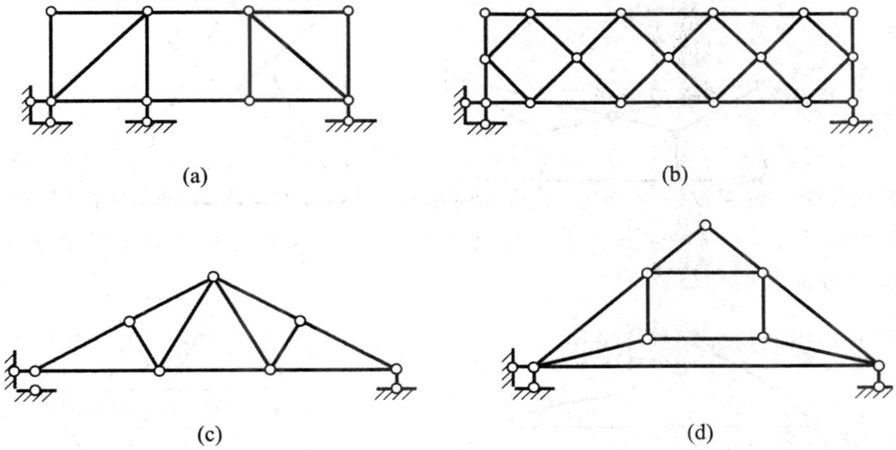

(a) (b) (c) (d)

图 9-34

9-3 对图 9-35 所示的各刚架进行几何组成分析。

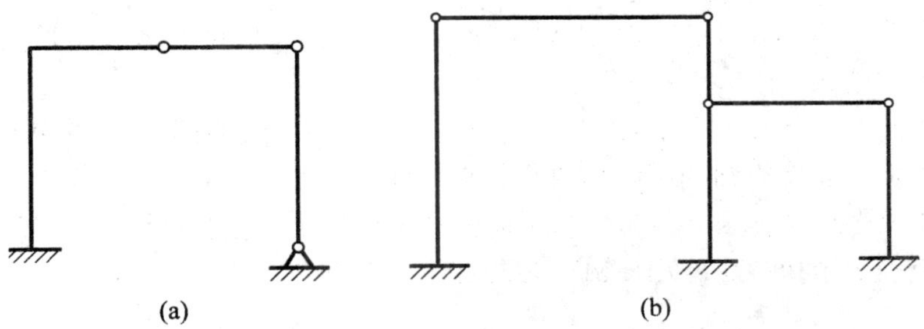

(a) (b)

图 9-35

9-4 对图 9-36 所示的各组合结构进行几何组成分析。

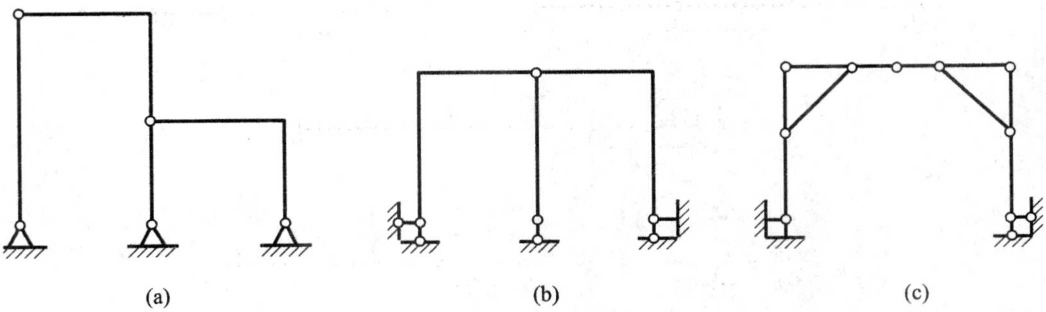

(a) (b) (c)

图 9-36

9-5　对图 9-37 所示的各组合构件进行几何组成分析。

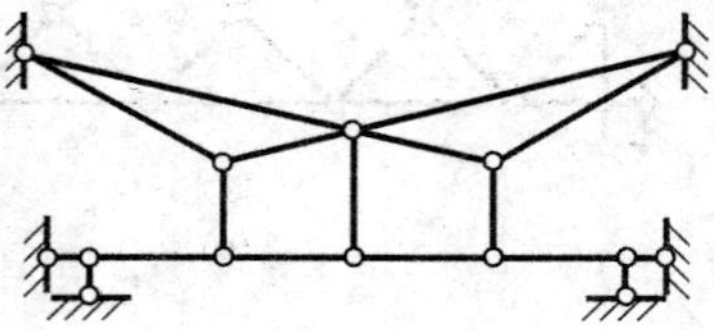

(a)

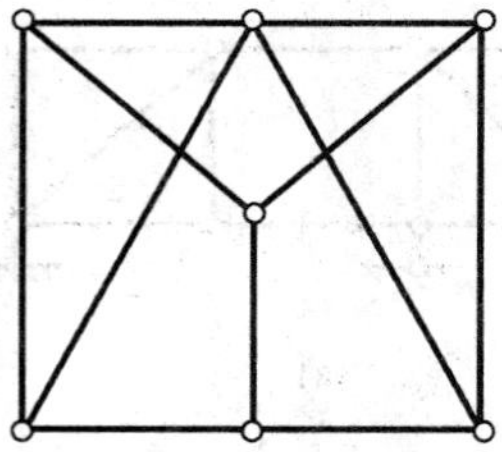

(b)

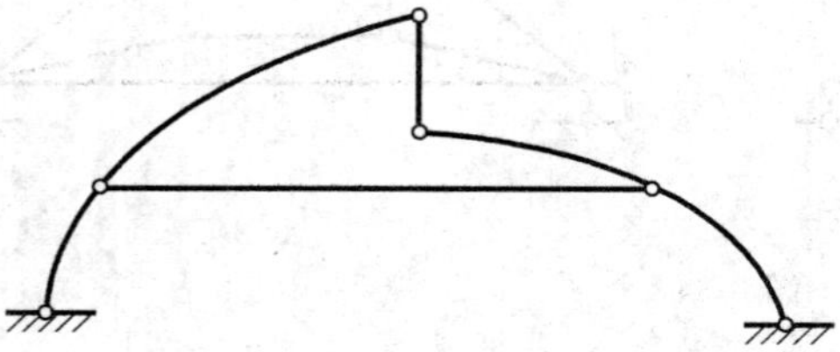

(c)

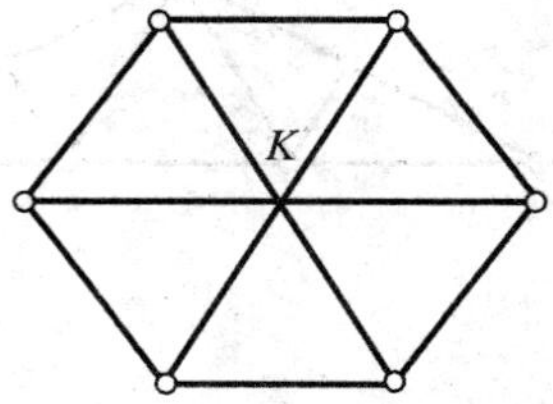

(K非结点)

(d)

图 9-37

第十章　静定结构的内力和位移

本章主要讨论静定结构的内力计算，它不仅是静定结构位移计算的基础，而且也是超静定结构分析计算的基础。

第一节　静定梁的内力

一、单跨静定梁

单跨静定梁的力学简图有简支梁、悬臂梁和外伸梁 3 种形式，如图 10-1 所示。

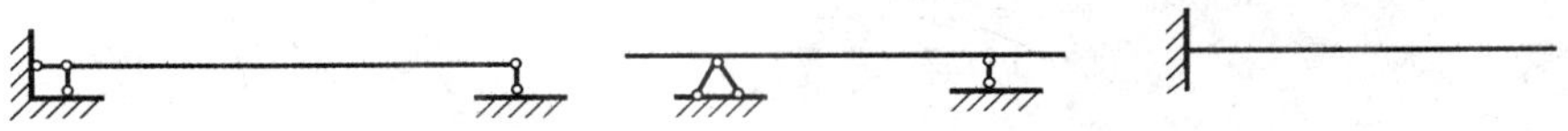

(a) 简支梁　　(b)外伸梁　　(c)悬臂梁

图 10-1

梁内任意截面的内力的计算方法、内力图及弯矩图的作法在本书第六章中已有详细介绍，在此不再详述。

例 10-1　试作图 10-2(a)所示外伸梁的内力图。

解：(1) 求解约束力。画受力图[见图 10-2(b)]并列平衡方程，得：

$$\sum M_A(F)=0, F_B\times 2l-ql\times 3l-ql\times \frac{l}{2}=0$$

$$F_B=\frac{7ql}{4}$$

$$\sum F_y=0, F_{Ay}+F_B-ql-ql=0$$

$$F_{Ay}=\frac{ql}{4}$$

$$\sum F_x=0, F_{Ax}=0$$

(2)画剪力图。首先求各控制截面的剪力值。用外力求截面内力的简便方法(即 $F_Q(x)$等于 x 截面左(或右)段梁上外力的代数和，左上、右下为正)得：

$$F_{QA}=\frac{ql}{4}, F_{QC}=\frac{ql}{4}-ql=-\frac{3ql}{4}, F_{QB}=-\frac{3ql}{4}, F_{QD}=ql$$

以 F_{QA}，F_{QC}为坐标在AC段作斜直线，以F_{QC}为坐标在CB段作水平线，如图10-2(c)所示，即得梁的剪力图。

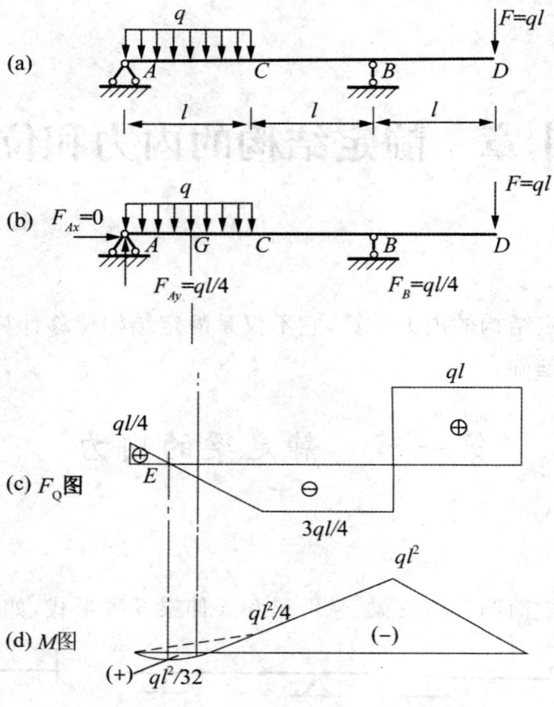

图 10-2

(3)画弯矩图。求控制截面A,C,B,D的弯矩值。用外力求截面内力的简便方法[即$M(x)$等于x截面左(或右)段梁上外力矩的代数和，左顺、右逆为正]得：

$$M_A=0, M_C=\frac{ql}{4}\times l-ql\times\frac{l}{2}=-\frac{ql^2}{4}, M_B=-ql\times l=-ql^2, M_D=0$$

在CB，BD区段上无荷载作用，弯矩图为直线，分别以M_C，M_B和M_B，M_D为坐标在CB，BD段作直线。

在AC区段上有均布荷载作用，可按区段叠加法作弯矩图。以M_A，M_C连线(虚线)为基线，叠加以AC为跨度的相应简支梁均布荷载作用时的弯矩图。

AC区段中点G截面的弯矩值为：

$$M_G=\frac{M_A+M_C}{2}+\frac{ql^2}{8}=-\frac{ql^2}{8}+\frac{ql^2}{8}=0$$

AC区段上剪力为零的E截面的弯矩值为：

$$M_E=\frac{ql}{4}\times\frac{l}{4}-q\times\frac{l}{4}\times\frac{l}{8}=\frac{ql^2}{32}$$

最后的弯矩图如图10-2(d)所示。

二、多跨静定梁

多跨静定梁是由单跨静定梁通过铰加以适当连接而成的结构，它是工程中广泛使用的一种结构形式，例如公路桥梁[见图 10-3 (a)(b)]和房屋中的檩条梁[见图 10-3(d)(e)]等。

多跨静定梁有两种基本形式：第一种如图 10-3(b)所示，其特点是无铰跨和双铰跨交替出现；第二种如图 10-3(e)所示，其特点是第一跨无中间铰，其余各跨各有一个中间铰。

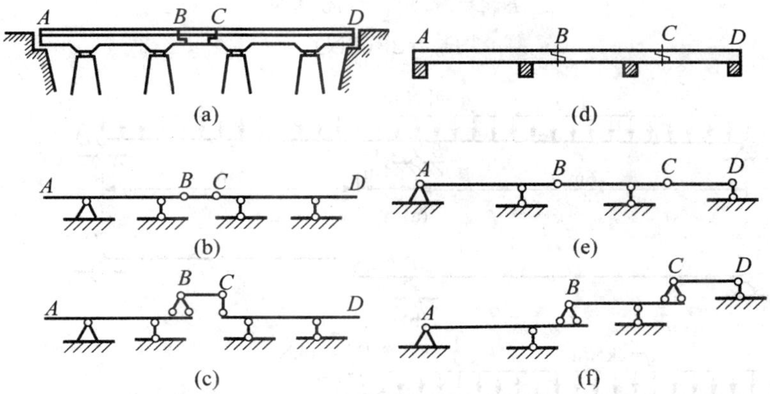

图 10-3

1. 层次图

就几何组成而言，多跨静定梁各个部分可分为基本部分和附属部分。在图 10-3(b)中，AB 段有 3 根链杆与基础相连，能独立地承受荷载；CD 段在竖向荷载作用下，也能独立地承受荷载，它们称为“基本部分”。而 BC 段则需依靠 AB 段和 CD 段的支承才能承受荷载，故称为“附属部分”。在图 10-3(e)中，AB 段是基本部分，BC 段和 CD 段则是附属部分。为清晰起见，可将它们的支承关系分别用图 10-3(c)(f)表示，这种图称为“层次图”。

从层次图可以看出：基本部分一旦遭到破坏，附属部分的几何不变性也将随之失去；而附属部分遭到破坏，在竖向荷载作用下基本部分仍可维持平衡。

2. 内力和内力图

通过层次图可以看出力的传递过程。因为基本部分直接与基础相连，当荷载作用于基本部分时，仅基本部分受力，附属部分不受力。当荷载作用于附属部分时，由于附属部分与基本部分相连，所以基本部分也受力。因此，多跨静定梁的约束力计算顺序应该是先计算附属部分后计算基本部分。即从附属程度最高的部分算起，求出附属部分的约束力后，将其反向加于基本部分即为基本部分的荷载，再计算基本部分的约束力。

当求出每一段梁的约束力后，其内力计算和内力图绘制就与单跨静定梁一样，最后将各段梁的内力图连在一起即得多跨静定梁的内力图。

例 10-2 试绘制图 10-4(a)所示多跨静定梁的内力图。

解：(1)绘制层次图。由几何组成分析，AC 段为基本部分，CD 段为附属部分，梁的层次图如图 10-4(b)所示。

(2)求约束力。取 CD 段为分离体[见图 10-4(c)]，由平衡方程求得 CD 段的约束力为：

$$F_D = 10(\text{kN})$$

$$F_{Cx}=0, F_{Cy}=10(\text{kN})$$

将 CD 段铰 C 处的约束力反作用于 AB 段上[见图 10-4(c)]，再由平衡方程求得 AB 段的约束力为：

$$F_{Ax}=0, F_{Ay}=10(\text{kN})$$

$$F_B=28(\text{kN})$$

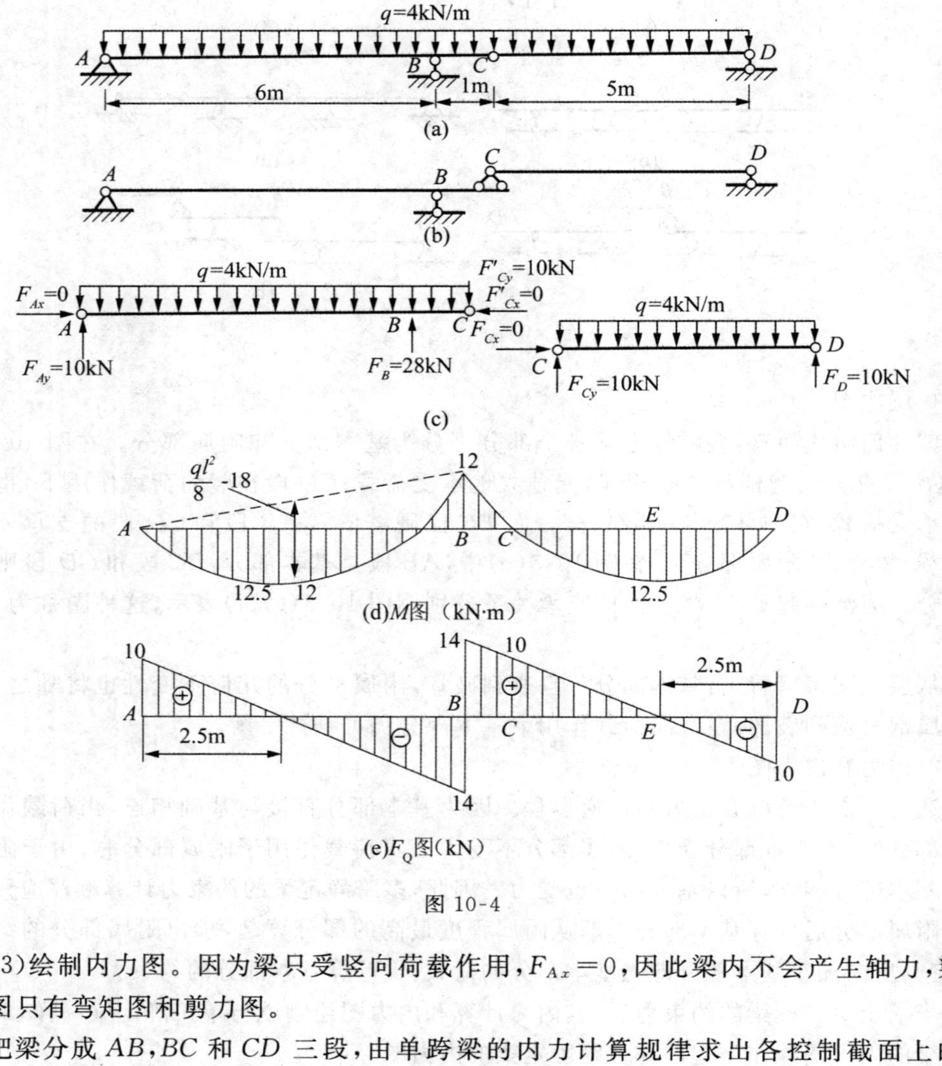

图 10-4

(3)绘制内力图。因为梁只受竖向荷载作用，$F_{Ax}=0$，因此梁内不会产生轴力，梁的内力图只有弯矩图和剪力图。

把梁分成 AB，BC 和 CD 三段，由单跨梁的内力计算规律求出各控制截面上的弯矩为：

$$M_A=0$$

$$M_B=F_{Ay}\times 6-q\times 6\times 3=-12(\text{kN}\cdot\text{m})$$

$$M_C=0$$

$$M_E=F_{Cy}\times 2.5-q\times 2.5\times 1.25=12.5(\text{kN}\cdot\text{m})$$

$$M_D=0$$

由区段叠加法和微分关系法绘出梁的弯矩图，如图 10-4(d)所示。

仍把梁分成 AB，BC 和 CD 三段，由单跨梁的内力计算规律求出各控制截面上的剪力为：

$$F_{QB}^{L}=F_{Ay}-q\times6=-14(\text{kN})$$

三、单跨斜梁

在工程中，常遇到杆轴线为倾斜的斜梁，如楼梯梁[见图 10-5(a)]以及刚架中的斜杆。实际计算时常将楼梯斜梁的两端按简支条件处理，其计算简图如图 10-5(b)所示。

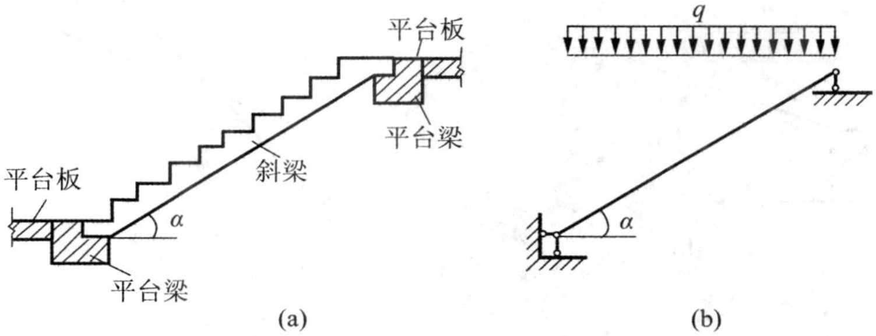

图 10-5

斜梁上的荷载表示方法有两种：沿水平方向分布的荷载(楼梯斜梁承受的人群荷载就是沿水平方向均匀分布的荷载)、沿斜梁轴线均匀分布的荷载(等截面斜梁的自重就是沿梁轴线均匀分布的荷载)。现行荷载规范的标准活动荷载，都是以沿水平分布给出的。为了计算方便，常需将沿轴向分布的荷载换算成沿水平方向分布的荷载。

单跨斜梁的内力除弯矩和剪力之外，还有轴向力。下面通过例题来介绍斜梁内力图的作法。

例 10-3 试作图 10-6(a)所示简支斜梁 AB 承受沿水平方向分布竖向均布荷载 q 时的内力图。

解：(1)求解支座约束力。取 AB 斜梁画受力图，列平衡方程得：

$$\sum M_A(F)=0,F_B\times l-ql\times\frac{l}{2}=0$$

$$F_B=\frac{ql}{2}$$

$$\sum F_y=0,F_{Ay}+F_B-ql=0$$

$$F_{Ay}=\frac{ql}{2}$$

$$\sum F_x=0,F_{Ax}=0$$

(2)画弯矩图。选任意 x 截面 K，并求其弯矩值。用外力求截面内力的简便方法得：

$$M(x)=F_{Ay}\times x-qx\times\frac{x}{2}=\frac{ql}{2}x-\frac{q}{2}x^2\quad(0\leqslant x\leqslant l)$$

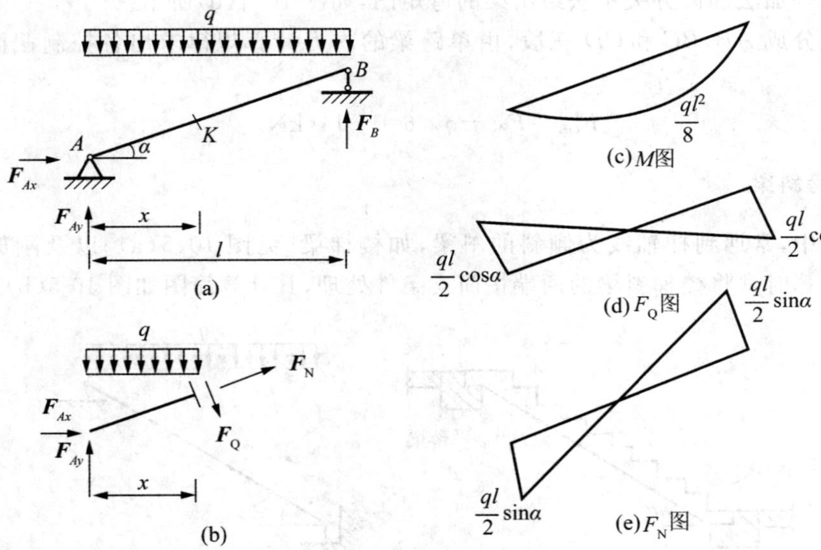

图 10-6

显然，M 图为二次抛物线，梁跨中点的弯矩值为$\frac{ql^2}{8}$，如图 10-6(c)所示。可见斜梁在竖向荷载作用下的弯矩图与相应水平梁的弯矩图是相同的，其对应截面的弯矩值纵坐标是相等的。

(3)画剪力图和轴力图。选任意 x 截面 K，并求其剪力值和轴力值。用外力求截面内力的简便方法得：

$$F_Q(x)=F_{Ay}\cos\alpha-qx\cos\alpha=(\frac{ql}{2}-qx)\cos\alpha$$

$$F_N(x)=-F_{Ay}\sin\alpha+qx\cos\alpha=(-\frac{ql}{2}+qx)\sin\alpha$$

由以上两式可见，F_Q图为一斜直线，F_N图也为一斜直线，分别如图 10-6(d)(e)所示。斜梁任意截面的剪力和轴力等于水平梁剪力的两个投影。

第二节　静定平面刚架和桁架的内力

一、刚架与平面刚架

1. 刚架及其特征

刚架是由若干个直杆通过刚结点连接而成的结构。刚架在工程中的应用较为广泛，主要是因为它具有以下几方面的优点：整体刚度大，在荷载作用下的变形较小；受荷载作用后，刚结点可以承受和传递弯矩，各杆件内力分布较均匀，可以节省材料；刚架结构有较大的净空间便于利用。

2. 静定平面刚架的类型

刚架可分为静定平面刚架和超静定平面刚架。在工程实际中，静定刚架的应用不多，大多数为超静定刚架，如房屋建筑结构中的多层多跨刚架（习惯上称为“框架结构”）。但静定刚架的内力计算是超静定刚架内力分析的基础，必须熟练掌握。

静定平面刚架常见的类型有悬臂刚架[见图 10-7(a)]、简支刚架[见图 10-7(b)]、三铰钢架[见图 10-7(c)]和组合刚架等。

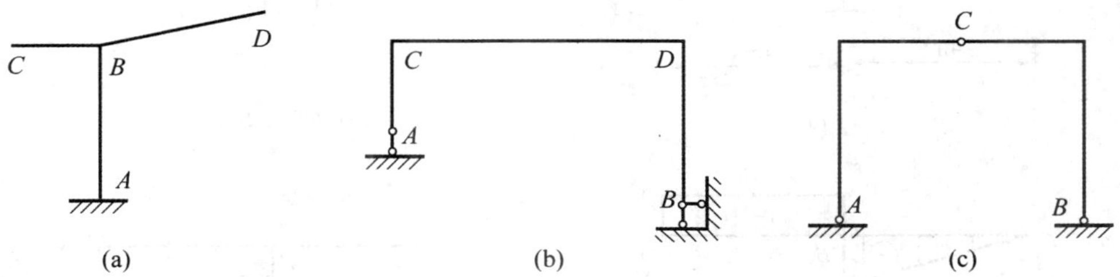

图 10-7

二、静定平面刚架的内力

1. 支座约束力的计算

简单刚架有 3 种支座约束力。求支座约束力时要根据支座的性质确定约束力未知量的个数，并假定约束力方向，然后用平衡方程确定其数值。

求出支座约束力后可以列其他的平衡方程进行校核。

2. 刚架杆端截面内力的计算

(1)刚结点处杆端截面内力的表示法：为了明确表示刚结点处杆端截面内力，规定在杆端内力字母上加两个右下标，第一个下标表示该内力所属的杆端，第二个下标表示该杆段的另一端。例如，M_{AB} 表示 AB 段 A 端截面的弯矩，M_{BA} 则表示 AB 杆段 B 端截面的弯矩；F_{QCD} 表示 CD 杆段 C 端截面的剪力。

(2)杆端内力的计算：求刚架杆截面内力的方法与求梁内力的方法一样，基本方法仍是截面法，依据截面法得出的用外力求截面内力的简便方法仍然适用于刚架。即 $F_N(x)$ 等于 x 截面左（或右）段杆上外力沿轴线投影的代数和，左侧截面向左为正，右侧截面向右为正，即左向左、右向右为正；$F_Q(x)$等于 x 截面左（或右）段杆上外力的代数和，左侧截面向下为正，右侧截面向上为正，即左上、右下为正；$M(x)$等于 x 截面左（或右）段杆上外力矩的代数和，左侧截面顺时针为正，右侧截面逆时针为正，即左顺、右逆为正。

3. 刚架的内力图

静定刚架的内力图一般有弯矩图、剪力图和轴力图。弯矩图不标注正负号，但要画在杆件受拉的一侧。剪力和轴力的正负号规定与前相同，即剪力绕截面顺时针转动为正，轴力以拉力为正。剪力图和轴力图可画在杆件的任一侧，但要注明正负号。作刚架内力图的步骤为：先求支座和铰结点处的约束力，然后求刚结点杆端截面的内力，再根据前述静定梁内力图绘制法逐杆绘制刚架的内力图，最后对刚结点用平衡方程进行校核。

例 10-4 试作图 10-8(a)所示悬臂刚架的内力图。

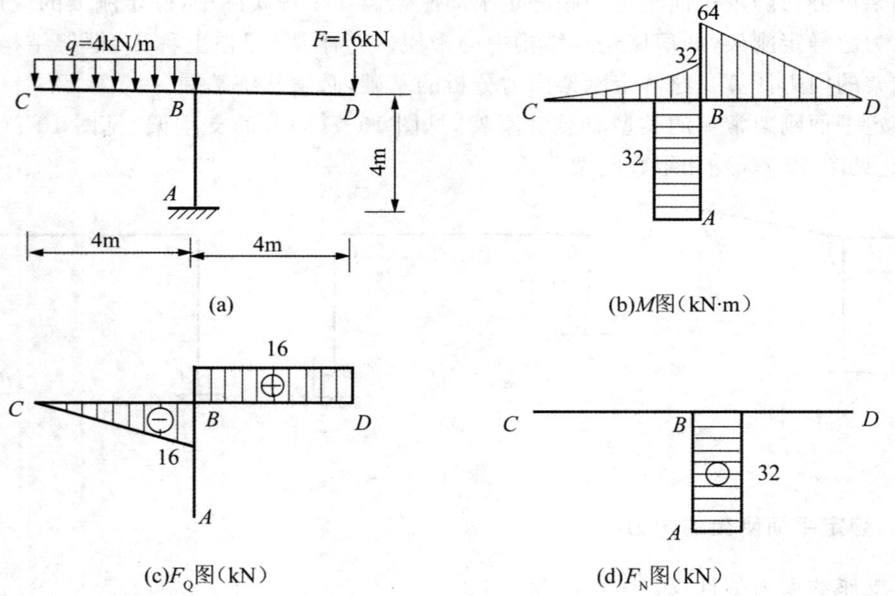

图 10-8

解:悬臂刚架可先不计算支座约束力,直接计算内力,绘制内力图。

(1)绘制弯矩图。取杆 AB,BC 和 BD 的两端为控制截面,这些截面上的弯矩为:

$$M_{CB}=0$$

$$M_{BC}=q\times4\times2=32(\text{kN}\cdot\text{m})(\text{上侧受拉})$$

$$M_{BD}=F\times4=64(\text{kN}\cdot\text{m})(\text{上侧受拉})$$

$$M_{DB}=0$$

$$M_{BA}=M_{AB}=F\times4-q\times4\times2=32(\text{kN}\cdot\text{m})(\text{左侧受拉})$$

根据以上数值逐杆绘制弯矩图,连在一起得到刚架的弯矩图[见图 10-8(b)]。

(2)绘制剪力图。取杆 BC 两端,杆 BD 和杆 AB 的 B 端为控制截面,这些截面上的剪力为:

$$F_{SCB}=0$$

$$F_{SBC}=-q\times4=-16(\text{kN})$$

$$F_{SBD}=F=16(\text{kN})$$

$$F_{SBA}=0$$

刚架的剪力图如图 10-8(c)所示。

(3)绘制轴力图。取 AB 杆的 B 端为控制截面,该截面上的轴力为:

$$F_{NBA}=-q\times4-F=-32(\text{kN})$$

杆 BC 和杆 BD 上因无轴向外力,故轴力都为零。刚架的轴力图如图 10-8(d)所示。

三、桁架及计算简图

1. 理想桁架和计算简图

桁架是由若干根直杆在杆端用铰链连接组成的结构。在实际结构中，桁架的受力情况较为复杂，为简化计算，可忽略次要因素，对桁架采用下列假设：

（1）各杆件两端用理想铰结点连接。

（2）各杆件的轴线都是直线，且在同一平面内并通过铰的中心。

（3）荷载和支座约束力都作用在铰结点上，并位于桁架平面内。

满足上述假定的桁架称为“理想桁架”。在绘制理想桁架的计算简图时，常以杆轴线代替各杆件，以小圆圈代替铰结点。图 10-9(c)(d)分别为(a)(b)所示的理想桁架的计算简图。

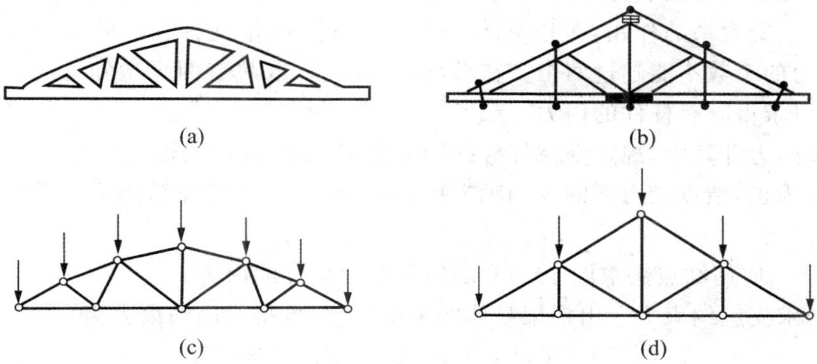

图 10-9

必须强调的是，理想桁架与实际桁架有一定的差距。例如，钢桁架的结点是铆接或焊接的，钢筋混凝土各杆是浇注在一起的，都具有一定的刚性；有些杆件在结点处是连续的，杆轴线也不完全平直，结点上各杆轴线也不全交于一点；有些杆件承受自重以及风荷载等非结点荷载。但是科学实验和工程实践证明，这些因素的影响对桁架是次要的。通常把按理想桁架计算的内力称为“主内力”(轴力)，而把实际情况与上述假设不同而产生的内力称为“次内力”(弯矩、剪力)。本节主要讨论桁架主内力的计算问题。

2. 静定平面桁架的分类

杆轴线、荷载作用线都在同一平面内的桁架称为“平面桁架”。按照桁架的几何组成方式，静定平面桁架可分为三类。

（1）简单桁架：如图 10-10(a)所示，从一个基本铰接三角形开始，逐次增加二元体，最后用 3 杆与基础相连而成或从基础开始逐次增加二元体而形成的桁架，称为“简单桁架”。

（2）联合桁架：如图 10-10(b)所示，几个简单桁架按照两刚片规则或三刚片规则组成的桁架，称为“联合桁架”。

（3）复杂桁架：如图 10-10(c)所示，不属于简单桁架和联合桁架的，称为“复杂桁架”。

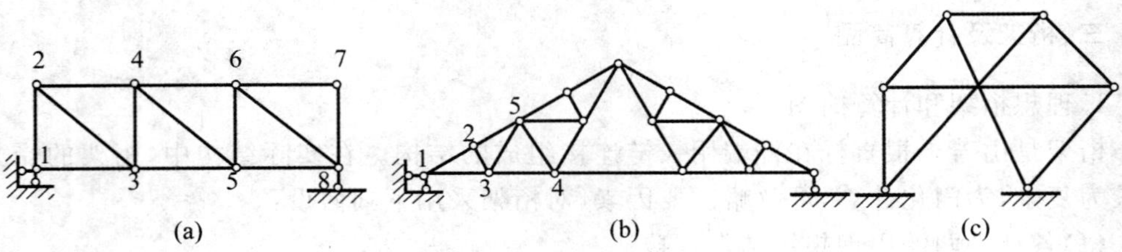

图 10-10

四、静定平面桁架的内力计算

桁架的内力计算方法有结点法、截面法和联合法。

1. 结点法

结点法是以桁架结点为研究对象，由结点平衡条件求杆件内力的方法。平面桁架的结点受平面汇交力系的作用，可以列出一组两个独立的平衡方程。因此，在选取的结点上，未知内力的个数不能超过两个。在求解时，应先截取只有两个未知力的结点，依次逐点计算，即可求得既有杆件的内力。

在桁架内力计算中，规定受拉杆件的轴力为正，受压杆件的轴力为负。计算时通常假定未知轴力为正，结点受力图的未知轴力按离开结点画，若计算结果为正即是拉力，为负则为压力。

例 10-5 使用结点法求图 10-11(a)所示桁架各杆的内力。

解：(1)求支座约束力。由桁架整体的平衡方程，可得支座约束力为：

$$F_{Ax}=0, F_{Ay}=40(\text{kN}), F_B=40(\text{kN})$$

(2)求各杆的内力。在计算之前先找出零杆。通过对结点 C，G 的分析，可知杆 CD，GH 为零杆。

此桁架为对称桁架，只要计算其中一半杆件的内力即可，现计算左半部分。从只包含两个未知力的结点 A 开始，顺序取结点 C，D，E 为分离体进行计算。

取结点 A 为分离体[见图 10-11(b)]，由 $\sum F_y=0$ 得：

$$F_{ADy}=10-40=-30(\text{kN})$$

利用比例关系，得：

$$F_{AD}=\frac{F_{ADy}}{1.5}\times 3.35=-67(\text{kN})$$

$$F_{ADx}=\frac{F_{ADy}}{1.5}\times 3=-60(\text{kN})$$

由 $\sum F_x=0$ 得：

$$F_{AC}=-F_{ADx}=60(\text{kN})$$

取结点 C 为分离体[见图 10-11(c)]，由 $\sum F_x=0$ 得：

$$F_{CF}=F_{AC}=60(\text{kN})$$

取结点 D 为分离体[见图 10-11(d)]，列出平衡方程：

$$\sum F_x=0, F_{DEx}+F_{DFx}+60=0$$

$$\sum F_y=0, F_{DEy}-F_{DFy}+30-20=0$$

利用比例关系，得：

$$F_{DEx}=2F_{DEy}$$
$$F_{DFx}=2F_{DFy}$$

代入平衡方程，得：

$$2F_{DEy}+2F_{DFy}+60=0$$
$$F_{DEy}-F_{DFy}+10=0$$

解得：

$$F_{DEx}=-40(\text{kN}),F_{DEy}=-20(\text{kN}),F_{DE}=-44.7(\text{kN})$$
$$F_{DFx}=-20(\text{kN}),F_{DFy}=-10(\text{kN}),F_{DF}=-22.3(\text{kN})$$

取结点 E 为分离体[见图 10-11(e)]，由结构的对称性，$F_{EHy}=F_{DEy}=-20(\text{kN})$，得：

$$F_{EF}=2\times20-20=20(\text{kN})$$

内力计算完成后，将各杆的轴力标注在图上，如图 10-11(a)所示。

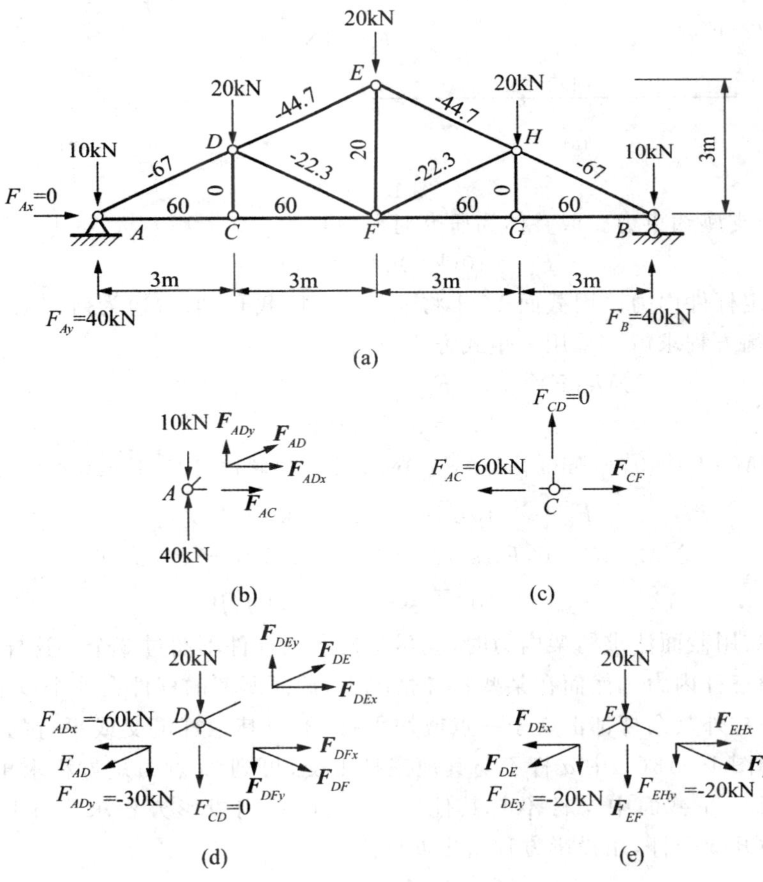

图 10-11

2. 截面法

截面法是假想用一个截面把桁架分成两部分，取其任一部分为研究对象，列平衡方程求解所截杆件内力的方法。所截取部分力系是平面一般力系，有3个独立的平衡方程，可求解出3个未知内力。因此，只要截面所截杆件个数不超过3个，都可应用平面一般力系的3个方程求出。截面法适用于联合桁架内力以及简单桁架中指定杆件内力的计算。

例 10-6 试用截面法求图 10-12(a)所示桁架 a,b,c 三杆的内力。

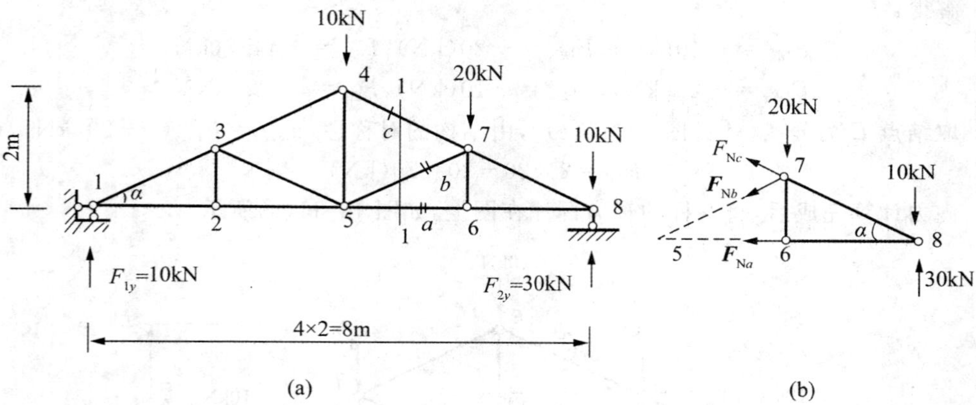

图 10-12

解：(1)求支座约束力。取整体为研究对象，得：

$$F_{1y}=10(\text{kN}),F_{2y}=30(\text{kN})$$

(2)求指定杆件内力。用截面 1—1 将 a,b,c 3 杆截开，取右边为研究对象[见图 10-12(b)]，列平衡方程求解。采用三矩式方程，得：

$$\sum M_7(F)=0,-F_{Na}\times1-10\times2+30\times2=0$$

$$F_{Na}=40(\text{kN})(拉)$$

$$\sum M_5(F)=0,F_{Nc}\sin\alpha\times2+F_{Nc}\cos\alpha\times1+30\times4-10\times4-20\times2=0$$

$$F_{Nc}=-10\sqrt{5}=-22.36(\text{kN})(压)$$

$$\sum M_8(F)=0,F_{Nb}\sin\alpha\times2+F_{Nb}\cos\alpha\times1+20\times2=0$$

$$F_{Nb}=-10\sqrt{5}=-22.36(\text{kN})(压)$$

如上所述，用截面法求桁架内力时，应尽量使所截杆件不超过3个。这样就可用3个平衡方程解出三杆内力。然而在某些特殊情况下，截面所截的杆件在3个以上时，只要所截各杆中除一杆外其余杆都汇交于一点或均平行，不与其他杆汇交或平行的杆的内力仍可先求得。如图 10-13(a)中 a 杆不与其他三杆汇交，可列 D 点力矩方程求出 a 杆内力。图 10-13(b) Ⅰ—Ⅰ截面中 a 杆不与其他三杆平行，可列投影方程求出 a 杆内力，再取Ⅱ—Ⅱ截面截开5个杆，用投影方程求出 b 杆内力。

3. 联合法

将结点法和截面法联合起来使用的方法称为“联合法”。结点法和截面法是求解静定平面桁架内力的基本方法。对于一些简单桁架，单独使用结点法或截面法求解各杆内力是可行的，但是对于一些复杂桁架和联合桁架，将结点法和截面法联合起来使用则更方便。

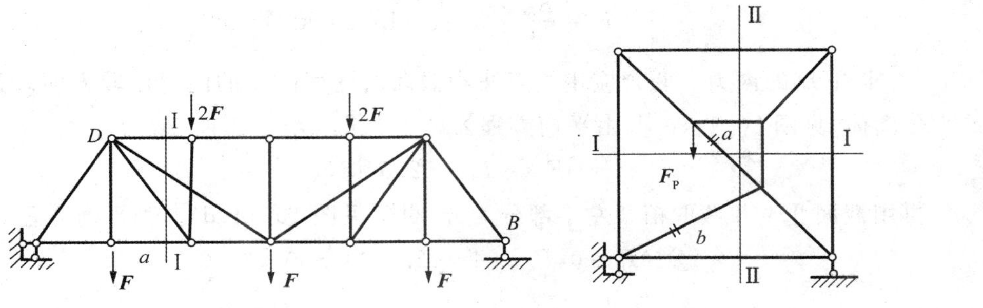

(a) (b)

图 10-13

例 10-6 试求图 10-14(a)所示桁架中杆 a,b,c,d 的内力。

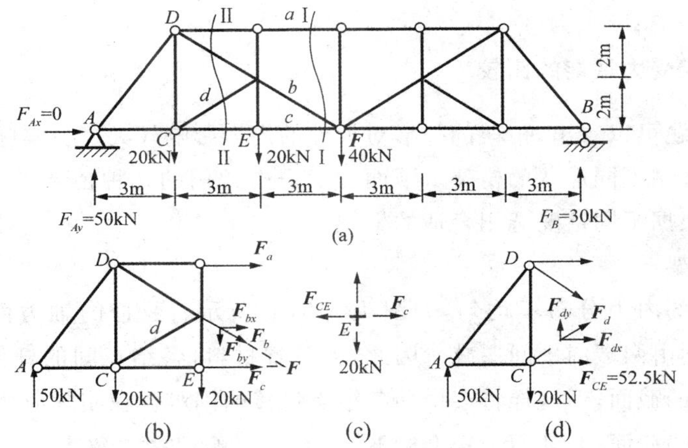

图 10-14

解:(1)求支座反力。由桁架整体平衡方程,得支座反力为:

$$F_{Ax}=0,F_{Ay}=50(\text{kN}),F_B=30(\text{kN})$$

(2)求杆 a,b,c 的内力。用截面 I—I 截取桁架的左半部分为分离体[见图 10-14(b)],列平衡方程:

$$\sum M_D=0,F_c\times 4-20\times 3-50\times 3=0$$

得:

$$F_c=52.5(\text{kN})$$

$$\sum M_F=0,-F_c\times 4+20\times 3+20\times 6-50\times 9=0$$

得:

$$F_a=-67.5(\text{kN})$$

$$\sum F_x=0,F_a+F_{bx}+F_c=0$$

得:

$$F_{bx}=-F_a-F_c=15(\text{kN})$$

利用比例关系,得:

$$F_b = \frac{F_{bx}}{3} \times 3.61 = 18.05(\text{kN})$$

(3)求杆 D 的内力。联合应用结点法和截面法计算杆 d 的内力比较方便。先取结点 E 为分离体[见图 10-14(c)]，由平衡方程 $\sum F_x = 0$，得：

$$F_{CE} = F_c = 52.5(\text{kN})$$

再用截面Ⅱ—Ⅱ截取桁架左半部分为分离体[见图 10-14(d)]，列平衡方程

$$\sum M_D = 0, F_{dx} \times 4 + 52.5 \times 4 - 50 \times 3 = 0$$

得：

$$F_{dx} = -15(\text{kN})$$

利用比例关系，得：

$$F_d = \frac{F_{dx}}{3} \times 3.61 = -18.05(\text{kN})$$

五、常用桁架受力性能的比较

通过上述例题可以看出，桁架的外形对杆件的内力影响较大。在实际应用中，应根据具体条件，慎重选用不同形状的桁架。下面对工程中常用的几种桁架进行受力性能的分析比较，以便于根据不同情况选用合适的桁架。

1. 平行弦桁架

平行弦桁架的内力分布不均匀，如图 10-15(a)所示。弦杆的轴力由两端向中间递增，腹杆的轴力则由两端向中间递减。因此，为节省材料，各结点间的杆件应该采用与其轴力相应的不同的截面，但这样将会增加各结点拼接的困难。在实际应用上，平行弦桁架通常仍采用相同的截面，并常用于轻型桁架，此时材料的浪费不致太大。另外，平行弦桁架的优点是杆件和结点的构造统一，有利于标准化制作和施工，在铁路桥梁工程中常被采用。

2. 三角形桁架

三角形桁架的内力分布也不均匀，如图 10-15(b)所示。弦杆的轴力由两端向中间递减，腹杆的轴力则由两端向中间递增。三角形桁架两端结点处弦杆的轴力最大，而夹角又很小，制作困难。但因其两面斜坡的外形符合屋顶构造要求，所以在跨度较小、坡度较大的屋盖结构中多采用三角形桁架。

3. 抛物线形桁架

抛物线形桁架的内力分布比较均匀，如图 10-15(c)所示。上、下弦杆的轴力几乎相等，腹杆的轴力等于零。抛物线形桁架的受力性能较好，但这种桁架的上弦杆在每一结点处均需转折，结点构造较为复杂，施工不便。但对于大跨度桥梁(100～150m)及大跨度屋架(18～30m)，节约材料意义较大，故常被采用。

除了以上桁架外，还有梯形桁架(受力较平行弦桁架均匀，构造较简单，并有利于排水)、折线形桁架(受力比三角形桁架均匀，在中等跨度的厂房屋架中采用较多)等。

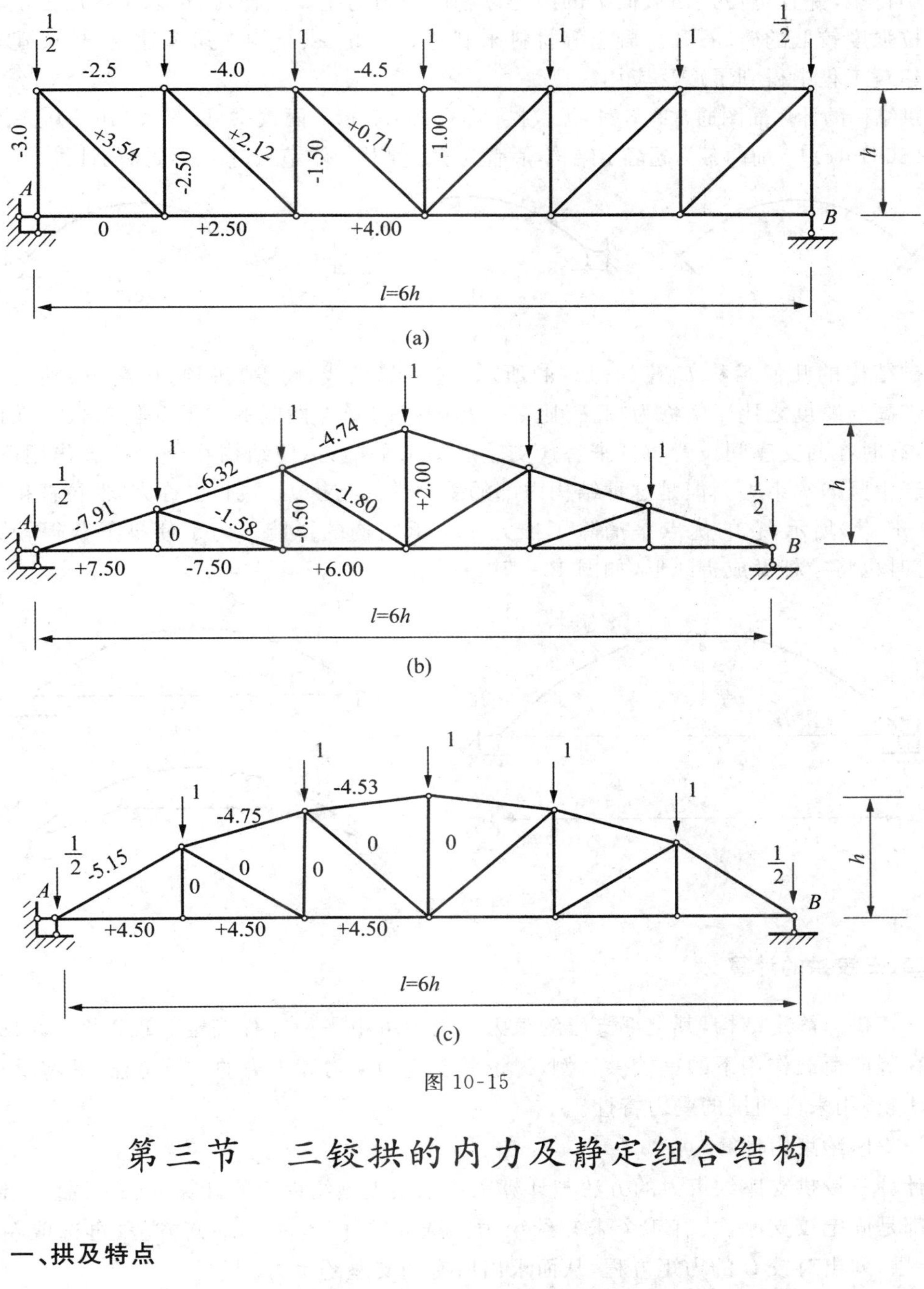

图 10-15

第三节　三铰拱的内力及静定组合结构

一、拱及特点

拱是由曲杆组成的在竖向荷载作用下支座处产生水平推力的结构。水平推力是指拱两个支座处指向拱内部的水平方向约束力。在竖向荷载作用下有无水平推力是拱式结构和梁式结构的主要区别。

在拱结构中，由于水平推力的存在，拱横截面上的弯矩比相应简支梁对应截面上的弯矩值小得多,并且可使拱横截面上的内力以轴向压力为主。这样,拱可以用抗压强度较高而抗拉强度较低的砖、石和混凝土等材料来制造。因此,拱结构在房屋建筑、桥梁建筑和水利建筑工程中得到了广泛应用。

拱结构的计算简图通常有3种:无铰拱[见图10-16(a)]、两铰拱[见图10-16(b)]、三铰拱[见图10-16(c)]。前两者为超静定结构,后者为静定结构。本节只讨论三铰拱的计算。

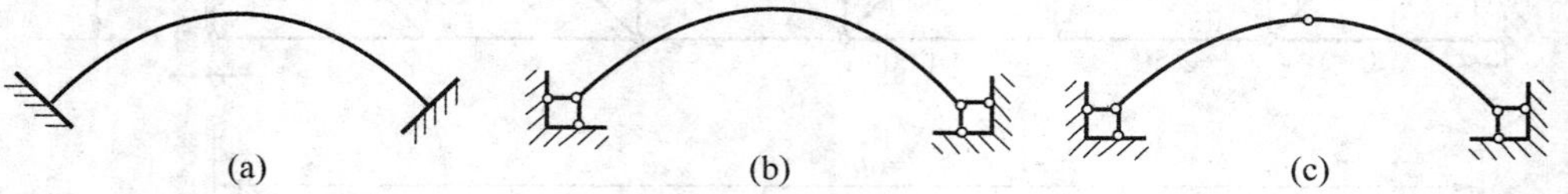

图10-16

拱结构的几何名称如图10-17(a)所示,包括起拱线、跨度、拱顶、拱高、拱轴线和拱趾。拱高与跨度之比 f/l 称为"高跨比",是影响拱的受力性能的主要几何参数。在拱结构中,有时在两支座间设置拉杆来替代支座承受水平推力,使结构在竖向荷载作用下,支座只产生竖向约束力。但是这种结构内部的受力性能与拱无区别,也称为"带拉杆拱",如图10-17(b)所示,它的优点是消除了推力对支承结构的影响。为了使拱下获得较大空间,有时也将拉杆做成折线形,如图10-17(c)所示。

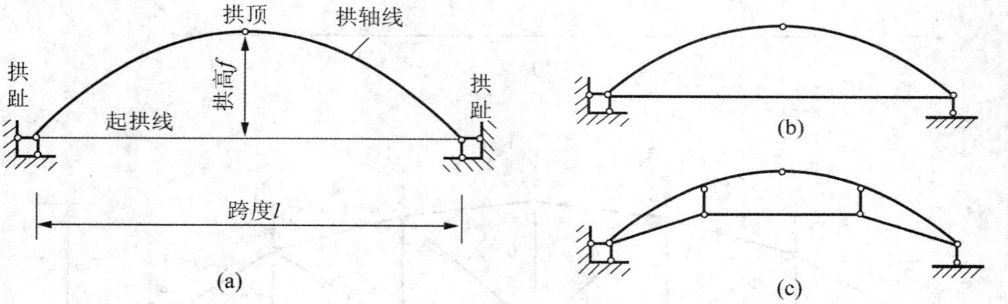

图10-17

二、三铰拱的计算

三铰拱为静定结构,其全部支座约束力和内力可由平衡方程确定。现以图10-18(a)所示在竖向荷载作用下的三铰拱为例,讨论其支座约束力和内力的计算方法,并将拱与梁加以比较,用来说明拱的受力特性。

1. 支座约束力计算

计算三铰拱支座约束力的方法与计算三铰刚架支座约束力的计算方法相同。三铰拱两端都是固定铰支座,共有4个未知约束力。选取整体,有3个平衡方程,再选取左(或右)半拱,列出对铰 C 的力矩方程,从而求出所有的支座约束力。

选取整体[见图10-18(a)],列平衡方程:

$$\sum M_B(F)=0, F_{Ay}=\frac{1}{l}(F_1 b_1+F_2 b_2) \tag{10-1}$$

$$\sum M_A(F)=0, F_{By}=\frac{1}{l}(F_1 a_1+F_2 a_2) \tag{10-2}$$

$$\sum F_x=0,F_{Ax}=F_{Bx}$$

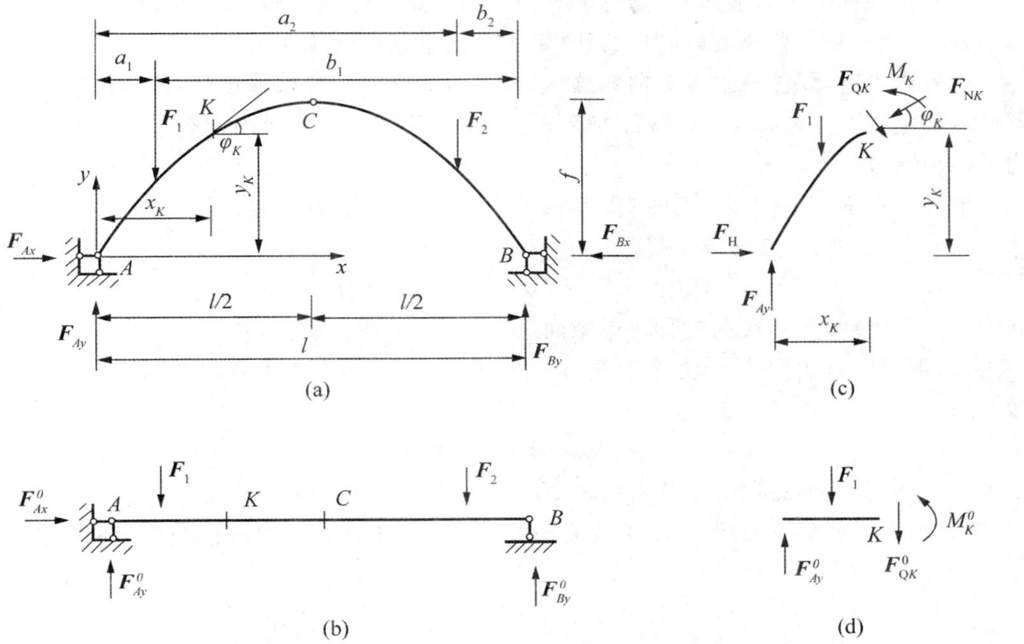

图 10-18

令水平推力为 F_H,则:

$$F_H=F_{Ax}=F_{Bx}$$

再取左半拱,列力矩方程:

$$\sum M_C(F)=0,F_H\times f-F_{Ay}\times\frac{l}{2}+F_1(\frac{l}{2}-a_1)=0$$

$$F_H=\frac{F_{Ay}\times\frac{l}{2}-F_1(\frac{l}{2}-a_1)}{f} \tag{10-3}$$

观察式(10-1)和式(10-2),可知三铰拱的竖向支座约束力恰好等于相应简支梁[见图 10-18(b)]的竖向支座约束力 F_{Ay}^0,F_{By}^0,而式(10-3)中分子部分也等于相应简支梁与拱顶铰对应截面 C 的弯矩 M_C^0,即:

$$\left.\begin{aligned}F_{Ay}&=F_{Ay}^0\\F_{By}&=F_{By}^0\\F_H&=\frac{M_C^0}{f}\end{aligned}\right\} \tag{10-4}$$

由式(10-4)可知,推力 F_H 等于相应简支梁截面 C 的弯矩 M_C^0 除以拱高 f。在一定的荷载作用下,推力只与 3 个铰的位置有关,而与各铰间的拱轴形状无关。当荷载及拱跨不变时,推力与拱高成反比,拱高 f 越大,推力 F_H 越小;拱高 f 越小即拱越平坦时,推力 F_H 越大。若 $f\to0$,则 $F_H\to\infty$,此时三铰趋于同一直线,结构趋于瞬变体系。

2. 内力计算

三铰拱截面的内力有弯矩、剪力和轴力。内力正负号规定如下：弯矩能使拱内侧受拉为正，剪力能使拱小段顺时针转向为正，轴力能使拱截面受拉为正。

计算内力时，要注意拱轴为曲线这一特点，所取截面应与拱轴正交，任一截面 K 的位置由截面坐标 x_K，y_K 确定，K 截面法线倾角用 φ_K 表示。K 截面内力符号为弯矩 M_K，剪力 F_{QK} 和轴力 F_{NK}。

取任一截面 K 左拱段[见图 10-18(c)]为研究对象，求各内力。

(1)弯矩。列 K 点力矩方程得：

$$M_K=[F_{Ay}x_K-F_1(x_K-a_1)]-F_H y_K$$

式中，[ ]部分等于相应简支梁对应截面[见图 10-18(d)]的弯矩 M_K^0。

(2)剪力。截面 K 的剪力等于截面一侧(左拱段)上所有外力在该截面方向投影的代数和，即：

$$F_{QK}=F_{Ay}\cos\varphi_K-F_1\cos\varphi_K-F\sin\varphi_K=[F_{Ay}-F_1]\cos\varphi_K-F\sin\varphi_K$$

式中，[ ]部分等于相应简支梁对应截面[见图 10-18(d)]的剪力 F_{QK}^0。

(3)轴力。截面 K 的轴力等于截面一侧(左拱段)上所有外力在该截面法向投影的代数和，即：

$$F_{NK}=[F_{Ay}-F_1]\sin\varphi_K+F\cos\varphi_K$$

式中，[ ]部分等于相应简支梁对应截面[见图 10-18(d)]的剪力 F_{QK}^0。

这样，竖向荷载作用下三铰拱任一截面的内力可借用相应简支梁的内力表示为：

$$\left.\begin{aligned}M_K&=M_K^0-F_H y_K\\F_{QK}&=F_{QK}^0\cos\varphi_K-F_H\sin\varphi_K\\F_{NK}&=F_{QK}^0\sin\varphi_K+F_H\cos\varphi_K\end{aligned}\right\}\tag{10-5}$$

由式(10-5)可知：由于推力的存在，三铰拱的弯矩、剪力比相应简支梁的弯矩、剪力值小；相应简支梁无轴力，三铰拱的竖向外力和水平推力都会产生较大的轴力。

三铰拱的内力不但与荷载及三铰的位置有关，而且与拱轴线的形状有关。虽然内力计算公式是以左拱段得出的，同样也适用于右拱段，只是左拱段时取正号，右拱段时取负号。

三、合理拱轴

工程中，为了充分利用砖、石等脆性材料抗压强度高的特性，往往可在给定荷载下，通过调整拱轴曲线，可使各截面的弯矩为零、截面只有轴力、压应力均匀分布，此时的材料能够得到充分利用，最为经济。这种在已知荷载作用下，能使拱各截面弯矩等于零的拱轴线称为“合理拱轴”。当拱为合理拱轴时，各截面的弯矩等于零，由式(10-5)，即：

$$M=M^0-F_H y=0$$

由此得：

$$y=\frac{M^0}{F_H}\tag{10-6}$$

式(10-6)表明，合理拱轴线的纵坐标与相应简支梁弯矩图的纵坐标成正比。当拱上作用的荷载已知时，只需求出相应简支梁的弯矩方程，然后除以水平推力之值，即可得到合理拱轴线方程。

例 10-7 如图 10-19 所示三铰拱，拱跨 $l=16\text{m}$，拱高 $f=4\text{m}$，拱轴线方程为 $y=\frac{4f}{l^2}\cdot(l-x)x$，$q=10\text{kN/m}$，$F=40\text{kN}$，试求 K 截面和 D 截面上的内力。

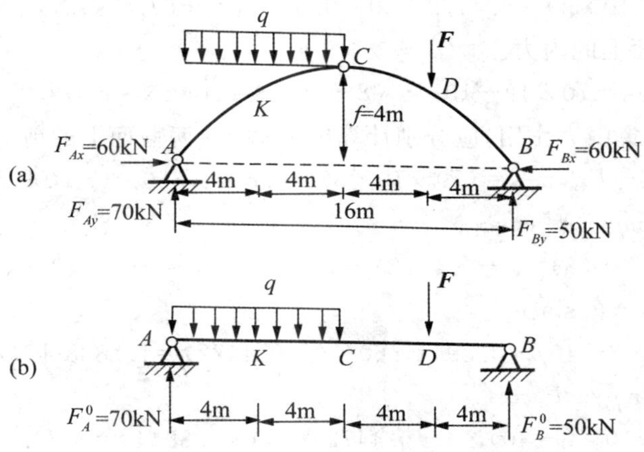

图 10-19

解：(1)求支座约束力。相应简支梁[见图 10-19(b)]的支座约束力为：

$$F_A^0=\frac{40\times4+10\times8\times12}{16}=70(\text{kN})$$

$$F_B^0=40+10\times8-70=50(\text{kN})$$

相应简支梁跨中截面上的弯矩为：

$$M_C^0=70\times8-10\times8\times4=240(\text{kN}\cdot\text{m})$$

计算得：

$$F_{Ay}=70(\text{kN}),F_{By}=50(\text{kN})$$

$$F_{Ax}=F_{Bx}=F_x=\frac{M_C^0}{f}=\frac{240}{4}=60(\text{kN})$$

(2)计算 K,D 截面有关数据。由拱轴线方程可得：

$$y_K=3(\text{m})$$

$$\tan\varphi=\frac{\text{d}y}{\text{d}x}=\frac{4f}{l}(1-\frac{2x}{l})$$

$$\tan\varphi_K\big|_{x=4\text{m}}=\frac{4\times4}{16}\times(1-\frac{2\times4}{16})=0.5,\varphi_K=26°34'$$

$$\sin\varphi_K=0.4472,\cos\varphi_K=0.8944$$

$$y_D=3(\text{m})$$

$$\tan\varphi_D\big|_{x=12\text{m}}=\frac{4\times4}{16}\times(1-\frac{2\times12}{16})=-0.5,\varphi_D=-26°34'$$

$$\sin\varphi_D=-0.4472,\cos\varphi_D=0.8944$$

(3)计算 K 截面上的内力。

$M_K=M_K^0-F_x y_K=70\times4-\frac{1}{2}\times10\times4^2-60\times3=20(\mathrm{kN\cdot m})$

$F_{SK}=F_{SK}^0\cos\varphi_K-F_x\sin\varphi_K=(70-10\times4)\times0.8944-60\times0.4472=0$

$F_{NK}=-(F_{SK}^0\cos\varphi_K+F_x\cos\varphi_K)$

$=-[(70-10\times4)\times0.4472+60\times0.8944]=-67.08(\mathrm{kN})$

(4)计算 D 截面上的内力。

$M_D=M_D^0-F_x y_D=70\times12-10\times8\times8-60\times3=20(\mathrm{kN\cdot m})$

因为 D 截面受集中力作用，应分别计算出 D 左、右两截面上的剪力和轴力。

$F_{SD}^{L}=F_{SD}^{0L}\cos\varphi_D-F_x\sin\varphi_D=(70-10\times8)\times0.8944-60\times(-0.4472)=17.888(\mathrm{kN})$

$F_{SD}^{L}=-(F_{SD}^{0L}\sin\varphi_D+F_x\cos\varphi_D)$

$=-[(70-10\times8)\times(-0.4472)+60\times0.8944]=-58.136(\mathrm{kN})$

$F_{SD}^{R}=F_{SD}^{0R}\cos\varphi_D-F_x\sin\varphi_D$

$=(70-10\times8-40)\times0.8944-60\times(-0.4472)=17.888(\mathrm{kN})$

$F_{ND}^{R}=-(F_{SD}^{0R}\sin\varphi_D+F_x\cos\varphi_D)$

$=-[(70-10\times8-40)\times(-0.4472)+60\times0.8944]=-76.024(\mathrm{kN})$

四、静定平面组合结构

在工程实际中，经常会遇到一种结构，这种结构中一部分杆件只受轴力作用，属于链杆，而另一部分杆件除受轴力的作用外还承受弯矩和剪力的作用，属于梁式杆。这种由链杆和梁式杆混合组成的结构通常称为“组合结构”。

在组合结构中，利用链杆的受力特点，能较充分地利用材料，并从加劲的角度出发，改善梁式杆的受力状态，因而组合结构广泛应用于较大跨度的建筑物。例如，图 10-20(a)所示的下撑式五角形屋架就是静定组合结构中的一个较为典型的例子，它的上弦杆由钢筋混凝土制成，主要承受弯矩；下弦杆和腹杆由型钢制成，主要承受轴力，其计算简图如图 10-20(b)所示。

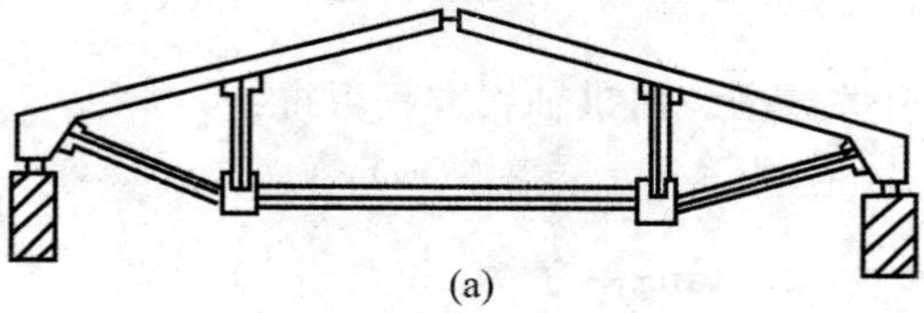

(a)

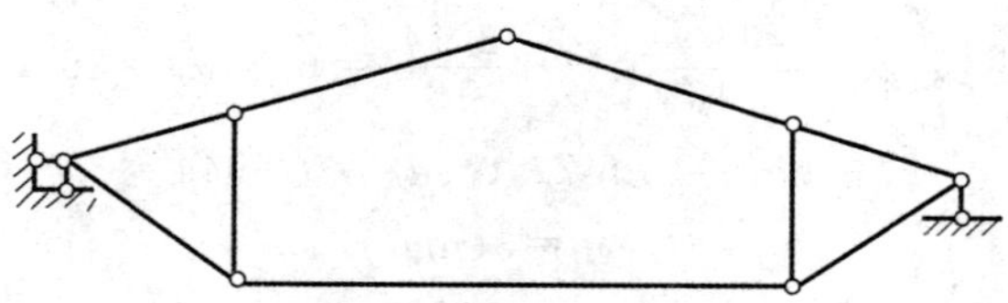

(b)

图 10-20

组合结构的内力计算，一般是在求出支座反力后，先计算链杆的轴力，其计算方法与平面桁架内力计算相似，可用截面法和结点法；然后再计算梁式杆的内力，其计算方法与梁、刚架计算相似，可利用内力计算规律；最后由区段叠加法和微分关系法绘制结构的内力图。

例 10-8 试求图 10-21(a)所示组合结构的内力，并绘制内力图。

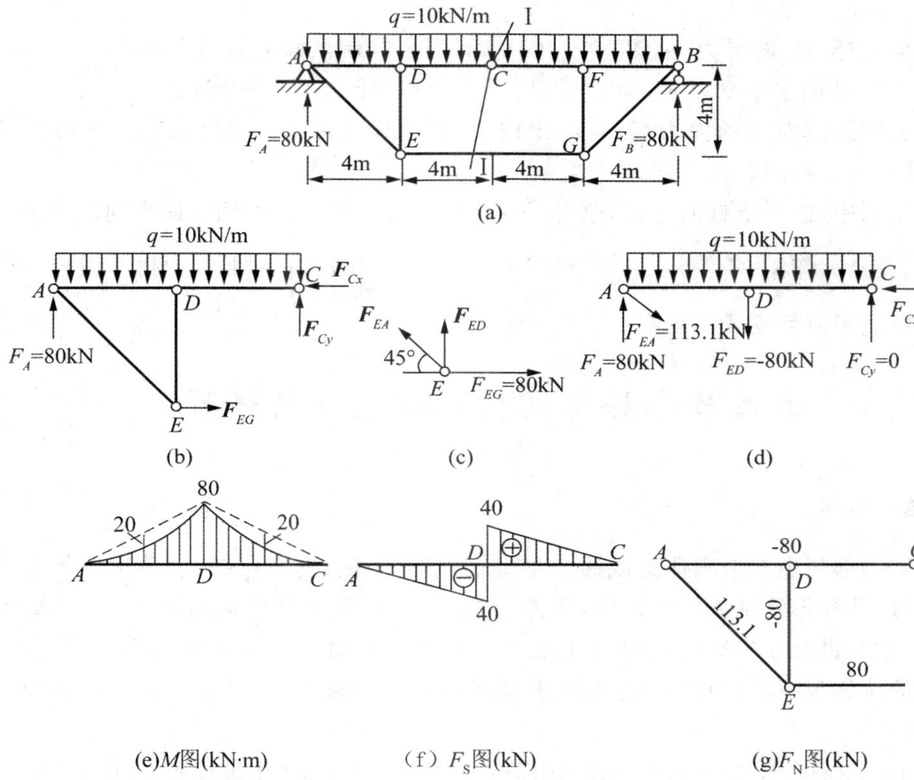

图 10-21

解：在组合结构中，AC，CB 杆为梁式杆，其余为链杆。由于荷载和结构都是对称的，故可取一半结构计算。

(1)求支座反力。由对称性有：

$$F_A = F_B = \frac{ql}{2} = \frac{10 \times 16}{2} = 80(\text{kN})$$

(2)求链杆的轴力。取Ⅰ—Ⅰ截面左边部分为分离体[见图 10-21(b)]，列平衡方程：

$$\sum M_C = 0, F_{EG} \times 4 - F_A \times 8 + q \times 8 \times 4 = 0$$

得：

$$F_{EG} = 80(\text{kN})$$

取结点 E 为分离体[见图 10-21(c)]，列平衡方程：

$$\sum F_x = 0, F_{EG} - F_{EA}\cos 45° = 0$$

得：

$$F_{EA} = 113.1(\text{kN})$$

$$\sum F_y = 0, F_{EA}\sin 45° + F_{ED} = 0$$

得：

$$F_{ED} = -80(\text{kN})$$

(3)求梁式杆的内力。仍取I—I截面左边部分为分离体[见图 10-21(b)],列平衡方程得:

$$\sum F_x=0,-F_{Cx}+F_{EG}=0$$

$$F_{Cx}=F_{EG}=80(\text{kN})$$

$$\sum F_y=0,F_{Cy}+F_A-q\times 8=0$$

得:

$$F_{Cy}=0$$

根据梁式杆 AC 的受力[见图 10-21(d)],计算各控制截面上的内力如下:

根据铰 C 处的水平反力 F_{Cx},可求得杆 AC 的轴力 $F_{NAC}=-80\text{kN}$。

求得各控制截面上的内力后,可绘出内力图[见图 10-21(e)(f)(g)]。该组合结构左、右两部分内力相同。

组合结构中,由于链杆的存在,改善了梁式杆的受力状态。本例若使用同跨度同荷载的简支梁,其最大弯矩 $M_{\max}=\frac{ql^2}{8}=320\text{kN}\cdot\text{m}$,最大剪力 $F_{S\max}=8\text{kN}$。显然,组合结构的最大弯矩要比相应简支梁小得多。

第四节　静定结构位移原理与计算

一、结构位移

工程结构都是由变形固体组成的。在荷载、温度变化、支座移动、制造误差等因素影响下,构件尺寸和形状都将发生改变,称为“变形”。结构上各杆件截面形心的位置会发生移动,杆件截面也会发生转动,结构杆件截面的移动和转动称为“结构位移”。

结构的位移包括线位移和角位移。截面形心的移动称为“线位移”,截面转动的角度称为“角位移”。

如图 10-22(a)所示的刚架,在荷载作用下结构产生变形,如图中虚线所示,自由端截面的形心由 A 点移动到 A'点,线段 AA'称为“A 点的线位移”,用符号 Δ_A 表示。若将 Δ_A 沿水平和竖向分解,其分量 Δ_{Ax},Δ_{Ay} 分别称为“水平线位移”和“竖向线位移”[见图10-22(b)]。同时,截面 A 还转动了一个角度,称为“截面 A 的角位移”或“转角”,用 θ_A 表示。

使结构产生位移的原因除了荷载作用外,温度改变使材料膨胀或收缩、结构构件的尺寸在制造过程中产生的误差、基础的沉陷或结构支座产生移动等因素,均会引起结构的位移。

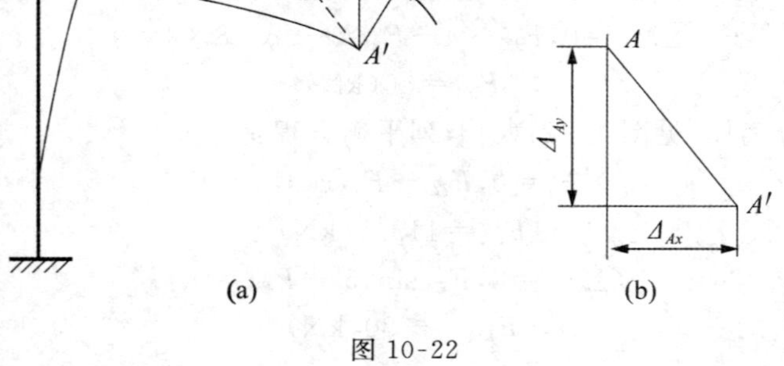

图 10-22

二、计算位移的目的

结构的位移计算是结构设计和施工中经常会遇到的问题，其目的主要有三个。

(1)校核结构的刚度，保证结构产生的位移不会超过允许的限值。例如，列车通过桥梁时，若桥梁的竖向线位移过大，会使线路不平稳，以致引起较大的冲击和振动，影响桥梁的正常使用寿命。

(2)在结构的制作、施工、维护过程中，需要预先知道结构的变形情况，以便采取相应的施工、维护措施，以保证结构正常使用。

(3)为计算超静定结构打下基础。因为超静定结构的内力仅由静力学平衡方程是不能全部确定的，还必须考虑到变形条件，因此需计算结构的位移。

应当指出，本章讨论的是线弹性变形体系的位移计算。这种体系是指位移与荷载之间为线性关系的体系，并且当荷载全部卸除后，位移即全部消失。满足这种体系的具体条件是：体系应是几何不变的；材料服从胡克定律；其变形必须是微小的。计算位移时，可以应用叠加原理。

三、虚功原理

1. 基本定义

(1)功、广义力和广义位移。由物理学可知，功与力和位移两个因素有关，功的大小等于力和位移的乘积。若用 F 表示广义力，Δ 表示广义位移，则广义力的功 W 为：

$$W = F\Delta$$

把集中力、力偶统称为“广义力”；线位移、角位移统称为“广义位移”。如果广义力是集中力，则相应的广义位移为线位移；若广义力是力偶，则相应的广义位移为转角。

功可以为正，也可以为负，还可以为零。当 F 与 Δ 方向相同时，功为正，反之则为负。若 F 与 Δ 方向相互垂直，功为零。

(2)实功与虚功。根据位移产生的原因，功可分为实功和虚功。实功是指力在其自身引起的位移上所做的功，而虚功是指力在其他因素所引起的位移上所做的功。

如图 10-23(a)所示的简支梁，作用力 $\boldsymbol{F}_1$ 后产生的变形用双点画线表示，再作用力 $\boldsymbol{F}_2$，梁将继续发生变形到达实线所示位置。梁的变形可分解为图 10-23(b)(c)所示的两种状态。图 10-23(b)所示状态称为“力状态”，也叫“第一状态”；图 10-23(c)所示状态称为“位移状态”，也叫“第二状态”。

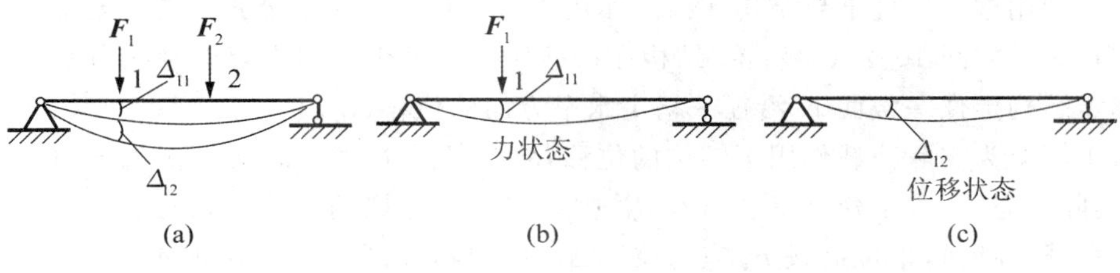

图 10-23

根据定义，力状态的力 $\boldsymbol{F}_1$ 在力状态所对应的位移 Δ_{11} 上所做的功为实功，记作：

$$W_{11}=\frac{1}{2}F_1\Delta_{11}$$

这时，力状态的力 $\boldsymbol{F}_1$ 在位移状态所对应的位移 Δ_{12} 上所做的功为虚功，记作：

$$W_{12}=F_1\Delta_{12}$$

其中，位移的下标有两个：第一个下标表示位移发生的位置和方向，Δ_{11} 表示该位移发生在 $\boldsymbol{F}_1$ 作用点并沿 $\boldsymbol{F}_1$ 方向；第二个下标表示位移发生的原因，Δ_{11} 表示该位移是由 $\boldsymbol{F}_1$ 引起的，Δ_{12} 则表示该位移是由 $\boldsymbol{F}_2$ 引起的。

所谓虚功，并非“虚无”的意思，而是强调做功过程中位移与力相互独立且无关的特点。

应该指出，当其他因素引起的位移与力的方向一致时，虚功为正值，反之则为负值。而实功由于力自身所引起的相应位移总是与力的作用方向相一致，故总为正值。

2. 变形体的虚功原理

如前述图 10-23 所示简支梁，力 $\boldsymbol{F}_1$ 所做的实功 W_{11} 称为“外力实功”，力 $\boldsymbol{F}_1$ 所做的虚功 W_{12} 称为“外力虚功”。另外，在力 $\boldsymbol{F}_1$ 作用下梁内会产生内力。同理，内力在其本身引起的变形上所做的功，称为“内力实功”，用 W'_{11} 表示；内力在其他原因（比如 $\boldsymbol{F}_2$）引起的变形上所做的功，称为“内力虚功”，用 W'_{12} 表示。

变形体的虚功原理表明：力状态下的外力在位移状态下相应的位移上所做外力虚功 W_{12} 等于力状态下的内力在位移状态下相应变形上所做的内力虚功 W_{12}，即：

$$W_{12}=W'_{12} \tag{10-7}$$

必须指出，力状态和位移状态是同一体系中两种彼此无关的状态。因此，不仅可以把位移状态看作虚设的，也可以把力状态看作虚设的，它们有各自不同的应用。

若取第一状态为实际状态，第二状态为虚拟状态，也就是虚功中力状态是实际的，位移状态是虚拟的，这时，虚功原理也称为“虚位移原理”，用此可求解力状态中的未知力。

反之，若取第一状态为虚拟状态，第二状态为实际状态，也就是虚功中的力状态是虚拟的，位移状态是实际的，这时，虚功原理也称为“虚力原理”，用此可求解出位移状态中的未知位移。计算结构位移时，需要用到的是虚力原理，不过习惯上仍称它为“虚功原理”。

虚功原理既适用于静定结构，也适用于超静定结构。

四、位移计算的一般公式——单位荷载法

下面利用虚功原理推导结构在荷载作用下位移计算的一般公式。首先要确定力状态和位移状态。如图 10-24(a)所示，结构在荷载作用下发生了图中双点画线所示变形。下面来确定结构上任一截面 K 沿任一指定水平方向的位移 Δ_K。

由于所求为实际荷载作用下结构的位移，故应以图 10-24(a)所示作为结构的位移状态（即实际状态）。为了建立虚功方程，需要设定一个虚拟的力状态，为此在 K 点虚拟一个单位荷载 $F_K=1$，单位荷载 F_K 应与位移 Δ_K 相对应，如图 10-24(b)所示。

这时，虚拟力状态中虚设外力所做的虚功为：

$$W=F_K\times\Delta_K=\Delta_K$$

此式说明，当虚设单位荷载 $F_K=1$ 时，外力的虚功在数值上恰好等于所要求的位移 Δ_K。

为了计算虚拟力状态中的内力所做的虚功 W'，首先在图 10-24(b)的杆件上截取一微段 ds。微段上由于实际荷载所产生的内力一般有弯矩、剪力、轴力，分别用 M_P，F_{QP}，F_{NP} 表示；内力所引起的相应变形用 $d\theta$，dv，du 表示，如图 10-24(c)(d)(e)所示。其相应变形的计算式分别为：相对转角 $d\theta=\frac{1}{\rho}ds=\frac{M_P}{EI}ds$；相对剪位移 $dv=\gamma ds=k\frac{F_{QP}}{GA}ds$；相对轴向位移 $du=\varepsilon ds=\frac{F_{NP}}{EA}ds$。

相对剪位移式中，k 是与杆截面形状有关的系数，薄壁圆环截面 $k=\frac{6}{5}$，圆形截面 $k=\frac{10}{9}$，薄壁圆环截面 $k=2$。

同理，在虚拟力状态下的杆件上截取一微段 ds。该微段两端截面的虚内力分别用 $\overline{M}$，$\overline{F}_Q$，$\overline{F}_N$ 表示，如图 10-24(f)(g)(h)所示，其中已略去了内力的高阶微量。

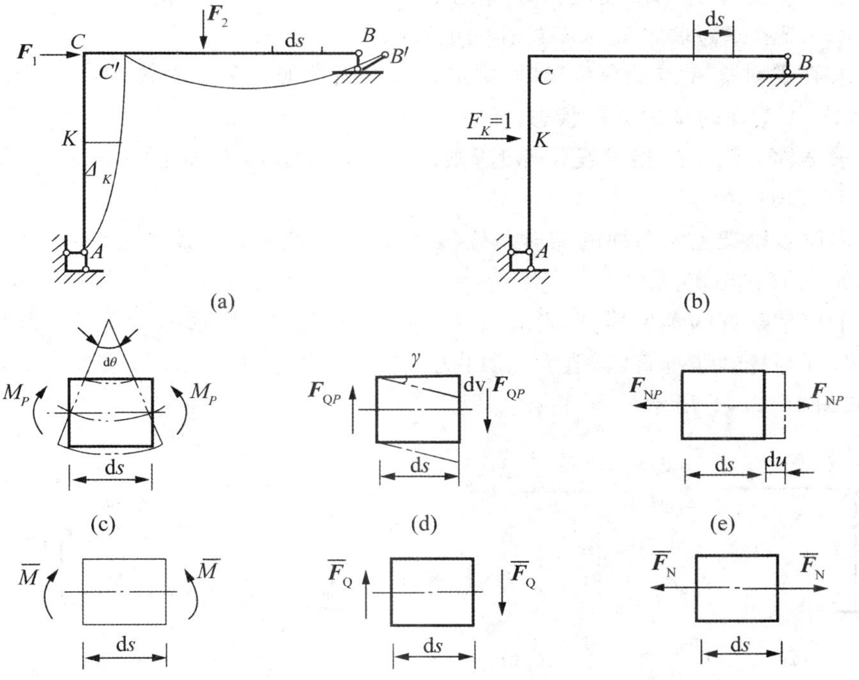

图 10-24

微段上虚内力在实际变形上所做的虚功为：

$$dW=\overline{M}d\theta+\overline{F}_Q dv+\overline{F}_N du$$

整个结构虚内力的虚功为：

$$W'=\sum\int\frac{\overline{M}M_P}{EI}ds+\sum\int\frac{k\overline{F}_QF_{QP}}{GA}ds+\sum\int\frac{\overline{F}_NF_{NP}}{EA}ds$$

由虚功原理 $W_{12}=W'_{12}$ 可得：

$$\Delta_K=\sum\int\frac{\overline{M}M_P}{EI}ds+\sum\int\frac{k\overline{F}_QF_{QP}}{GA}ds+\sum\int\frac{\overline{F}_NF_{NP}}{EA}ds \tag{10-8}$$

式(10-8)即为变形体在荷载作用下位移计算的一般公式。这种利用虚功原理在所求位移方向虚设单位荷载计算结构位移的方法，称为“单位荷载法”。应用这个方法每次只能求得一个位移。在虚设单位荷载时其指向可以任意假设，若计算结果为正，则表示真实位移方向与虚设单位荷载指向相同，否则相反。

五、单位荷载的设置

单位荷载法不仅可以用于计算结构的线位移，而且可以计算任意的广义位移，只要所设的广义单位荷载与所计算的广义位移相对应即可。如集中力与线位移对应，力偶与角位移对应等。下面讨论对于所求位移的不同类型，如何设置相应的虚拟单位荷载。

(1)求 A 点沿某方向的线位移时，应在该点沿所求位移方向加一单位集中力 $F_A=1$，图 10-25(a)所示即为求 A 点水平位移的虚拟状态。

(2)求梁或刚架 A 点的角位移时，则应在该截面处加一单位力偶 $M_A=1$，图10-25(b)所示即为求 A 截面转角的虚拟状态。

(3)求结构上两点的相对线位移时，则应在其两点连线上加上一对指向相反的单位力，如图 10-25(c)所示。

(4)求梁或刚架上两截面的相对角位移时，则应在其两截面处加上一对转向相反的单位力偶，如图 10-25(d)所示。

(5)求桁架某杆的角位移时，则应加单位力偶，构成这一力偶的两个集中力，作用于该杆的两端，并与杆轴线垂直，其值为 $1/l$(l 为该杆长度)，如图 10-25(e)所示。求两杆相对角位移如图 10-25(f)所示。

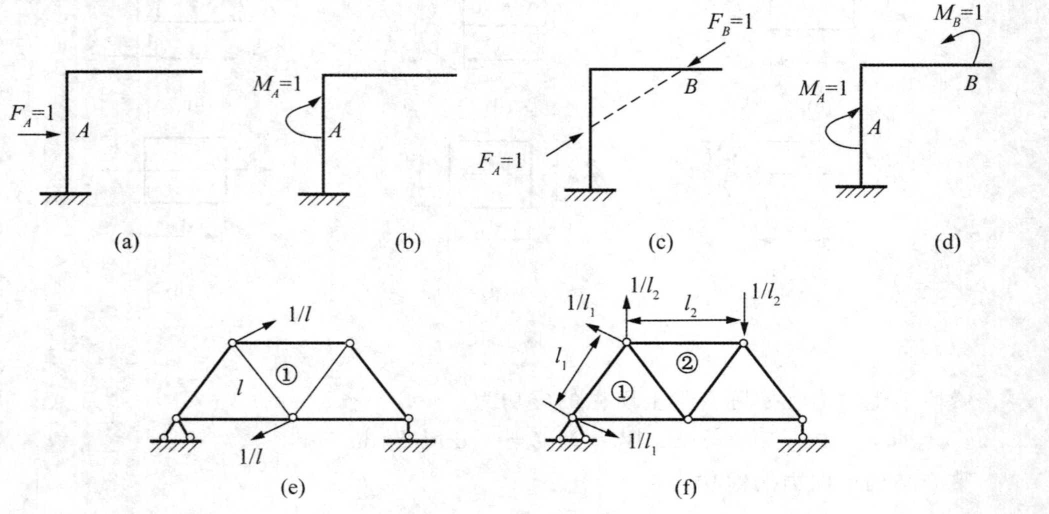

图 10-25

六、结构位移计算公式的应用

对于梁或刚架，结构位移主要是由弯矩引起的。可以证明，剪力和轴力对位移的影响很小，可以忽略不计。若各杆均为直杆，则 $ds=dx$，因此这类结构的位移公式可简化为：

$$\Delta_K=\sum\int\frac{\overline{M}M_P}{EI}dx \tag{10-9}$$

对于桁架结构，由于只存在轴力，且同一杆件的 $\overline{F}_N$，F_{NP}，EA 沿杆长 l 均为常数，因此位移公式可简化为：

$$\Delta_K=\sum\int\frac{\overline{F}_N F_{NP}}{EA}dx=\sum\frac{\overline{F}_N F_{NP}l}{EA} \tag{10-10}$$

在组合结构中，由于梁式杆只计弯矩的影响，链杆只计轴力的影响，因此位移公式可简化为：

$$\Delta_K=\sum\int\frac{\overline{M}M_P}{EI}dx+\sum\frac{\overline{F}_N F_{NP}l}{EA} \tag{10-11}$$

在一般拱结构中，通常只考虑弯曲变形的影响，其位移仍可近似地用式(10-9)计算。但在扁平拱中，除弯矩外，还需考虑轴力的影响。

例 10-9 设梁的 EI 为常数，试求图 10-26(a)所示结构 C，D 两点间距离的改变。

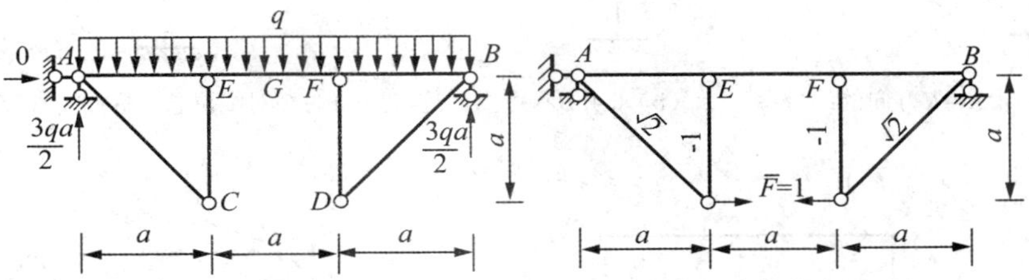

(a)实际状态 (b)虚拟状态

图 10-26

解：在实际状态[见图 10-26(a)]中，链杆的轴力均为零。由于对称性，可只计算半个结构的内力。考虑左半部分，取图 10-26(a)所示的分离体，求得弯矩方程为：

$$M=\frac{3qa}{2}x-\frac{q}{2}x^2 \quad \left(0\leqslant x\leqslant\frac{3a}{2}\right)$$

在 C，D 两点加一对反向单位力[见图 10-26(b)]。在虚拟状态中，利用对称性，分别求得弯矩方程。

AE 段：

$$\overline{M}_1=-\sqrt{2}\times\frac{\sqrt{2}}{2}x=-x \quad (0\leqslant x\leqslant a)$$

EG 段：

$$\overline{M}_2=-\sqrt{2}\times\frac{\sqrt{2}}{2}x+1\times(x-a)=-a \quad \left(0\leqslant x\leqslant\frac{3a}{2}\right)$$

由式(10-9)得：

$$\Delta_{CD}=\frac{2}{EI}\left[\frac{q}{2}\int_0^a(-x)(3ax-x^2)\mathrm{d}x+\frac{q}{2}\int_0^{\frac{3a}{2}}(-a)(3ax-x^2)\mathrm{d}x\right]$$

$$=\frac{q}{EI}\left[\left(-ax^3+\frac{x^4}{4}\right)\Bigg|_0^a+\left(-\frac{3a^2x^2}{2}+\frac{ax^3}{3}\right)\Bigg|_0^{\frac{3a}{2}}\right]$$

$$=-\frac{11qa^2}{6EI}(\longleftrightarrow)$$

计算结果为负，表示 Δ_{CD} 的方向与所设单位力方向相反，即 C,D 两点是分开的。

由上述例题可知，应用位移计算公式，每次可计算一个位移。它们可以是线位移，也可以是角位移或者其他性质的位移。计算时要根据问题的需要正确设置虚拟状态。图 10-27 中给出了几种典型的虚拟力状态，以供参考。

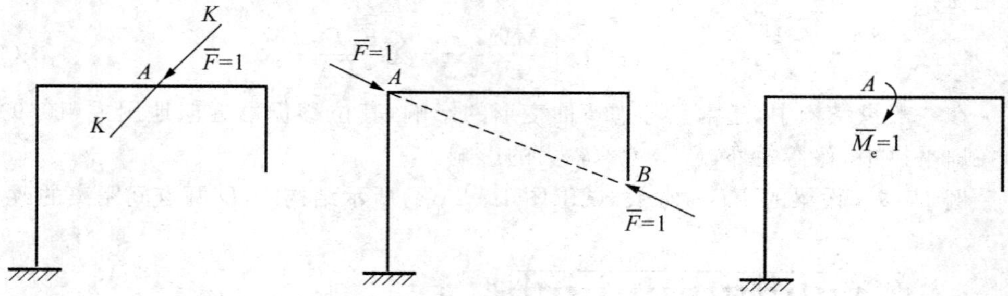

（a）求A点沿K—K方向的线位移　（b）求A, B两点沿其连线方向的相对线位移　（c）求A截面的角位移

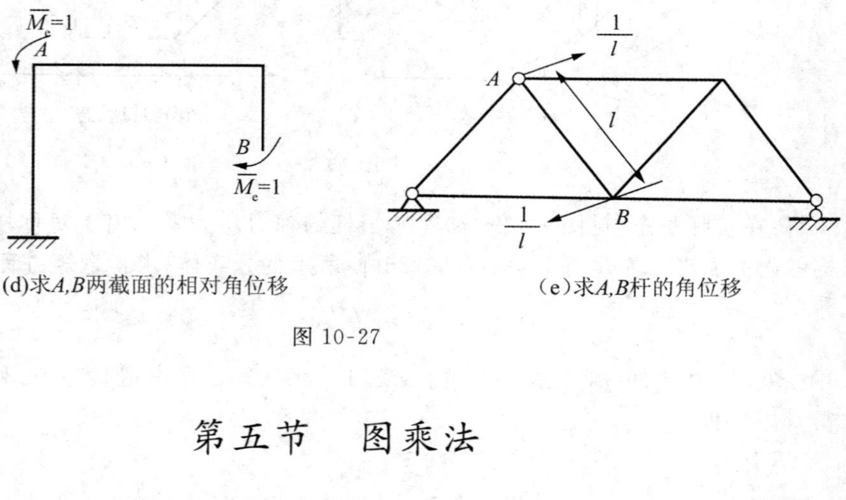

(d)求A,B两截面的相对角位移　（e）求A,B杆的角位移

图 10-27

第五节　图乘法

图乘法是梁和刚架在荷载作用下位移计算的一种工程实用方法。在数学上，该方法是积分式的一种简化，可避免列内力方程及解积分式的繁琐计算。

一、图乘法原理

计算梁或刚架的位移时，结构的各杆段若满足以下 3 个条件，可以用图乘法来计算：杆件为直杆、EI 为常量、$\overline{M}$ 图和 M_P 图两图中至少有一个是直线图形。

对于等截面直杆，前两个条件自然满足，至于第三个条件，虽然在荷载作用下，M_P图不一定总是直线形状，但是总是由直线段组成，此时只需分段考虑即可满足条件。

下面以图 10-28(a)所示杆段的两个弯矩图为例，来说明图乘法的原理。

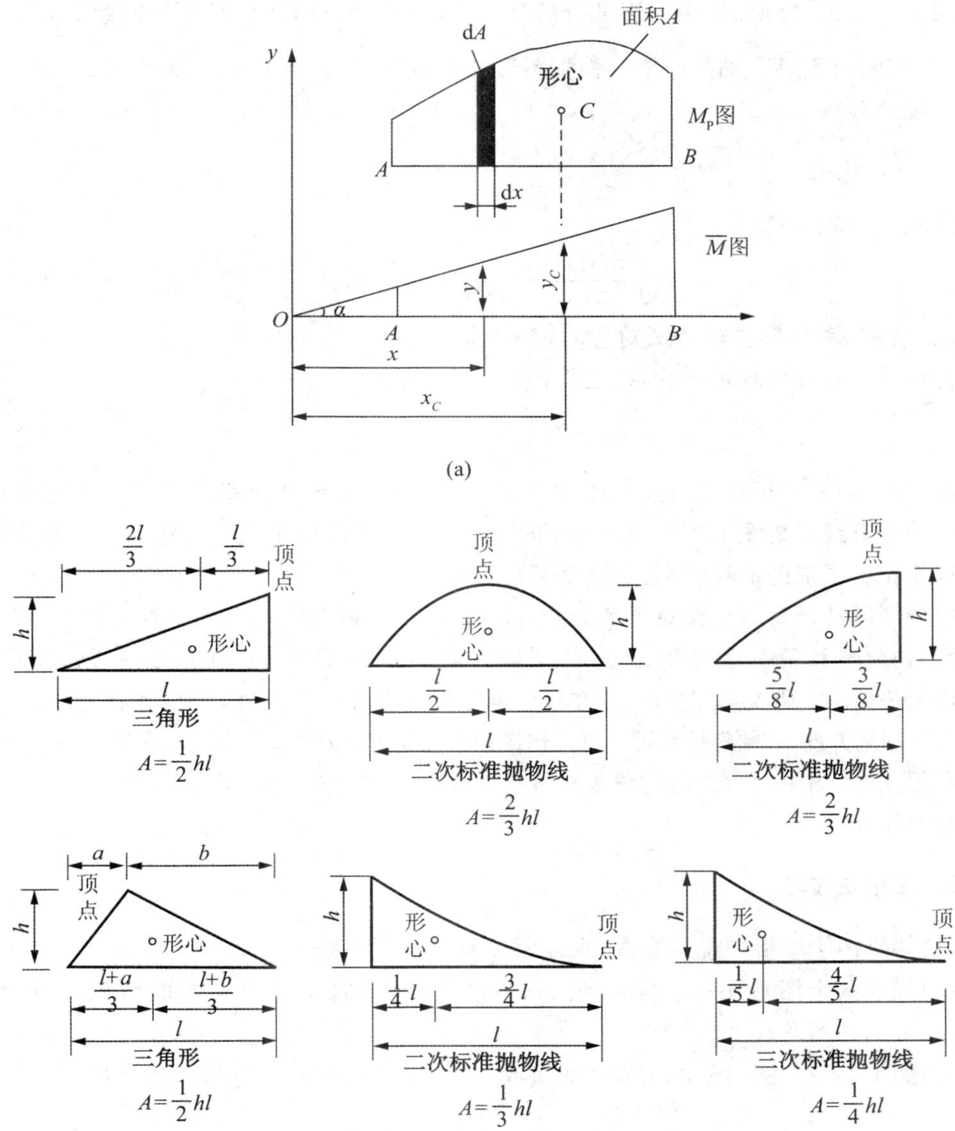

图 10-28

$\overline{M}$图中AB为直杆，图为一段直线，而M_P图为任意形状，现以AB杆段轴线为x轴，图中直线段的延长线与x轴的交点为坐标原点，建立坐标系。若该杆段的抗弯刚度EI为常数，则积分式$\int\frac{\overline{M}M_P}{EI}\mathrm{d}x$中$EI$可提到积分号前，$\overline{M}$图上任一纵坐标$y=\overline{M}=x\tan\alpha$，且

$\tan\alpha$ 为常数，故积分式可演变为：

$$\int \frac{\overline{M}M_P}{EI}\mathrm{d}x=\frac{\tan\alpha}{EI}\int_A^B xM_P\mathrm{d}x=\frac{\tan\alpha}{EI}\int_A^B x\mathrm{d}A \tag{10-12}$$

式中，$\mathrm{d}A=M_P\mathrm{d}x$ 为 M_P 图中阴影部分的微面积，$x\mathrm{d}A$ 是该微面积对 y 轴的静矩，$\int_A^B x\mathrm{d}A$ 即是 M_P 图的面积对 y 轴的静矩。根据图形的几何性质，它等于 M_P 图的面积 A 乘以其形心到 y 轴的距离 x_C，即：

$$\int_A^B x\mathrm{d}A=Ax_C$$

代入式(10-12)则有：

$$\int \frac{\overline{M}M_P}{EI}\mathrm{d}x=\frac{\tan\alpha}{EI}x_CA=\frac{Ay_C}{EI} \tag{10-13}$$

式中，y_C 是 M_P 图的形心 C 处所对应的 $\overline{M}$ 图的竖坐标。

若结构上各杆件均可图乘，则位移计算式可写成：

$$\Delta_K=\sum\int \frac{\overline{M}M_P}{EI}\mathrm{d}x=\frac{Ay_C}{EI} \tag{10-14}$$

式(10-14)表明梁任意 K 点的位移 Δ_K 等于一个弯矩图的面积 A 乘以其形心处所对应的另一个直线弯矩图上的竖坐标 y_C，再除以 EI，这就是图乘法。它将位移公式中的积分运算简化为图形的面积、形心和竖坐标的计算。

应用图乘法计算时应注意下列几点：①杆件应是等截面直杆，且 EI 为常数；若分段为常数，则分段计算。②竖坐标 y_C 必须取自直线弯矩图中，A 则为另一弯矩图面积。③正负号规定：面积 A 与竖坐标 y_C 在杆件同侧时乘积 Ay_C 取正号，异侧时取负号。

为了图乘方便，必须熟记几种常见几何图形的面积公式及形心位置，如图 10-28(b)所示。

必须注意，图中所示的抛物线为标准抛物线。所谓标准抛物线，是指顶点在中点或在端点的抛物线。

二、图乘法技巧

(1)如果两个图形中都是直线，则标距 y_C 取其中任一图形。

(2)如果两个图形中一个是曲线、一个是直线，则曲线图形只能取面积，直线图形取 y_C。

(3)如果某一个图形是由几段直线组成的折线段[见图 10-29(a)]，计算得：

$$\int \frac{\overline{M}M_P}{EI}\mathrm{d}x=\frac{1}{EI}(A_1y_1+A_2y_2+A_3y_3)$$

(4)如果两个图形都是梯形[见图 10-29(b)]，则可将它分解成两个三角形，分别图乘然后再叠加，得：

$$\int \frac{\overline{M}M_P}{EI}\mathrm{d}x=\frac{1}{EI}\left(\frac{al}{2}y_1+\frac{bl}{2}y_2\right)$$

(5)如果两个直线图形具有正、负号两部分[见图 10-29(c)]，则可将 M_P 图分解成两个三角形，得：

$$\int \frac{\overline{M}M_P}{EI}\mathrm{d}x=\frac{1}{EI}(\frac{al}{2}y_1+\frac{bl}{2}y_2)$$

式中，$y_1=\frac{2}{3}c-\frac{1}{3}d$，$y_2=\frac{2}{3}d-\frac{1}{3}c$。

(6)对于均布荷载作用杆段，其 M_P 图可视为对应简支梁两端受力偶作用的弯矩图与均布荷载作用下弯矩图的叠加结果。计算时，可将 $\overline{M}$ 图分别与上述两部分图乘，再求出代数和即可。

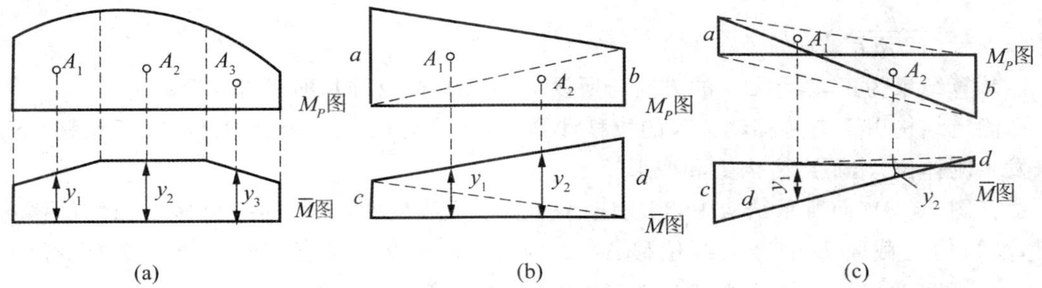

图 10-29

三、应用图乘法计算位移

图乘法计算位移的解题步骤是：

(1)画出结构在实际荷载作用下的弯矩图 M_P。

(2)根据所求位移选定相应的虚拟状态，画出单位弯矩图 $\overline{M}$。

(3)分段计算一个弯矩图形的面积 A 及其形心 C 所对应的另一个弯矩图形的 y_C。

(4)将 A，y_C 代入图乘法公式，计算所求位移。

例 10-10 试用图乘法求图 10-30(a)所示外伸梁 C 截面的竖向位移，设 EI 为常数。

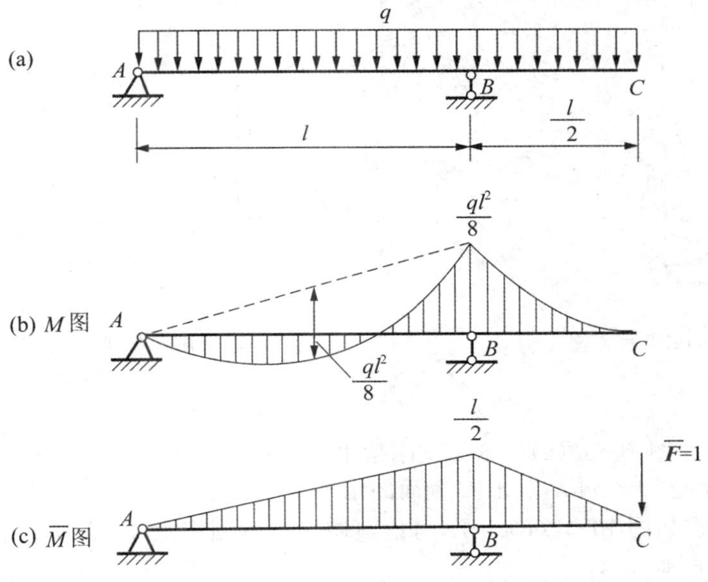

图 10-30

解:绘出自荷载作用下的 M 图[见图 10-30(b)]。在 C 截面加一竖向单位力 $\overline{F}=1$,绘出 $\overline{M}$ 图[见图 10-30(c)]。应分 AB,BC 两段图乘,并将 AB 段的 M 图分解为三角形和抛物线形。分段图乘后相加,得:

$$\Delta_{CV}=\sum\frac{1}{EI}Ay_C$$

$$=\frac{1}{EI}\left[(\frac{1}{2}\times\frac{ql^2}{8}\times l)\times\frac{l}{3}-(\frac{2}{3}\times\frac{ql^2}{8}\times l)\times\frac{l}{4}\right]+\frac{1}{EI}\left[(\frac{1}{3}\times\frac{ql^2}{8}\times\frac{l}{2})\times\frac{3l}{8}\right]$$

$$=\frac{ql^2}{128EI}(\downarrow)$$

计算结果为正,表示 Δ_{CV} 的方向与所设 $\overline{F}=1$ 的方向相同,即竖直向下。

静定结构由于支座移动引起的位移计算:静定结构在支座移动(线位移、角位移)下,只发生刚体位移,不产生内力和变形。

在图 10-31(a)所示结构中,当支座 A 产生水平线位移 c_1、竖向线位移 c_2 和角位移 c_3 时,求结构上截面 B 的竖向线位移 Δ_{BV}。为此,在 B 点的竖直方向上加一虚拟单位力 $\overline{F}=1$ [见图 10-31(b)],由虚功原理可以得到(推导从略):

$$\Delta_{BV}=-\sum\overline{R}_i c_i \tag{10-15}$$

式中,$\overline{R}_i$ 为虚拟力状态中由虚拟单位力引起的支座反力;c_i 为实际位移状态中支座的位移;$\overline{R}_i c_i$ 为虚拟状态中的支座反力在实际状态的支座位移上所做的虚功(做功的力和相应位移彼此无因果关系)。当 $\overline{R}_i$ 的方向与实际支座移动 c_i 的方向一致时,反力虚功 $\overline{R}_i c_i$ 取正值,反之取负值。式(10-15)中的负号是公式中固有的,与虚功的正负无关。式(10-15)就是结构在支座移动时的位移计算公式。当计算结果为正时,表示实际位移方向与虚拟单位力所指方向相同;当计算结果为负时,则相反。

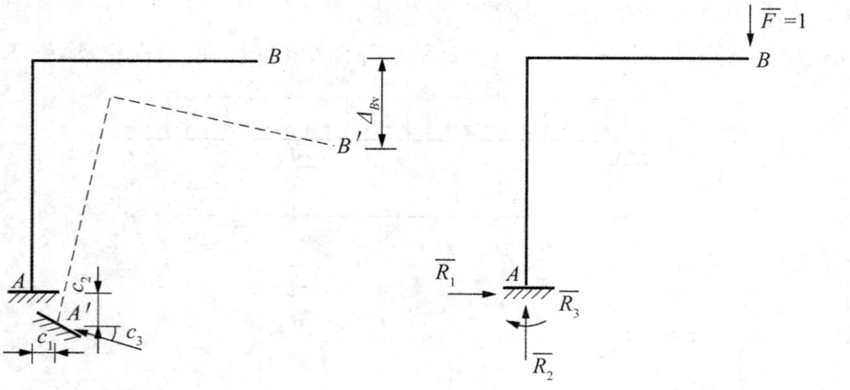

(a)实际状态　　(b)虚拟状态

图 10-31

例 10-11　在图 10-32(a)所示简支刚架中,支座 A 产生了水平位移 $c_1=20\text{mm}$,竖向位移 $c_2=40\text{mm}$,已知 $l=4\text{m}$,试求 C 截面的水平位移 Δ_{CH}。

解:虚拟状态如图 10-32(b)所示,考虑整体平衡,求出支座 A 处的反力。再由式(10-15)求得截面的水平位移:

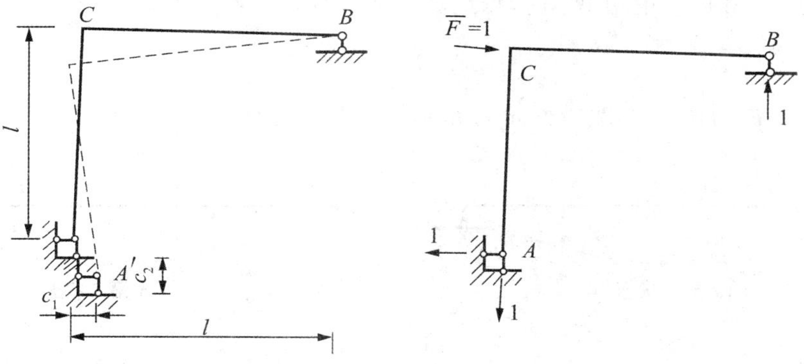

(a)实际状态　　(b)虚拟状态

图 10-32

$$\Delta_{CH}=-\sum\overline{R}_i c_i=-[-(1\times c_1)+(1\times c_2)]=-20(\text{mm})(\leftarrow)$$

在上式中，因支座 B 没有位移，故该处的反力所作的虚功为零。Δ_{CH} 的计算结果为负，表示 C 截面的水平位移向左。

前面分别讨论了静定结构在荷载作用、支座移动等因素影响下的位移计算问题。当结构上既有荷载作用又发生支座移动时，根据结构处于弹性范围的假设，可应用叠加原理，将各个外因引起的位移叠加起来，得：

$$\Delta=\sum\int_l\frac{\overline{F}_N F_N \mathrm{d}s}{EA}+\sum\int_l\frac{\overline{M}_N M\mathrm{d}s}{EI}+\sum\int_l k\,\frac{\overline{F}_S F_S \mathrm{d}s}{GA}-\sum\overline{R}_i c_i \tag{10-16}$$

式(10-16)不仅适用于静定结构的位移计算，也适用于超静定结构的位移计算。

第六节　弹性体系的互等定理

本节将介绍弹性变形体系的几个互等定理，即功的互等定理、位移互等定理、反力互等定理。其中最基本的是功的互等定理，另外两个定理都可由其推导出来。这些定理在分析超静定结构时经常使用。

一、功的互等定理

功的互等定理是指同一弹性结构在两种不同状态下的虚功相等。如图 10-33 所示，简支梁上分别作用两组外力 F_1 和 F_2，并分别称为“第一状态”[见图 10-33(a)]和“第二状态”[见图 10-33(b)]。

计算第一状态的外力及其所引起的内力在第二状态的相应位移和变形上所做的外力虚功 W_{12} 和内力虚功 W'_{12} 时，据虚功原理有 $W_{12}=W'_{12}$，即：

$$F_1\Delta_{12}=\sum\int\frac{M_1M_2}{EI}\mathrm{d}s$$

式中，Δ_{12} 是在 $\boldsymbol{F}_1$ 力作用点沿 $\boldsymbol{F}_1$ 方向上由 $\boldsymbol{F}_2$ 力引起的位移。

同理，计算第二状态的外力及其所引起的内力在第一状态的相应位移和变形上所做

的外力虚功 W_{21} 和内力虚功 W'_{21} 时，据虚功原理有 $W_{21}=W'_{21}$，即：

$$F_2\Delta_{21}=\sum\int\frac{M_2M_1}{EI}\mathrm{d}s$$

式中，Δ_{21} 是在 $\boldsymbol{F}_2$ 力作用点沿 $\boldsymbol{F}_2$ 方向上由 $\boldsymbol{F}_1$ 力引起的位移。

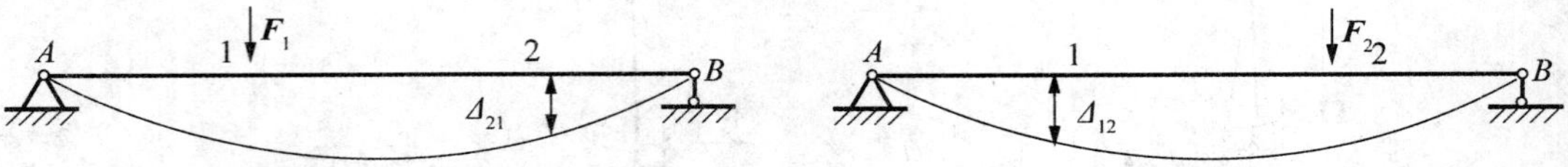

(a)第一状态　　(b)第二状态

图 10-33

比较以上两式可知，两式左边相等，即：

$$F_1\Delta_{12}=F_2\Delta_{21}$$

上式表明：第一状态的外力在第二状态的位移上所做的虚功，等于第二状态的外力在第一状态的位移上所做的虚功。此即功的互等定理。

功的互等定理可以推广到任何弹性结构。

二、位移互等定理

位移互等定理是功的互等定理的一种特殊情形。在功的互等定理中，假设两个状态中的荷载都是单位力，即 $F_1=1$，$F_2=1$。为了明显起见，由单位力所引起的位移 Δ_{12} 和 Δ_{21}，用小写字母 δ_{12} 和 δ_{21} 表示，如图 10-34 所示。代入功的互等定理式，则有：

$$\delta_{12}=\delta_{21}$$

上式表明：第二单位力在第一单位力作用点沿其方向上产生的位移，等于第一单位力在第二单位力作用点沿其方向上产生的位移。此即位移互等定理。

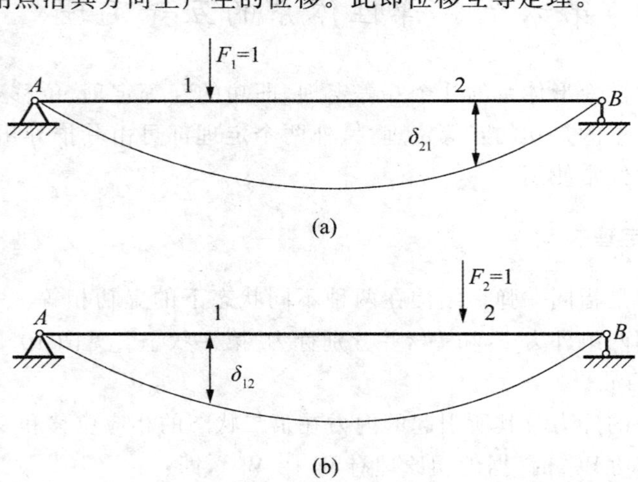

图 10-34

这里的单位力 F_1，F_2 都是广义单位力，位移 δ_{12} 和 δ_{21} 是相应的广义位移。例如，在图 10-35 的两个状态中，根据位移互等定理，应有 $\theta_A=y_C$。实际上，由材料力学可知：

$$\theta_A=\frac{Fl^2}{16EI},y_C=\frac{Ml^2}{16EI}$$

现在 $F=1$,$M=1$(这里的 1 都是不带单位的,即都是量纲为 1 的量),故有 $\theta_A=y_C=\frac{Ml^2}{16EI}$,可见,虽然 θ_A 代表单位力引起的角位移,y_C 代表单位力偶引起的线位移,两者含义不同,但此时两者在数值上是相等的,量纲也相同。

位移互等定理将在力法计算超静定结构中得到应用。

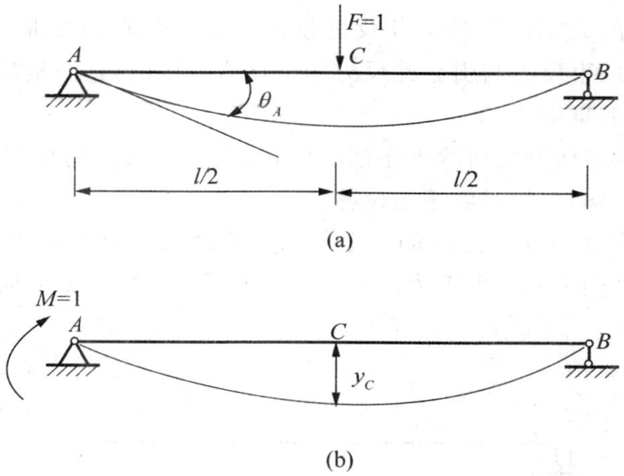

图 10-35

三、反力互等定理

反力互等定理也是功的互等定理的一个特殊情形,并且只适用于超静定结构。

在一个结构的各种约束中任取两个约束:约束 1 和约束 2。例如,图 10-36(a)所示结构中,约束 1 是固定端限制转角的约束,约束 2 是限制杆端竖向移动的约束。

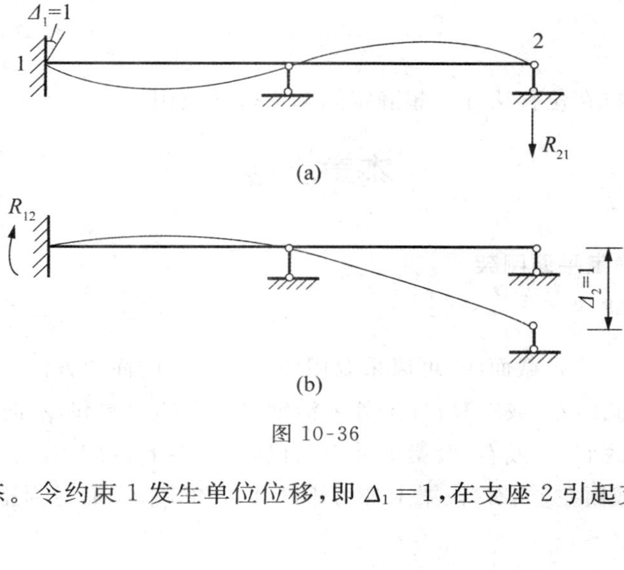

图 10-36

考察两种状态。令约束 1 发生单位位移,即 $\Delta_1=1$,在支座 2 引起支座反力 R_{21},此为第一状态，如图 10-36(a)所示。再令约束 2 发生单位位移，即 $\Delta_2=1$，在支座 1 引起支座反力 R_{12}，此为第二状态，如图 10-36(b)所示。这里 R 表示单位位移引起的支座反力，第一个下标表示发生反力的地点和方向，第二个下标表示引起反力的原因。

由功的互等定理 $R_{12}\Delta_2=R_{21}\Delta_1$，可得：

$$R_{21}=R_{12}$$

上式表明：支座 1 发生单位位移所引起的支座 2 的反力等于支座 2 发生单位位移所引起的支座 1 的反力。此即反力互等定理。

需要指出，这里的 R_{21} 和 R_{12} 拥有相反的量纲。原因是它们并非一个是支杆反力、一个是反力偶，而都是约束反力与引起此反力的位移值之比值，它们是反力系数乘以位移后的反力，不拥有反力的量纲。

反力互等定理对结构上任何两支座都适用，但应注意反力与位移在做功关系上应相适应。力对应于线位移，力偶对应于角位移。

图 10-37 所示为反力互等定理的一个例子。应用反力互等定理可知，反力 R_{12} 与反力偶 R_{21} 相等，虽然它们一个代表力、一个代表力偶，两者含义不同，但在数值上是相等的。

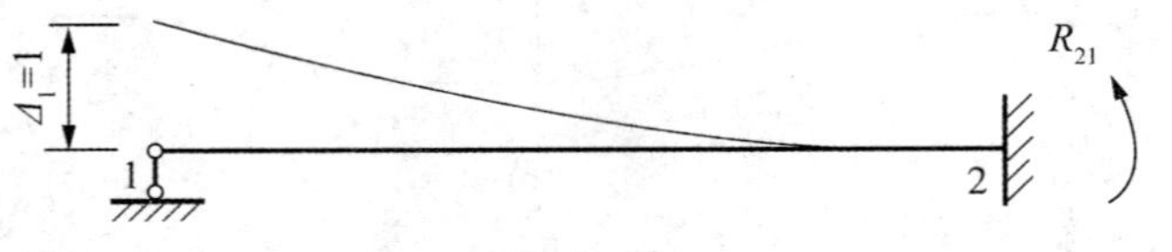

(a)

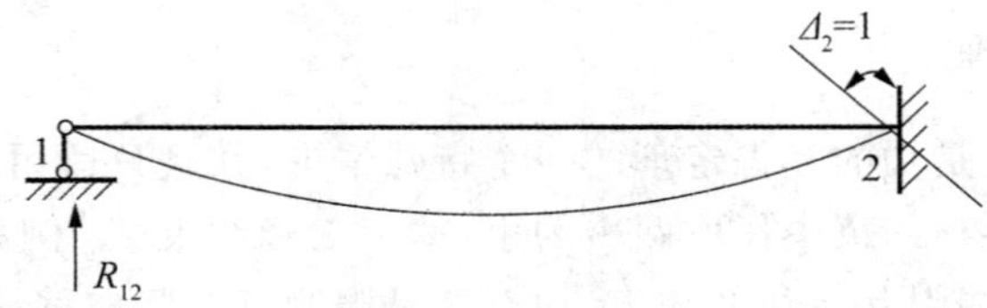

(b)

图 10-37

反力互等定理将在位移法计算超静定问题上得到应用。

本章小结

一、静定梁和静定平面刚架

1. 内力计算

求内力的基本方法是截面法，可以采取用外力求内力的简便方法。

$F_N(x)$等于 x 截面左(或右)段杆上外力沿轴线投影的代数和，左向左、右向右为正。

$F_Q(x)$等于 x 截面左(或右)段梁上外力的代数和，左上、右下为正。

$M(x)$等于 x 截面左(或右)段梁上外力矩的代数和，左顺、右逆为正。

2. 内力图

弯矩图的一般规律：①无荷载区段为斜直线。②均布荷载区段为曲线，凸向与荷载指向一致。③刚结点处力偶矩平衡。若无外力偶作用，结点两侧截面的弯矩相同。④铰结点处无外力偶矩作用，弯矩为零。⑤区段叠加法：先求出区段两端弯矩，并连成虚直线，再以此虚直线为基线叠加相应简支梁的弯矩值，所得细实线即为该梁段的弯矩图。

二、静定平面桁架

1. 判断零力杆规则

不共线的两杆结点，无外力作用时，两杆轴力为零；不共线的两杆结点，若外力与其中一杆共线，则另一杆轴力为零；三杆结点，且两杆共线，无外力作用时，则另一杆轴力为零。

2. 内力计算

(1)结点法是取结点列平衡方程求杆轴力的方法。

(2)截面法是假想用一个截面把桁架分成两部分，取其任一部分为研究对象，列平衡方程求解所截杆件内力的方法。注意，所截杆件个数一般不超过 3 个。

三、三铰拱

1. 内力的计算

三铰拱截面的内力有弯矩、剪力和轴力。在竖向荷载作用下，三铰拱任一截面的内力可借用相应简支梁的内力表示为：

$$\left.\begin{aligned} M_K &= M_K^0 - F_H y_K \\ F_{QK} &= F_{QK}^0 \cos\varphi_K - F_H \sin\varphi_K \\ F_{NK} &= F_{QK}^0 \sin\varphi_K + F_H \cos\varphi_K \end{aligned}\right\}$$

2. 内力图的画法

先将跨度分成若干等份，再求出各等分点处截面的内力，然后用描点法连接荷载对应的曲线即得拱的内力图。

3. 合理拱轴

在已知荷载作用下，能使拱各截面弯矩等于零的拱轴线称为“合理拱轴”。合理拱轴线的纵坐标与相应简支梁弯矩图的纵坐标成正比。

四、结构位移

结构杆件截面的移动和转动称为“结构位移”。结构的位移包括两种：线位移和角位移。

(1)广义力和广义位移：集中力、力偶统称为“广义力”；线位移、角位移统称为“广义位移”。

(2)实功与虚功：实功是指力在其自身引起的位移上所做的功；虚功是指力在其他因素所引起的位移上所做的功。

(3)变形体的虚功原理：变形体的虚功原理表明：力状态下的外力在位移状态下相应的位移上所做的外力虚功 W_{12} 等于力状态下的内力在位移状态下相应变形上所做的内力虚功 W'_{12}，即：

$$W_{12} = W'_{12}$$

(4)虚功原理应用:虚功原理的核心是外力虚功等于内力虚功。虚功原理有两种应用:虚设位移计算外力;虚设外力计算位移。本章讨论第二种应用,即虚设单位荷载计算位移。

五、位移计算的一般公式——单位荷载法

(1)一般公式:

$$\Delta_K=\sum\int\frac{\overline{M}M_P}{EI}\mathrm{d}x+\sum\int\frac{k\,\overline{F}_Q F_{QP}}{GA}\mathrm{d}x+\sum\int\frac{\overline{F}_N F_{NP}}{EA}\mathrm{d}x$$

(2)对于梁或刚架,简化的位移计算公式:

$$\Delta_K=\sum\int\frac{\overline{M}M_P}{EI}\mathrm{d}x$$

思考题

1. 当外力垂直于直梁轴线作用时,为什么梁截面的内力只有剪力和弯矩?若外力不垂直于直梁轴线呢?

2. 用叠加法作弯矩图时,为什么是竖坐标的叠加,而不是图形拼合?

3. 斜梁在竖向荷载作用下的内力图与相应水平梁的内力图有何异同?

4. 当荷载作用在多跨梁基本部分时,附属部分是否引起内力?作用在附属部分时,基本部分是否引起内力?

5. 刚架弯矩图在刚结点处有什么特点?

6. 桁架中既然有些是零力杆,是否可以将零力杆从结构中去掉?为什么?

7. 什么是虚功?变形体的虚功原理是怎样叙述的?

8. 计算位移时为什么要虚设单位荷载?虚设单位荷载的原则是什么?

9. 图乘法的应用条件是什么?怎样确定图乘结果的正负号?

习　题

10-1　试绘制图 10-38 所示各梁的弯矩图。

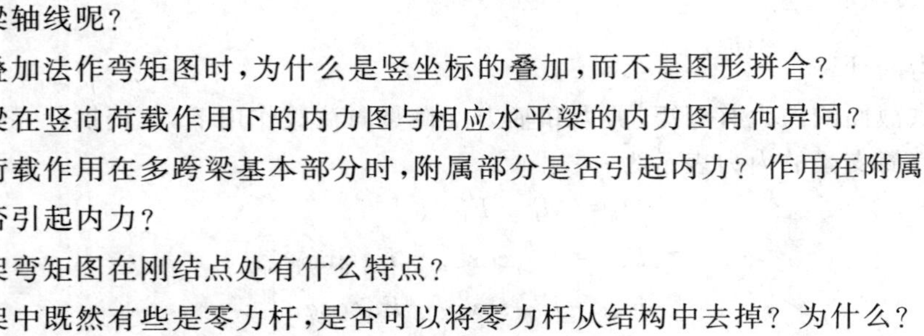

图 10-38

10-2　试绘制图 10-39 所示刚架的内力图。

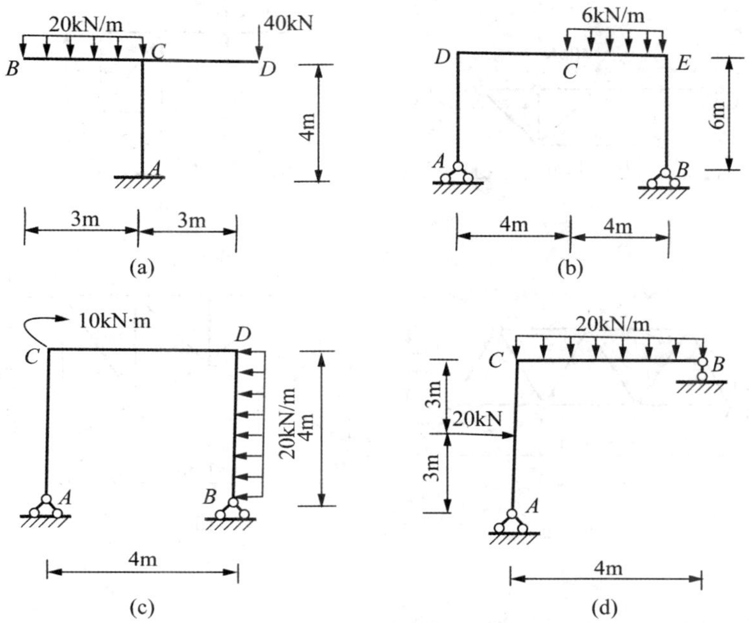

图 10-39

10-3　试绘制图 10-40 所示刚架的弯矩图。

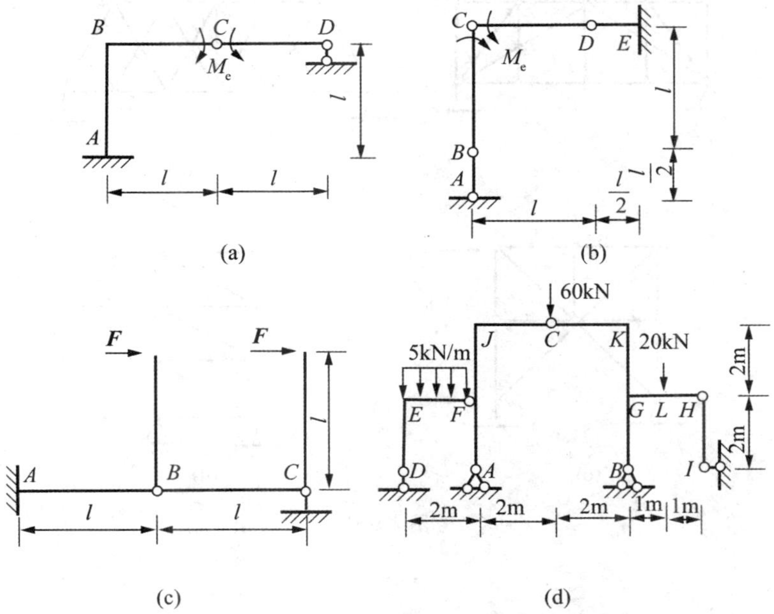

图 10-40

10-4　试绘制图 10-41 所示的各杆的轴力图和内力图。

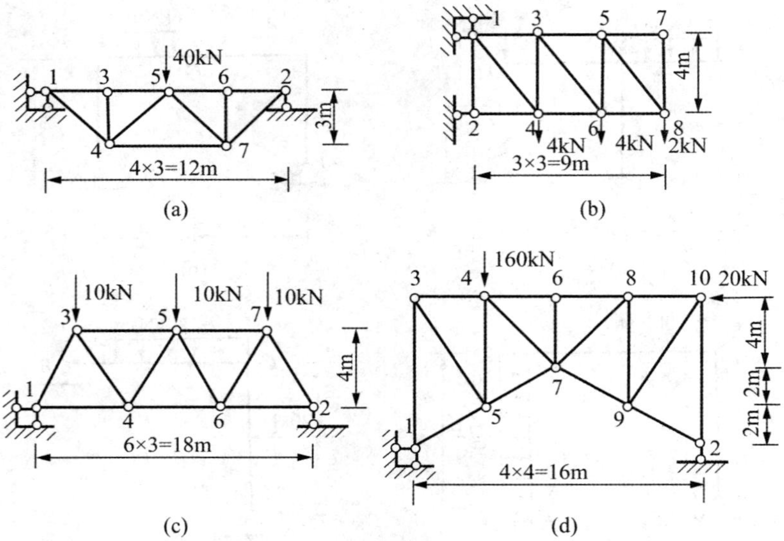

图 10-41

10-5　判定图 10-42 所示桁架中的零杆。

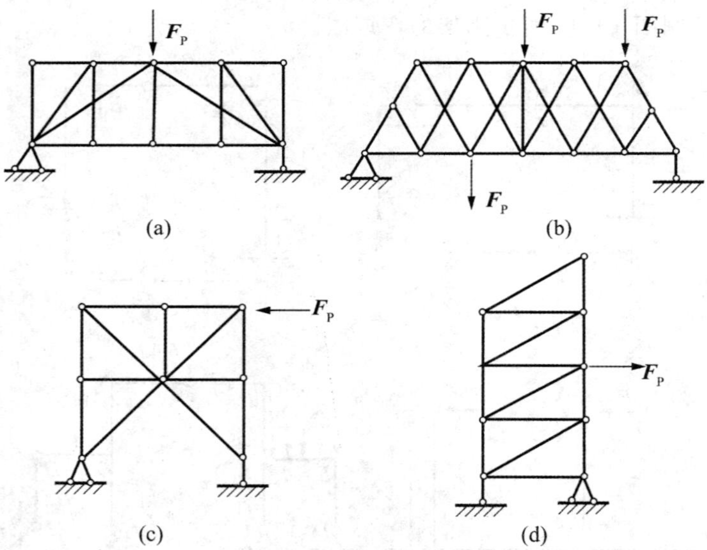

图 10-42

10-6 已知拱轴方程为 $y=\frac{4f}{l^2}x(l-x)$，试求图 10-43 所示抛物线三铰拱截面 K 的内力。

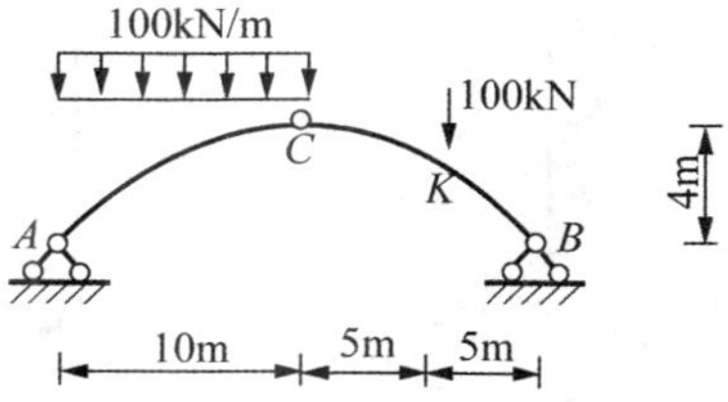

图 10-43

10-7 已知 EI 为常数，用积分法求图 10-44 所示梁指定截面 K 的位移。

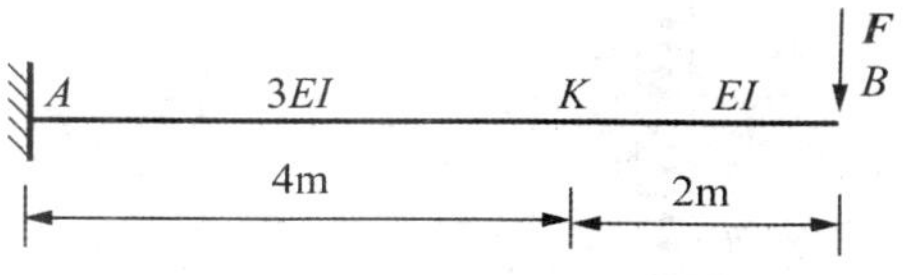

图 10-44

10-8 已知 EA 为常数，求图 10-45 所示桁架指定结点的位移。

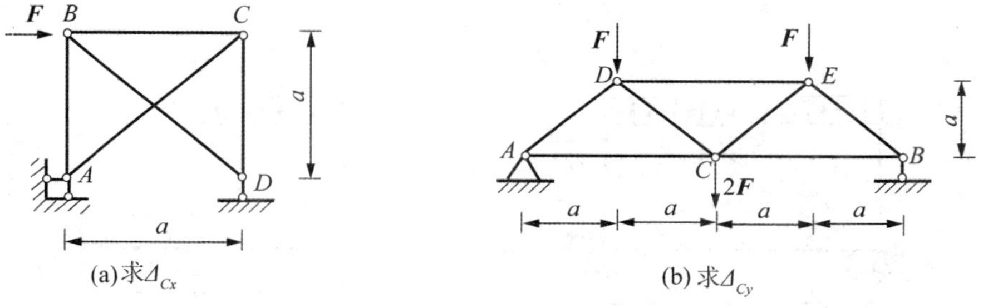

图 10-45

10-9 用图乘法计算图 10-46 所示刚架的指定位移。

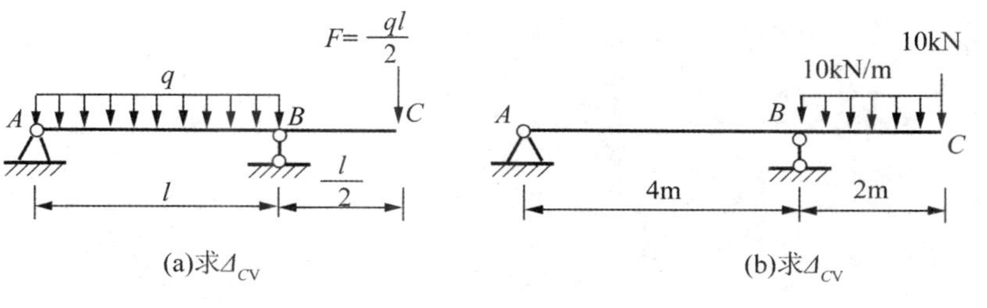

图 10-46

10-10 已知 EI 为常数，求图 10-47 所示刚架指定截面的位移。

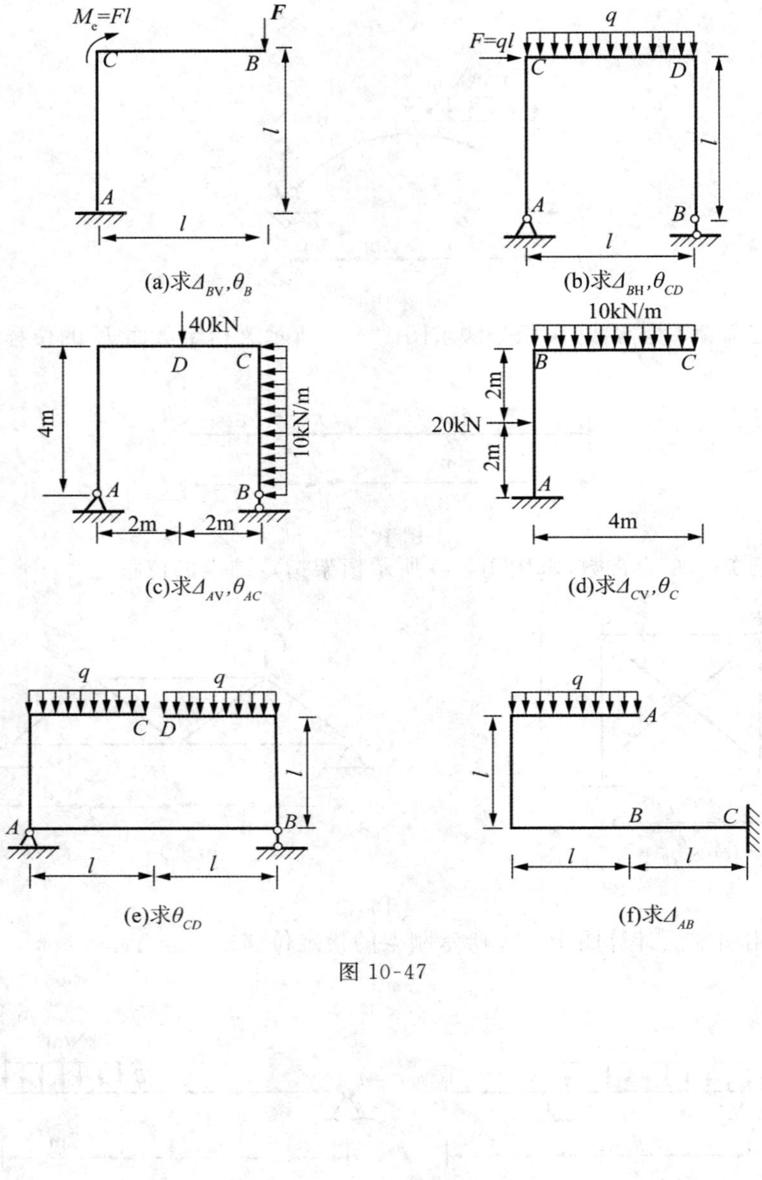

图 10-47

第十一章　超静定结构的内力和位移

本章主要介绍超静定结构计算的一些基本方法，内容包括力法原理、典型方程及其应用；位移法、基本未知量和转角位移方程及其应用。对连续梁和无侧移刚架的计算，则着重介绍力矩分配法的基本原理及应用。

第一节　超静定结构

一、超静定结构及类型

工程结构中，把几何组成具有几何不变性而又有多余约束的结构称为“超静定结构”。这种结构的支座约束力或内力只用静力学平衡方程是不能完全确定的。

超静定结构的类型很多，应用也很广泛，主要类型有超静定梁、超静定刚架、超静定桁架、超静定拱式结构和超静定组合结构，如图 11-1 所示。

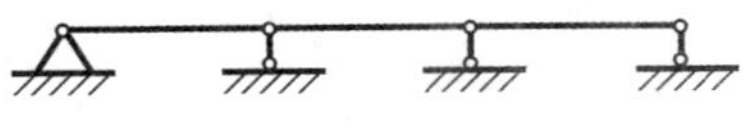

(a)超静定梁

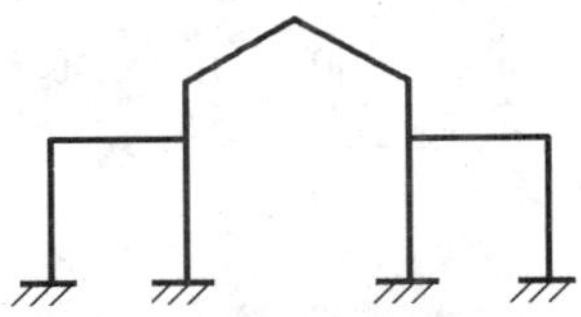

(b)超静定刚架

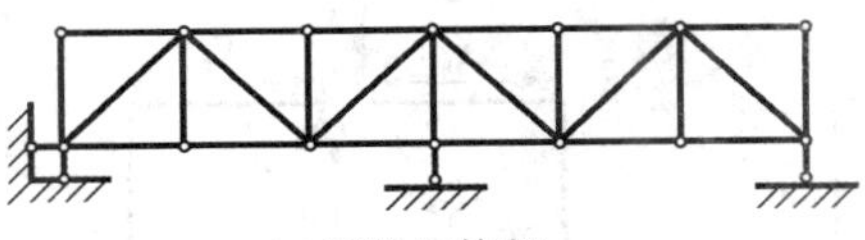

(c)超静定桁架

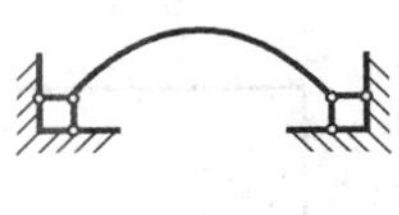

(d)超静定拱式结构

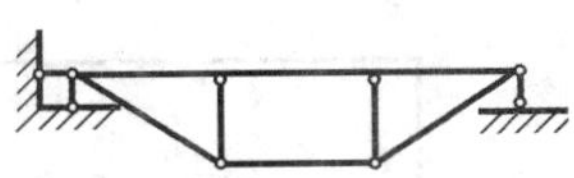

(e)超静定组合结构

图 11-1

二、超静定次数的确定

超静定结构中多余约束或多余未知力的数目称为“超静定次数”。确定结构的超静定次数，一般采用去掉多余约束的方法，将超静定结构变为静定结构。把去掉的几个多余约束用作用力表示。超静定结构去掉多余约束的基本方法有 4 种。

(1)去掉一根链杆或者切断一根链杆，相当于去掉一个约束。图 11-2 所示的结构都有一个多余约束，都是一次超静定结构。

(2)去掉一个铰支座或一个单铰，相当于去掉两个约束。图 11-3 所示的两个刚架都有两个多余约束，都是二次超静定结构。

(3)去掉一个固定端支座或切断一根梁式杆，相当于去掉三个约束，如图 11-4 所示。

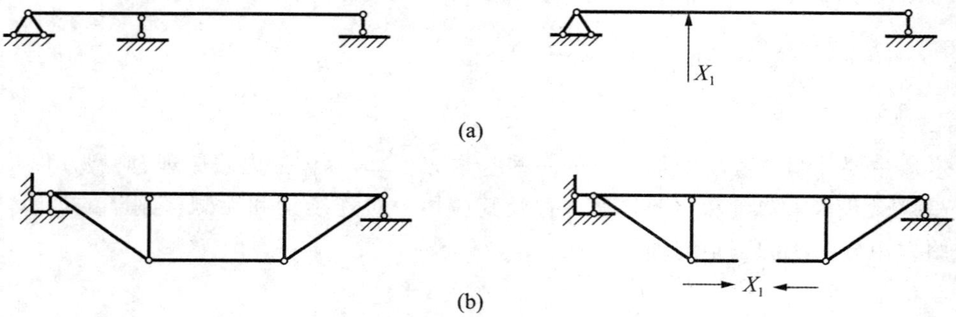

图 11-2

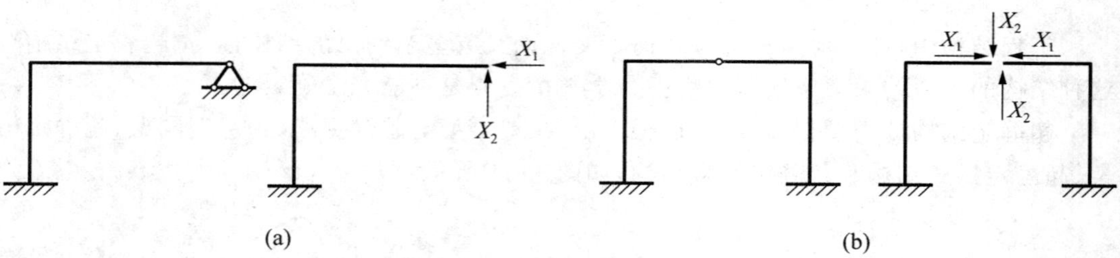

图 11-3

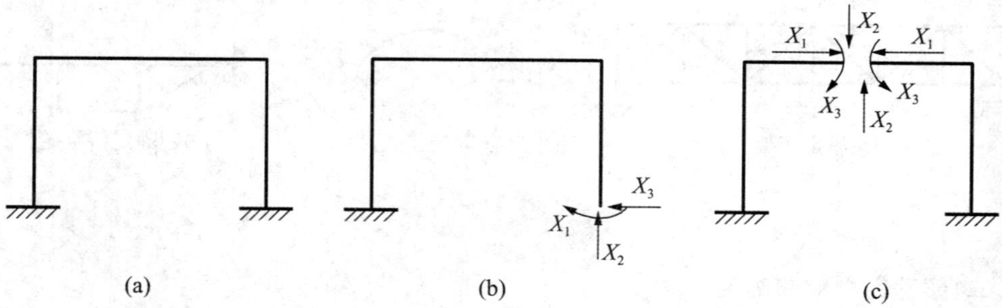

图 11-4

(4)将一个固定端支座改为铰支座或将一刚性连接改为单铰连接，相当于去掉一个约束，如图 11-5 所示。

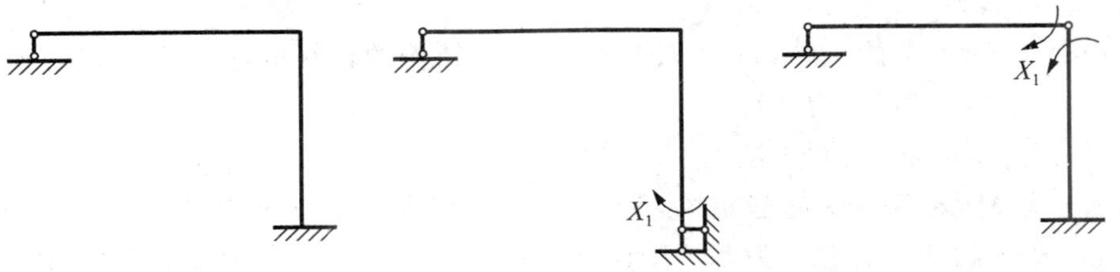

(a) (b) (c)

图 11-5

用去掉多余约束的方法可以确定任何超静定结构的次数，去掉多余约束后的静定结构称为“原超静定结构的基本结构”。

对于同一个超静定结构来说，去掉多余约束可以有多种方法，所以基本结构也有多种形式。但不论是采用哪种形式，所去掉的多余约束的数目必然是相同的。例如，图 11-6(a)所示的单跨超静定梁的基本结构可以是图 11-6(b)所示的简支梁，也可以是图 11-6(c)所示的悬臂梁，但超静定次数仍然是一次。

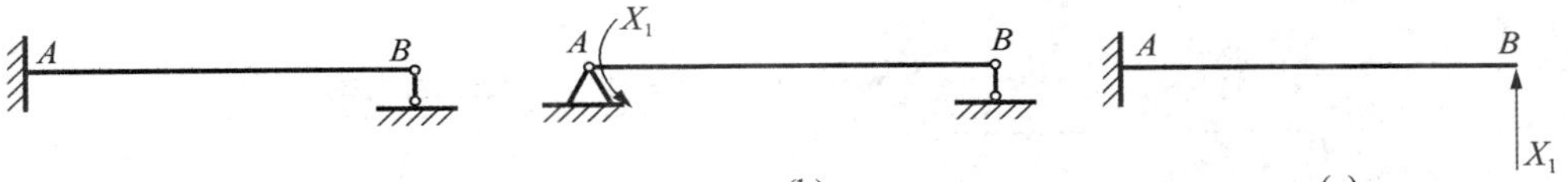

(a) (b) (c)

图 11-6

这里需要强调的是，基本结构必须是几何不变的静定结构。例如，图 11-7(a)所示刚架是一次超静定，如果去掉一个支座处的链杆，变成图 11-7(b)所示的瞬变体系，是不允许的。

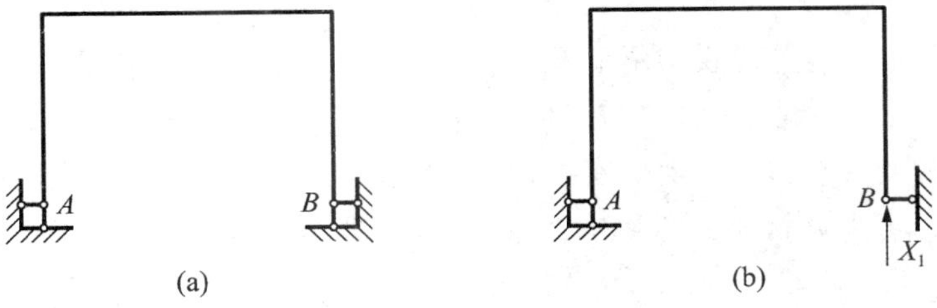

(a) (b)

图 11-7

超静定结构的计算方法较多，基本方法有力法和位移法。对连续梁和无侧移刚架，用力矩分配法比较简便。

第二节　力　法

力法是计算超静定结构内力的基本方法之一。它的基本思路是：首先解除结构的多余约束，用多余未知力代替，然后根据多余约束处的位移条件，建立力法典型方程，求解出多余未知力。于是，超静定结构计算便转化为静定结构的计算问题。由于它的基本未知量是多余未知力，故称为“力法”。

下面通过具体例子说明力法的基本原理。

图 11-8(a)所示为一次超静定梁，EI 为常数。把支座 B 链杆当多余约束去掉，选取图 11-8(b)所示的静定悬臂梁为基本结构。为保持基本结构受力状态和原结构的一致，B 支座处的支座反力用 X_1 代替，称为“基本未知量”。同时，基本结构 B 支座处的几何变形要保持和原来状态一致，即竖向位移为零：$\Delta=0$。

基本结构和原结构的受力状况是完全一致的，如果能够求出基本结构上的基本未知量，再利用静力平衡方程求出其余的支座反力，则结构的内力也就可以全部求解出，这就是力法分析的基本思路。

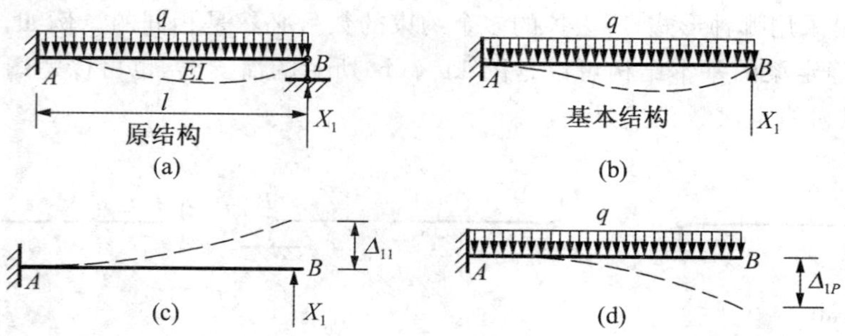

图 11-8

下面先介绍求解基本未知量的方法。

利用叠加方法，把基本结构中的竖向位移 Δ 分为荷载与 X_1 分别作用产生的两部分位移的叠加，即：

$$\Delta=\Delta_{11}+\Delta_{1P}=0$$

式中，Δ_{1P}表示基本结构在荷载作用下 B 点沿 X_1 方向的位移，Δ_{11}表示基本结构在 X_1 作用下 B 点沿 X_1 方向的位移，如图 11-8(c)(d)所示。

由于结构的变形在弹性变形范围内，设 δ_{11}为基本结构在 $X_1=1$ 作用下 B 点沿 X_1 方向的位移，则 Δ_{11}可以表示为：$\Delta_{11}=\delta_{11}X_1$，代入上式得到：

$$\Delta=\delta_{11}X_1+\Delta_{1P}=0$$

由于基本结构为静定结构，根据前面静定结构求位移的方法，可以利用图乘法求出上式中的 Δ_{1P}和 δ_{11}。图 11-9(a)(b)所示为基本结构在荷载 P 及单位荷载 $X_1=1$ 分别作用下的弯矩图，称为 M_P，$\overline{M}_1$，则 Δ_{1P}就可以通过 M_P 与$\overline{M}_1$ 图相乘求得，而 δ_{11}由$\overline{M}_1$ 图与$\overline{M}_1$图自身相乘求得。

$$\delta_{11}=\frac{1}{EI}\times\frac{l^2}{2}\times\frac{2l}{3}=\frac{l^3}{3EI}$$

$$\Delta_{1P}=-\frac{1}{EI}\left(\frac{1}{3}\times l\times\frac{ql^2}{2}\times\frac{3l}{4}\right)=-\frac{ql^4}{8EI}$$

$$X_1=-\frac{\Delta_{1P}}{\delta_{11}}=-\left(\frac{-ql^4}{8EI}\right)\bigg/\left(\frac{l^3}{3EI}\right)=\frac{3ql}{8}(\uparrow)$$

所得结果为正，说明 X_1 的实际方向与基本结构中假设的方向相同。

求得 X_1 后，原超静定结构的弯矩图 M 可利用已经绘出的 M_P 图和 $\overline{M}_1$ 图，按叠加原理绘出，即：

$$M=M_P+\overline{M_1}X_1$$

原结构弯矩图如图 11-9(c)所示。

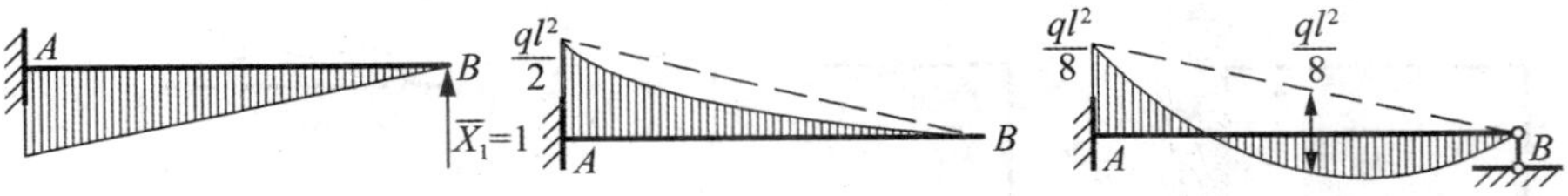

(a) $\overline{M}$图　(b) M_P图　(c) M图

图 11-9

综上所述，力法的基本原理就是以多余约束的约束反力作为基本未知量，以去掉多余约束的基本结构为研究对象，根据多余约束处的几何位移条件建立力法基本方程，求解出多余约束反力，然后求解出整个超静定结构的内力。用这一方法可以求解任何超静定结构。

一、力法的典型方程

上面讨论了一次超静定结构的力法原理，下面以一个三次超静定结构来说明力法解超静定结构的典型方程。由力法基本原理可知，用力法计算超静定结构的关键在于根据位移条件建立力法的基本方程，求解多余未知力。对于多次超静定结构，其计算原理与一次超静定结构完全相同。

图 11-10(a)所示为一个三次超静定刚架。选取基本体系，如图 11-10(b)所示，去掉固定端支座 B 处的多余约束，分别用基本未知量 X_1，X_2，X_3 代替。

由于原结构 B 处为固定端支座，其线位移和角位移均为零。所以，基本结构在荷载及 X_1，X_2，X_3 共同作用下，B 点沿 X_1，X_2，X_3 方向的位移都等于零，即基本结构的几何位移条件 $\Delta_1=0$，$\Delta_2=0$，$\Delta_3=0$。根据叠加原理，其几何位移条件可以表示为：

$$\left.\begin{aligned}\Delta_1=\Delta_{11}+\Delta_{12}+\Delta_{13}+\Delta_{1P}=0\\\Delta_2=\Delta_{21}+\Delta_{22}+\Delta_{23}+\Delta_{2P}=0\\\Delta_3=\Delta_{31}+\Delta_{32}+\Delta_{33}+\Delta_{3P}=0\end{aligned}\right\}\tag{11-2}$$

第一式中 Δ_{1P}，Δ_{11}，Δ_{12}，Δ_{13} 分别为荷载 F 及多余未加力 X_1，X_2，X_3 分别作用在基本结构上沿 X_1 方向产生的位移。如果用 δ_{11}，δ_{12}，δ_{13} 表示单位力 $X_1=1$，$X_2=1$，$X_3=1$ 作用于基本结构上沿 X_1 方向分别产生的位移[见图 11-10(d)(e)(f)]，则 Δ_{11}，Δ_{12}，Δ_{13} 可表示为 $\Delta_{11}=\delta_{11}X_1$，$\Delta_{12}=\delta_{12}X_2$，$\Delta_{13}=\delta_{13}X_3$，式(11-2)中第一项可以写成：

$$\Delta_1=\delta_{12}X_1+\delta_{12}X_2+\delta_{13}X_3+\Delta_{1P}=0$$

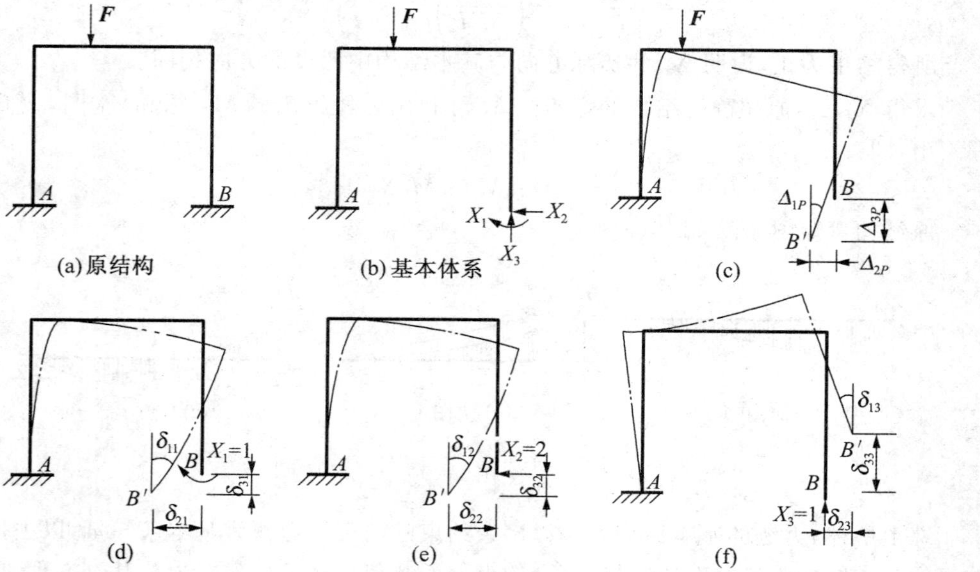

图 11-10

同理，另外两项亦可这样表示，则式(11-2)可以表示为：

$$\left.\begin{aligned}\Delta_1=\delta_{11}X_1+\delta_{12}X_2+\delta_{13}X_3+\Delta_{1P}=0\\\Delta_2=\delta_{21}X_1+\delta_{22}X_2+\delta_{23}X_3+\Delta_{2P}=0\\\Delta_3=\delta_{31}X_1+\delta_{32}X_2+\delta_{33}X_3+\Delta_{3P}=0\end{aligned}\right\}\tag{11-3}$$

对于 n 次超静定结构，有 n 个约束，也就有 n 个多余未知力 $X_1,X_2,\cdots,X_n$，且在 n 个多余约束处有 n 个已知的位移条件，故可建立 n 个方程，即：

$$\left.\begin{aligned}\Delta_1=\delta_{11}X_1+\delta_{12}X_2+\cdots+\delta_{1n}X_n+\Delta_{1P}=0\\\Delta_2=\delta_{21}X_1+\delta_{22}X_2+\cdots+\delta_{2n}X_n+\Delta_{2P}=0\\\Delta_3=\delta_{31}X_1+\delta_{32}X_2+\cdots+\delta_{nn}X_n+\Delta_{nP}=0\end{aligned}\right\}\tag{11-4}$$

式(11-4)称为“力法典型方程”。力法典型方程的物理意义是：基本结构在全部多余未知力和已知荷载作用下，沿着每个多余未知力方向的位移，应与原结构相应的位移相等。

在力法典型方程中，Δ_{iP} 不包含未知量，称为“自由项”，是基本结构在荷载单独作用下沿 X_i 方向产生的位移。从左上方的 δ_{11} 到右下方的 δ_{nn} 主对角线上的系数项 δ_{ij} 称为“主系数”(由于主系数 δ_{ij} 代表单位力 $X_i=1$ 作用于基本结构时，在其本身方向引起的位移，它必然与单位力 X_i 方向一致，故其值恒为正)。其余系数 δ_{ij} 称为“副系数”，是基本结构在 $X_j=1$ 作用下沿 X_i 方向的位移，其值可为正，可为负，也可为零。

根据位移互等定理有：

$$\delta_{ij}=\delta_{ji}$$

上式表明，力法典型方程中位于主对角线两侧对称位置上的两个副系数相等。

由力法典型方程解出多余未知力 $X_1,X_2,\cdots,X_n$ 后，即可按照静定结构的分析方法求得原结构的约束力和内力，或按下述叠加公式求出截面弯矩：

$$M=\overline{M}_1X_1+\overline{M}_2X_2+\cdots+\overline{M}_nX_n+M_P$$

根据平衡条件可求其剪力和轴力。

二、用力法求解超静定结构

例 11-1 试用力法计算图 11-11(a)所示超静定刚架的内力，并绘制弯矩图。

解：该梁为二次超静定结构，选取图 11-11(b)所示基本结构，则力法典型方程为：

$$\left.\begin{aligned}\delta_{11}X_1+\delta_{12}X_2+\Delta_{1P}=0\\ \delta_{21}X_1+\delta_{22}X_2+\Delta_{2P}=0\end{aligned}\right\}$$

分别绘出基本结构的$\overline{M}_1$，$\overline{M}_2$，$\overline{M}_P$ 图[见图 11-11(c)(d)(e)]，则有：

$$\delta_{11}=\frac{1}{EI}\times\frac{l}{2}\times l\times\frac{2}{3}\times l=\frac{l^3}{3EI}$$

$$\delta_{22}=\frac{1}{2EI}\times\frac{l^2}{2}\times\frac{2}{3}\times l+\frac{1}{EI}\times l\times l\times l=\frac{7l^3}{6EI}$$

$$\delta_{12}=\delta_{21}=\frac{1}{EI}\times\frac{l^2}{2}\times l=\frac{l^3}{2EI}$$

$$\Delta_{1P}=-\frac{1}{EI}\times\frac{l^2}{2}\times\frac{Fl}{2}=-\frac{Fl^3}{4EI}$$

$$\Delta_{2P}=-\frac{1}{2EI}\times\frac{1}{2}\times\frac{l}{2}\times\frac{Fl}{2}\times\frac{5l}{6}-\frac{1}{EI}\times\frac{Fl}{2}\times l\times l=-\frac{53Fl^3}{96EI}$$

将各系数和自由项代入典型方程，解得：

$$X_1=\frac{9}{80}F,X_2=\frac{17}{40}F$$

由 $M=\overline{M}_1X_1+\overline{M}_2X_2+M_P$ 可绘出原结构的弯矩图[见图 11-11(f)]。

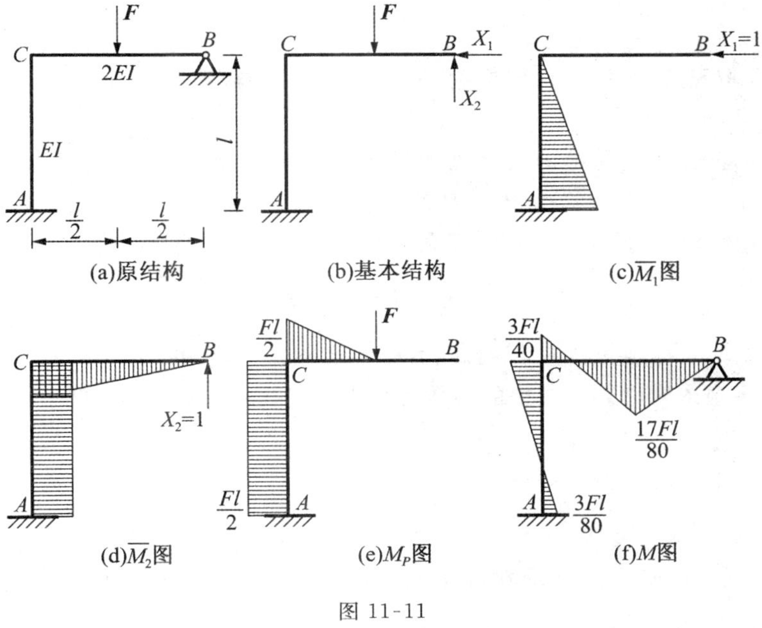

(a)原结构 (b)基本结构 (c)$\overline{M}_1$图

(d)$\overline{M}_2$图 (e)M_P图 (f)M图

图 11-11

三、支座移动时超静定结构的内力计算

由于超静定结构有多余约束，因此使结构产生变形的因素都将导致结构产生内力。这是超静定结构的重要特征之一，是静定结构所没有的。

实际工程中的结构除了承受直接荷载的作用外，还受支座移动、温度改变、制造误差及材料的收缩膨胀等因素影响。这里将研究支座移动时超静定结构的计算问题。用力法计算超静定结构由支座移动所引起的内力时，其基本原理和解题步骤与荷载作用的情况相同，只是力法典型方程中自由项的计算有所不同，它表示基本结构由于支座移动在多余约束处沿多余未知力方向所引起的位移 Δ_{iC}。还应注意力法典型方程等号右侧为基本结构在拆除约束处沿多余未知力方向的位移条件，也就是原结构在多余未知力方向的已知实际位移 Δ_i，当 Δ_i 与多余未知力方向一致时取正值，否则取负值。

例 11-2 如图 11-12(a)所示超静定梁，已知梁的 EI 为常数，设支座 A 发生转角 θ，求作梁的弯矩图。

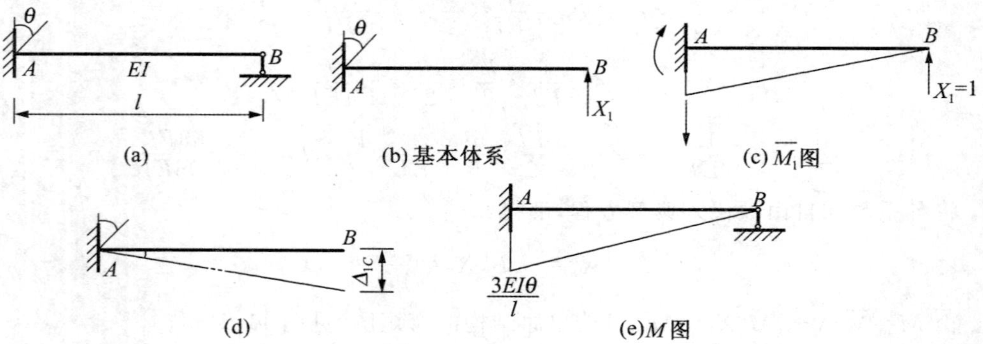

图 11-12

解：(1)选取基本体系。原结构为一次超静定结构，建立图 11-12(b)所示的基本体系。

(2)建立力法方程。原结构在 B 处无竖向位移，可建立力法典型方程，即：

$$\delta_{11}X_1+\Delta_{1C}=0$$

(3)画图[见图 11-12(c)(d)]，计算系数和自由项。

$$\delta_{11}=\frac{1}{EI}\left(\frac{1}{2}\times l\times l\times\frac{2}{3}l\right)=\frac{l^3}{3EI}$$

$$\Delta_{1C}=-\sum\overline{F}_R\times C=-(l\times\theta)=-l\theta$$

(4)求解多余未知力。将求得的系数和自由项代入力法典型方程得：

$$\frac{l^3}{3EI}X_1-l\theta=0$$

$$X_1=\frac{3EI\theta}{l^2}$$

(5)画 M 图。由于支座移动在静定结构中不引起内力，故只需将$\overline{M}_1$ 图乘以 X_1 值即可。

$$M=\overline{M}_1X_1, M_{AB}=l\times\frac{3EI\theta}{l^2}=\frac{3EI\theta}{l}, M_{BA}=0$$

画出 M 图，如图 11-12(e)所示。

由弯矩图可见，超静定结构由于支座移动引起的内力，其大小与杆件的刚度 EI 成正比，与杆长 l 成反比。或者说，其内力大小与杆件的$\frac{EI}{l}$成正比。为方便起见，常用 $i=\frac{EI}{l}$ 表示，称为“杆的线刚度”，其物理意义是单位长度的抗弯刚度。因此，由支座移动引起的杆件内力与杆的线刚度成正比。

第三节 位移法

工程实际中，当超静定结构的超静定次数较高时，应用力法计算就很烦琐。这里介绍另外一种计算超静定结构的基本方法，即位移法。与力法相比，位移法适用于超静定次数较高的结构。利用这种方法既可以计算超静定结构，也可以计算静定结构。

一、位移法

位移法的基本思路是：以结构的独立结点角位移和结点线位移作为基本未知量，以原结构结点的静力平衡条件建立位移法方程，求解结点线位移和角位移；进而利用结点位移和杆端力之间的关系，求出全部结构内力。

为了说明位移法的基本定义，研究图 11-13(a)所示的刚架。在荷载 $\boldsymbol{F}$ 作用下，将产生图中双点画线所示的变形。因为结点 A 是刚结点，所以杆 AB 与杆 AC 在 A 端的转角相同，即均等于结点 A 的转角；当忽略受弯杆件的轴向变形时，结点 A 的水平线位移和竖向线位移均等于零。整个刚架的变形只要用 p 来描述即可。如果能设法求得 p 值，刚架的内力就可以确定。

观察图 11-13(a)所示刚架各杆件的变形情况，可以用图 11-13(b)(c)所示的单跨超静定梁来表示。其中杆件 AB 相当于两端固定的单跨梁，固定端 A 发生了转角 θ_1；杆件 AC 相当于一端固定、另一端铰支的单跨梁，除了受荷载 $\boldsymbol{F}$ 作用外，固定端 A 还发生了转角 θ_1。如果将结点 A 的转角 θ_1 视为支座移动的另一外因，则图 11-13(a)所示刚架的计算就变为图 11-13(b)(c)所示两个单跨超静定梁的计算问题了。而各杆的内力由力法即可算出，其杆端弯矩计算结果如下：

$$M_{AB}=\frac{4EI}{l}\theta_1, M_{BA}=\frac{2EI}{l}\theta_1, M_{AC}=\frac{3EI}{l}\theta_1-\frac{3Fl}{16}, M_{CA}=0$$

由以上各式可见，若 θ_1(即结点 A 的转角)已知，则 M_{AB}，M_{BA} 和 M_{AC} 即可求出。因此，在位移法中，就以此结点的转角作为基本未知数 θ_1，以单跨超静定梁作为计算单元，求得基本未知数 θ_1，结构的内力就可迎刃而解。至于 θ_1，可由结点的平衡条件求出。因此，取结点 A 列平衡方程 $\sum M_A=0$，即：

$$M_{AB}+M_{AC}=0$$

将位移未知量和荷载代入上式，则有：

$$\frac{4EI}{l}\theta_1+\frac{3EI}{l}\theta_1-\frac{3Fl}{16}=0$$

$$\theta_1=\frac{3Fl^2}{112EI}$$

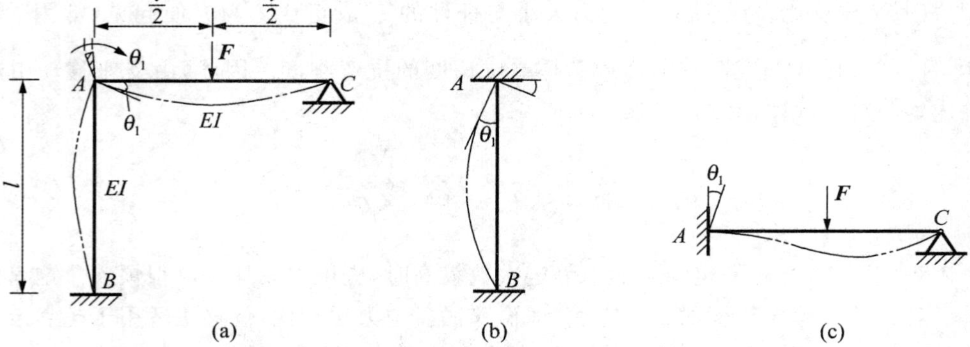

图 11-13

综上所述,用位移法计算超静定结构,是把超静定结构的某些结点位移(角位移和线位移)作为基本未知量,单跨超静定梁作为计算单元,通过平衡方程求出基本未知量,最后求出结构的内力。

二、位移法基本未知量的确定

在位移法中,是将结构上刚结点的结点角位移和独立的结点线位移作为基本未知量,即基本未知量的数目等于结构结点角位移数与独立结点线位移数的总和。如图 11-14 所示,刚架有 C,D,E,F 4 个刚结点,其结点角位移分别为 $\theta_C,\theta_D,\theta_E,\theta_F$,有 2 个独立结点线位移 Δ_1,Δ_2,所以共有 6 个基本未知量。

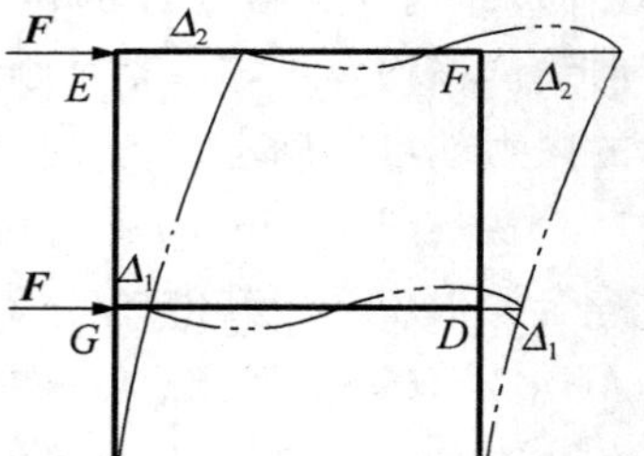

图 10-14

对图 11-15(a)所示刚架,结点 E,F 为刚结点,其角位移 θ_E,θ_F 为基本未知量;用铰化结点法确定独立的结点线位移,铰化后结构为瞬变体系[见图 11-15(b)],故原刚架结点 G 的竖向线位移 Δ_G 为基本未知量。由此得知,该刚架位移法的基本未知量共有 3 个,即角位移 θ_E,θ_F 和线位移 Δ_G。

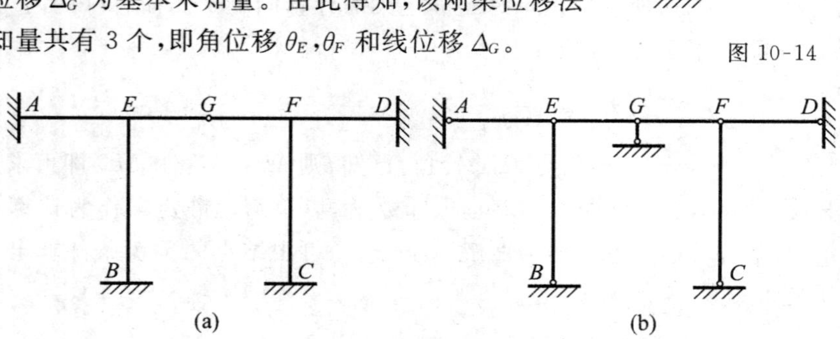

图 11-15

对图 11-16(a)所示排架,确定角位移时,要注意结点是一个组合结点,杆 BF 与 EF 在结点的角位移 θ_F 应作为基本未知量;用铰化结点法确定独立结点线位移,如图 11-16(b)所示,则结点 G,E 的水平线位移 Δ_G,Δ_E 应作为基本未知量。由此可知,该排架用位移法计算时的基本未知量共有 3 个,分别为 θ_F,Δ_G 和 Δ_E。

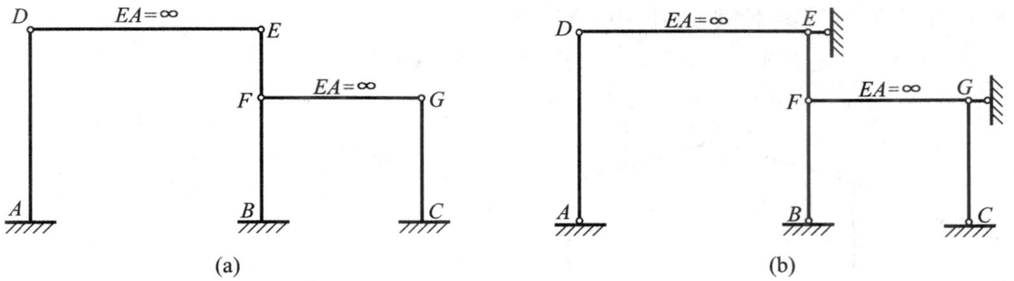

图 11-16

三、位移法基本结构的确定

基本未知量确定以后,在相应的结点位移处增设相应的约束(刚结点处增加刚臂,线位移处增加相应的链杆),所得的结构称为“位移法基本结构”。

下面举例说明如何将原结构化为基本结构。

如图 11-17(a)所示,刚架在荷载作用下结构发生了变形,结点 C,D 发生了转动和移动。

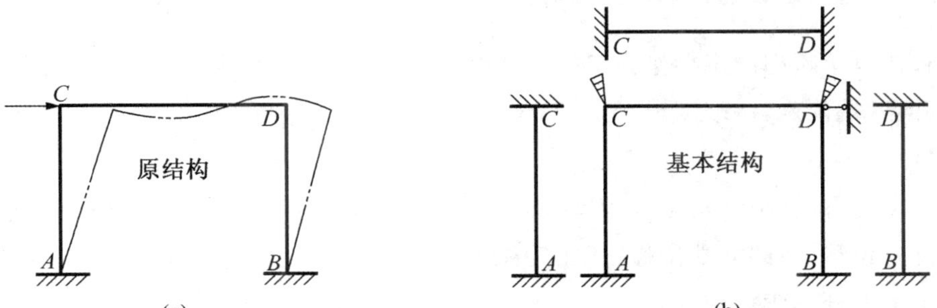

图 11-17

为了阻止结点移动,在结点 D(或结点 C)上加一附加支杆(作用是阻止结点线位移而不限制结点转动),如图 11-17(b)所示。对于以弯矩为主要内力的受弯直杆,可略去轴向变形和剪切变形的影响,且由于弯曲变形是微小的,杆处于微弯状态,因此,假定受弯直杆两端之间的距离在变形前后保持不变,这样结点 D 就不移动了。由于结点 D 不移动,结点 C 也就不移动了,故该结构只需加一个附加支杆,所有结点就不能移动了,但是结点还能转动。

为了阻止结点转动,在结点 C,D 上各加一个刚臂(作用是阻止结点转动而不限制结点的线位移)。

这时,结点 C,D 均不能移动,也不能转动,成为周围各杆的固定支座。于是,杆 AC,CD,DB 均化为两端固定的单跨梁。图 11-17(b)所示即为原结构的位移法基本结构。

由此可见,在位移法中,基本未知量的数目就等于基本结构上所应具有的附加约束的数目。因此,在选定基本结构的同时,基本未知量的数目也就同时确定了。

例 11-3 确定图 11-18(a)所示结构的位移法基本结构。

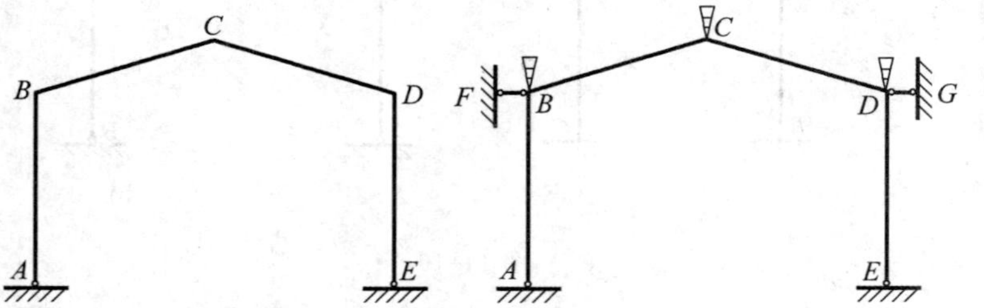

(a)原结构　　(b)基本结构

图 11-18

解:由原结构的铰接体系(没有画出)不难看出,需加入两根附加支杆才能使其成为几何不变体系,因此,在 B,D 两结点处各增加一根支杆,在刚结点 B,C,D 处各加入一个附加刚臂。位移法基本结构如图 11-18(b)所示。

四、单跨超静定梁的杆端弯矩和剪力

位移法以单跨超静定梁作为它的计算单元,这些单跨超静定梁的支承情况一般可以分为 3 种:两端固定,一端固定、另一端铰支,一端固定、另一端定向,分别如图 11-19(a)(b)(c)所示。

一般情况下,当把结构分解为单跨梁时,对于拆开的单跨梁来说,结构的结点位移就是梁的支座位移(亦即杆端位移)。在位移法中,经常需要用到这些超静定梁在荷载、支座位移情况下的杆端弯矩和剪力。

对位移法中所采用的杆端弯矩和杆端位移正负号作如下规定:杆端弯矩对杆端而言以顺时针转动方向为正;杆端转角以顺时针转动方向为正;杆件两端在垂直于杆轴方向上的相对线位移 Δ(也称"侧移"),以使整个杆件顺时针转动为正;弯矩对结点或支座而言,则以逆时针转向为正。图 11-20 所示的杆端弯矩 M_{AB}、杆端转角 θ_A 以及 Δ 均为正,而 M_{BA},θ_B 为负。

单跨静定梁中,由荷载或支座移动所引起的内力,都可用力法求得其结果。等截面单跨静定梁的杆端弯矩和杆端剪力如表 11-1 所示。表中 $i=\dfrac{EI}{l}$,为梁的线刚度。

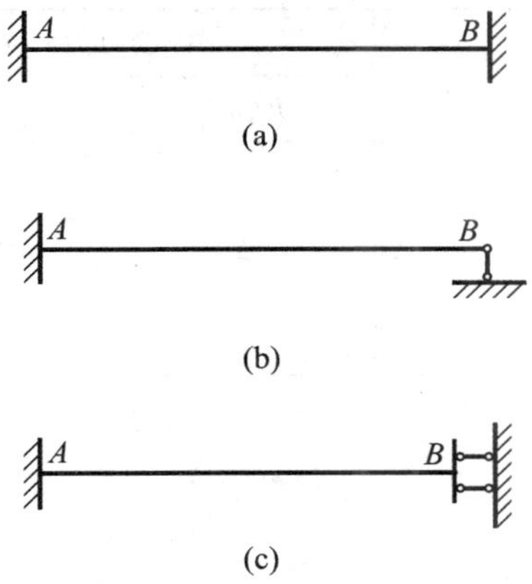

图 11-19

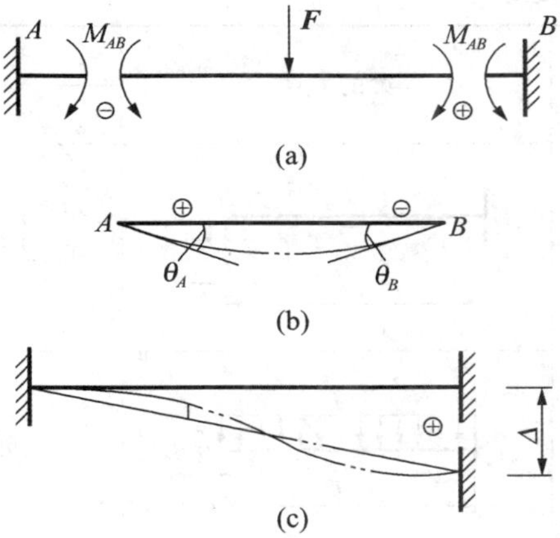

图 11-20

表 11-1　　等截面单跨静定梁的杆端弯矩和杆端剪力

序号	梁的简图	杆端弯矩		杆端剪力	
		M_{AB}	M_{BA}	F_{QAB}	F_{QBA}
1	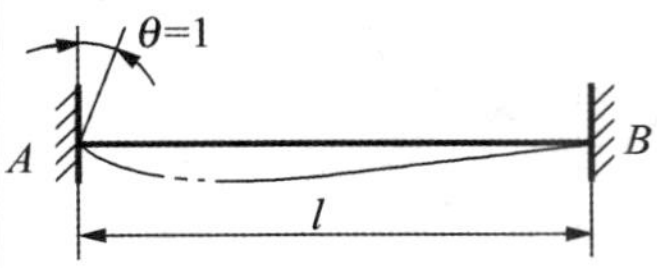	$\frac{4EI}{l}=4i$	$2i$	$-\frac{6i}{l}$	$-\frac{6i}{l}$
2	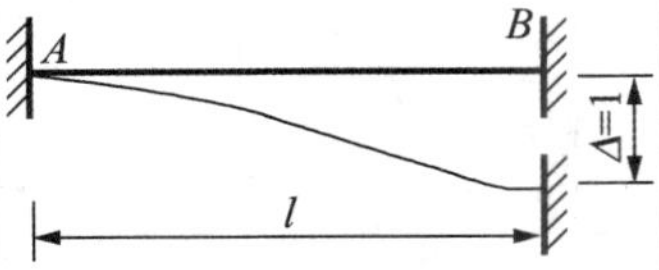	$-\frac{6i}{l}$	$-\frac{6i}{l}$	$\frac{12i}{l^2}$	$\frac{12i}{l^2}$
3	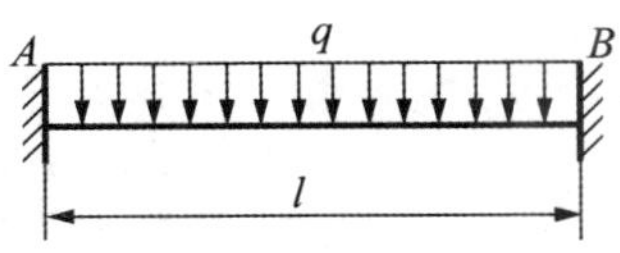	$-\frac{ql^2}{12}$	$\frac{ql^2}{12}$	$\frac{ql}{2}$	$-\frac{ql}{2}$
4	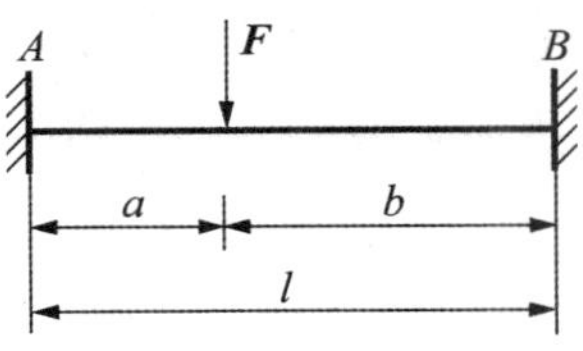	$-\frac{Fab^2}{l^2}$ 当 $a=b=\frac{l}{2}$ 时， $-\frac{Fl}{8}$	$\frac{Fa^2b}{l^2}$ 当 $a=b=-\frac{l}{2}$ 时， $\frac{Fl}{8}$	$\frac{Fb^2}{l^2}\left(1+\frac{2a}{l}\right)$ 当 $a=b=\frac{l}{2}$ 时， $\frac{F}{2}$	$-\frac{Fa^2}{l^2}\left(1+\frac{2b}{l}\right)$ 当 $a=b=\frac{l}{2}$ 时， $-\frac{F}{2}$
5	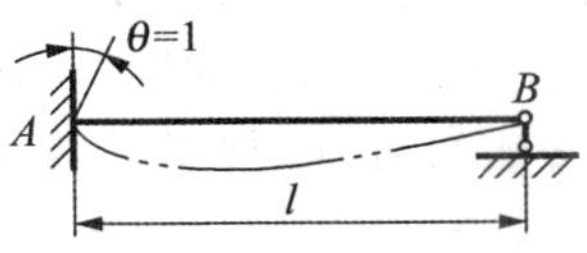	$3i$	0	$-\frac{3i}{l}$	$-\frac{3i}{l}$

续表

序号	梁的简图	杆端弯矩		杆端剪力	
		M_{AB}	M_{BA}	F_{QAB}	F_{QBA}
6	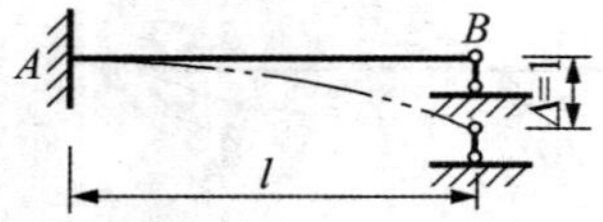	$-\frac{3i}{l}$	0	$\frac{3i}{l^2}$	$\frac{3i}{l^2}$
7	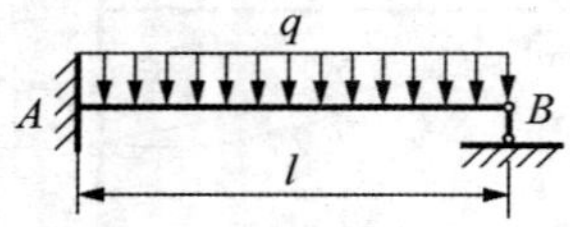	$-\frac{ql^2}{8}$	0	$\frac{5}{8}ql$	$-\frac{3}{8}ql$
8	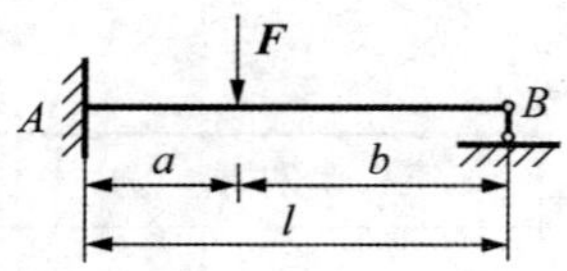	$-\frac{Fab(l+b)}{2l^2}$ 当 $a=b=\frac{l}{2}$ 时， $-\frac{3Fl}{16}$	0	$\frac{Fa(3l^2-b^2)}{3l^3}$ 当 $a=b=\frac{l}{2}$ 时， $\frac{11F}{16}$	$-\frac{Fa^2(2l+b)}{2l^3}$ 当 $a=b=\frac{2}{l}$ 时， $-\frac{5F}{16}$
9	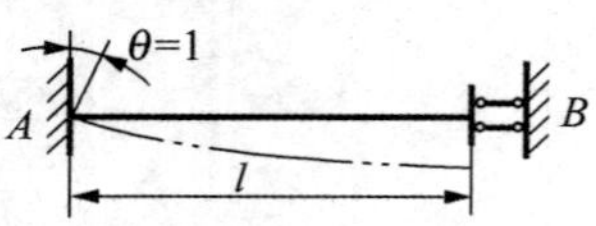	i	$-i$	0	0
10	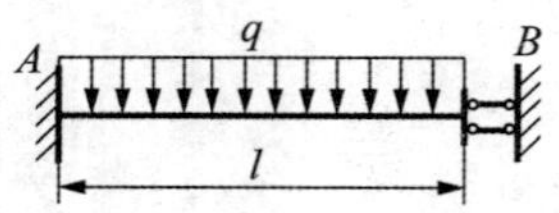	$-\frac{ql^2}{3}$	$-\frac{ql^2}{6}$	ql	0
11	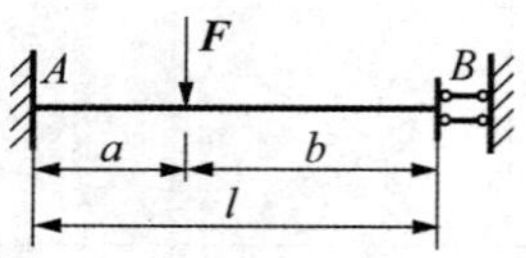	$-\frac{Fa(l+b)}{2l}$ 当 $a=b$ 时， $-\frac{3Fl}{8}$ 当 $a=l$ 时， $-\frac{Fl}{2}$	$-\frac{F^2}{2l}$ 当 $a=l/2$ 时， $-\frac{Fl}{8}$ 当 $a=l$ 时， $-\frac{Fl}{2}$	F	0 当 $a=l$ 时，F

五、等截面直杆的转角位移方程

在位移法中，经常需要用到这些超静定梁在荷载、支座唯一情况下的杆端弯矩和剪力。表示杆端弯矩(或杆端剪力)与荷载和支座位移之间关系的表达式称为“转角位移方程”。对于拆开的单跨梁，可以从表 11-1 中查出相应的内力进行叠加，列出其转角位移方程。

1. 两端固定梁的转角位移方程

如图 11-21(a)所示，杆件两端固定，A 端发生转角 θ_A，B 端发生转角 θ_B，两端还发生相对线位移 Δ，同时杆上作用有荷载。

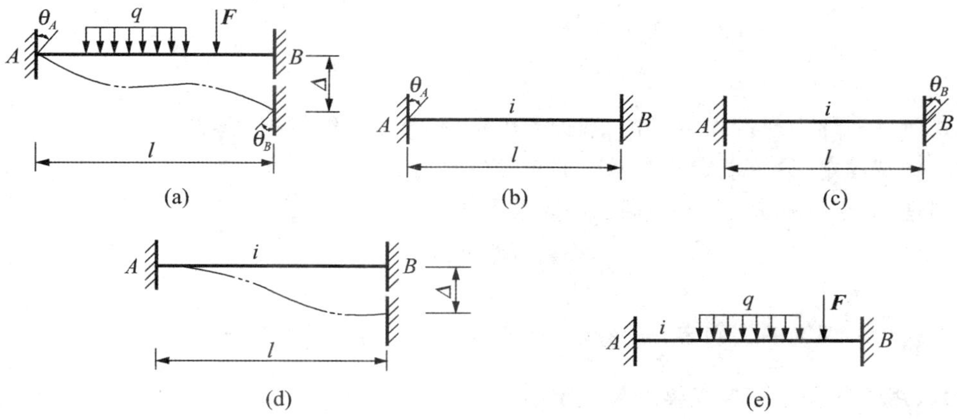

图 11-21

根据叠加原理，其杆端弯矩可分为图 11-21(b)～(e)4 种情况叠加，查表 11-1。

(1)由于 A 端发生转角 θ_A 引起的杆端力为：

$$M_{AB}=4i\theta_A,M_{BA}=2i\theta_A,F_{QAB}=-\frac{6i}{l}\theta_A,F_{QBA}=-\frac{6i}{l}\theta_A$$

(2)由于 B 端发生转角 θ_B 引起的杆端力为：

$$M_{AB}=2i\theta_B,M_{BA}=4i\theta_B,F_{QAB}=-\frac{6i}{l}\theta_B,F_{QBA}=-\frac{6i}{l}\theta_B$$

(3)由于两端相对侧移 Δ 引起的杆端力为：

$$M_{AB}=-\frac{6i}{l}\Delta,M_{BA}=-\frac{6i}{l}\Delta,F_{QAB}=\frac{12i}{l^2}\Delta,F_{QBA}=\frac{12i}{l^2}\Delta$$

(4)如果有荷载作用，其固端弯矩和剪力记为 M_{AB}^F，M_{BA}^F 和 F_{QAB}^F，F_{QBA}^F，则将以上查表结果叠加得：

$$\left.\begin{aligned}
M_{AB}&=4i\theta_A+2i\theta_B-\frac{6i}{l}\Delta+M_{AB}^F\\
M_{BA}&=2i\theta_A+4i\theta_B-\frac{6i}{l}\Delta+M_{BA}^F\\
F_{QAB}&=-\frac{6i}{l}\theta_A-\frac{6i}{l}\theta_B+\frac{12i}{l^2}\Delta+F_{QAB}^F\\
F_{QBA}&=-\frac{6i}{l}\theta_A-\frac{6i}{l}\theta_B+\frac{12i}{l^2}\Delta+F_{QBA}^F
\end{aligned}\right\}\tag{11-5}$$

式(11-5)即为两端固定的单跨超静定梁的转角位移方程。

2. 一端固定、另一端铰支梁的转角位移方程

同理，对于一端固定、另一端铰支梁，可得：

$$\left.\begin{aligned} M_{AB}&=3i\theta_A-\frac{3i}{l}\Delta+M_{AB}^F\\ M_{BA}&=0\\ F_{QAB}&=-\frac{3i}{l}\theta_A+\frac{3i}{l^2}\Delta+F_{QAB}^F\\ F_{QBA}&=-\frac{3i}{l}\theta_A+\frac{3i}{l^2}\Delta+F_{QBA}^F \end{aligned}\right\}\tag{11-6}$$

式(11-6)即为一端固定、另一端铰支单跨超静定梁的转角位移方程。

3. 一端固定、另一端定向支承梁的转角位移方程

同理，对于一端固定、另一端定向支承梁，可得：

$$\left.\begin{aligned} M_{AB}&=i\theta_A+M_{AB}^F\\ M_{BA}&=-i\theta_A+M_{BA}^F \end{aligned}\right\}\tag{11-7}$$

式(11-7)即为一端固定、另一端定向支承单跨超静定梁的转角位移方程。

六、用位移法计算连续梁及超静定刚架

位移法计算的一般步骤如下：

(1)确定基本未知量和基本结构。

(2)列出各杆端转角位移方程。

(3)根据平衡条件建立位移法基本方程(一般对有转角位移的刚结点列力矩平衡方程，有结点线位移时则考虑线位移方向的静力平衡方程)。

(4)解出未知量。

(5)求出杆端内力。

(6)作出内力图。

1. 无结点线位移结构的计算

如果结构的各结点只有转角而没有线位移，则称为“无结点线位移结构”。用位移法计算时，由于只有结点转角基本未知量，故仅需建立刚结点处的力矩平衡方程，就可求解出全部未知量，进而计算杆端弯矩，绘出内力图。下面举例说明具体计算过程。

例 11-4　用位移法计算图 11-22(a)所示超静定刚架，并绘制弯矩图。

解：(1)确定基本未知量。此连续梁只有一个刚结点 B 的转角位移 θ_B，如图 11-22(b)所示。

(2)写出转角位移方程。

$$M_{AB}=2i\theta_B-\frac{1}{8}Fl,M_{BA}=4i\theta_B+\frac{1}{8}Fl,M_{BC}=3i\theta_B-\frac{1}{8}ql^2$$

(3)求未知量。对刚结点 B 列平衡方程。

$$\sum M_B=0,M_{BA}+M_{BC}=0,4i\theta_B+\frac{1}{8}Fl+3i\theta_B-\frac{1}{8}ql^2=0$$

解得：

$$\theta_B=-\frac{1}{56i}(Fl-ql^2)=-\frac{1}{112i}ql^2\text{(负号说明逆时针转向)}$$

(4)求杆端弯矩。将 θ_B 代入转角位移方程,得:

$$M_{AB}=2i\theta_B-\frac{1}{8}Fl=-\frac{23}{112}ql^2,M_{BA}=4i\theta_B+\frac{1}{8}Fl=\frac{17}{112}ql^2,M_{BC}=3i\theta_B-\frac{1}{8}ql^2=-\frac{17}{112}ql^2$$

(5)作出弯矩图和剪力图。作出的图形如图 11-22(c)(d)所示。

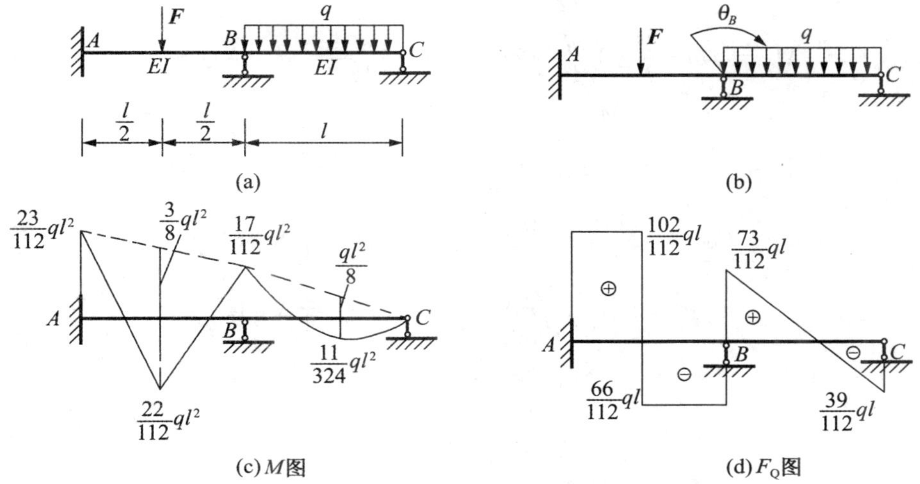

图 11-22

2.有结点线位移刚架的计算

如果结构的结点有线位移,则此结构称为"有结点线位移结构"。对于有结点线位移的刚架来说,一般要考虑杆端剪力,建立线位移方向的静力平衡方程和刚结点处的力矩平衡方程,才能解出未知量,下面举例说明。

例 11-5　用位移法计算图 11-23(a)所示超静定刚架,并作出弯矩图。

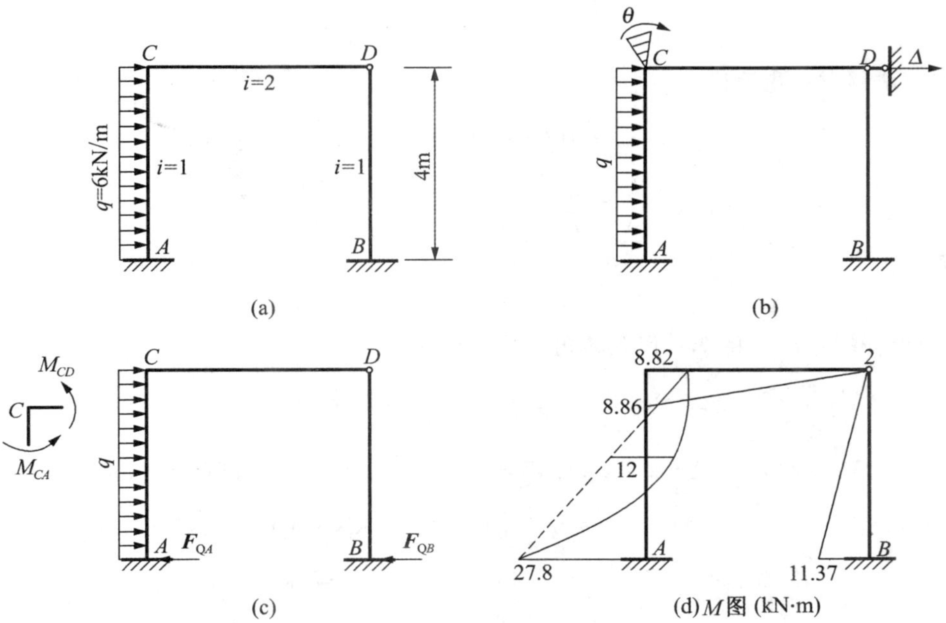

图 11-23

解：(1)确定基本未知量。此刚架在刚结点 C 有一个角位移，记为 θ；一个线位移，记为 Δ，如图 11-23(b)所示。

(2)写出转角位移方程：

$$M_{AC}=2i\theta-\frac{6i}{l}\Delta-\frac{ql^2}{12}=2\theta-\frac{6}{4}\Delta-\frac{6\times4^2}{12}=2\theta-\frac{3}{2}\Delta-8$$

$$M_{CA}=4i\theta-\frac{6i}{l}\Delta+\frac{ql^2}{12}=4\theta-\frac{6}{4}\Delta+\frac{6\times4^2}{12}=4\theta-\frac{3}{2}\Delta+8$$

$$M_{CD}=3i\theta=3\times2\times\theta=6\theta$$

$$M_{BD}=-\frac{3i}{l}\Delta=-\frac{3}{4}\Delta$$

$$F_{QCA}=-\frac{6i}{l}\theta+\frac{12i}{l^2}\Delta-\frac{ql}{2}=-\frac{3}{2}\theta+\frac{3}{4}\Delta-12$$

$$F_{QAC}=-\frac{6i}{l}\theta+\frac{12i}{l^2}\Delta+\frac{ql}{2}=-\frac{3}{2}\theta+\frac{3}{4}\Delta+12$$

$$F_{QDB}=\frac{3i}{l^2}\Delta=\frac{3}{16}\Delta$$

$$F_{QBD}=\frac{3i}{l^2}\Delta=\frac{3}{16}\Delta$$

(3)求未知量 θ，Δ[见图 11-23(c)]。取刚结点 C，列力矩方程：

$$\sum M_C=0,M_{CA}+M_{CD}=0$$

$$4\theta-\frac{3}{2}\Delta+8+6\theta=0$$

取刚架整体，列投影方程：

$$\sum F_x=0,ql-F_{QAC}-F_{QBD}=0$$

$$24-\left(-\frac{3}{2}\theta+\frac{3}{4}\Delta+12\right)-\frac{3}{16}\Delta=0$$

转角位移方程化简得：

$$10\theta-\frac{3}{2}\Delta+8=0$$

$$\frac{3}{2}\theta-\frac{15}{16}\Delta+12=0$$

解得：

$$\theta=1.47,\Delta=15.16$$

(4)求杆端弯矩。将 θ，Δ 代入转角位移方程，得：

$$M_{AC}=2\theta-\frac{3}{2}\Delta-8=2\times1.47-\frac{3}{2}\times15.16-8=-27.8(\text{kN}\cdot\text{m})$$

$$M_{CA}=4\theta-\frac{3}{2}\Delta+8=4\times1.47-\frac{3}{2}\times15.16+8=-8.86(\text{kN}\cdot\text{m})$$

$$M_{CD}=6\theta=6\times1.47=8.82(\text{kN}\cdot\text{m})$$

$$M_{BD}=-\frac{3}{4}\Delta=-\frac{3}{4}\times15.16=-11.37(\text{kN}\cdot\text{m})$$

(5)画弯矩图。所得弯矩图如图 11-23(d)所示。

第四节 力矩分配法

力矩分配法是在位移法基础上发展起来的求解超静定结构的实用方法。用位移法解超静定结构时，以结构线位移和角位移作为基本未知数，但需要求解联立方程。而用力矩分配法无须解联立方程，可直接考虑结构的受力状态，采用渐近解法。先求出近似解，然后逐步加以修正，最后趋近于精确解。力矩分配法适合于求解连续梁和无结点线位移的刚架。

一、力矩分配法

学习力矩分配法之前，首先对力矩分配法的几个基本概念，即线刚度、转动刚度、分配系数、传递系数等作一下阐述。杆端弯矩的正负号规定与位移法相同。

1. 线刚度 i

线刚度表示单位长度的刚度，即 $i=\frac{EI}{l}$。抗弯刚度 EI 相同而长度不同的杆件，其线刚度不同，线刚度大表示抵抗变形的能力强。

2. 转动刚度 S

转动刚度表示杆端抵抗转动的能力。它在数值上等于使杆端产生单位转角时需要施加的力矩。杆端的转动刚度以 S 表示。任一杆 AB，其 A 端转动刚度为 S_{AB}，A 端是截面被转动的施力端，称为“近端”，B 端称为“远端”。当远端支承情况不同时，S_{AB} 的数值就不一样。图 11-24 绘出等截面杆在 A 端的转动刚度 S_{AB} 的数值为：远端固定，$S_{AB}=4i$；远端滑动，$S_{AB}=i$；远端铰支，$S_{AB}=3i$；远端自由，$S_{AB}=0$。

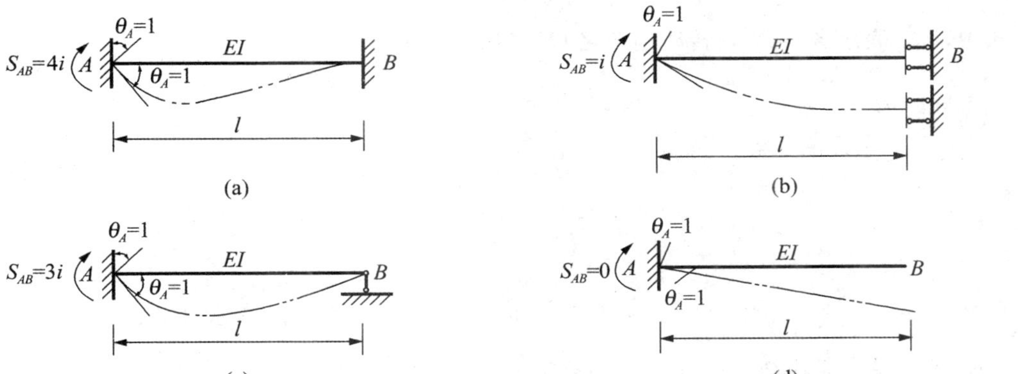

图 11-24

3. 分配系数 μ_{Aj}

如图 11-25(a)所示，刚架 B 端为固定端，D 端为铰支座，C 端为滑动支座。设结点 A 处作用一力矩 M，使杆端产生转角 θ_A，试求杆端弯矩 M_{AD}，M_{AB}，M_{AC}。

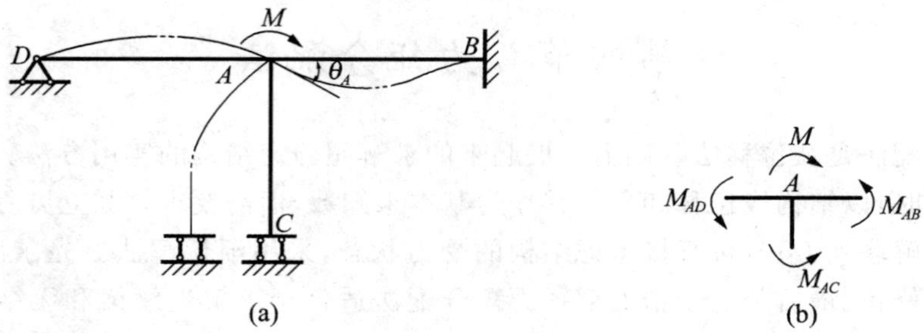

图 11-25

使结点产生转角的力矩为该结点将要分配的力矩，也称为“不平衡力矩”(M)；由于结点转角而引起连接此结点各杆近端产生抵抗这一转动的弯矩称为各杆的“分配弯矩”，用 M' 表示。所以，这个问题就是已知结构及作用于 A 结点上的不平衡力矩 M，求各杆近端的分配弯矩的问题。

由转动刚度的定义可得各杆分配弯矩为：

$$\left.\begin{aligned} M_{AB} &= S_{AB}\theta_A = 4i_{AB}\theta_A \\ M_{AC} &= S_{AC}\theta_A = i_{AC}\theta_A \\ M_{AD} &= S_{AD}\theta_A = 3i_{AD}\theta_A \end{aligned}\right\} \tag{11-8}$$

截取结点 A，由于这时各杆分配弯矩的方向尚未得知，故假定作用于结点 A 上的所有力矩均为正号，如图 11-25(b)所示，由力矩平衡方程得：

$$\sum M_A = 0,\ -M + M_{AB} + M_{AC} + M_{AD} = 0$$

即：

$$M = S_{AB}\theta_A + S_{AC}\theta_A + S_{AD}\theta_A$$

故：

$$\theta_A = \frac{M}{S_{AB} + S_{AC} + S_{AD}} = \frac{M}{\sum S}$$

式中，$\sum S$ 表示各杆 A 端转动刚度之和。将 θ_A 代入式(11-8)得：

$$\left.\begin{aligned} M_{AB} &= \frac{S_{AB}}{\sum S} \times M \\ M_{AC} &= \frac{S_{AC}}{\sum S} \times M \\ M_{AD} &= \frac{S_{AD}}{\sum S} \times M \end{aligned}\right\} \tag{11-9}$$

令 $\mu_{Aj} = \dfrac{S_{Aj}}{\sum S}$，$\mu_{Aj}$ 称为“分配系数”，下标 A 表示杆的近端，j 表示杆的远端。式(11-9)表明，任一杆 Aj 在结点 A 的分配系数 μ_{Aj} 等于杆件 Aj 的转动刚度与汇交于 A 结点各杆转动刚度之和的比值。同一结点各杆分配系数之间存在下列关系：

$$\mu_{AB} + \mu_{AC} + \mu_{AD} = 1$$

$$M_{Aj} = \mu_{Aj} M \tag{11-10}$$

计算分配弯矩公式的文字表达如下：

分配弯矩＝(－)不平衡力矩×分配系数

式中，负号表示分配弯矩总是与不平衡力矩反向。

4. 传递系数 C

在图 11-25(a)中，不平衡力矩加于结点 A，结点 A 产生转角，使各杆近端产生分配弯矩，同时也将近端产生的分配弯矩传递给各杆的远端，使杆件的远端获得一个传递弯矩，用 M^C 表示。由位移法可得：

$$M_{AB}=4i_{AB}\theta_A,M_{BA}=2i_{BA}\theta_A,M_{AD}=3i_{AD}\theta_A$$
$$M_{DA}=0,M_{AC}=i_{AC}\theta_A,M_{CA}=-i_{CA}\theta_A$$

由上式结果可得：

$$\frac{M_{BA}}{M_{AB}}=\frac{1}{2}=C_{AB}$$

这个比值 $C_{AB}=\frac{1}{2}$ 称为“传递系数”。传递系数表示近端有转角时，远端传递弯矩与近端分配弯矩的比值。传递系数 C 随远端的支承情况不同而不同：远端固定，$C=\frac{1}{2}$；远端铰支，$C=0$；远端滑动，$C=1$。

传递弯矩的计算公式可用文字表述如下：

传递弯矩=分配弯矩×传递系数

二、力矩分配法基本原理

力矩分配法是直接求解杆端弯矩的一种渐近法，适用于无侧移刚架和连续梁。现以图 11-26(a)所示连续梁为例，说明力矩分配法的基本原理。此连续梁无侧移，只有一个刚结点 B。在荷载作用下，其变形情况如图 11-26(a)中双点画线所示，刚结点 B 转动了一个角度 θ_B，在结点处，AB 杆 B 端的杆端弯矩为 M_{BA}，BC 杆 B 端的弯矩为 M_{BC}，取结点 B 为隔离体[见图 11-26(d)]，可知杆端弯矩 M_{BA}，M_{BC} 应是平衡的。

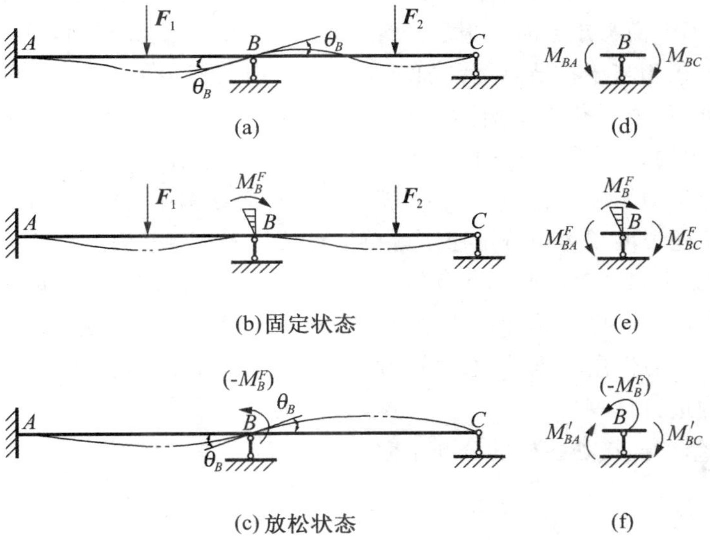

图 11-26

用力矩分配法计算此连续梁时，首先在刚结点 B 处附加控制转动刚臂，将结点固定起来，如图 10-26(b)所示，此称为“固定状态”。这时，杆 AB 就成为两端固定的单跨超静定梁，杆 BC 成为一端固定、一端铰支的超静定梁。在荷载作用下，它们的杆端弯矩即固定端弯矩 M_{BA}^F，M_{BC}^F 可由表 11-1 中查得。此时，在附加刚臂中产生了作用于刚结点 B 的约束力矩，用 M_B^F 表示。该约束力矩是平衡杆固端弯矩的不平衡部分，称为“结点上的不平衡力矩”。并规定顺时针转向为正，反之为负。取结点 B 为隔离体[见图 10-26(e)]，由 $\sum M_B=0$ 得：

$$M_B^F=M_{BA}^F+M_{BC}^F$$

此式表明，结点固定时附加在刚臂上的不平衡力矩，等于汇交于该结点处各杆固端弯矩的代数和。

当然，当加了刚臂后，结点 B 被固定，结构图 11-26(b)中各杆的固端弯矩并不等于原结构各杆的杆端弯矩。为了使结构还原为原结构，必须消除附加刚臂对结点 B 的影响，即放松约束使结点转动 θ_B 角。这相当于在结点 B 处施加一个与不平衡力矩 M_B^F 大小相等、方向相反的外力矩 $-M_B^F$，$-M_B^F$ 可称为“放松力矩”。图 11-26(e)所示为结构的放松状态。

结构在放松结点 B 的过程，就是将结点 B 处作用的放松力矩 $-M_B^F$ 分配给杆端，同时结点 B 也会产生相应转角 θ_B。各杆分配力矩 M'_{ij}[见图 11-26(f)]为：

$$M'_{BA}=\mu_{BA}(-M_B^F),M'_{BC}=\mu_{BC}(-M_B^F)$$

同时各杆的远端也获得传递力矩，为：

$$M_{AB}^C=C_{AB}M'_{BA},M_{CB}^C=C_{CB}M'_{BC}$$

综上所述，可以把力矩分配法的基本思路概括为“固定”和“放松”。通过固定结点，把原结构改造成各单跨超静定梁的组合体。此时各杆端有固端弯矩，而在被固定的结点有不平衡力矩，此不平衡力矩暂时由附加刚臂承担。放松结点让其转动，使结构恢复到原来的状态。放松过程相当于在结点上又加上了与不平衡力矩等值反向的放松力矩。于是，不平衡力矩被抵消，结点获得平衡。此时，放松力矩将按分配系数大小分配给各杆的近端，再按传递系数的大小传递到各杆的远端。最后，将结构在固定状态时的固端弯矩与在放松状态时的分配力矩和传递力矩叠加，就可以求得原结构中各杆的杆端弯矩了。

下面通过例题说明用力矩分配法求解单结点结构的运算步骤。

例 11-6　如图 11-27(a)所示连续梁，试用力矩分配法作该梁的弯矩图。

解：悬臂部分 EF 为静定结构，其内力由平衡条件即可求得。为了计算简便，可将支座 E 改为铰，力 $\boldsymbol{F}$ 的作用根据等效原理简化到 E 点作用，如图 11-27(b)所示，这里就根据简化后的结构进行计算。

(1)确定刚结点连接处各杆的分配系数。

$$B:\begin{cases}S_{BA}=3i_{AB}=3,\mu_{BA}=\dfrac{3}{3+4}=\dfrac{3}{7}\\ S_{BC}=4i_{BC}=4,\mu_{BA}=\dfrac{4}{3+4}=\dfrac{4}{7}\end{cases}$$

$$C:\begin{cases} S_{CB}=4i_{BC}=4,\mu_{CB}=\dfrac{4}{4+4}=\dfrac{1}{2} \\ S_{CD}=4i_{CD}=4,\mu_{CD}=\dfrac{4}{4+4}=\dfrac{1}{2} \end{cases}$$

$$D:\begin{cases} S_{DC}=4i_{BC}=4,\mu_{CB}=\dfrac{4}{4+3}=\dfrac{4}{7} \\ S_{DE}=3i_{CD}=3,\mu_{CD}=\dfrac{3}{4+3}=\dfrac{3}{7} \end{cases}$$

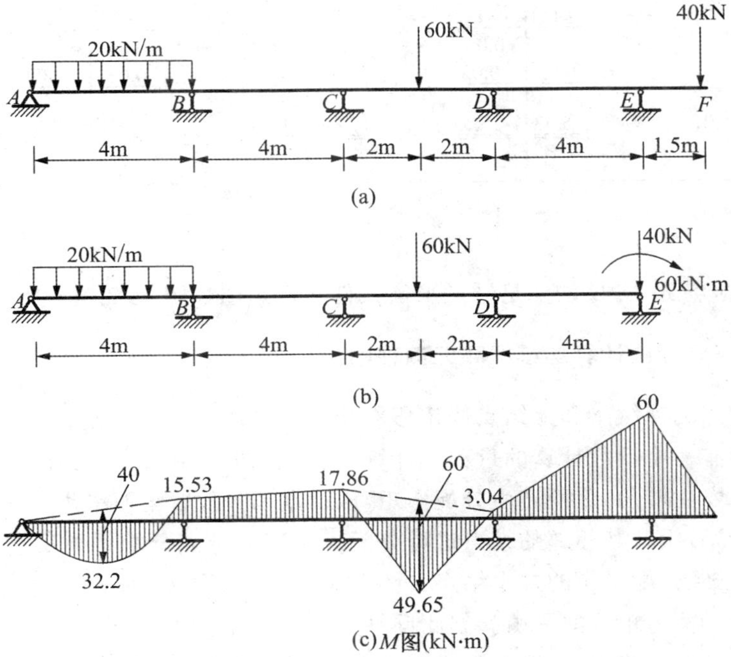

图 11-27

(2)计算固端弯矩。

$$M_{BA}^{F}=\frac{ql^2}{8}=\frac{20\times4^2}{8}=40(\text{kN}\cdot\text{m})$$

$$M_{CD}^{F}=-\frac{Fl}{8}=-\frac{60\times4}{8}=-30(\text{kN}\cdot\text{m})$$

$$M_{DC}^{F}=\frac{Fl}{8}=\frac{60\times4}{8}=30(\text{kN}\cdot\text{m})$$

$$M_{DE}^{F}=\frac{M}{2}=\frac{60}{2}=30(\text{kN}\cdot\text{m})$$

$$M_{ED}^{F}=M=60(\text{kN}\cdot\text{m})$$

(3)分配与传递弯矩计算,即最后弯矩的叠加(见图 11-28)。

	AB		BA	BC		CB	CD		DC	DE		ED
			$\frac{3}{7}$	$\frac{4}{7}$		$\frac{1}{2}$	$\frac{1}{2}$		$\frac{4}{7}$	$\frac{3}{7}$		
固端弯矩	0		40	0		0	-30		30	30		60
分配与传递弯矩计算	0	←	-17.14	-22.86	→	-11.43	-17.5	←	-34.29	-25.71	→	0
				14.65	←	29.29	29.29	→	14.65			
	0	←	-6.28	-8.37	→	-4.19	-4.19	←	-8.37	-6.28	→	0
				2.09	←	4.19	4.19	→	2.09			
	0	←	-0.9	-1.19	→	-0.60	-0.60	←	-1.19	-0.9	→	0
				0.3	←	0.60	0.06	→	0.3			
	0	←	-0.13	-0.17	→	-0.09	-0.09	←	-0.17	-0.13	→	0
				0.05	←	0.09	0.09	→	0.05			
			-0.02	-0.03					-0.03	-0.02		
最后的弯矩	0		15.53	-15.53		17.86	-17.86		3.04	-3.04		60

图 11-28

显然，刚结点 B,C,D 均满足结点平衡条件。弯矩图如图 11-27(c)所示。

三、用力矩分配法计算连续梁和无侧移刚架

对于多结点的连续梁和无结点线位移刚架，其计算方法与单结点的结构相同。只是第 3 步的计算有一个反复计算的过程。计算时首先松开其中某一个结点，该结点在不平衡力矩作用下发生转角，因而产生分配弯矩，该结点因分配弯矩而平衡。这时需要重新将该结点固定，然后松开其相邻的结点进行分配。相邻的结点分配平衡后会传递一个传递弯矩过来，使已经分配平衡的这个结点又产生新的不平衡力矩，又需要再次松开此结点重新将此新的不平衡力矩分配平衡。如此反复进行，而分配弯矩及传递弯矩逐次减小，直到传来的不平衡力矩数值很小，可以忽略不计为止，整个分配传递过程需要列表进行。

下面结合实例说明其计算方法。图 11-29 所示为三跨等截面连续梁，在荷载作用下，两个中间结点 B,C 将发生转角，即具有两个结点转角位移。首先用附加刚臂分别固定结点 B 和 C，使之不能转动，则连续梁被分拆成 3 个独立的单跨超静定梁。

(1)计算各杆端的分配系数。

$$\mu_{BA}=\frac{S_{BA}}{\sum S}=\frac{S_{BA}}{S_{BA}+S_{BC}}=\frac{4\times2}{4\times2+4\times3}=0.4$$

$$\mu_{BC}=\frac{S_{BC}}{\sum S}=\frac{S_{BC}}{S_{BA}+S_{BC}}=\frac{4\times3}{4\times2+4\times3}=0.6$$

$$\mu_{CB}=\frac{S_{CB}}{\sum S}=\frac{S_{CB}}{S_{CB}+S_{CD}}=\frac{4\times3}{4\times3+3\times4}=0.5$$

$$\mu_{CD}=\frac{S_{CD}}{\sum S}=\frac{S_{CD}}{S_{CB}+S_{CD}}=\frac{3\times4}{4\times3+3\times4}=0.5$$

(2)计算各杆的固端弯矩和不平衡力矩。

$$M_{AB}^{F}=M_{BA}^{F}=0$$

$$M_{BC}^{F}=-M_{CB}^{F}=-\frac{Fl}{8}=-\frac{400\times6}{8}=-300(\mathrm{kN\cdot m})$$

$$M_{CD}^{F}=-\frac{ql^{2}}{8}=-\frac{40\times6^{2}}{8}=-180(\mathrm{kN\cdot m})$$

$$M_{DC}^{F}=0$$

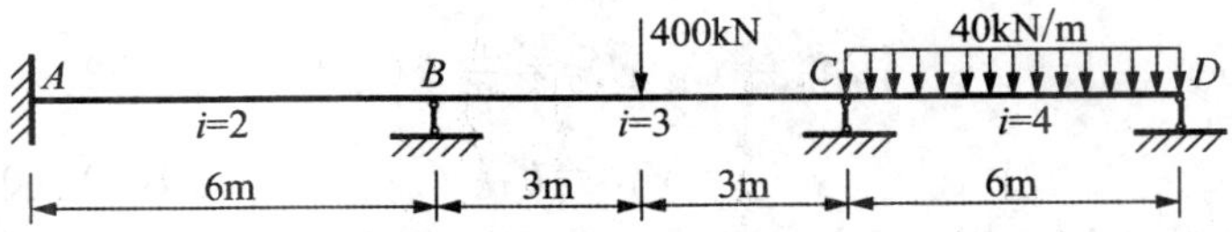

		A	B		C		D
分配系数			0.4	0.6	0.5	0.5	0
固端弯矩(kN·m)		0	0	-300	300	-180	
分配与传递弯矩(kN·m)	B 一次分配与传递	60	120	180	90		
	C 一次分配与传递			-52.5	-105	-105	0
	B 二次分配与传递	10.5	21.0	31.5	15.75		
	C 二次分配与传递			-3.94	-7.88	-7.88	0
	B 三次分配与传递	0.79	1.58	2.63	1.18		
	C 三次分配与传递			-0.30	-0.59	-0.59	0
	B 四次分配与传递	0.06	0.12	0.18	0.09		
	C 四次分配与传递				-0.04	-0.04	
最后弯矩(kN·m)		71.35	142.7	-142.7	293.5	-293.5	

图 11-29

B,C 两结点处的不平衡力矩分别为：

$$M_{B}^{F}=M_{BA}^{F}+M_{BC}^{F}=0-300=-300(\mathrm{kN\cdot m})$$

$$M_{C}^{F}=M_{CB}^{F}+M_{CD}^{F}=300-180=120(\mathrm{kN\cdot m})$$

(3)分配和传递弯矩。先放松不平衡力矩绝对值较大的结点 B,结点 C 仍被固定。此时对 ABC 部分进行力矩分配，将不平衡力矩 M_{B}^{F} 反号乘以分配系数，求得各杆结点 B 近端的分配弯矩为：

$$M_{BA}'=\mu_{BA}(-M_{B}^{F})=0.4\times300=120(\mathrm{kN\cdot m})$$

$$M_{BC}'=\mu_{BC}(-M_{B}^{F})=0.6\times300=180(\mathrm{kN\cdot m})$$

将分配弯矩乘以相应的传递系数，求得结点 B 各杆远端传递弯矩为：

$$M_{AB}^{C}=C_{AB}M_{BA}'=\frac{1}{2}\times120=60(\mathrm{kN\cdot m})$$

$$M_{CB}^{C}=C_{CB}M_{BC}'=\frac{1}{2}\times180=90(\mathrm{kN\cdot m})$$

这样就完成了结点 B 的第一次分配和传递。将分配系数、固端弯矩及求得的分配与传递弯矩分别记入图 11-29 所示的表格中。结点 B 经一次分配和传递后，获得了暂时的平衡。

然后再来考虑结点 C,其上仍存在着不平衡力矩。但是数值已不再是开始求得的值，而应在此基础上增加结点 B 传来的传递弯矩 $M_{CB}^{C}=90\mathrm{kN\cdot m}$,即应为$(120+90)\mathrm{kN\cdot m}=210\mathrm{kN\cdot m}$。为了消除这一个平衡力矩，再将结点 B 重新固定，而放松结点 C,在 BCD

部分进行力矩的分配和传递。

C 点各杆近端的分配弯矩为：

$$M'_{CB}=\mu_{CB}(-M_C^F)=0.5\times(-210)=-105(\text{kN}\cdot\text{m})$$
$$M'_{CD}=\mu_{CD}(-M_C^F)=0.5\times(-210)=-105(\text{kN}\cdot\text{m})$$

C 点各杆远端的传递弯矩为：

$$M_{BC}^C=C_{BC}M'_{CB}=\frac{1}{2}\times(-105)=-52.5(\text{kN}\cdot\text{m})$$
$$M_{DC}^C=C_{DC}M'_{CD}=0\times(-105)=0$$

将上述计算结果记入图 11-29 所示的表中，在分配弯矩值的下面画一横线，表明此时结点 C 也获得了平衡，即结点 C 的第一次分配传递结束。至此，结构的第一轮计算结束。

由于结点 C 放松时，又使得结点 B 有了新的不平衡力矩（即由结点 C 传来的弯矩 $M_{BC}^C=52.5\text{kN}\cdot\text{m}$），不过其值已明显小于第一次的不平衡力矩 $-300\text{kN}\cdot\text{m}$，为此需要重新固定结点 C，对结点 B 进行第二轮的力矩分配与传递；同理，结点 C 将再次失去平衡，应再对其进行第二次力矩分配与传递。如此循环若干次之后，不平衡力矩越来越小，当其小到可以忽略不计时，便以不再传递力矩作为结束。此时的结构就非常接近于自然的平衡状态了。

将各次计算结果记入图 11-29 所示的表中，最后将各杆端历次的分配弯矩、传递弯矩和原来的固端弯矩求代数和，便得到各杆端的最后弯矩。

上述的计算方法同样可用于多结点无侧移刚架。

例 11-7　如图 11-30(a)所示多跨连续梁，试用力矩分配法绘制其弯矩图。

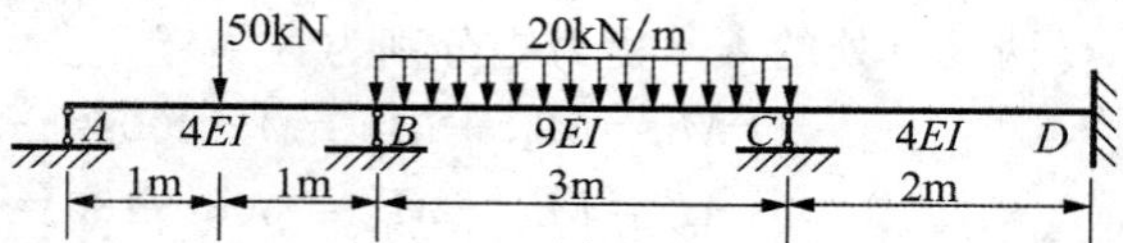

(a)

分配系统			1/3	2/3	0.6	0.4	
固端弯矩(kN·m)		0	18.75	-15	15	0	0
分配与传递弯矩(kN·m)	结点C弯矩分配与传递			-4.5 ←	-9	-6 →	-3
	结点B弯矩分配与传递	0	0.25	0.5 →	0.25		
	结点C弯矩分配与传递	0		-0.07 ←	-0.15	-0.1 →	-0.05
	结点B弯矩分配与传递	0	0.02	0.05			
最后弯矩(kN·m)		0	19.02	-19.02	6.10	-6.10	-3.05

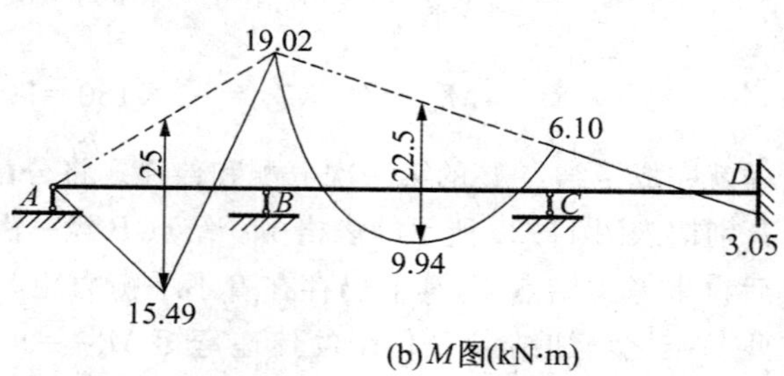

(b) M 图(kN·m)

图 11-30

解:首先分别固定结点 B 和 C,使之不能转动,则梁被分解成 3 个独立的单跨超静定梁。

(1)计算分配系数。

$$S_{BA}=3\times\frac{4}{2}i=6i,S_{CB}=4\times\frac{9}{3}i=12i,S_{CD}=4\times\frac{4}{2}i=8i$$

$$\mu_{BA}=\frac{S_{BA}}{S_{BA}+S_{BC}}=\frac{6i}{6i+12i}=\frac{1}{3},\mu_{BC}=\frac{S_{BC}}{S_{BA}+S_{BC}}=\frac{12i}{6i+12i}=\frac{2}{3}$$

$$\mu_{CB}=\frac{S_{CB}}{S_{CB}+S_{CD}}=\frac{12i}{12i+8i}=0.6,\mu_{CD}=\frac{S_{CD}}{S_{CB}+S_{CD}}=\frac{8i}{12i+8i}=0.4$$

(2)计算由荷载产生的固端弯矩。

$$M_{AB}^{F}=0,M_{BA}^{F}=\frac{3Fl}{16}=\frac{3\times50\times2}{16}=18.75(\text{kN}\cdot\text{m})$$

$$M_{BC}^{F}=-M_{CB}^{F}=-\frac{ql^{2}}{12}=-\frac{20\times3^{2}}{12}=-15(\text{kN}\cdot\text{m}),M_{CD}^{F}=M_{DC}^{F}=0$$

(3)绘制弯矩图,如图 11-30(b)所示,具体计算如图中列表所示。

例 11-8 EI 为常数,试用力矩分配法计算三跨连续梁[见图 11-31(a)],并绘制弯矩图和剪力图。

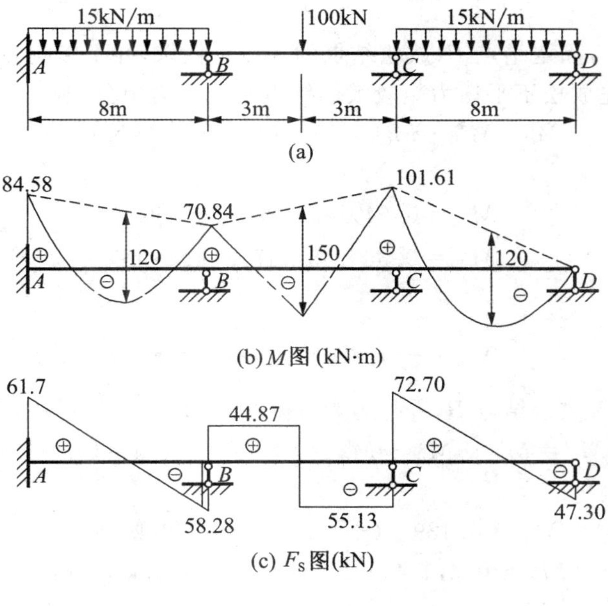

图 11-31

解:(1)计算力矩分配系数。

令 $EI=1$,则有:

$$S_{BA}=4i_{BA}=4\times\frac{1}{8}=\frac{1}{2},S_{BC}=4i_{BC}=4\times\frac{1}{6}=\frac{2}{3}$$

$$S_{CB}=4i_{BC}=4\times\frac{1}{6}=\frac{2}{3},S_{CD}=3i_{CD}=3\times\frac{1}{8}=\frac{2}{8}$$

$$\mu_{BA}=\frac{\frac{1}{2}}{\frac{1}{2}+\frac{2}{3}}=0.429,\mu_{BC}=\frac{\frac{2}{3}}{\frac{1}{2}+\frac{2}{3}}=0.571$$

$$\mu_{CB}=\frac{\frac{2}{3}}{\frac{2}{3}+\frac{3}{8}}=0.64,\mu_{CD}=\frac{\frac{3}{8}}{\frac{2}{3}+\frac{3}{8}}=0.36$$

(2)计算固端弯矩。

$$M_{AB}^{F}=-\frac{ql^2}{12}=-\frac{15\times 8^2}{12}=-80(\text{kN}\cdot\text{m})$$

$$M_{BA}^{F}=\frac{ql^2}{12}=80(\text{kN}\cdot\text{m})$$

$$M_{BC}^{F}=-\frac{Fl}{8}=-\frac{100\times 6}{8}=-75(\text{kN}\cdot\text{m})$$

$$M_{CB}^{F}=\frac{Fl}{8}=75(\text{kN}\cdot\text{m})$$

$$M_{CD}^{F}=-\frac{ql^2}{8}=-\frac{15\times 8^2}{8}=-120(\text{kN}\cdot\text{m})$$

(3)放松结点 C,固定结点 B(放松结点的次序可任取,并不影响最后结果。但为了缩短计算过程,最好先放松不平衡力矩较大的结点),进行力矩分配和传递。不平衡力矩为:

$$M_{C}^{F}=M_{CB}^{F}+M_{CD}^{F}=75-120=-45(\text{kN}\cdot\text{m})$$

分配弯矩为:

$$M_{CB}^{\mu}=0.64\times 45=28.8(\text{kN}\cdot\text{m})$$

$$M_{CD}^{\mu}=0.36\times 45=16.2(\text{kN}\cdot\text{m})$$

传递弯矩为:

$$M_{BC}^{C}=\frac{1}{2}\times 28.8=14.4(\text{kN}\cdot\text{m})$$

(4)固定结点 C,放松结点 B,进行力矩分配和传递。不平衡力矩为:

$$M_{B}^{F}+M_{B}^{F1}=M_{BA}^{F}+M_{BC}^{F}+M_{BC}^{C}=80-75+14.4=19.4(\text{kN}\cdot\text{m})$$

分配弯矩为:

$$M_{BA}^{\mu}=0.429\times(-19.4)=-8.32(\text{kN}\cdot\text{m})$$

$$M_{BC}^{\mu}=0.571\times(-19.4)=-11.08(\text{kN}\cdot\text{m})$$

传递弯矩为:

$$M_{AB}^{C}=\frac{1}{2}\times(-8.32)=-4.16(\text{kN}\cdot\text{m})$$

$$M_{CB}^{C}=\frac{1}{2}\times(-11.08)=-5.54(\text{kN}\cdot\text{m})$$

至此完成了第一轮计算。在第二轮计算时,重新固定 B 点,放松 C 点,把第一轮计算中 B 点传来的新的不平衡力矩 $M_{C}^{F1}=M_{CB}^{C}=-5.54\text{kN}\cdot\text{m}$ 反号分配、传递,依次进行下去，直至达到精度为止。演算过程及格式如表 11-2 所示。

表 11-2　　算　表　　力矩单位：kN·m

杆端	AB	BA	BC	CB	CD	DC
力矩分配系数		0.429	0.571	0.64	0.36	
固端弯矩	−80	80	−75	75	−120	0
第一轮力矩			14.4 ←	28.8	16.2 →	0
分配、传递	−4.16 ←	−8.32	−11.08 →	−5.54		
第二轮力矩			1.78 ←	3.55	1.99 →	0
分配、传递	−0.38 ←	−0.76	−1.02 →	−0.51		
第三轮力矩			0.17 ←	0.33	0.18 →	0
分配、传递	−0.04 ←	−0.07	−0.10 →	−0.05		
第四轮力矩			0.02 ←	0.03	0.02 →	
分配、传递		−0.01	−0.01			
最后弯矩	−84.58	70.84	−70.84	101.61	−101.61	0

本章小结

一、超静定结构的基本知识

超静定结构是指几何组成具有几何不变性而又有多余约束的结构。

超静定结构中多余约束或多余未知力的数目称为“超静定次数”。确定结构的超静定次数一般采用去掉多余约束的方法，把去掉 n 个多余约束的结构称为“n 次超静定”。

超静定结构的计算方法较多，其基本方法有力法和位移法；对连续梁和无侧移刚架，用力矩分配法比较简便。

二、力　法

1. 力法的基本原理

力法是计算超静定结构内力的基本方法之一。

在力法计算中，把多余未知力作为基本未知量，用变形协调条件建立力法典型方程，从而求解出多余未知力。

2. 力法典型方程

力法典型方程的物理意义是：基本结构在全部多余未知力和已知荷载作用下，沿着每个多余未知力方向的位移，应与原结构相应的位移相等。

在力法典型方程中，左边项是基本结构在荷载和多余未知力共同作用下沿某一未知力方向产生位移的总和，右边项是原结构在同方向的实际位移。

由于力法典型方程中全部系数和自由项都是基本结构的位移，所以，求解系数和自由项的实质就是求静定结构的位移。

三、位移法

(1)位移法的基本思路:以结构的独立结点角位移和结点线位移作为基本未知量,以原结构结点的静力平衡条件建立位移法方程,求解结点线位移和角位移,进而利用结点位移和杆端力之间的关系,求出全部结构内力。

(2)基本未知量的确定:基本未知量的数目等于结构结点角位移数与独立结点线位移数的总和。

(3)基本结构的确定:基本未知量确定以后,在相应的结点位移处增设相应的约束(刚结点处增加刚臂,线位移处增加相应的链杆),所得的结构称为"位移法基本结构"。

(4)单跨超静定梁的杆端弯矩和剪力:位移法以单跨超静定梁作为它的计算单元。必须熟练掌握查表求 3 种单跨超静定梁在荷载、支座位移情况下的杆端弯矩和剪力。

(5)转角位移方程:表示杆端弯矩(或杆端剪力)与荷载和支座位移之间关系的表达式称为"转角位移方程"。对于拆开的单跨梁,可以从表 11-1 中查出相应的内力进行叠加,列出其转角位移方程。

四、力矩分配法

力矩分配法是在位移法基础上发展起来的求解超静定结构的实用方法。用力矩分配法无须解联立方程,可直接考虑结构的受力状态,采用渐近解法先求出近似解,然后逐步加以修正,最后趋近于精确解。

1. 力矩分配法

(1)线刚度 i 表示单位长度的刚度,即 $i=\frac{EI}{l}$。

(2)转动刚度 S 表示杆端抵抗转动的能力,它在数值上等于使杆端产生单位转角时需要施加的力矩。

(3)分配系数 $\mu_{Aj}=\frac{S_{Aj}}{\sum S}$,任一杆 Aj 在结点 A 的分配系数 M_{Aj} 等于杆件 Aj 的转动刚度与汇交于 A 结点各杆转动刚度之和的比值。

(4)传递系数 C 表示近端有转角时,远端传递弯矩与近端分配弯矩的比值。远端固定,$C=\frac{1}{2}$;远端铰支,$C=0$;远端滑动,$C=-1$。传递弯矩的计算表述如下:

$$传递弯矩=分配弯矩\times传递系数$$

2. 力矩分配法基本原理

力矩分配法是直接求解杆端弯矩的一种渐近法。

力矩分配法的基本原理可以概括为"固定"和"放松"。通过固定结点,把原结构改造成各单跨超静定梁的组合体。此时各杆端有固端弯矩,而在被固定的结点有不平衡力矩,此不平衡力矩暂时由附加刚臂承担。放松结点让其转动,使结构恢复到原来的状态。这个过程相当于在结点上又加上了一个反向的不平衡力矩，于是，不平衡力矩被抵消，结点获得平衡。此时，反号的不平衡力矩将按分配系数大小分配给各杆的近端。最后，将结构在固定状态时的固端弯矩与在放松状态时的分配力矩和传递力矩叠加，就可以求得原结构中的各杆端弯矩。

思考题

1. 用力法解超静定结构的基本思路是什么？什么是力法的基本结构、基本体系和基本未知量？为什么首先要计算基本未知量？

2. 在力法中，基本体系与原结构有何异同？基本体系与基本结构有何异同？

3. 在力法中，能否采用超静定结构作为基本结构？

4. 力法典型方程的物理意义是什么？

5. 计算超静定结构的位移和静定结构的位移，两者有何异同？

6. 位移法用什么作为基本未知量？用什么作为基本的计算单元？

7. 位移法中，杆端角位移、杆端相对线位移、杆端弯矩和杆端剪力的正负号是怎样规定的？

8. 位移法方程的物理意义是什么？

9. 何谓转动刚度？分配系数与转动刚度有什么关系？

10. 什么是传递力矩？传递系数是如何确定的？常见的传递系数有几种？各是多少？

11. 什么是不平衡力矩？如何计算？如何分配不平衡力矩？

习　题

11-1　试确定图 11-32 所示超静定结构的超静定次数。

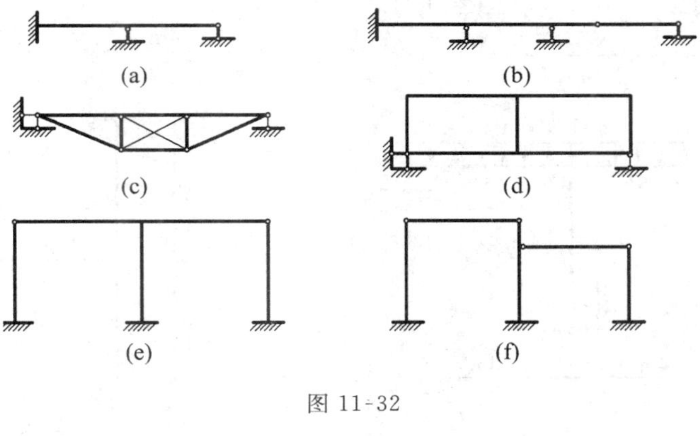

图 11-32

11-2　用力法求解图 11-33 所示超静定梁，并作出弯矩图。

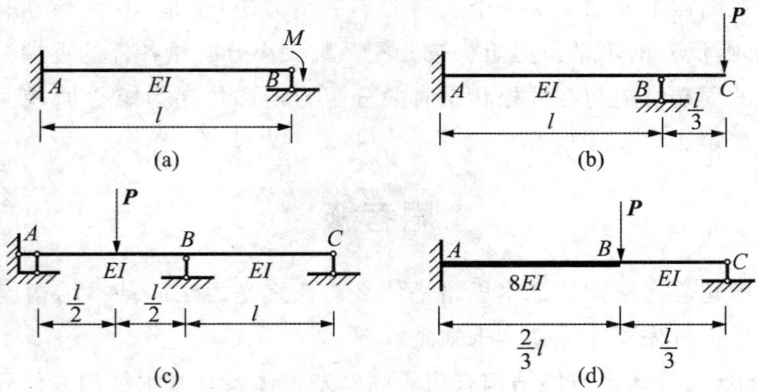

图 11-33

11-3　用力法计算图 11-34 所示超静定刚架，并作出内力图。

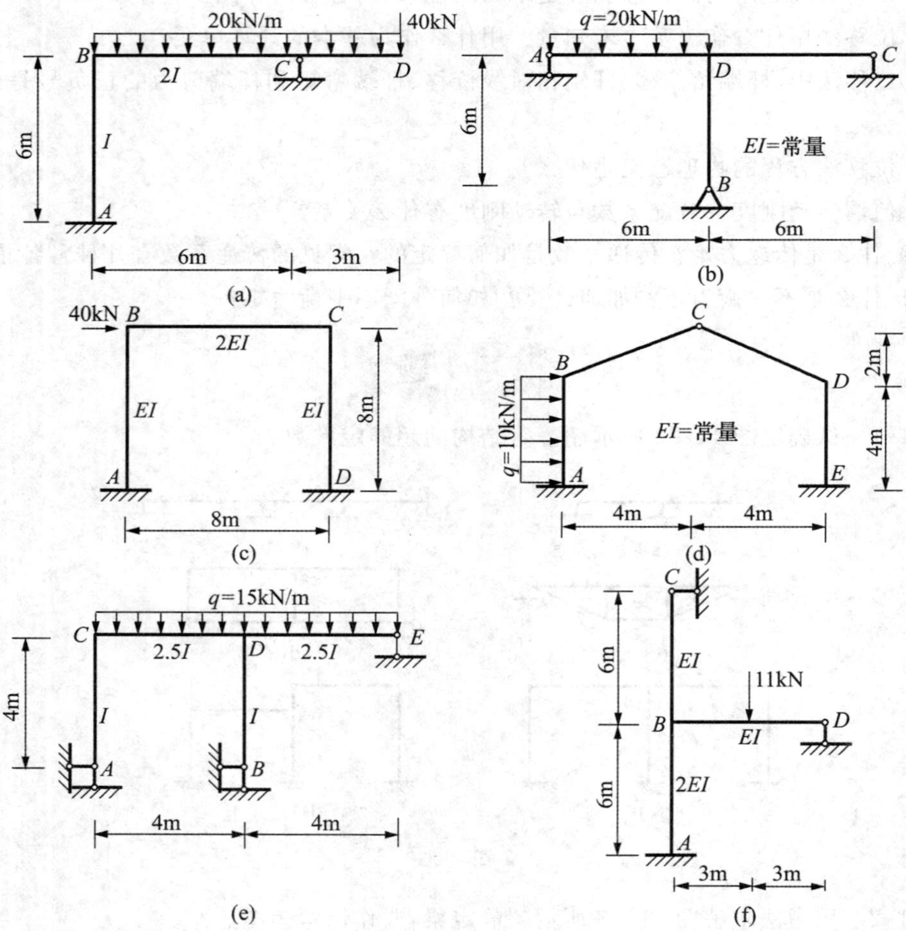

图 11-34

11-4 用力法计算图 11-35 所示排架，并绘制弯矩图。

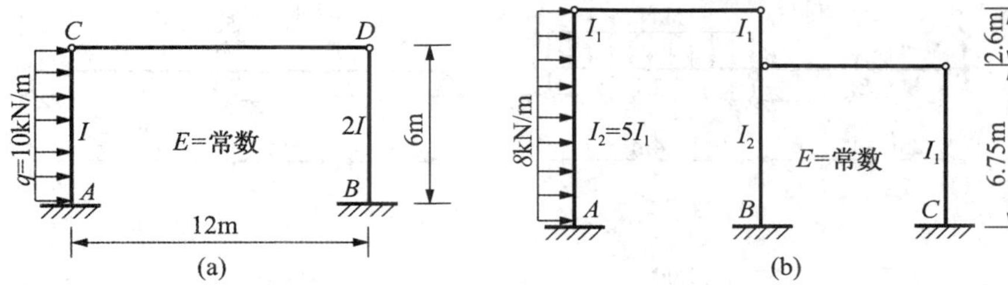

图 11-35

11-5 用位移法作图 11-36 所示的超静定结构的弯矩图。

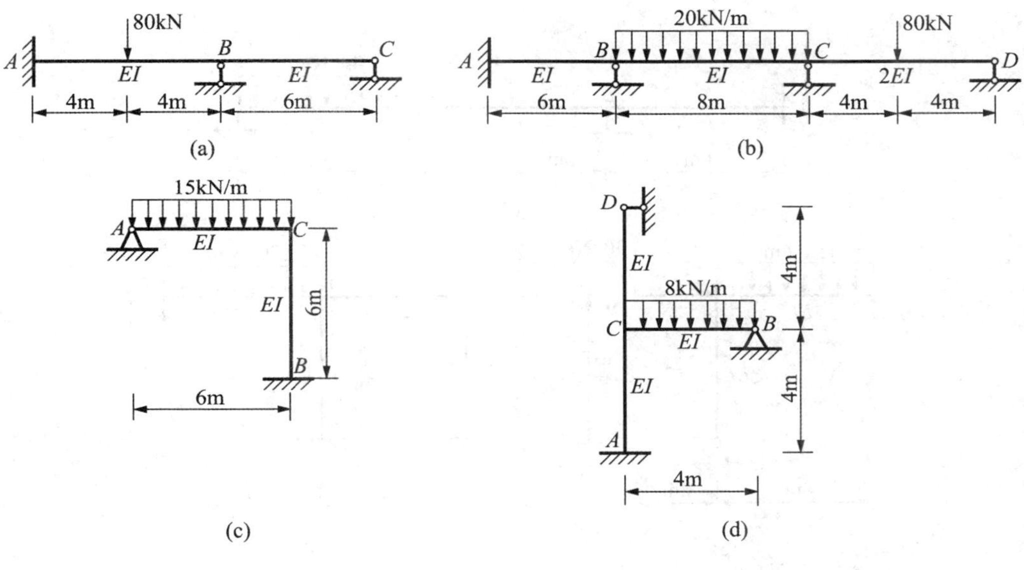

图 11-36

11-6 用位移法作图 11-37 所示梁的弯矩图，E 为常数。

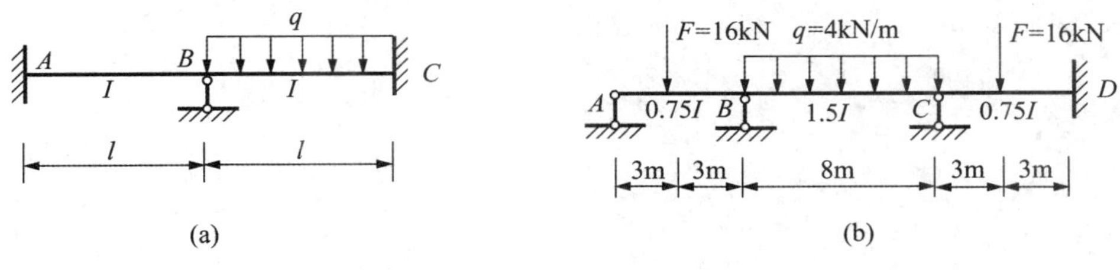

图 11-37

11-7　试用力矩分配法计算图 11-38 所示结构，并绘制弯矩图。

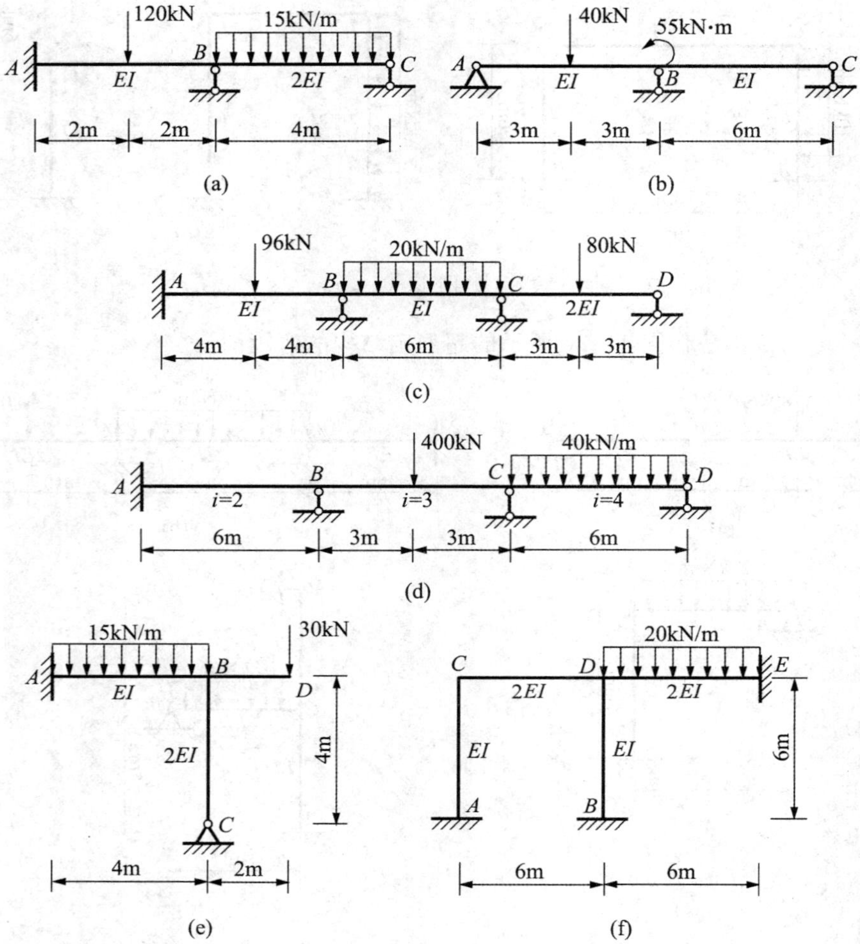

图 11-38

第十二章　影响线

本章学习的重点是建立影响线，学会用静力法作简支梁的影响线，掌握影响线的应用以及利用影响线求最大量值和确定最不利荷载位置。

第一节　影响线

前面各章中讨论的作用在结构上的荷载都是固定荷载，即荷载的数值、方向和作用点都是固定不变的。但在工程实际中，结构除了承受固定荷载以外，还要承受移动荷载的作用。桥梁上行驶的火车、汽车，活动的人群，厂房梁上行驶的天车（安装在厂房内的桥式起重机械）等，这类作用位置经常变动的荷载称为“动荷载”。常见的动荷载有行列荷载（间距保持不变的几个集中力）和均布荷载。为简便起见，通常从单个移动荷载分析入手，再根据叠加原理分析行列荷载以及均布荷载的情形。对于承受移动荷载的结构，不仅要了解结构不同截面内力的变化规律，还要清楚结构同一截面内力随荷载位置变化而变化的规律，找出发生的最大内力和最大内力的位置，保证结构安全。要研究这些问题，影响线是一个有用的工具。下面用一个简例来说明影响线的含义。

如图 12-1(a)所示，简支梁作用一个移动单位集中荷载 $F_P=1$。取 A 为坐标原点，以 x 表示荷载作用点的横坐标，纵坐标用 y 表示。由以下计算可得支座反力 $\boldsymbol{F}_{Ay}$ 随荷载坐标 x 变化的规律。

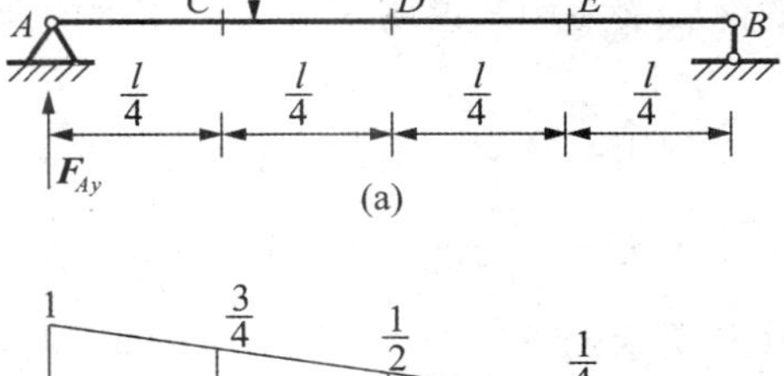

(a)

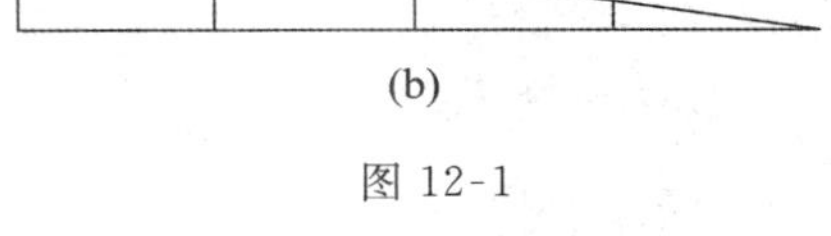

(b)

图 12-1

假设支座反力向上为正，根据平衡方程$\sum M_B=0$，得：

$$\sum M_B=0, F_{Ay}l-1\times(l-x)=0$$

$$F_{Ay}=\frac{l-x}{l}\quad(0\leqslant x\leqslant l)$$

可见，F_{Ay}是荷载坐标x的直线函数，在此称F_{Ay}为“影响线方程”。根据该方程可作出图12-1(b)所示的斜直线，即F_{Ay}的影响线。

从图12-1(a)中可以看出，荷载作用在B点($x=l$)时，$F_{Ay}=0$。荷载逐渐向A点移动，则F_{Ay}逐渐增加，当荷载作用在A点($x=0$)时，$F_{Ay}=1$，达到最大。可见，单个竖直向下的集中力作用在A点时，就是F_{Ay}的最不利位置。

现在来定义影响线。当一个方向不变的单位集中荷载$F_P=1$沿结构移动时，表示某指定截面的指定量值（反力、内力或位移）变化规律的图形，称为该量值的“影响线”。

由于影响线是在单位荷载作用下得到的，如果荷载大小不是1，可从影响线查到相应的值，再乘以荷载大小得到所求量值，这就是利用影响线求量值的方法。在图12-1(a)所示的简支梁中，若有力$F_P=200\text{kN}$作用在梁的中点，可以查到F_{Ay}影响线中点的值为$y_1=0.5$，则有$F_{Ay}=0.5\times200=100\text{kN}$。对于多跨梁，用这个方法求量值，有时比直接用平衡方程要简便得多。

影响线的绘制、最不利荷载位置的确定以及求出最大量值等，是移动荷载作用下结构计算中的几个重要问题。因此，某量值的影响线一经绘出，就可以利用它来确定给定移动荷载的最不利荷载位置，从而求出该量值的最大值。

下面介绍用静力法和机动法计算、绘制静定梁的影响线。

第二节　静定梁的影响线

绘制影响线有静力法和机动法两种。

一、用静力法作单跨静定梁的影响线

静力法作影响线是以荷载$F_P=1$的作用位置x为变量，利用静力平衡方程列出所研究量值与x的关系，这种关系称为“影响线方程”。再根据影响线方程，作出相应量值的影响线。

现以图12-2(a)所示的简支梁为例来说明用静力法作梁的影响线方法。

1. 支座反力的影响线

作支座反力F_{Ay}的影响线。用本章第一节的方程，得：

$$F_{Ay}=\frac{l-x}{l}\quad(0\leqslant x\leqslant l)$$

按上式可作出图12-2(b)所示的F_{Ay}的影响线图。同理，也可作出支座反力F_{By}的影响线图。由A端的力矩方程，得：

$$\sum M_A=0, F_{By}l-1\times x=0$$

$$F_{By}=\frac{x}{l}\quad(0\leqslant x\leqslant l)$$

此式即为 F_{By} 的影响线方程。F_{By} 的影响线也是一条直线，如图 12-2(c)所示。

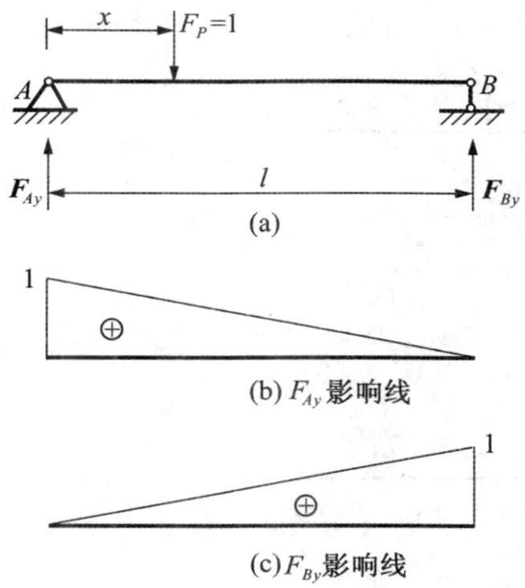

图 12-2

在作影响线时，通常规定将正值影响线坐标绘在基线的上侧，负值影响线坐标绘在基线的下侧，并标明正负号。由于 $F_P=1$ 是量纲为 1 的量，因此，支座反力影响线的竖标也是量纲为 1 的量。支座反力影响线上某一位置纵坐标的物理意义是：当单位移动荷载 $F_P=1$ 作用于梁上该位置时支座反力的大小。

2. 弯矩的影响线

作弯矩的影响线，应首先明确指定截面 C 的位置，如图 12-3(a)所示。荷载 $F_P=1$ 在截面 C 的左段梁上移动，取截面 C 右段梁为研究对象，并规定使梁的下侧纤维受拉的弯矩为正，由求弯矩的简便方法得：

$$M_C=F_{By}b=\frac{x}{l}b \quad (0\leqslant x\leqslant a)$$

由此可知，M_C 的影响线在截面 C 以左部分为一直线。当 $x=0$ 时，$M_C=0$；当 $x=a$ 时，$M_C=\frac{ab}{l}$。

用直线连接两控制截面的竖标，即得荷载 $F_P=1$ 在截面 C 的左段梁 AC 上移动时 M_C 的影响线。

同理，当荷载 $F_P=1$ 在截面 C 的右段梁上移动时，为计算简便起见，取截面 C 左段梁，得：

$$M_C=F_{Ay}a=\frac{l-x}{l}a \quad (a\leqslant x\leqslant l)$$

此式表明，M_C 的影响线在截面 C 以右部分也为一直线。当 $x=a$ 时，$M_C=\frac{ab}{l}$；当 $x=l$ 时，$M_C=0$。

用直线连接两控制截面的竖标，即得荷载 $F_P=1$ 在截面 C 的右段梁上移动时 M_C 的影响线。其全部影响线如图 12-3(b)中细实线所示。由图可见，M_C 的影响线是由两段直线所组成的，其交点对应于截面 C。通常称截面以左的直线为“左直线”，截面以右的直线为“右直线”。

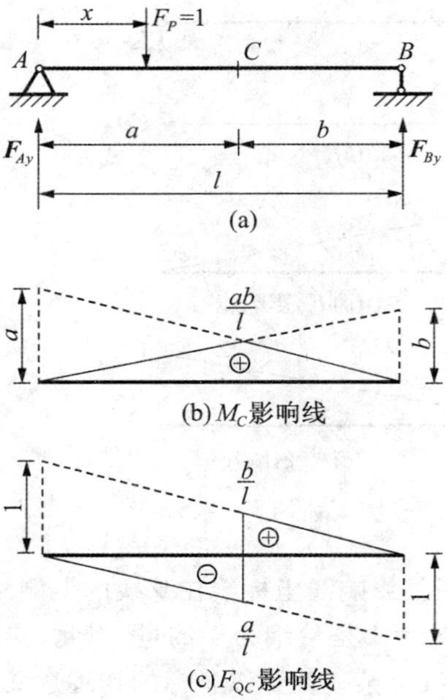

图 12-3

从弯矩影响线方程可以看出，左直线可由支座反力 F_{By} 的影响线竖标放大 b 倍而得，右直线则可由支座反力 F_{Ay} 的影响线竖标放大 a 倍而得。因此，可利用 F_{Ay} 和 F_{By} 的影响线作 M_C 的影响线。即先在左、右两支座分别取竖标 a，b［见图 12-3(b)］，将它们的顶点各自与右、左两支座处的零点用直线相连，这两根直线的交点与左、右零点相连的部分就是 M_C 的影响线。弯矩影响线竖标的量纲为长度的量纲。

3. 剪力的影响线

如图 12-3(a)和图 12-3(c)所示，当荷载 $F_P=1$ 在截面 C 的左段梁 AC 上移动时，取截面 C 以右部分为研究对象，并规定使分离体有顺时针转动趋势的剪力为正，即有：

$$F_{QC}=-F_{By}=-\frac{x}{l}\quad(0\leqslant x\leqslant a)$$

当荷载 $F_P=1$ 在截面 C 的右段梁 CB 上移动时，取截面 C 以左部分为研究对象，即有：

$$F_{QC}=F_{Ay}=\frac{l-x}{l}\quad(a\leqslant x\leqslant l)$$

由上面两式可知，F_{QC} 的左直线与支座反力 F_{By} 的影响线竖标相同，但符号相反；右直线与支座反力 F_{Ay} 的影响线相同。F_{QC} 的影响线如图 12-3(c)所示。F_{QC} 的影响线的左直线与右直线相互平行且在截面 C 处发生突变，其变值为 1。剪力影响线的竖标是量纲为 1 的量。

影响线的图形和内力图形状有些相似，但它们的含义截然不同，必须严格区分。现以简支梁弯矩影响线和弯矩图为例进行说明。

图 12-4(a)所示为简支梁弯矩 M_C 的影响线，图 12-4(b)则为荷载 $F_P=1$ 作用于点 C 时的弯矩图。虽然两者图形相似，但各图竖标的含义截然不同。如 D 点的竖标，在图 12-4(a)所示的 M_C 影响线中，代表荷载 $F_P=1$ 作用在 D 处时 M_C 值的大小；而在图 12-4(b)所示的弯矩图中，则代表固定荷载 $F_P=1$ 作用在点 C 时，截面 D 所产生的弯矩值。

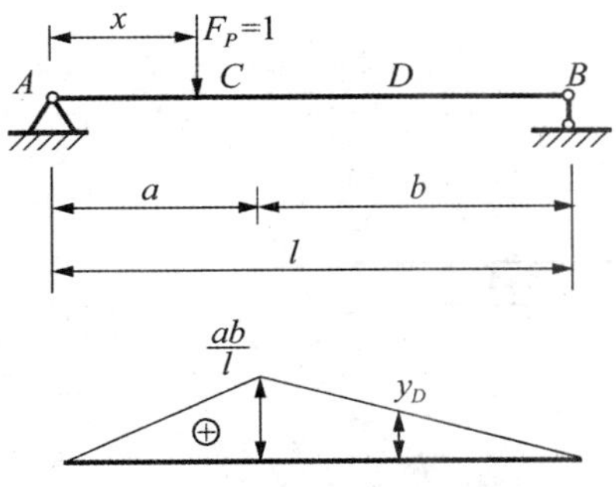

(a) M_C 影响线

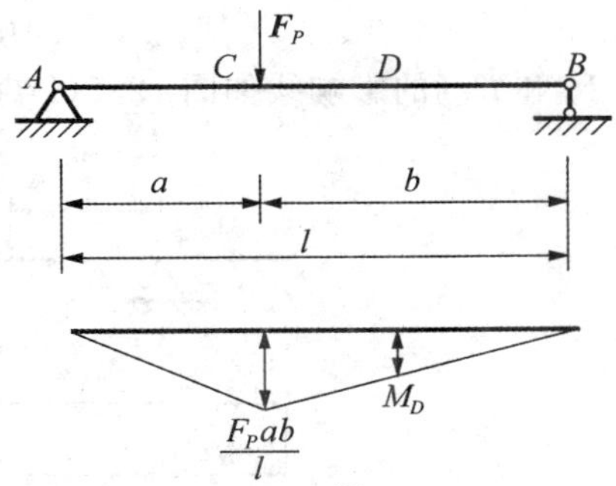

(b) M 图

图 12-4

例 12-1 试作图 12-5(a)所示外伸梁的支座反力的影响线，以及截面 C,D 的弯矩和剪力影响线。

解:(1)作外伸梁的支座反力 F_{Ay} 和 F_{By} 的影响线。取支座 A 为坐标原点，支座反力 F_{Ay} 和 F_{By} 的影响线方程为：

$$F_{Ay}=\frac{l-x}{l} \quad (-d\leqslant x\leqslant l+d)$$

$$F_{By}=\frac{x}{l} \quad (-d\leqslant x\leqslant l+d)$$

以上方程与相应简支梁的支座反力影响线方程完全相同，所不同的只是荷载 $F_P=1$ 的作用范围扩大，为 $-d\leqslant x\leqslant l+d$，将相应简支梁的支座反力影响线向两个外伸部分延长，可得支座反力 F_{Ay} 和 F_{By} 的影响线，如图 12-5(b)(c)所示。

(2)作两支座之间截面 C 的弯矩和剪力影响线。当荷载 $F_P=1$ 在截面 C 以左移动时，取截面 C 以右部分为分离体，则 M_C 和 F_{QC} 的影响线方程分别为：

$$M_C=F_{By}b\,,F_{QC}=-F_{By}$$

当荷载 $F_P=1$ 在截面 C 以右移动时，取截面 C 以左部分为分离体，则 M_C 和 F_{QC} 的影响线方程分别为：

$$M_C=F_{Ay}a\,,F_{QC}=F_{Ay}$$

M_C 和 F_{QC} 的影响线方程与简支梁也是相同的。因而只需将相应简支梁上截面 C 的弯矩和剪力影响线向两外伸部分延长，即可得到外伸梁的 M_C 和 F_{QC} 影响线，如图 12-5(d)(e)所示。

(3)作位于外伸臂上的截面 D 的弯矩和剪力影响线。为了计算简便，取 D 为坐标原点，以 x 表示 $F_P=1$ 至原点 D 的距离，且令 x 在 D 以左时取正值。取截面 D 以左部分为分离体，考虑其平衡条件可得：

当 $F_P=1$ 在截面 D 以左部分时，有：

$$M_D=-x,F_{QD}=-1$$

当 $F_P=1$ 在截面 D 以右部分时，有：

$$M_D=0,F_{QD}=0$$

M_D 和 F_{QD} 的影响线如图 12-5(f)(g)所示。

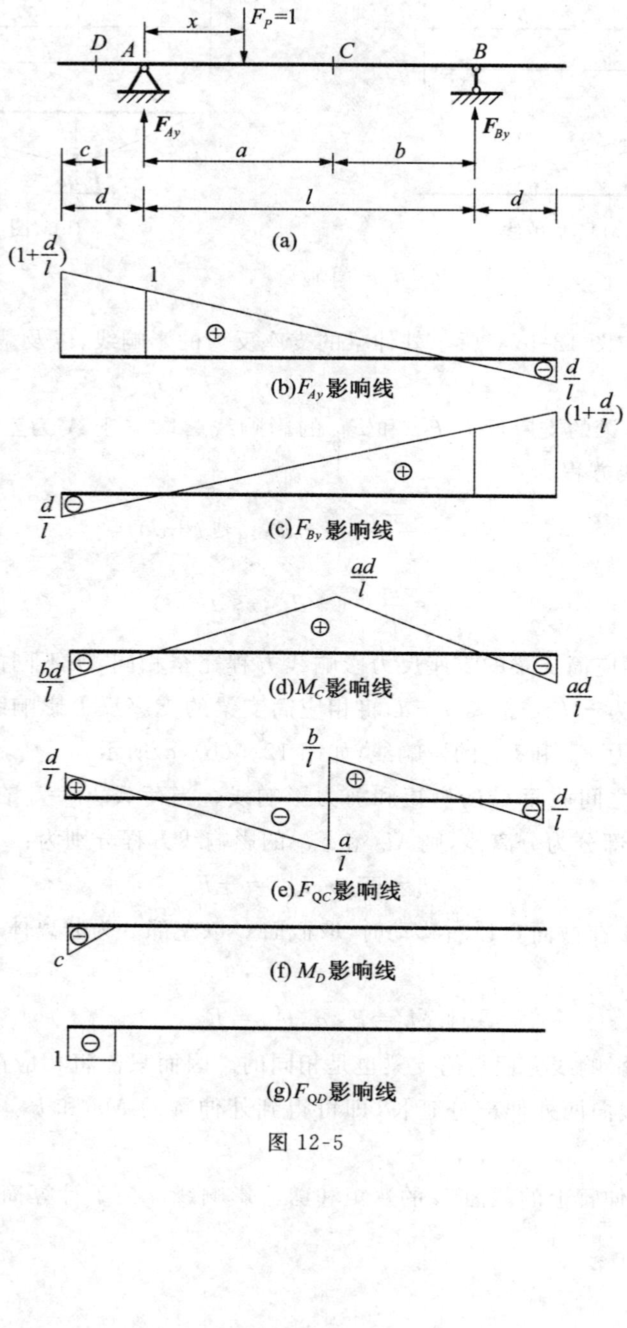

图 12-5

二、用机动法作单跨静定梁的影响线

1. 机动法的原理

如图 12-6(a)所示梁,以支座 A 反力来分析。如果把支座 A 去掉,以反力 X 代替,原结构就变成一个可变体系。当使该体系发生微小的虚位移[见图 12-6(b)]时,A 点发生虚位移 δ_x,力 F_P 作用点发生虚位移 δ_F。由虚功原理,体系的虚功总和应为零,即

$$X\delta_x + F_P\delta_F = 0$$

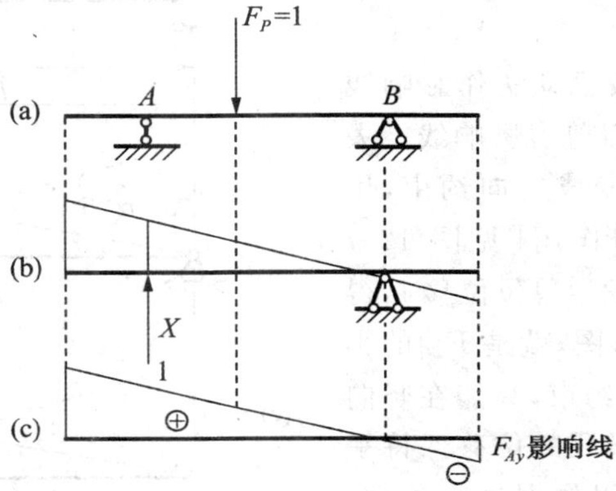

图 12-6

如果取 $F_P=1$,则有:

$$X = -\frac{\delta_F}{\delta_x}$$

式中,δ_x 可以任意给定。为了分析简便,令 $\delta_x=1$,则上式变为:

$$X = -\delta_F$$

此式表明,$\delta_x=1$ 时,荷载 F_P 虚位移 δ_F 的图形反映出了反力 X 的变化规律,反力 X 的影响线可以由虚位移 δ_F 的图形来替代,只是符号相反。由于规定 δ_F 与荷载 F_P 方向一致为正,即 δ_F 向下为正,X 与 δ_F 反号,所以 X 的影响线以向上为正。这种绘制影响线的方法就是机动法。

由以上分析可知,用机动法作影响线的一般步骤为:

(1)去掉与量值相应的约束,以量值代替。

(2)使体系沿量值的正方向发生单位位移,根据约束条件作体系的位移图形,即为影响线。

(3)横坐标以上的图形,影响线为正号;横坐标以下的图形,影响线为负号。

由于机动法不需要具体计算就可以判断影响线的外形轮廓,给一些工程分析带来了方便。例如,在确定荷载最不利位置时,有时候知道了影响线的外形轮廓,可以有助于结构内力分析。

2.用机动法作简支梁的影响线

(1)弯矩影响线。按机动法作影响线的一般步骤:作图 12-7(a)所示简支梁 C 截面弯矩的影响线,去掉相应的转动约束,把 C 点变成可动铰,并以一对力偶 M_C 代替转动作用[见图 12-7(b)]。使 AC,CB 沿 M_C 正向发生相对单位转角 1,得到图 12-7(c)所示的位移图,即为 M_C 的影响线。

由 $\delta_x=\alpha+\beta=1$,可以求出 A 点的值为 a,再根据几何比例可求得 C 点的值为$\frac{ab}{l}$。

(2)剪力影响线。按机动法作影响线的一般步骤:绘制 C 截面剪力影响线。去掉相对应的约束,把 C 变成定向约束,用一对剪力 F_{QC} 代替剪切作用[见图 12-7(d)]。使 C 沿 F_{QC} 正向发生单位位移 1,得到图 12-7(e)所示的位移图,就是 F_{QC} 的影响线。由于 C 点是定向约束,只能在竖向滑移,所以 C 左右两侧梁段的位移保持平行。C 点影响线的值可以根据这个条件,按几何比例求得。

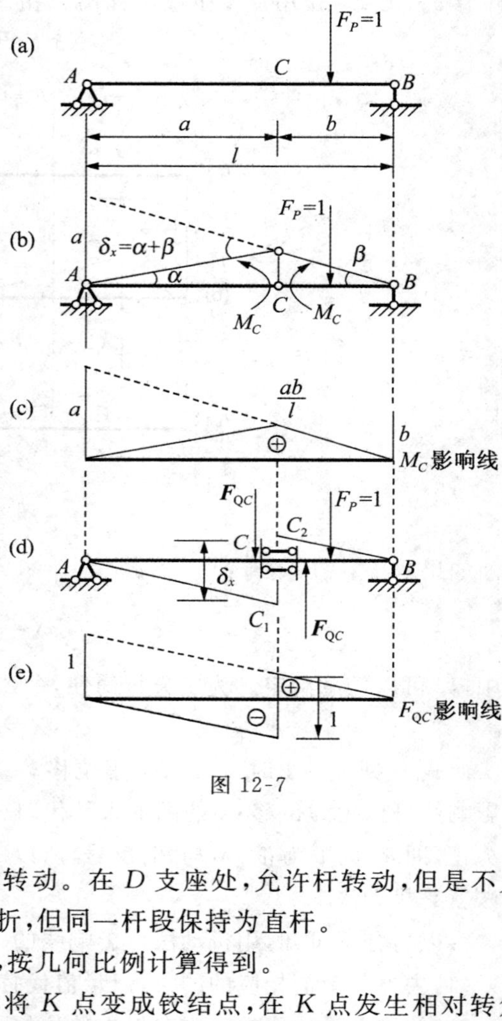

图 12-7

3.用机动法作多跨梁的影响线

对于静定多跨梁,在绘制虚位移图时要注意几何位移的协调,满足支座约束条件。下面以图 12-8(a)所示的多跨梁来说明。

(1)支座反力 F_{By} 的影响线。去掉 B 支座链杆,梁变成了可变体系,使其向上发生单位位移 1[见图 12-8(b)]。图中 C 为自由铰,可以上下移动,端杆可绕 C 点做相对转动。在 D 支座处,允许杆转动,但是不允许上下移动。所有杆段在铰结点允许发生转折,但同一杆段保持为直杆。

影响线的值可以根据 B 点的位移值为 1,按几何比例计算得到。

(2)弯矩 M_K 的影响线。去掉转动约束,将 K 点变成铰结点,在 K 点发生相对转角 1,影响线如图 12-8(c)所示。由于 A,B 都不能移动,转动后 K 点上移,各杆段变形满足上述特点,K 点及其余点处的值均可由几何比例求出。

(3)剪力 F_{QK} 的影响线。去掉 K 点竖向约束,K 点变成定向支座,使 K 点发生竖向相对移动 1[见图 12-8(d)]。K 点左右两端的杆保持平行,这是剪力影响线的特点。考虑到上述几何变形特点,可以作出 F_{QK} 的影响线,影响线的值按几何比例求出。

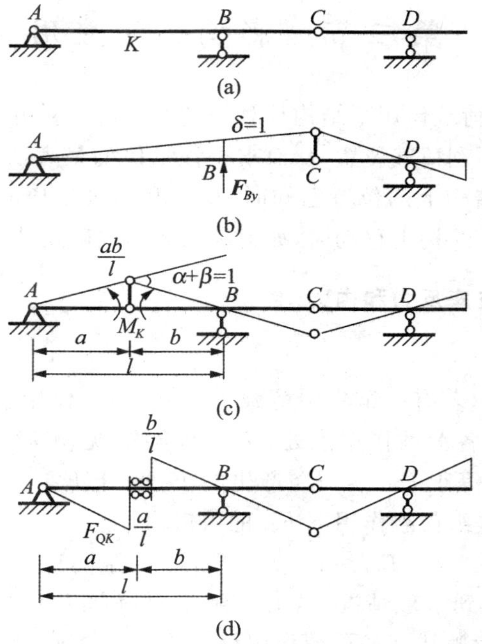

图 12-8

例 12-2 求图 12-9 所示多跨梁 F_{Cy}，M_K，F_{QK}的影响线。

解：由于 A 为固定支座，不发生位移和转角，杆保持为直杆，根据上面总结的几何特性，得 F_{Cy}，M_K，F_{QK}的影响线，如图 12-9 所示。

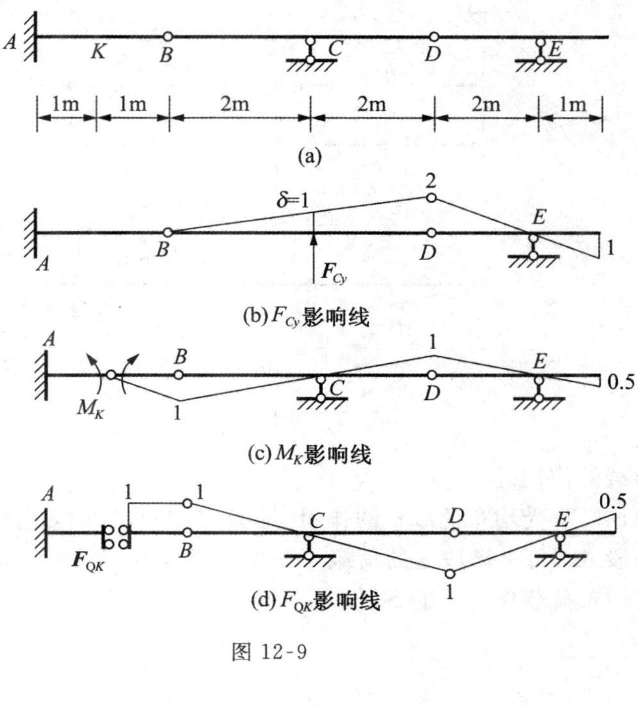

图 12-9

第三节 影响线的应用

影响线是研究移动荷载作用下结构计算的基本工具。利用影响线可确定一般移动荷载作用下，某量值的最不利荷载位置，从而求得该量值的最大值。为此，需要解决两方面的问题：当实际荷载在结构上的位置已知时，如何利用某量值的影响线求出该量值的数值；当实际的移动荷载在结构上移动时，如何利用影响线确定其最不利荷载位置。

一、利用影响线求支座反力和内力

1. 集中荷载的作用

如图 12-10(a)所示，若有一组集中荷载 F_{P1}，F_{P2}，F_{P3} 作用于简支梁上，位置已知，求梁上截面 C 的剪力。在各荷载作用点处，F_{QC} 影响线[见图 12-10(b)]的竖标为 y_1，y_2，y_3，则由 F_{P1} 产生的 F_{QC} 等于 $F_{P1}\ y_1$，F_{P2} 产生的 F_{QC} 等于 $F_{P2}\ y_2$，F_{P3} 产生的 F_{QC} 等于 $F_{P3}\ y_3$。由叠加原理知，在这组荷载作用下 F_{QC} 的数值为：

$$F_{QC}=F_{P1}y_1+F_{P2}y_2+F_{P3}y_3$$

将上面的结果推广到一般情况：若有一组集中荷载 F_{P1}，F_{P2}，F_{P3}，…，F_{Pn} 作用于结构，而结构某量值 S 的影响线在各荷载作用点处的竖标分别为 y_1，y_2，y_3，…，y_n，则：

$$S=F_{P1}y_1+F_{P2}y_2+F_{P3}y_3+\cdots+F_{Pn}y_n=\sum F_{Pi}y_i \tag{12-1}$$

应用式(12-1)时，需注意影响线竖标 y_i 的正负号。

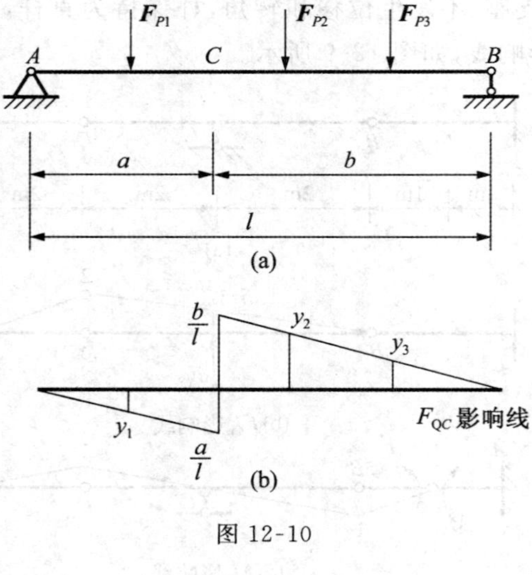

图 12-10

2. 均布荷载的作用

当梁在 AB 段承受均布荷载 q 的作用[见图 12-11(a)]时，将均布荷载沿其长度方向分成无数个微段 dx，每一微段上的荷载 qdx 可作为集中荷载，它所引起的 S 值为 $yqdx$，则有在 AB 段均布荷载作用下的 S 值。

$$S=\int_A^B qy\,\mathrm{d}x=q\int_A^B y\,\mathrm{d}x=qA \tag{12-2}$$

式中,A 表示影响线在荷载范围内的面积[见图 12-11(b)]。在计算面积 A 时,同样需考虑正负号。

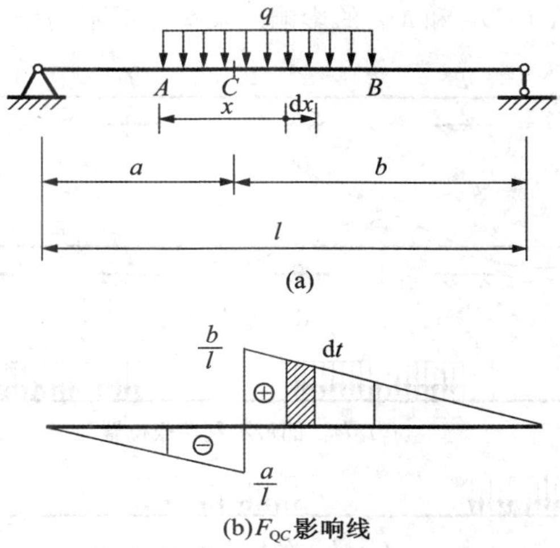

图 12-11

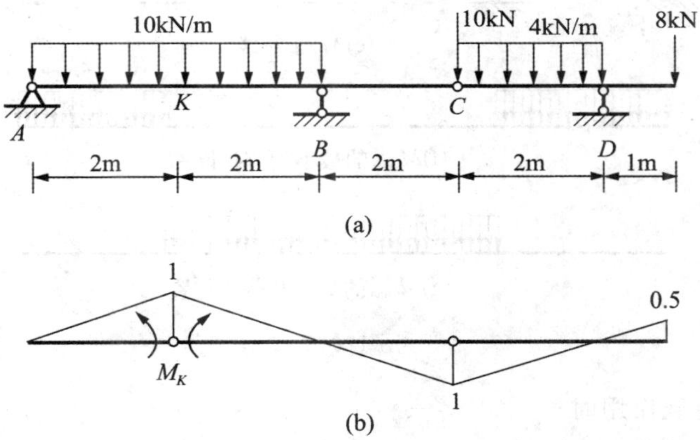

图 12-12

例 12-3 利用影响线求多跨梁在图 12-12(a)所示荷载作用下的 K 处的弯矩 M_K。

解:先作出 M_K 影响线[见图 12-12(b)],分别计算各项荷载后叠加,得:

$$M_K=10\times\frac{1}{2}\times4\times1-10\times1-4\times\frac{1}{2}\times2\times1+8\times0.5=10(\mathrm{kN\cdot m})$$

二、利用影响线确定最不利荷载位置

使量值取得最大时的荷载位置就是最不利荷载位置,下面分两种情况来说明。

1. 移动均布荷载作用时

由于移动均布荷载可以任意断续地布置，其最不利荷载位置就易于确定。由式(12-2)可知，当均布移动荷载布满对应于影响线正号面积的范围时，则量值 S 将产生最大正值 S_{max}；反之，当均布移动荷载布满对应于影响线负号面积的范围时，则量值 S 将产生最小值 S_{min}。图 12-13 给出了 M_K 和 M_C 的影响线及荷载最不利位置。

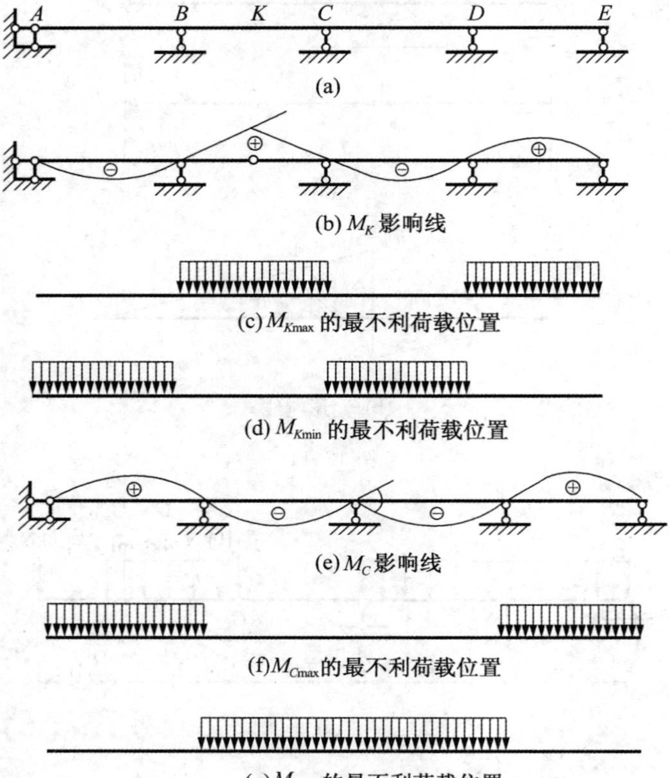

(a)

(b) M_K 影响线

(c) M_{Kmax} 的最不利荷载位置

(d) M_{Kmin} 的最不利荷载位置

(e) M_C 影响线

(f) M_{Cmax} 的最不利荷载位置

(g) M_{Cmin} 的最不利荷载位置

图 12-13

2. 移动集中荷载作用时

对于移动集中荷载，由 $S=\sum F_{Pi}y_i$ 可知，当 $\sum F_{Pi}y_i$ 为最大值时，相应的荷载位置即为量值 S 最不利荷载位置。由此推断，最不利荷载位置必然发生在荷载密集于影响线竖标最大处；当移动集中荷载在最不利荷载位置时，必有一个集中荷载作用在影响线的顶点。为分析方便，通常将这一位于影响线顶点的集中荷载称为"临界荷载"。

图 12-14 是结构某量值的三角形影响线。对于临界荷载，可以用下式来判别(推导从略)：

$$\frac{\sum F_{P左}+F_{PK}}{a}\geqslant\frac{\sum F_{P右}}{b}$$

$$\frac{\sum F_{P左}}{a}\leqslant\frac{F_{PK}+\sum F_{P右}}{b} \tag{12-3}$$

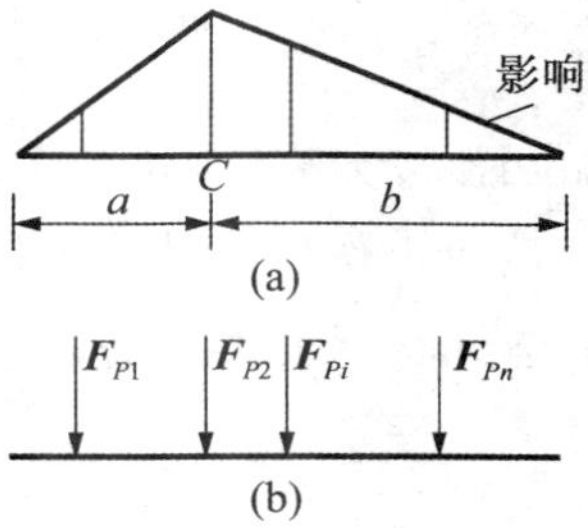

图 12-14

满足式(12-3)的 F_K 就是临界荷载，$F_{P左}$，$F_{P右}$ 分别表示 F_{PK} 以左和以右的荷载之和。有时会出现多个满足上面判别式的临界荷载，需分别求出每个临界荷载位于影响线顶点时的相应量值并进行比较，产生量值最大者的荷载位置就是最不利荷载位置。

例 12-4 如图 12-15(a)所示，在力 F_{Pi}（$i=1,2,3,4$）作用下，求简支梁截面 K 的最大弯矩。

解：先作 M_K 的影响线[见图 12-15(b)]。选 F_{P2} 作为临界荷载 F_{PK} 来考察，此时 F_{P1} 落在梁外，不考虑。将 F_{P2}，F_{P3}，F_{P4} 代入判别式(12-3)，有：

$$\frac{152}{2.4}>\frac{152+152}{9.6}$$

$$\frac{0}{2.4}<\frac{152+152+152}{9.6}$$

满足判别式，所以 F_{P2} 是临界荷载。同样的方法可以判别其他集中荷载都不是临界荷载，所以图 12-15(c)所示 F_{P2} 作用在 K 点时为 M_K 的最不利荷载位置。

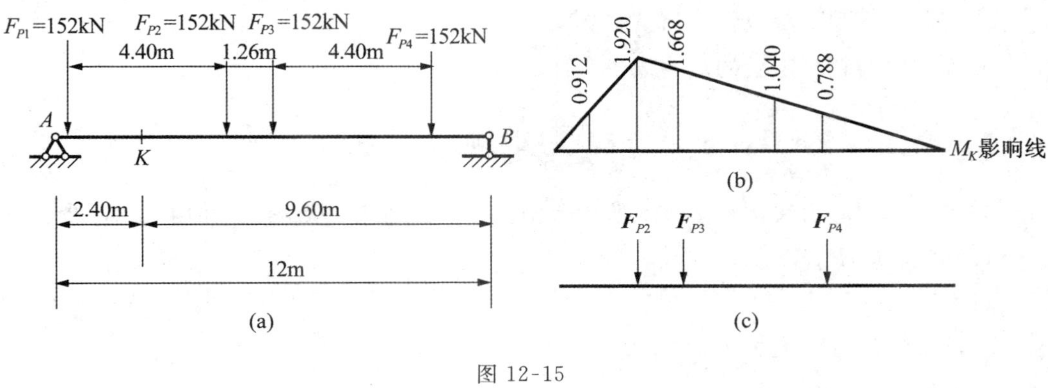

图 12-15

本章小结

在前面的章节中荷载都是固定的，本章研究的是在移动荷载作用下，结构的支座反力和内力情况。结构某一量值 S 影响线的每一个竖标对应着移动荷载 $F_P=1$ 的一个作用位置。它的全部竖标都是表示 S 的数值。

绘制影响线的基本方法是静力法和机动法。

一、静力法

以 x 表示 $F_P=1$ 在结构上的位置，取分离体，列平衡方程，所得的函数式就是影响线方程，对应的图形就是影响线。当 $F_P=1$ 作用在结构不同部分上，所求量值的影响线方程不同时，应将它们分段写出。在作图时，要注意各方程的适用范围。静力法是绘制影响线的基本方法，应正确掌握和运用。

二、机动法

机动法作影响线是应用虚功原理，把作影响线的静力问题转化成为作位移图的几何问题。当位移图容易绘制时，机动法很方便。由机动法可知，静定结构支座反力和内力的影响线是直线（或折线）图形，超静定结构支座反力和内力的影响线是曲线图形（见图 12-13）。由此，可以绘出影响线的轮廓，用来判断最不利荷载的分布。

利用某一量值影响线可求出在集中移动荷载作用下，该量值的最大值及发生最大值时移动荷载的位置，即最不利荷载位置。

思考题

1. 影响线的含义是什么？弯矩影响线和弯矩图的区别是什么？
2. 静力法作影响线的步骤是什么？在什么情况下影响线的方程必须分段求出？
3. 静力法和机动法作影响线在原理和方法上有何不同？各有什么优缺点？
4. 某点剪力影响线在该点左右侧平行（如果是曲线，则切线平行），这是为什么？
5. 何谓最不利荷载位置？何谓临界荷载？
6. 静定梁与超静定梁的影响线各有什么特点？

习　题

12-1　试用静力法作图 12-16 所示各结构中指定量值的影响线，并用机动法校核。

(a) M_A，M_C，F_{QA}，F_{QC}。

(b) F_{Ay}，F_{QC}，$F_{QB}^{左}$，$F_{QB}^{右}$。

(c) F_{Ay}，M_C，M_D，F_{QC}，F_{QD}。

(d) F_{Ay}，$F_{QB}^{左}$，$M_B^{左}$，F_{QC}。

12-2　利用影响线求图 12-17 所示各梁中指定的量值。

(a) M_C，F_{QC}。

(b) F_{Cy}，M_C，$F_{QC}^{左}$。

12-3　两台桥式起重机在起重机大梁上运行，如图 12-18 所示。试求起重机大梁的 M_C，F_{QC} 的最不利荷载位置，并计算其最大值和最小值。

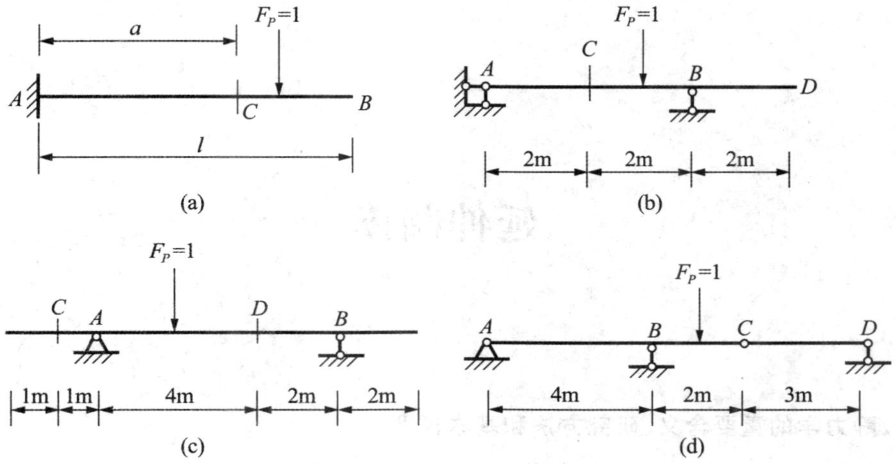

图 12-16

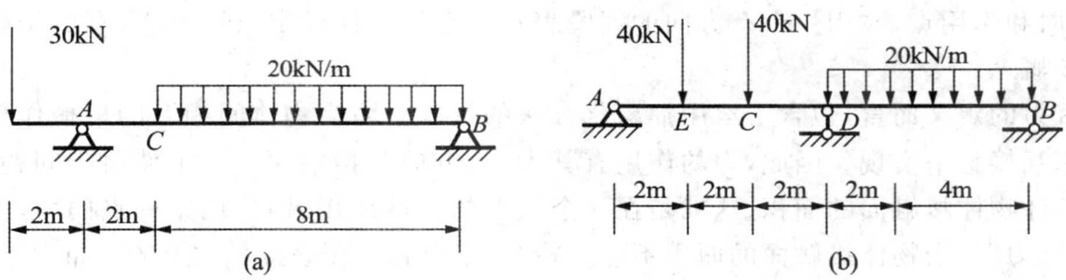

图 12-17

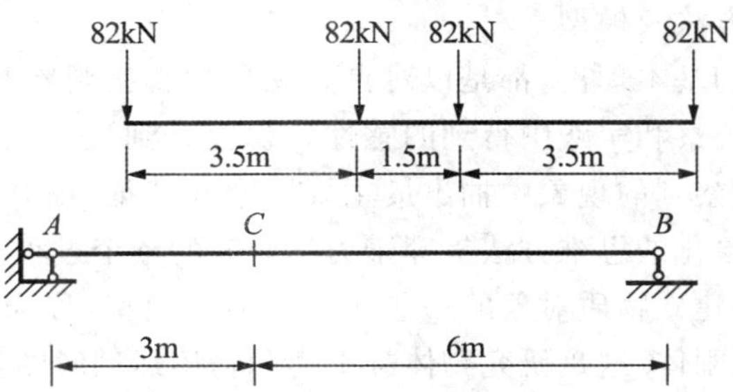

图 12-18

延伸阅读

一、静力学的重要含义、研究方法和基本模型

1.关于力的抽象化

物理学中,力的确切定义是:物体间的相互机械作用。这种作用效应,取决于力的大小、方向和作用点,并用一个有方向的线段表示这个力。这样定义一个力,有助于建立力的初步概念。

就力的定义而言,包含了运用抽象化方法的过程。因为物体间相互的机械作用必须通过相互接触来实现。因此,力的作用有其大小、方向和接触面。为了使研究问题简便,一般不计物体接触面的面积,这就是在一个点上的机械作用,即作用于一点的力,一般称为“集中力”。当物体接触面的面积不能忽略时,就得到了在该接触面上的分布力。

综上所述,把物体的机械作用表示成作用于一点上有方向和大小的有向线段,是对物体机械作用的简化结果。

2.力学的抽象化方法及模型

力学的基本含义和基本理论,都是以对自然现象的直接观察和生产实践的经验作为出发点的。为了使从观察和实践中得到的感性认识上升到理性认识,抓住事物和现象的内部联系,必须从被观察到的现象中抽出最主要因素和特征,撇开其余次要因素,这就是抽象化方法。这种抽象化的思维方法贯穿于力学研究的整个过程。

通过抽象化,能够建立物质对象的一些初步近似的模型,称为“力学模型”。例如,撇开物体的变形,就得到刚体,这是研究物体静平衡和物体运动时的基本力学模型。当问题在所建立的力学模型下被解决后,重新考虑那些在初步近似中忽略掉的因素,建立起更接近于真实的模型,以便进行更深入的研究。例如,当研究了物体的平衡后,考虑到物体的变形性,再建立起弹性变形体的力学模型,进而研究弹性变形体的平衡,解决刚体平衡理论所不能解决的问题。当研究物体接触面对物体的限制作用时,先不计接触面间的摩擦,把接触面看作完全光滑的接触面。当物体受力平衡问题得到解决后,再重新考虑起初被忽略掉的摩擦力,深化对摩擦的平衡问题和运动问题的研究。这种由简到繁、由粗到精的研究方法,是一切科学研究所不可缺少的。

通过抽象化,把人们长期从直接观察、实验以及生产活动中获得的经验和认识到的个别特殊规律加以分析、综合、归纳,找出事物的普遍规律性,从而建立起一些最基本的公理

或定律、原理,作为整个力学的基本含义和基本理论。

3.静力学中的几个基本力学模型

静力学中广泛采取抽象化的方法,建立起一系列有用的基本力学模型。由于这些基本力学模型与人们所能观察到的工程实例有较大的差异,因此对于这些基本力学模型的正确认识和深刻理解,往往是学习力学课程的关键。静力学中的几个基本力学模型如下:

(1)刚体。研究物体的运动规律(包括平衡)时,忽略物体变形对运动状态改变的影响,把物体抽象成不变形的理想化模型——刚体(或称为"刚性构件")。这是物体抽象化的一个重要的基本力学模型。

(2)二力构件。对于所研究的工程构件,当其自重与所承受的荷载相比很小时,通常忽略其自重。当其只受两个力作用而处于平衡时,则称为"二力构件"。二力构件在两个力作用下保持平衡,这两个力必过该两个力作用点的连线。

(3)刚性光滑接触面。刚性光滑接触面是物体抽象化的一种约束模型。工程构件接触面间并非是完全光滑的,为使研究问题简便,可以不考虑接触面间摩擦的影响,同时不计接触面间的变形,认为接触面是刚性的且是完全光滑的,从而得到光滑接触面的约束模型。

(4)刚性光滑铰链。刚性光滑铰链是物体抽象化的另一种约束模型。对于工程构件间的连接方式,根据其限制构件运动的特性和实际情况进行化简,不计变形和摩擦,把其限制作用简化,得到固定铰支座、活动铰支座和中间铰的力学模型。例如,图 1 所示平面桁架结点的连接方式,图 1(a)为铆接,图 1(b)为焊接,图 1(c)为螺栓连接。当研究桁架的静力平衡时,这三种连接方式都可简化为不同形式的铰链。

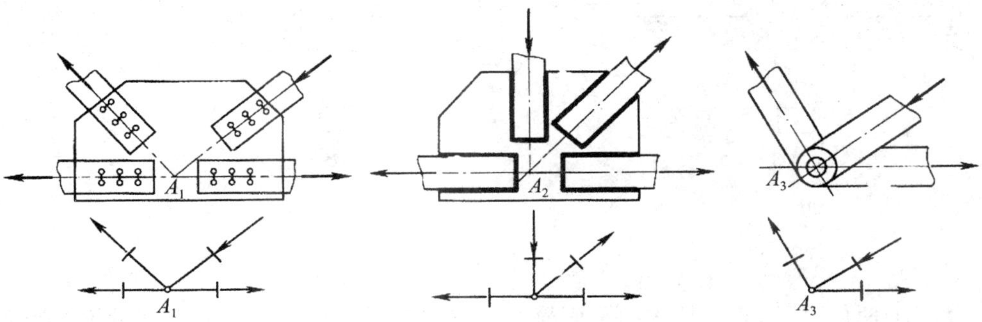

(a) (b) (c)

图 1

(5)构件的平面简图。构件的平面简图是工程构件抽象化的力学模型。通过选择合适的简化平面,画其轮廓线作平面简图(若是杆件可用其轴线代替),然后按约束模型简化其约束,再简化其作用荷载,就得到构件的平面简图。图 2(a)所示为门的示意图,当研究其受力后的平衡问题时,可在门扇所在的平面进行投影,如图 2(b)所示。门框不动为固定面,A 处的合页限制了门 A 点的随意移动,但并不完全限制门绕 A 点的转动,可简化为固定铰支座，B 处的合页可简化为活动铰支座。当研究门关闭后的平衡问题时，可在垂直于轴线的平面内投影，如图 2(c)所示，门轴限制了门 AB 边的随意移动，不限制其绕门轴转动，简化为固定铰支座；门框限制了门 CD 边的运动，简化为活动铰支座。

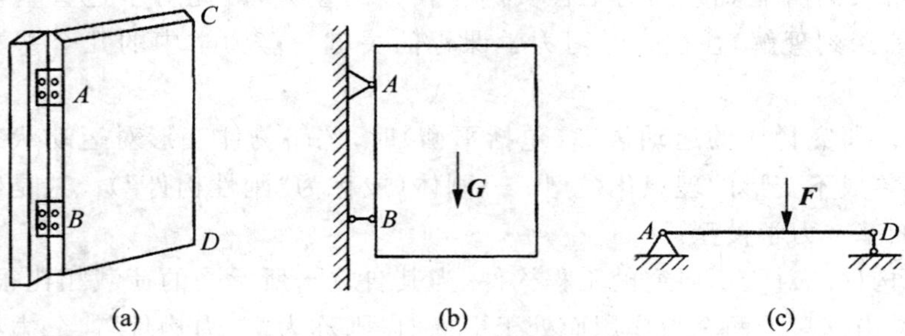

图 2

再如图 3(a)所示的起重机轮轴，A，B 为轴承，C 为齿轮，D 为起重机鼓轮。当研究其平衡问题时，可在 xy 平面和 yz 平面分别进行投影。在 xy 平面，轴承 A 限制了轴 A 点的随意移动，并不完全限制轴绕 A 点的转动，简化为固定铰支座；轴承 B 限制了轴 B 点 y 方向和 z 方向的随意移动，并不完全限制轴绕 B 点的转动，可简化为活动铰支座，如图 3(b)所示。在 yz 平面，因轴线限制着轴、轮的随意移动而不限制其转动，故轴线的投影点简化为固定铰支座，如图 3(c)所示。

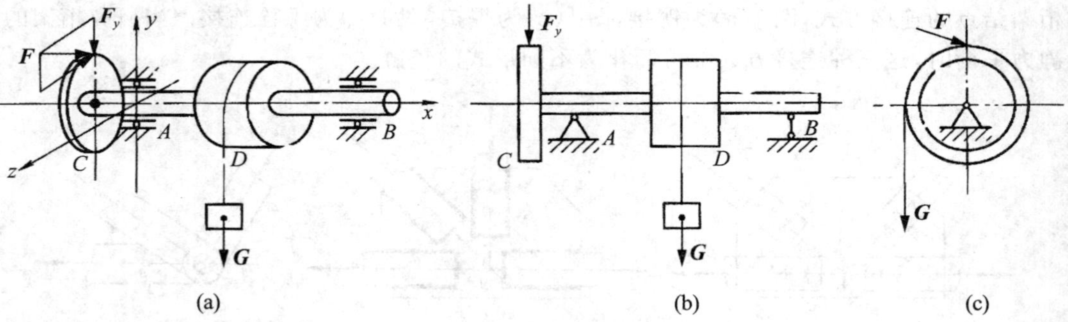

图 3

从以上两例可见，建立结构的平面简图，一是要选取合适的平面，二是要对实际约束按其特性进行简化。图 2 和图 3 中，A，B 两处约束的约束模型并不相同。也就是说，在静定结构中，当构件上一点处的约束简化为固定铰支座时，另一点处的约束就不能再简化为固定铰支座，而只能简化为活动铰支座。这是依据静定结构的要求而采用的简化方法。

综上所述，研究工程构件的静力分析及平衡问题，需要把工程构件简化为平面简图，即建立静定结构的平面力学模型。这是研究工程构件的受力、运动、变形和破坏规律的基础。

二、平面力系研究方法的讨论

1. 力学基本要素的一元论与二元论

在力学的研究中，随着人们对于力和力偶认识的不断深入，关于力学基本要素的学术争论也随之出现。争论的焦点围绕着力系构成的最基本要素而展开，曾经出现过一元论和二元论。

一元论的基本观点：把物体间的相互作用抽象为有大小、方向和作用点的作用力，物体产生的一切机械运动，都是由力引起的。力是力学研究中最基本且唯一的要素。力不仅可以使物体产生移动效应，同时还能使物体产生转动效应。尽管力偶有其独特的性质，能使物体产生转动效应，但属于力对物体产生效应的范畴之内。力偶仅是由两个力构成的一种特殊的力系。

二元论的基本观点：物体的任何运动，都可以看成是一个移动和一个转动的合成。一个力对物体有移动和转动两种效应；而一个力偶对物体只有转动效应，没有移动效应。可见，力偶对物体的效应与一个力对物体的效应是不相同的。力偶无合力且在坐标轴上的投影为零，力与力偶不能相互替代，也不能相互平衡。因此，力和力偶是力学研究中两种彼此相互独立的最基本要素。

早期一元论与二元论的学术之争，推动和发展了力学的基本含义和基本理论。随着力学基本理论体系的发展和完善，力和力偶作为力学的两个基本要素的观点逐步被人们所接受。

2. 力矩是力偶矩的替代运算

力矩是力对物体产生转动效应的量度，力偶矩是力偶对物体产生转动效应的量度。那么，力矩的转动效应与力偶的转动效应有什么区别与联系呢？

由力线平移定理可知，作用于刚体平面任意点的力，向其作用线外任一点平移，得到一个平移力和一个附加力偶，附加力偶矩等于原力对平移点的力矩。可以设想，力对其作用平面上任意点的力矩，也就是将力向平面任意点平移后的附加力偶矩。因此，力矩的大小与矩心的位置有关，而力偶对平面任意点的转动效应等于其力偶矩，与矩心的位置无关。

对于不受固定约束作用的自由物体来说，若力的作用线不通过物体的质心，将会使物体的质心产生移动并绕质心转动。力线平移定理提供了分析这一规律的途径。如图 4(a)所示，用球拍击打乒乓球，若击打力 $\boldsymbol{F}$ 的作用线偏离球体质心 C，可将力 $\boldsymbol{F}$ 向球体质心平移，得到一平移力 $\boldsymbol{F}'$ 和一附加力偶 M，平移力 $\boldsymbol{F}'$ 和重力 $\boldsymbol{G}$ 使球做抛物线运动，附加力偶 M 使球体绕其质心产生旋转运动。其中平移力 $F'=F$，附加力偶矩 $M=F\times d=M_C(F)$。

对于有固定转动中心的约束物体来说，若力作用线不通过转动中心，物体会产生转动。

例如，图 4(b)所示为门在垂直于轴线平面的投影简图。门轴一端 A 为固定铰链约束，作用力 $\boldsymbol{F}$ 后，门将绕轴转动。将力 $\boldsymbol{F}$ 向门轴 A 端平移，得到一平移力 $F'=F$ 和一附加力偶 $M=F\times d=M_A(F)$，平移力 $\boldsymbol{F}'$ 与约束力 $\boldsymbol{F}_A$ 平衡抵消，附加力偶矩 M 使门产生转动。

还可以这样分析门的转动：不作用力时，A 端铰链在该平面内的约束力为零，作用主动力 $\boldsymbol{F}$ 后，A 端铰链将产生与主动力大小相等、方向相反、作用线平行的反作用力 $\boldsymbol{F}_A$，并和主动力构成力偶 M。其力偶矩 $M(FF_A)=F\times d$ 使门产生了转动。一般用力矩 $M_A(F)=F\times d$ 来替代力偶矩的计算。

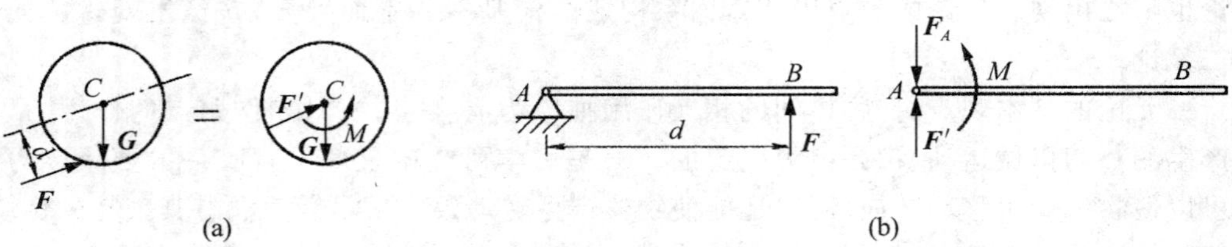

图 4

由此可知，应用力线平移定理所附加的力偶就是主动力与约束力构成的力偶。

以上分析表明：一个力能使物体产生移动和转动两种效应。物体的转动效应实质上都是由力偶引起的，力矩仅是力偶矩的替代运算。

3. 静定结构中约束的简化

在静定结构中如何抽象约束模型是作构件简图的关键。例如，图 5(a)所示的火车轮轴，图中的荷载已得到简化。由于静定结构中未知量的个数等于独立平衡方程的个数，因此，首先要弄清轮轴是静定问题还是超静定问题。从铁轨对于轮轴的约束性能分析，铁轨限制了两车轮的上下移动，两轮有两个未知力。铁轨同时也限制了车轮的左右移动，且当车轮向左侧偏倾时，左轨限制其向左侧的偏倾；当车轮向右侧偏倾时，右轨限制其向右侧的偏倾。也就是说，两轨中某一时刻仅有一轨限制车轮向该侧的偏倾，有一个未知力。由此分析知，轮轴有 3 个未知量，把轮轴作用的力系看作平面一般力系，就可以解出这 3 个未知力。所以，火车轮轴是静定构件。其轮轴的约束简化如图 5(b)所示。A，B 两轮的实际约束相同，其约束模型为什么却不相同呢？这是因为两轨在车轮向一侧偏倾的某一时刻，仅有一轨起到限制作用，把这一约束限制用 A 处的固定铰支座就能完全表示出来。此时 B 轮处铁轨只限制车轮的上下移动，不限制车轮的偏倾。故将 B 处的约束限制作用简化为活动铰支座。若将 B 处也简化为固定铰支座，则轮轴的未知量的个数达到4 个，这样就把一个静定问题变为一个超静定问题，使问题不得求解。又如，图 6(a)所示的楼房大梁，梁上荷载可简化为均布荷载。大梁被支承在侧立柱 A，B 上，且与两侧立柱用钢筋绑结混凝土浇筑连接。立柱限制了大梁两端的上下移动，有两个约束力，但立柱并不完全限制大梁左右方向的微小移动。这是因为立柱具有一定的高度，对于大梁的热胀冷缩的微小变形限制作用很小，可忽略不计。因此把两侧立柱对大梁左右方向的约束限制用一个未知力表示，共有 3 个未知量。所以，楼房大梁也是静定结构，其约束简化如图 6(b)所示。

同理，如前所述，对于门上、下两合页的约束简化和传动轴轴承约束的简化，都是因为它们的结构是静定结构。

从以上分析可见，简化约束时要依据工程的实际情况进行分析。对于静定结构或构件来说，当其构件的一处简化为固定铰支座时，另一处就只能简化为活动铰支座(或光滑面)。

在工程实际中，建立结构或构件的力学模型是工程设计的重要内容。其中，约束的简化非常重要。力学模型正确与否需要经受实践的检验。若所建模型下的计算结果不能满足工程的实际需要，还必须对模型作进一步的修正。一个合理有用的力学模型，往往需要不断地修正才能完成。

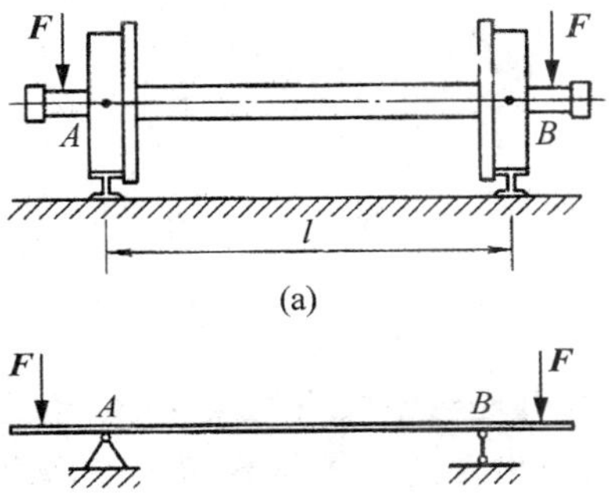

图 5

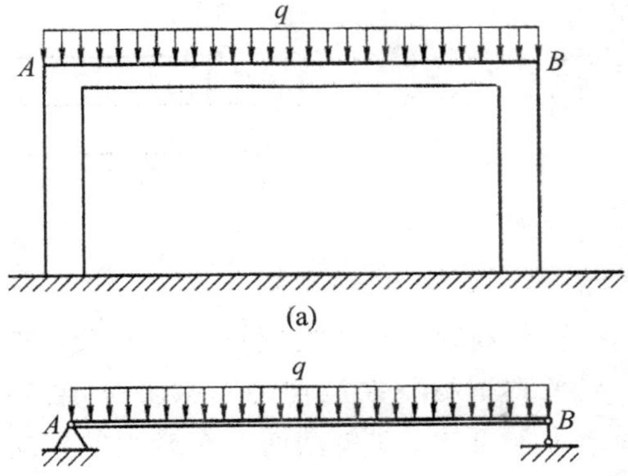

图 6

三、斜截面的应力、材料的失效与破坏和复合材料的性能

1. 拉(压)杆斜截面上的应力

如图 7(a)所示，轴向拉杆沿其 $k—k'$ 方向取一任意斜截面。若斜截面的主法线 n 与轴线的夹角为 α，截面就称为"α 斜截面"。用截面法可求得斜截面上的内力 $F_\alpha = F$，斜截面上的应力显然也是均匀分布的，如图 7(b)所示。斜截面面积 $A_\alpha = A/\cos\alpha$，故斜截面上任意一点的应力 p_α 为：

$$p_\alpha = \frac{F_\alpha}{A_\alpha} = \frac{F}{A_\alpha} = \frac{F}{A/\cos\alpha} = \frac{F}{A}\cos\alpha = \sigma\cos\alpha$$

式中，$\sigma = \dfrac{F}{A}$ 是杆件横截面上的应力。

如图 7(c)所示，若将斜截面上的全应力 p_α 分解为垂直于截面的正应力 σ_α 和平行于截面的切应力 τ_α，则由几何关系得：

$$\sigma_\alpha = p_\alpha\cos\alpha = \sigma\cos^2\alpha$$

$$\tau_\alpha = p_\alpha\sin\alpha = \sigma\cos\alpha\sin\alpha = \frac{\sigma}{2}\sin2\alpha$$

由此可知，σ_α 和 τ_α 都是 α 的函数，截面方位 α 不同，截面上的正应力和切应力也不相同。过杆内一点不同方位的应力状况，称为"一点的应力状态。"

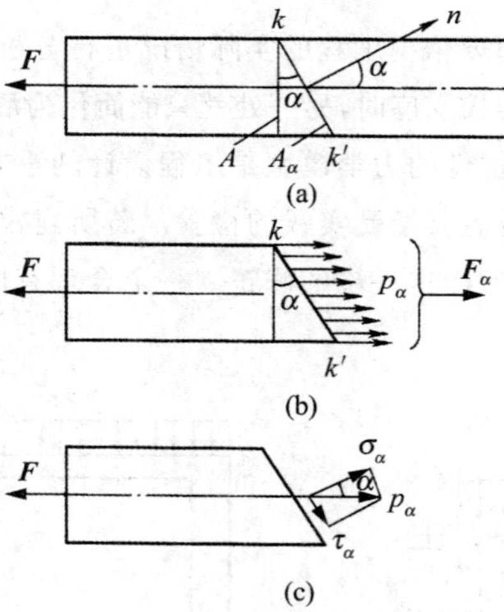

图 7

2. 材料拉(压)试验时的失效与破坏现象分析

低碳钢材料在拉伸的屈服阶段,磨光的试件表面出现与轴线大约成 45°倾角的滑移线。由前可知,45°斜截面上有最大的切应力,滑移线的出现是由于材料内部晶格之间在最大切应力作用下,发生了相对滑移错动而形成的,所以屈服现象与最大切应力有关。工程中,一般材料发生屈服或出现显著塑性变形时,将会使构件失效,应尽量避免。

铸铁材料压缩断裂时,断口大致与轴线成 45°～55°倾角。45°斜截面上有最大的切应力 $\tau_{45}=\sigma/2$,试件是由于受最大切应力作用产生相对错动而被剪断的。铸铁材料压缩时横截面压应力大于 45°斜截面最大切应力,即 $\sigma>\tau_{45}=\sigma/2$,材料不沿横截面断裂,而沿 45°斜截面破裂,说明其抗压性能大于其抗剪性能。

3. 复合材料性能

生产和科技的发展对材料的应用提出了越来越高的要求,单一材料往往难以满足多方面的高要求,这就促成了复合材料的诞生。复合材料是由两种或更多种物理和化学上不同的物质组合起来得到的一种多相体系。不同的非金属材料之间、非金属材料与各种不同的金属材料之间都可以相互复合。复合材料主要由增强材料和基体材料两部分组成。增强材料是复合材料的骨架,基本上决定了复合材料的强度和刚度;而基体材料则是增强材料成为一体的基础,起到保护增强材料的作用,同时还能将荷载传递给增强材料。

复合材料可以改善或克服组成材料的弱点,充分发挥它们各自的优点,使几种材料的性能互为补充,具有许多优越的性能,其主要特性如下:

(1)比强度和比模量高。强度与密度、弹性模量与密度的比值分别称为“比强度”和“比模量”,它们是衡量复合材料承载能力的重要指标,对于希望尽量减轻自重而仍保持高强度和高刚度的结构是非常重要的。例如,由于分离铀用的离心机转筒的线速度大于 400m/s,所以必须用碳纤维增强环氧树脂这样的复合材料,它的比强度比钢大 7 倍、比刚度比钢大 3 倍。

(2)抗疲劳性能好。疲劳破坏是材料在交变应力作用下,由于裂纹的形成和扩展而造成的低应力破坏。由于复合材料中增强纤维和基体界面能够阻止疲劳裂纹的扩展,而且它的疲劳破坏总是从承载的薄弱纤维处开始逐渐扩展到结合面上,所以复合材料不像有些材料那样会发生低应力破坏。

(3)减振性能好。构件的自振频率除了与结构本身有关外,还与材料的比模量的平方根成正比。复合材料的比模量大,不易发生共振及由此引起的早期破坏。

(4)耐高温性能好。增强纤维中除了玻璃纤维软化点较低外,其他纤维的熔点一般都较高。用硼纤维或氧化硅纤维增强的铝复合材料,在高温下仍有较高的强度。

(5)断裂安全性好。纤维增强复合材料基体中有大量独立的纤维,这类材料的构件一旦超载并发生少量纤维断裂,荷载会重新迅速分配在未破坏的纤维上,从而使构件不至于在极短的时间内有整体破坏的危险。

应该指出,复合材料为各向异性、非均质材料,横向拉伸强度和层间剪切强度不高,伸长率较低,冲击韧性有时也不很好,成本高,价格贵。

四、剪力图与弯矩、弯曲应力与特殊弯曲

1.用剪力图面积求任一截面的弯矩

由简便方法画剪力、弯矩图可知,画弯矩图时需要求一些截面的弯矩值。若对微分关系$\frac{dM(x)}{dx}=F_Q(x)$进行积分,即任意 x 截面的弯矩为:

$$M(x)=\int_0^X F_Q(x)dx+M_0$$

由数学分析可知,积分$\int_0^X F_Q(x)dx$表示由坐标原点到任意 x 截面的剪力图与 x 轴围成面积的代数和(面积有正负之分)。积分常数 M_0 表示由坐标原点到 x 截面这段梁上作用集中力偶矩的代数和,顺时针转向的力偶为正,反之为负。

公式表明:任意 x 截面的弯矩值,等于该截面左段梁上剪力图面积的代数和加上 x 截面左段梁上集中力偶矩的代数和。

如外伸梁作用有图 8 所示的荷载,$\boldsymbol{F}$ 为已知,$M_0=2Fa$,试用微分关系画梁的剪力图和弯矩图。

(1)求支座约束力。

$$F_A=-3F/2,F_B=5F/2$$

(2)将梁分段。集中力、集中力偶把梁分为 AC,CB,BD 3 段。

(3)画剪力图。从梁的左端开始,A 点集中力作用向下突变;AC 段,剪力为常量 $-3F/2$;C 点处集中力偶作用,剪力值不变;CB 段剪力为常量 $-3F/2$;B 点处集中力 $\boldsymbol{F}_B$ 作用向上突变;BD 段剪力为常量 $\boldsymbol{F}$;D 点处力 $\boldsymbol{F}$ 作用,剪力图向下突变,$\boldsymbol{F}$ 回到坐标轴,即得图 8(b)所示的剪力图。

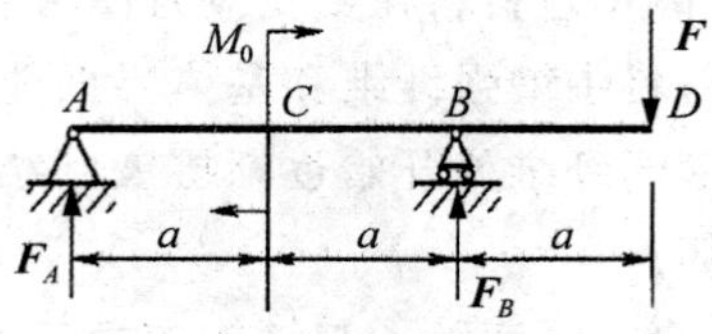

(a)

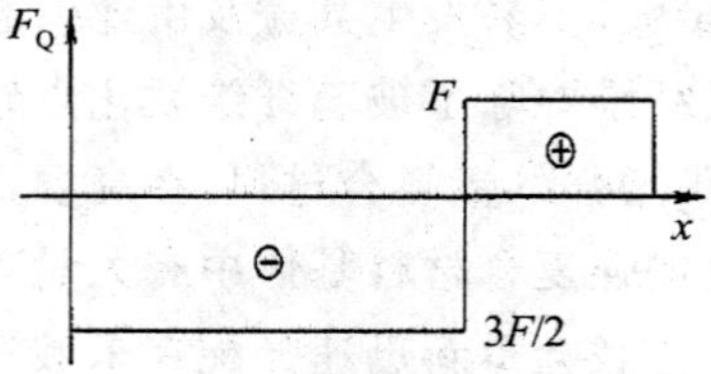

(b)

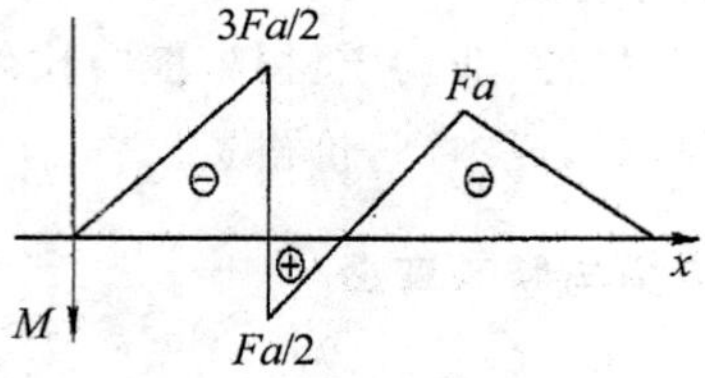

(c)

图 8

(4)画弯矩图。从梁的左端开始，AC 段剪力为常量 $-3F/2$，弯矩图为直线(且斜率为 $-3F/2$)，用截面左段梁(即 A_+ 截面—C_- 截面)剪力图的面积确定 AC 段两端附近截面 A_+，C_- 的弯矩值，$M_{A+}=-3F/2\times\Delta=0$，$M_{C\_}=-3F/2\times a=-3Fa/2$，过该两点坐标作直线；$CB$ 段无荷载作用，弯矩图为直线，用截面左段梁(即 C_+ 截面—B_- 截面)剪力图的面积加上集中力偶，确定 CB 段两端临近截面 C_+，B_- 的弯矩值，$M_{C+}=-3F/2\times a+2Fa=Fa/2$，$M_{B\_}=-3F/2\times 2a+2Fa=-Fa$，过该两点坐标作直线；$BD$ 段无荷载作用，弯矩图为直线，用截面左段梁(即 B_+ 截面—D_- 截面)剪力图的面积加上集中力偶，确定 BD 段两端临近截面 B_+，D_- 的弯矩值，$M_{B+}=-3F/2\times 2a+2Fa=-Fa$，$M_{D\_}=-3F/2\times 2a+Fa+2Fa=0$，过该两点坐标作直线，即得图 8(c)所示的弯矩图。

2. 纯弯曲正应力公式推导

(1)几何关系。在梁截面建立图 9(b)所示的坐标系，y 轴为截面的对称轴，方向向下；z 轴为中性轴。如图 9(a)所示，截取梁上一微段 dx 进行分析，$m—m$，$n—n$ 截面绕中性轴转动了一相对转角，设中性层的曲率半径为 ρ，则距中性轴为 y 坐标处的纵向纤维变形前后的长度分别为：

$$bb=O'O'=\rho d\theta, b'b'=(\rho+y)d\theta$$

$$\varepsilon=\frac{b'b'-bb}{bb}=\frac{(\rho+y)d\theta-\rho d\theta}{\rho d\theta}=\frac{y}{\rho} \tag{a}$$

式(a)表明，距中性轴为 y 坐标处纵向纤维的线应变 ε 与 y 坐标成正比。

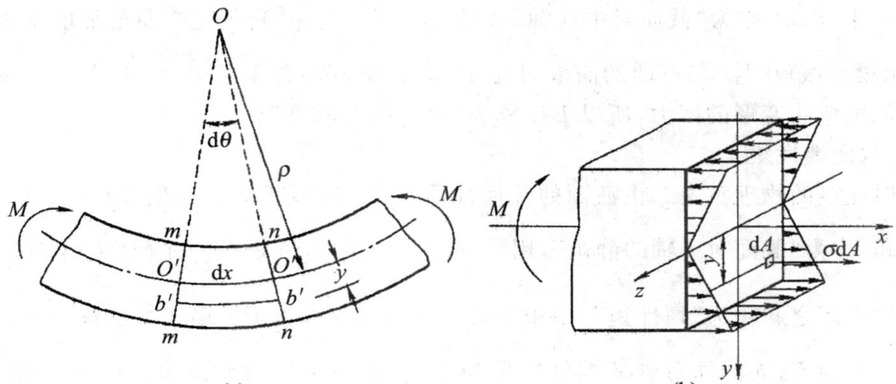

(a)　　(b)

图 9

(2)物理关系。因为假设纵向纤维不相互挤压,只发生了单向的拉伸或压缩变形,所以当应力不超过材料的比例极限时,材料符合胡克定律,即 $\sigma=E\varepsilon$,将式(a)代入得:

$$\sigma=E\frac{y}{\rho} \tag{b}$$

式(b)表明,横截面上任一点的正应力与该点到中性轴的距离 y 成正比,即正应力呈线性分布,中性轴上的正应力为零。

(3)静力学关系。由于中性轴的位置尚未确定,中性层的曲率也是未知量,因此不能应用式(b)计算截面的正应力,还需用应力与内力间的静力学关系来确定。

在图 9(b)所示梁的横截面上,无数个微面积 $\mathrm{d}A$ 上的微内力 $\sigma\mathrm{d}A$ 组成了一个空间平行力系,由于纯弯曲时横截面上只有弯矩,所以微内力 $\sigma\mathrm{d}A$ 沿 x 轴方向的总和为零,即:

$$\int_A\sigma\mathrm{d}A=0 \tag{c}$$

将式(b)代入式(c),即:

$$\int_A E\frac{y}{\rho}\mathrm{d}A=\frac{E}{\rho}\int_A y\mathrm{d}A=0 \tag{d}$$

式中,E/ρ 是常数且不等于零。由截面几何性质知,积分 $\int_A y\mathrm{d}A=S_z$ 为截面对 z 轴的静矩。若满足式(d),则截面对 z 轴的静矩必为零,即中性轴通过截面的形心。

横截面上微内力对 z 轴力矩的总和等于该截面的弯矩,即:

$$M=\int_A y\sigma\mathrm{d}A \tag{e}$$

将式(b)代入式(e)得:

$$M=\int_A\frac{E}{\rho}y^2\mathrm{d}A=\frac{E}{\rho}\int_A y^2\mathrm{d}A$$

令:

$$I_z=\int_A y^2\mathrm{d}A \tag{f}$$

则:

$$\frac{1}{\rho}=\frac{M}{EI_z} \tag{g}$$

$I_z = \int_A y^2 \mathrm{d}A$ 称为“截面对中性轴 z 的惯性矩”。式(g)是研究弯曲变形的基本公式，$1/\rho$ 表示梁轴线(中性层)弯曲的曲率，$1/\rho$ 值越大，梁弯曲程度越大。EI_z 与 $1/\rho$ 成反比，表示梁抵抗弯曲变形的能力，所以 EI_z 称为“梁的抗弯刚度”。

(4)截面惯性矩 I_z。

①惯性矩的物理意义。由截面的几何性质可知，截面所有微面积 $\mathrm{d}A$ 对 z 轴一次矩的代数和，称为“截面对 z 轴的静矩”，用积分式 $S_z = \int_A y \mathrm{d}A$ 表示。而截面所有微面积 $\mathrm{d}A$ 对 z 轴二次矩之和称为“惯性矩”，用积分式 $I_z = \int_A y^2 \mathrm{d}A$ 表示。由积分运算可知，静矩可正、可负、可为零；而截面对轴的惯性矩恒为正，其大小不仅与截面面积的形状和大小有关，而且与截面面积的分布有关。

②平行轴定理。同一截面对两条平行轴的惯性矩是不相同的。图 10(a)所示的任意截面，z_C 轴为截面的形心轴，若 z 轴平行于 z_C 轴，两轴间距为 a，微面积的坐标 $y = y_C + a$，则截面对 z 轴的惯性矩为：

$$I_z = \int_A y^2 \mathrm{d}A = \int_A (y_C + a)^2 \mathrm{d}A = \int_A y_C^2 \mathrm{d}A + 2a\int_A y_C \mathrm{d}A + a^2 \int_A \mathrm{d}A$$

式中，$\int_A y_C \mathrm{d}A$ 表示截面对形心轴 z_C 的静矩，其值等于零；而 $\int_A \mathrm{d}A = A$，则上式表示为：

$$I_z = I_{zC} + a^2 A$$

上式表明，截面对其形心外某 z 轴的惯性矩等于与之平行的形心 z_C 轴的惯性矩再加上两轴距离平方与截面面积的乘积，此即为平行轴定理。由此不难得出，在一组相互平行的轴中，截面对其形心轴的惯性矩最小。

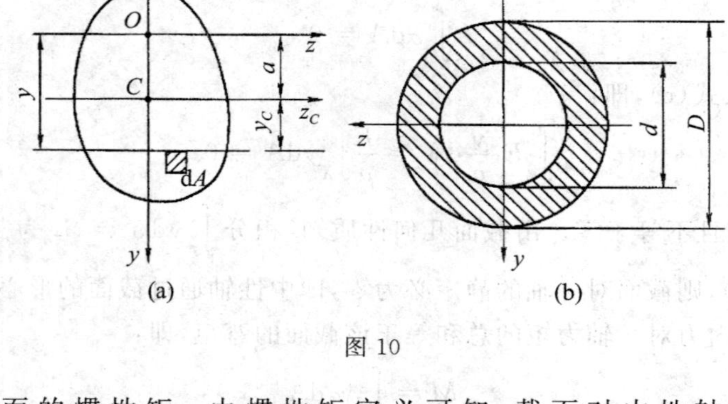

图 10

③矩形截面的惯性矩。由惯性矩定义可知，截面对中性轴 z 的惯性矩为 $I_z = \int_A y^2 \mathrm{d}A$。求宽为 b、高为 h 的矩形截面[见图 11(a)]的惯性矩。在距 z 轴为 y 坐标处用 y 坐标的微量 $\mathrm{d}y$ 截取一狭长微面积 $\mathrm{d}A = b\mathrm{d}y$，得：

$$I_z = \int_A y^2 \mathrm{d}A = \int_{-\frac{h}{2}}^{\frac{h}{2}} y^2 b\mathrm{d}y = b \times \frac{y^3}{3}\bigg|_{-\frac{h}{2}}^{\frac{h}{2}} = \frac{bh^3}{12}$$

同理可得，截面对 y 轴的惯性矩为 $I_y = \frac{hb^3}{12}$。

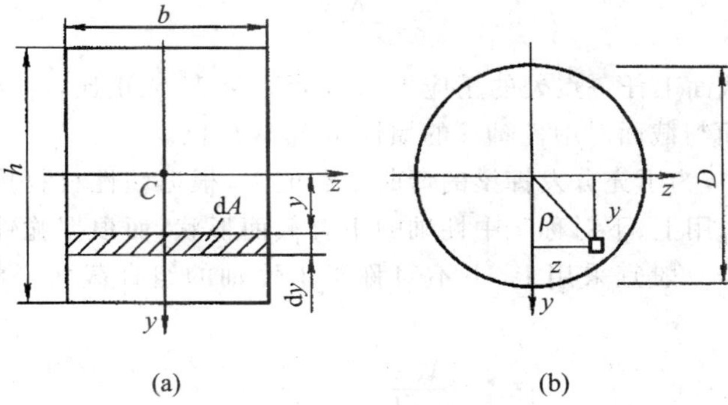

图 11

④圆截面的惯性矩。设圆截面直径为 D，在距轴为 ρ 处截取一微面积 dA，则截面对轴线 x（在此可称为"极轴"）的极惯性矩 $I_\rho=\frac{\pi D^4}{32}$（推导过程见后面）。截面对中性轴 z 的惯性矩 $I_z=\int_A y^2 dA$。圆截面内任意点处的微面积 dA 距各轴的距离有 $\rho^2=y^2+z^2$。由圆截面的极惯性矩可知：

$$I_\rho=\int_A \rho^2 dA=\int_A (y+z)^2 dA=\int_A y^2 dA+\int_A 2yz dA+\int_A z^2 dA=I_z+I_y=2I_z$$

式中，$\int_A 2yz dA$ 称为"截面的惯性积"。对于图中的圆截面，对 x 轴和 y 轴对称，惯性积 $\int_A 2yz dA=0$，且 $\int_A y^2 dA=\int_A z^2 dA$，由此得圆截面对中性轴的惯性矩等于极惯性矩的一半，即 $I_z=\frac{I_\rho}{2}=\frac{\pi D^4}{64}$。

⑤组合截面的惯性矩。求组合截面对中性轴的惯性矩，首先需要将截面分成若干个简单图形，$A=A_1+A_2+\cdots+A_n$，然后确定组合截面的形心，再计算截面对中性轴的惯性矩。由惯性矩的定义可知，组合截面的惯性矩等于各简单图形面积对中性轴惯性矩的总和，即：

$$I_z=\sum_{i=1}^{n} I_{zi}$$

由此可知，若圆环形截面的外径为 D，内径为 d，并令 $d/D=\alpha$[见图 10(b)]，则其惯性矩为：

$$I_z=\frac{\pi D^4}{64}-\frac{\pi d^4}{64}=\frac{\pi D^4}{64}(1-\alpha^4),W_z=\frac{I_z}{y_{\max}}=\frac{\pi D^3}{32}(1-\alpha^4)\approx 0.1D^3(1-\alpha^4)$$

式中，W_z 为截面系数。

若空心矩形截面外宽为 B，外高为 H，内宽为 b，内高为 h，则其惯性矩为：

$$I_z=\frac{BH^3}{12}-\frac{bh^3}{12}=\frac{BH^3-bh^3}{12},W_z=\frac{I_z}{y_{\max}}=\frac{BH^3-bh^3}{12\times\frac{H}{2}}=\frac{BH^3-bh^3}{6H}$$

(5)正应力公式。将式(g)代入式(b)，可得梁纯弯曲时截面的正应力公式，即：

$$\sigma_y=\frac{My}{I_z}$$

此式表明：横截面上任一点处的正应力与截面弯矩 M 成正比，与该点到中性轴的距离 y 坐标成正比，而与截面对中性轴 z 的惯性矩 I_z 成反比。

(6)工程实际中，为了充分发挥梁的弯曲承载能力，根据塑性材料抗拉与抗压性能相同的特性，一般宜采用上、下对称于中性轴的组合截面形状；而根据脆性材料抗拉与抗压性能不相同的特性，一般宜采用上、下不对称于中性轴的组合截面形状，其强度设计准则为：

$$\left.\begin{aligned}\sigma_{\max}^{+}=\frac{M_{\max}y^{+}}{I_z}\leqslant[\sigma^{+}]\\ \sigma_{\max}^{-}=\frac{M_{\max}y^{-}}{I_z}\leqslant[\sigma^{-}]\end{aligned}\right\}$$

式中，y^+ 为受拉一侧的截面边缘到中性轴的距离；y^- 为受压一侧的截面边缘到中性轴的距离。

3. 横力弯曲时正应力与切应力的比较

对于跨度较大的梁弯曲时，决定弯曲强度的主要因素是弯曲正应力，弯曲切应力则是次要的。这里不妨比较一下，矩形截面梁在横力弯曲时的最大正应力和最大切应力。

如图 12 所示，矩形截面悬臂梁在自由端受到集中荷载 $\boldsymbol{F}$ 作用，这时梁的最大弯矩和最大剪力分别为：

$$M_{\max}=Fl,|F_Q|_{\max}=F$$

可得梁的最大弯曲正应力与最大弯曲切应力分别为：

$$\sigma_{\max}=\frac{6Fl}{bh^2},\tau_{\max}=\frac{3F}{2bh}$$

将两者予以比较，得：

$$\frac{\sigma_{\max}}{\tau_{\max}}=\frac{\dfrac{6Fl}{bh^2}}{\dfrac{3F}{2bh}}=\frac{4l}{h}$$

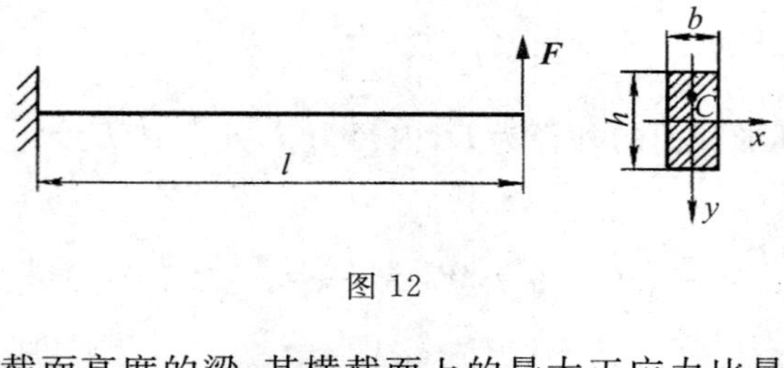

图 12

可见，跨度远大于截面高度的梁，其横截面上的最大正应力比最大切应力大得多。因此，对于一般细长梁来说，主要应进行弯曲正应力强度设计。而在某些特殊情形下，如焊接或铆接的工字形截面薄臂梁、短跨梁及在支座附近有较大集中力作用、各向异性材料的梁(如木材的顺纹与横纹方向抗剪强度有较大差异，又如组合截面粘胶层的抗剪强度需计算)，受荷载作用时，它们的切应力可能达到很大数值，致使结构发生强度失效，这时就需将最大切应力限制在许用范围内。既要保证梁的最大正应力满足强度准则，又要保证最大切应力同时满足强度准则。在设计计算时一般先按弯曲正应力强度准则设计出截面尺寸，然后再按弯曲切应力强度准则进行校核。

4. 开口薄臂梁在横向力作用下的弯曲

对于开口薄臂截面梁，由于横截面存在有与剪力方向不一致的切应力，横截面上切应力对加力点简化的结果不仅有主矢，还有主矩，从而使梁截面在横向平面产生了转动。这时梁除了发生弯曲变形外，还将发生扭转变形。图 13 所示为开口薄壁圆环梁、不等边角钢梁、槽形截面梁横力弯曲时的变形情形。

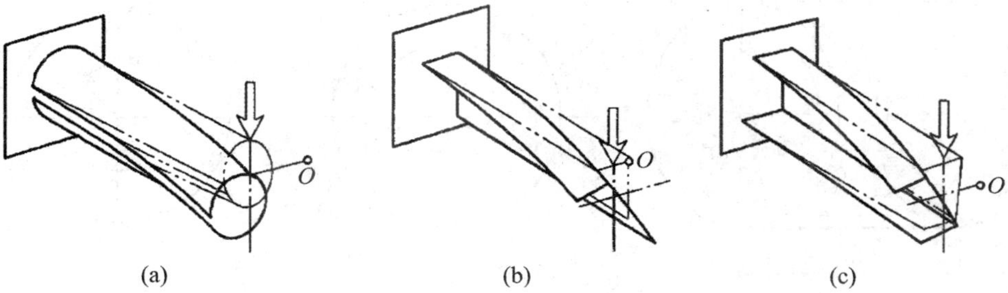

图 13

由于开口薄壁截面梁扭转时横截面将发生翘曲，在很多情形下，各横截面翘曲的程度又各不相同，因而在横截面上产生附加正应力，同时还会产生附加切应力，这些都是工程构件设计所不希望的。

并不是所有开口薄壁梁在横力弯曲时都发生扭转变形。材料力学的研究结果表明，当横向力作用线通过横截面弯曲中心时，横向作用力将使杆只发生弯曲而不产生扭转。

五、扭转切应力公式及变形公式推导

1. 扭转切应力公式

如图 14(a)所示，设相距为 $\mathrm{d}x$ 的两横截面间的相对扭转角为 $\mathrm{d}\varphi$，横截面上距圆心为 ρ 的一点 b_1 相对于 b 点的错动位移为：

$$b_1b_1'=\rho\mathrm{d}\varphi$$

该点的切应变为：

$$\gamma_\rho=\frac{b_1b_1'}{\mathrm{d}x}=\rho\frac{\mathrm{d}\varphi}{\mathrm{d}x} \tag{h}$$

在剪切的弹性范围内切应力与切应变成正比，从而得出横截面上距轴线为一点的切应力为：

$$\tau_\rho=G\gamma_\rho=G\rho\frac{\mathrm{d}\varphi}{\mathrm{d}x} \tag{i}$$

式(i)表明，横截面上的切应力与该点距圆心的半径 ρ 成正比，即切应力呈线性分布，切应力的方向与 ρ 垂直，如图 14(b)所示。

距圆心为 ρ 处取一微面积 $\mathrm{d}A$，其上作用的微内力为 $\tau_\rho\mathrm{d}A$，如图 14(c)所示。整个截

面上各点处所有微内力对圆心之矩的总和等于该截面上的内力扭矩，即：

$$T=\int_A \rho\tau_\rho \mathrm{d}A \tag{j}$$

将式(i)代入式(j)，得：

$$T=\int_A \rho\tau_\rho \mathrm{d}A=\int_A G\rho^2\frac{\mathrm{d}\varphi}{\mathrm{d}x}\mathrm{d}A=G\frac{\mathrm{d}\varphi}{\mathrm{d}x}\int_A \rho^2\mathrm{d}A=G\frac{\mathrm{d}\varphi}{\mathrm{d}x}I_\rho \tag{k}$$

式中，$I_\rho=\int_A \rho^2\mathrm{d}A$，为横截面对圆心的极惯性矩，其大小与截面形状、尺寸有关。

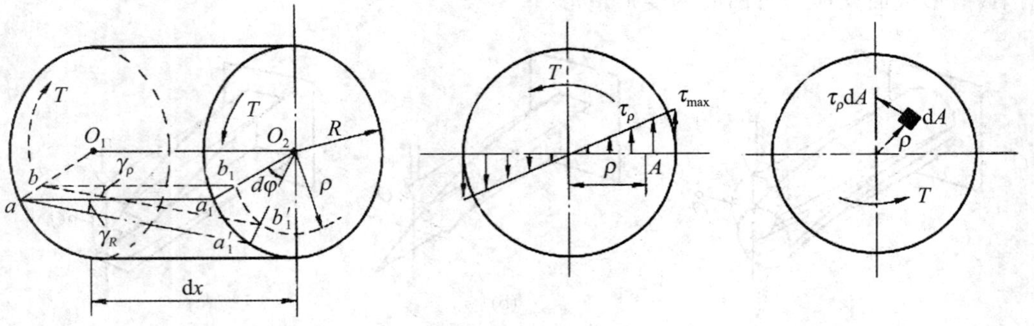

图 14

由式(k)可得：

$$\frac{\mathrm{d}\varphi}{\mathrm{d}x}=\frac{T}{GI_\rho} \tag{l}$$

把式(l)代入式(i)，即得横截面上扭转切应力公式：

$$\tau_\rho=\frac{T\rho}{I_\rho}$$

最大切应力发生在截面边缘处，即 $\rho=\frac{D}{2}$时，其值为：

$$\tau_{\max}=\frac{\frac{TD}{2}}{I_\rho}=\frac{T}{W_\rho}$$

2. 圆截面的极惯性矩及物理意义

截面对轴线的极惯性矩，表示截面所有微面积对轴线二次矩之和，其大小与圆截面的形状、大小及面积的分布有关，是反映截面几何惯性的一个物理量。

如图 15 所示，设圆截面直径为 D，若取微面积为一圆环，即 $\mathrm{d}A=2\pi\rho\mathrm{d}\rho$，则其极惯性矩的积分计算结果为：

$$I_\rho=\int_A \rho^2\mathrm{d}A=\int_0^{\frac{D}{2}}2\pi\rho^3\mathrm{d}\rho=\frac{\pi D^4}{32}\approx 0.1D^4$$

设空心圆截面外径为 D，内径为 d，内外径之比 $d/D=\alpha$，其极惯性矩的积分计算结果为：

$$I_\rho=\int_A \rho^2\mathrm{d}A=\int_{\frac{d}{2}}^{\frac{D}{2}}2\pi\rho^3\mathrm{d}\rho=\frac{\pi D^4}{32}(1-\alpha^4)\approx 0.1D^4(1-\alpha^4)$$

相同面积的实心圆截面和空心圆截面比较，由于空心截面的面积分布比实心截面距轴线远，其极惯性矩比实心截面大，所以空心圆截面是圆轴扭转的合理截面形状。

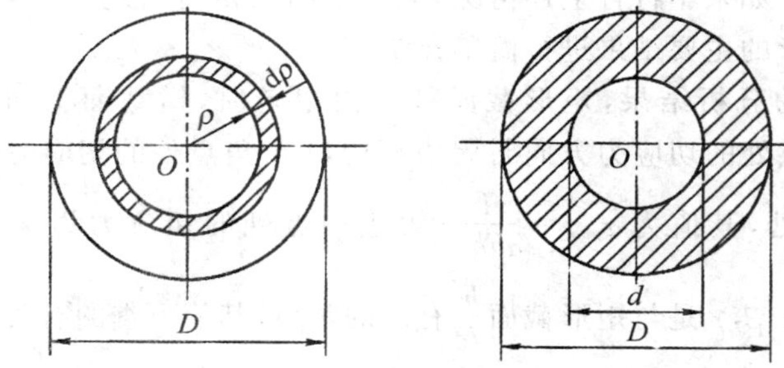

(a)　　　　(b)

图 15

3. 扭转角公式

由式(l)可知，相距为 $\mathrm{d}x$ 的两相邻截面间的相对扭转角为：

$$\mathrm{d}\varphi=\frac{T}{GI_{\rho}}\mathrm{d}x$$

对上式进行积分，即得相距为 l 的两个横截面之间的扭转角为：

$$\varphi=\int_0^{\varphi}\mathrm{d}\varphi=\int_0^{l}\frac{T}{GI_{\rho}}\mathrm{d}x$$

对于轴长为 l、扭矩为常量的等截面圆轴，两端截面间的相对扭转角为：

$$\varphi=\frac{Tl}{GI_{\rho}}$$

4. 非圆截面杆自由扭转

在工程上还可能遇到非圆截面杆的扭转问题，如工程机械用方形截面作传动轴、曲轴的曲柄做成矩形截面等。圆轴扭转后横截面仍保持为平面，而矩形截面杆受扭后，横截面由原来的平面变为曲面，如图 16(a)(b)所示，这一现象称为“截面翘曲”。对于矩形截面杆的扭转，平面假设已不成立。因此，圆轴扭转时的应力、变形公式对矩形截面杆均不适用。

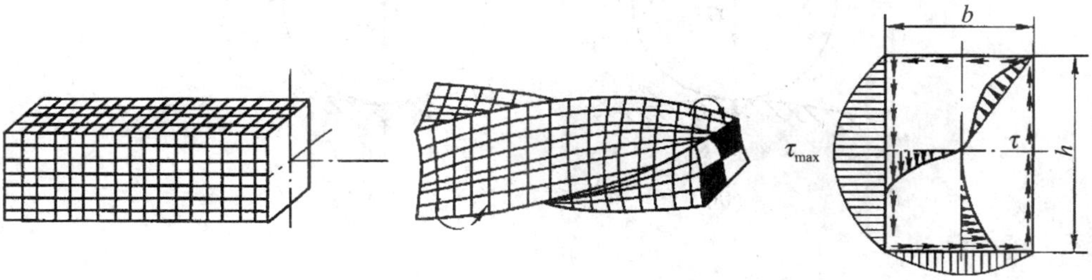

(a)　　　　(b)　　　　(c)

图 16

矩形截面杆的扭转可分为自由扭转和约束扭转。自由扭转是指整个杆的各横截面的翘曲不受任何约束，任意两相邻横截面的翘曲情况将完全相同，故此时横截面上只产生切应力而没有正应力。如果不符合上述情况，就属于约束扭转。这里只对矩形截面杆自由扭转时的应力及变形的主要结果进行简单介绍。

根据弹性力学的分析结果，矩形截面杆自由扭转时，横截面上切应力的分布如图16(c)所示，边缘各点处的切应力方向与周边相切，4个角点处的切应力等于零，最大切应力发生在长边中点处，其值为 $\tau_{\max}=\dfrac{T}{\alpha hb^2}$；短边中点处的切应力为 $\tau=\gamma\tau_{\max}$；扭转角为 $\varphi=\dfrac{Tl}{G\beta hb^3}$。式中的 α,β,γ 是与矩形截面 $\dfrac{h}{b}$ 有关的常数，其值可查阅有关设计手册。

工程上对于矩形等非圆截面实体杆件的约束扭转，由于正应力很小，可以忽略不计。但对于薄壁杆件（如工字钢、槽钢等）来说，横截面上的正应力往往很大，必须予以足够重视。

六、关于构件稳定、平衡和失效的讨论

1. 稳定平衡状态与不稳定平衡状态

由静力学平衡方程可知，物体在平衡力系作用下必处于平衡状态，但是物体的平衡状态存在稳定性问题。如图17所示，重量为 G 的球体，无论是放在凸出的光滑表面，还是放在凹进的光滑表面，只要球体重力 $\boldsymbol{G}$ 与约束力 $\boldsymbol{F}_{\mathrm{N}}$ 共线，球体的受力就满足二力平衡公理而处于平衡状态。但实质上，球体的这两种平衡状态是有区别的。球体处于图17(a)所示的平衡状态，受到一个扰动（干扰力）后，原有的平衡状态随即被打破，球体将会寻求新的平衡。这种因受到扰动使平衡打破，而不能自行恢复的平衡状态，称为“不稳定平衡状态”。杂技表演中的走钢丝、叠罗汉等，正是由于处于不稳定的平衡状态，所以人们才感觉其惊险、技艺高超。若球体处于图17(b)所示的平衡状态，受到一个扰动后，原有的平衡状态瞬间被打破，但随后原有的平衡状态能够得以恢复。这种因受到扰动使平衡打破，但能够恢复的平衡状态，称为“稳定平衡状态”。

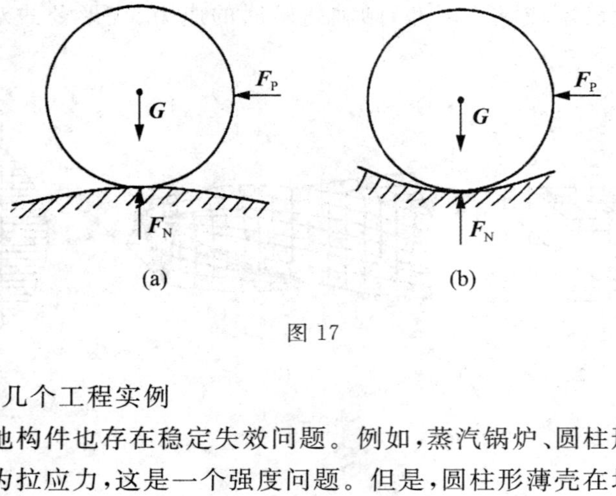

图 17

2. 稳定失效的几个工程实例

除压杆外，其他构件也存在稳定失效问题。例如，蒸汽锅炉、圆柱形薄壁容器，在内力作用下，壁内应力为拉应力，这是一个强度问题。但是，圆柱形薄壳在均匀外压作用下，壁

内应力变为压应力，如图 18(a)所示。当外压达到临界压力时，薄壳的圆形平衡就变得不稳定，一旦受到扰动后，会突然变成由双点画线所示的鸭蛋圆形。与此相类似，板条或薄壁工字梁在最大抗弯刚度平面内弯曲时，会因荷载达到临界荷载而发生侧向弯曲，如图 18(b)所示。

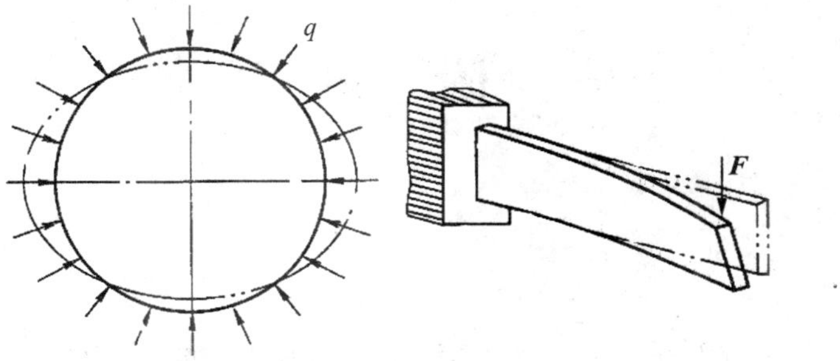

(a) (b)

图 18

3. 压杆失稳案例

压杆失稳与强度和刚度失效有着本质的区别，前者失效时的荷载远远低于后者，而且往往是突发性的，因而常常会造成灾难性的后果。历史上曾有过多次由于压杆失稳造成灾难的事故。如美国哈特福特城的体育馆平面 92m×110m 的网架结构，突然于 1978 年坠落地面，原因是压杆屈曲失稳。从案例可以看出，钢结构失稳破坏的原因通常是其结构设计不合理，存在结构设计缺陷所致，要从根本上杜绝此类事故的发生，结构稳定性设计是关键。

附 录

附录A 常用截面的几何性质

截面形状	惯性矩	抗弯截面系数
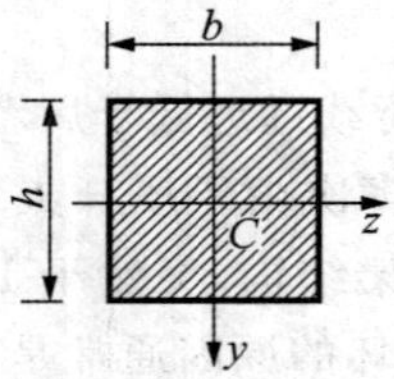	$I_z=\dfrac{bh^3}{12}$ $I_y=\dfrac{hb^3}{12}$	$W_z=\dfrac{bh^2}{6}$
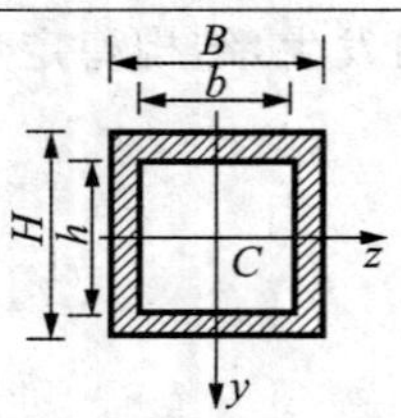	$I_z=\dfrac{BH^3-bh^3}{12}$ $I_y=\dfrac{HB^3-hb^3}{12}$	$W_z=\dfrac{BH^3-bh^3}{6H}$
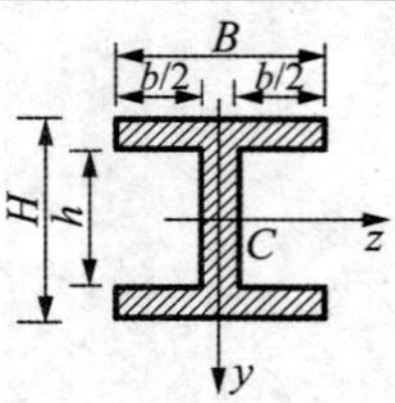	$I_z=\dfrac{BH^3-bh^3}{12}$	$W_z=\dfrac{BH^3-bh^3}{6H}$
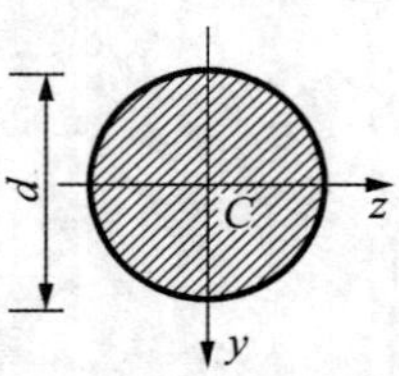	$I_z=I_y=\dfrac{\pi d^4}{64}$	$W_z=\dfrac{\pi d^3}{32}$

续表

截面形状	惯性矩	抗弯截面系数
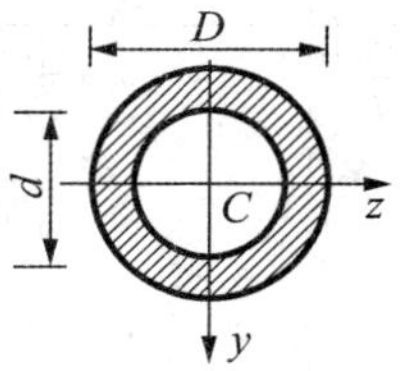	$I_z=I_y=\dfrac{\pi D^4}{64}(1-\alpha^4)$	$W_z=\dfrac{\pi D^3}{32}(1-\alpha^4)$

附录B　梁在简单荷载作用下的变形

序号	梁的简图	挠曲线方程	端截面转角	最大挠度
1	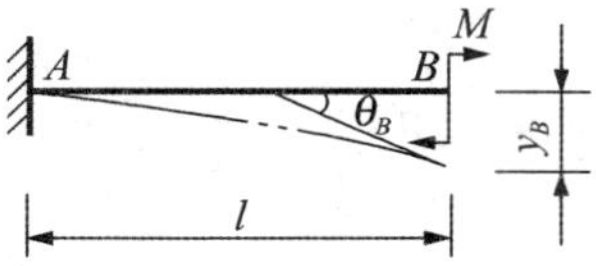	$y=-\dfrac{Mx^2}{2EI}$	$\theta_B=-\dfrac{Ml}{EI}$	$y_B=-\dfrac{Ml^2}{2EI}$
2	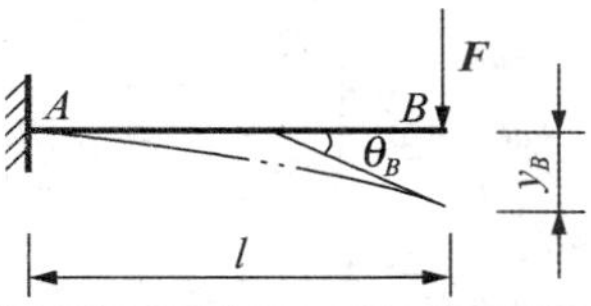	$y=-\dfrac{Fx^2}{6EI}(3l-x)$	$\theta_B=-\dfrac{Fl^2}{2EI}$	$y_B=-\dfrac{Fl^3}{3EI}$
3	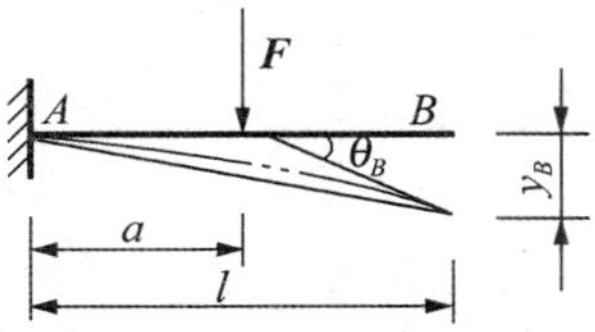	$y=-\dfrac{Fx^2}{6EI}(3a-x)$ $(0\leqslant x\leqslant a)$ $y=-\dfrac{Fa^2}{6EI}(3x-a)$ $(a\leqslant x\leqslant l)$	$\theta_B=-\dfrac{Fa^2}{2EI}$	$y_B=-\dfrac{Fa^2}{6EI}(3l-a)$
4	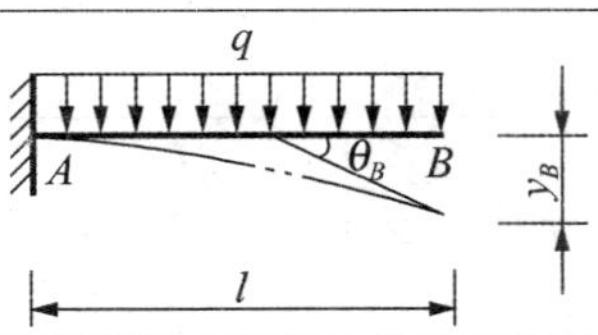	$y=-\dfrac{qx^2}{24EI}(x^2-4lx+6l^2)$	$\theta_B=-\dfrac{ql^3}{6EI}$	$y_B=-\dfrac{ql^4}{8EI}$
5	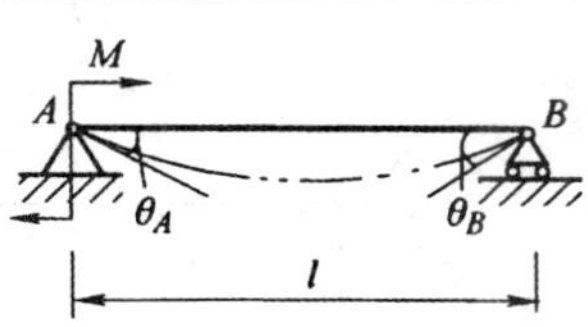	$y=-\dfrac{Mx}{6EIl}(l-x)(2l-x)$	$\theta_A=-\dfrac{Ml}{3EI}$ $\theta_B=\dfrac{Ml}{6EI}$	$x=\left(1-\dfrac{1}{\sqrt{3}}\right)l$ $y_{max}=-\dfrac{Ml^2}{9\sqrt{3}EI}$ $x=\dfrac{l}{2},y_{l/2}=-\dfrac{Ml^2}{16EI}$

续表

序号	梁的简图	挠曲线方程	端截面转角	最大挠度
6	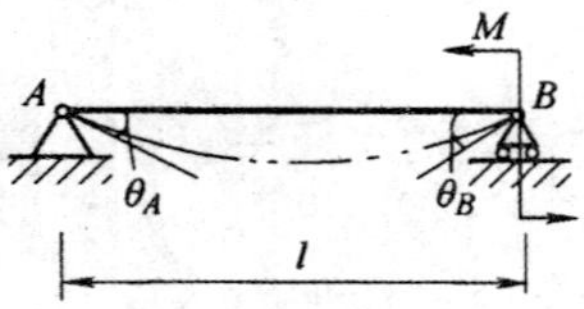	$y=-\frac{Mx}{6EIl}(l^2-x^2)$	$\theta_A=-\frac{Ml}{6EI}$ $\theta_B=\frac{Ml}{3EI}$	$x=\frac{1}{\sqrt{3}}$ $y_{\max}=-\frac{Ml^2}{9\sqrt{3}EI}$ $x=\frac{l}{2}, y_{l/2}=-\frac{Ml^2}{16EI}$
7	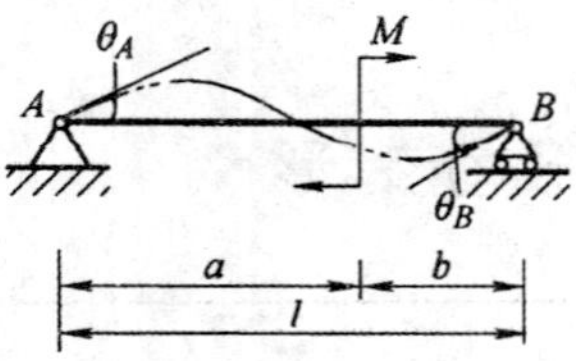	$y=\frac{Mx}{6EIl}(l^2-3b^2-x^2)$ $(0\leqslant x\leqslant a)$ $y=\frac{M}{6EIl}[-x^3+3l(x-a)^2+(l^2-3b^2)x]$ $(0\leqslant x\leqslant l)$	$\theta_A=\frac{M}{6EIl}(lx^2-3b^2)$ $\theta_B=\frac{M}{6EIl}(l^2-3a^2)$	
8	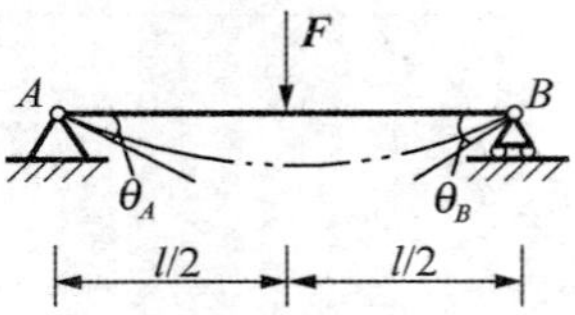	$y=-\frac{Fx}{48EI}(3l^2-4x^2)$ $\left(0\leqslant x\leqslant\frac{l}{2}\right)$	$\theta_A=-\theta_B=-\frac{Fl^2}{16EI}$	$y_{\max}=-\frac{Fl^3}{48EI}$
9	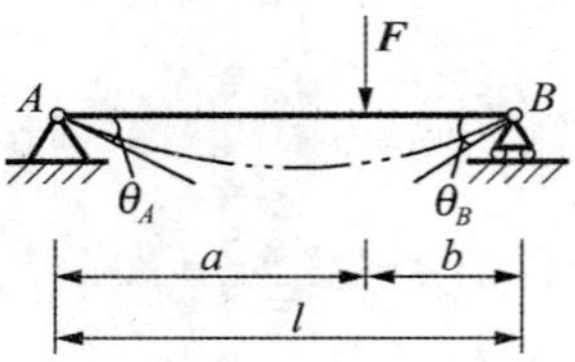	$y=-\frac{Fbx}{6EIl}(l^2-x^2-b^2)$ $(0\leqslant x\leqslant a)$ $y=-\frac{Fb}{6EIl}[\frac{l}{b}(x-a)^3]$ $[+(l^2-b^2)x-x^3]$ $(a\leqslant x\leqslant l)$	$\theta_A=-\frac{Fab(l+b)}{6EIl}$ $\theta_B=\frac{Fab(l+a)}{6EIl}$	设 $a>b$，$x=\sqrt{\frac{l^2-b^2}{3}}$处 $y_{\max}=-\frac{Fb\sqrt{(l^2-b^2)^3}}{9\sqrt{3}EIl}$ 在 $x=\frac{l}{2}$处， $y_{l/2}=-\frac{Fb(3l^2-4b^2)}{48EI}$
10	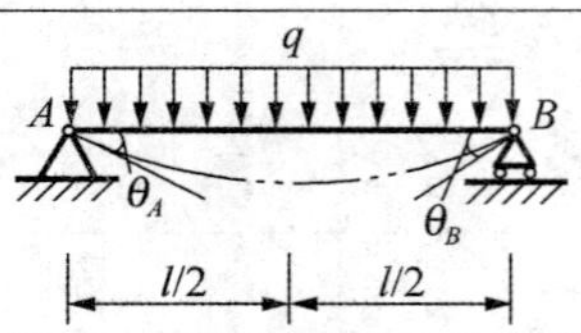	$y=-\frac{qx}{24EI}(l^3-2lx^2+x^3)$	$\theta_A=-\theta_B=-\frac{ql^3}{24EI}$	$y_{\max}=-\frac{5ql^4}{384EI}$
11	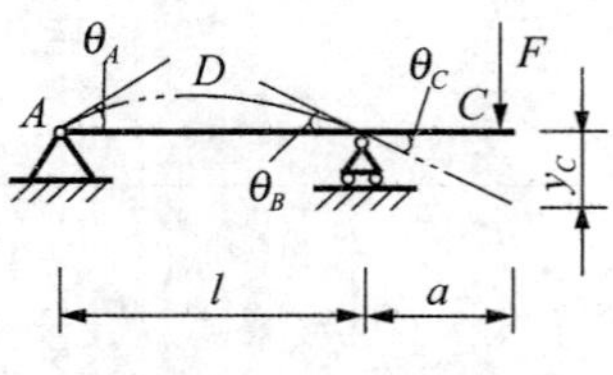	$y=\frac{Fax}{6EIl}(l^2-x^2)$ $(0\leqslant x\leqslant l)$ $y=-\frac{F(x-l)}{6EI}[a(3x-l)-(x-l)^2]$ $(l\leqslant x\leqslant l+a)$	$\theta_A=-\frac{1}{2}\theta_B=\frac{Fal}{6EI}$ $\theta_B=-\frac{Fal}{3EI}$ $\theta_C=-\frac{Fa}{6EI}(2l+3a)$	$y_C=-\frac{Fa^2}{3EI}(l+a)$
12	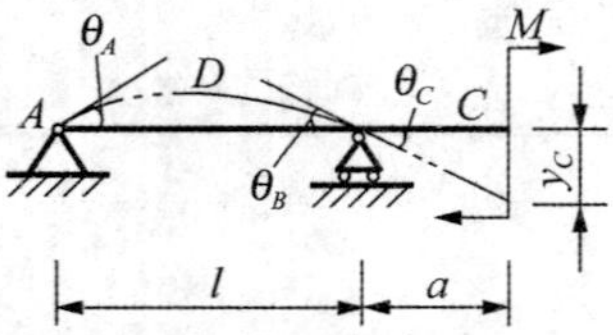	$y=-\frac{Mx}{6EIl}(x^2-l^2)$ $(0\leqslant x\leqslant l)$ $y=-\frac{M}{6EI}(3x^2-4xl+l^2)$ $(0\leqslant x\leqslant l+a)$	$\theta_A=-\frac{1}{2}\theta_B=\frac{Ml}{6EI}$ $\theta_B=-\frac{Ml}{3EI}$ $\theta_C=-\frac{M}{3EI}(l+3a)$	$y_C=-\frac{Ma}{6EI}(2l+3a)$

附录C　型钢表

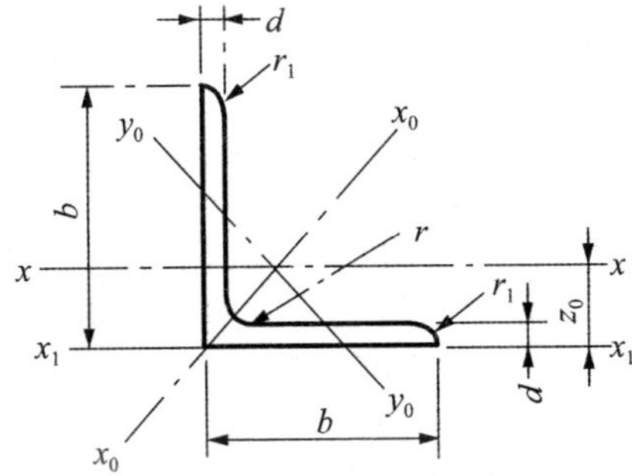

1. 热轧等边角钢(GB/T 706—2008)

符号意义：

b—边宽度；	I—惯性矩；
d—边厚度；	i—惯性半径；
r—内圆弧半径；	W—截面系数；
r_1—边端圆弧半径；	Z_0—重心距离。

型号	截面尺寸 (mm)			截面面积 (cm^2)	理论重量 (kg/m)	外表面积 (m^2/m)	惯性矩 (cm^4)				惯性半径 (cm)			截面系数 (cm^3)			重心距离 (cm)
	b	d	r				I_x	I_{x_1}	I_{x_0}	I_{y_0}	i_x	I_{x_0}	I_{y_0}	W_x	W_{x_0}	W_{y_0}	z_0
2	20	3	3.5	1.132	0.889	0.078	0.40	0.81	0.63	0.17	0.59	0.75	0.39	0.29	0.45	0.20	0.60
		4		1.459	1.145	0.077	0.50	1.09	0.78	0.22	0.58	0.73	0.38	0.36	0.55	0.24	0.64
2.5	25	3		1.432	1.124	0.098	0.82	1.57	1.29	0.34	0.76	0.95	0.49	0.46	0.73	0.33	0.73
		4		1.859	1.459	0.097	1.03	2.11	1.62	0.43	0.74	0.93	0.48	0.59	0.92	0.40	0.76
3.0	30	3	4.5	1.749	1.373	0.117	1.46	2.71	2.31	0.61	0.91	1.15	0.59	0.68	1.09	0.51	0.85
		4		2.276	1.786	0.117	1.84	3.63	2.92	0.77	0.90	1.13	0.58	0.87	1.37	0.62	0.89
3.6	36	3		2.109	1.656	0.141	2.58	4.68	4.09	1.07	1.11	1.39	0.71	0.99	1.61	0.76	1.00
		4		2.756	2.163	0.141	3.29	6.25	5.22	1.37	1.09	1.38	0.70	1.28	2.05	0.93	1.04
		5		3.382	2.654	0.141	3.95	7.84	6.24	1.65	1.08	1.36	0.70	1.56	2.45	1.00	1.07
4	40	3	5	2.359	1.852	0.157	3.59	6.41	5.69	1.49	1.23	1.55	0.79	1.23	2.01	0.96	1.09
		4		3.086	2.422	0.157	4.60	8.56	7.29	1.91	1.22	1.54	0.79	1.60	2.58	1.19	1.13
		5		3.791	2.976	0.156	5.53	10.74	8.76	2.30	1.21	1.52	0.78	1.96	3.10	1.39	1.17

续表

型号	截面尺寸 (mm)			截面面积 (cm^2)	理论重量 (kg/m)	外表面积 (m^2/m)	惯性矩 (cm^4)				惯性半径 (cm)			截面系数 (cm^3)			重心距离 (cm)
	b	d	r				I_x	I_{x_1}	I_{x_0}	I_{y_0}	i_x	I_{x_0}	I_{y_0}	W_x	W_{x_0}	W_{y_0}	z_0
4.5	45	3	5	2.659	2.088	0.177	5.17	9.12	8.20	2.14	1.40	1.76	0.89	1.58	2.58	1.24	1.22
		4		3.486	2.736	0.177	6.65	12.18	10.56	2.75	1.38	1.74	0.89	2.05	3.32	1.54	1.26
		5		4.292	3.369	0.176	8.04	15.2	12.74	3.33	1.37	1.72	0.88	2.51	4.00	1.81	1.30
		6		5.076	3.985	0.176	9.33	18.36	14.76	3.89	1.36	1.70	0.8	2.95	4.64	2.06	1.33
5	50	3	5.5	2.971	2.332	0.197	7.18	12.5	11.37	2.98	1.55	1.96	1.00	1.96	3.22	1.57	1.34
		4		3.897	3.059	0.197	9.26	16.69	14.70	3.82	1.54	1.94	0.99	2.56	4.16	1.96	1.38
		5		4.803	3.770	0.196	11.21	20.90	17.79	4.64	1.53	1.92	0.98	3.13	5.03	2.31	1.42
		6		5.688	4.465	0.196	13.05	25.14	20.68	5.42	1.52	1.91	0.98	3.68	5.85	2.63	1.46
5.6	56	3	6	3.343	2.624	0.221	10.19	17.56	16.14	4.24	1.75	2.20	1.13	2.48	4.08	2.02	1.48
		4		4.390	3.446	0.220	13.18	23.43	20.92	5.46	1.73	2.18	1.11	3.24	5.28	2.52	1.53
		5		5.415	4.251	0.220	16.02	29.33	25.42	6.61	1.72	2.17	1.10	3.97	6.42	2.98	1.57
		6		6.420	5.040	0.220	18.69	35.26	29.66	7.73	1.71	2.15	1.10	4.68	7.49	3.40	1.61
		7		7.404	5.812	0.219	21.23	41.23	33.63	8.82	1.69	2.13	1.09	5.36	8.49	3.80	1.64
		8		8.367	6.568	0.219	23.63	47.24	37.37	9.89	1.68	2.11	1.09	6.03	9.44	4.16	1.68
6	60	5	6.5	5.829	4.576	0.236	19.89	36.05	31.57	8.21	1.85	2.33	1.19	4.59	7.44	3.48	1.67
		6		6.914	5.427	0.235	23.25	43.33	36.89	9.60	1.83	2.31	1.18	5.41	8.70	3.98	1.70
		7		7.977	6.262	0.235	26.44	50.65	41.92	10.96	1.82	2.29	1.17	6.21	9.88	4.45	1.74
		8		9.020	7.081	0.235	29.47	58.02	46.66	12.28	1.81	2.27	1.17	6.98	11.00	4.88	1.78

续表

型号	截面尺寸 (mm)			截面面积 (cm^2)	理论重量 (kg/m)	外表面积 (m^2/m)	惯性矩 (cm^4)				惯性半径 (cm)			截面系数 (cm^3)			重心距离 (cm)
	b	d	r				I_x	I_{x_1}	I_{x_0}	I_{y_0}	i_x	I_{x_0}	I_{y_0}	W_x	W_{x_0}	W_{y_0}	z_0
6.3	63	4	7	4.978	3.907	0.248	19.03	33.35	30.17	7.89	1.96	2.46	1.26	4.13	6.78	3.29	1.70
		5		6.143	4.822	0.248	23.17	41.73	36.77	9.57	1.94	2.45	1.25	5.08	8.25	3.90	1.74
		6		7.288	5.721	0.247	27.12	50.14	43.03	11.20	1.93	2.43	1.24	6.00	9.66	4.46	1.78
		7		8.412	6.603	0.247	30.87	58.60	48.96	12.79	1.92	2.41	1.23	6.88	10.99	4.98	1.82
		8		9.515	7.469	0.247	34.46	67.11	54.56	14.33	1.90	2.40	1.23	7.75	12.25	5.47	1.85
				11.657	9.151	0.246	41.09	84.31	64.85	17.33	1.88	2.36	1.22	9.39	14.56	6.36	1.93
7	70	4	8	5.570	4.372	0.275	26.39	45.74	41.80	10.99	2.18	2.74	1.40	5.14	8.44	4.17	1.86
		5		6.875	5.397	0.275	32.21	57.21	51.08	13.31	2.16	2.73	1.39	6.32	10.32	4.95	1.91
		6		8.160	6.406	0.275	37.77	68.73	59.93	15.61	2.15	2.71	1.38	7.48	12.11	5.67	1.95
		7		9.424	7.398	0.275	43.09	80.29	68.35	17.82	2.14	2.69	1.38	8.59	13.81	6.34	1.99
		8		10.667	8.373	0.274	48.17	91.92	76.37	19.98	2.12	2.68	1.37	9.68	15.43	6.98	2.03
7.5	75	5	9	7.412	5.818	0.295	39.97	70.56	63.30	16.63	2.33	2.92	1.50	7.32	11.94	5.77	2.04
		6		8.797	6.905	0.294	46.95	84.55	74.38	19.51	2.31	2.90	1.49	8.64	14.02	6.67	2.07
		7		10.160	7.976	0.294	53.57	98.71	84.96	22.18	2.30	2.89	1.48	9.93	16.02	7.44	2.11
		8		11.503	9.030	0.294	59.96	112.97	95.07	24.86	2.28	2.88	1.47	11.21	17.93	8.19	2.15
		9		12.825	10.068	0.294	66.10	127.30	104.71	27.48	2.27	2.86	1.46	12.43	19.75	8.89	2.18
		10		14.126	11.089	0.293	71.98	141.71	113.92	30.05	2.26	2.84	1.46	13.64	21.48	9.56	2.22

续表

型号	截面尺寸 (mm)			截面面积 (cm²)	理论重量 (kg/m)	外表面积 (m²/m)	惯性矩 (cm⁴)				惯性半径 (cm)			截面系数 (cm³)			重心距离 (cm)
	b	d	r				I_x	I_{x_1}	I_{x_0}	I_{y_0}	i_x	I_{x_0}	I_{y_0}	W_x	W_{x_0}	W_{y_0}	z_0
8	80	5	9	7.912	6.211	0.315	48.79	85.36	77.33	20.25	2.48	3.13	1.60	8.34	13.67	6.66	2.15
		6		9.397	7.376	0.314	57.35	102.50	90.98	23.72	2.47	3.11	1.59	9.87	16.08	7.65	2.19
		7		10.860	8.525	0.314	73.49	136.97	116.60	30.39	2.44	3.08	1.57	12.83	20.61	9.46	2.27
		8		12.303	9.658	0.314	73.49	136.97	116.60	30.39	2.44	3.08	1.57	12.83	20.61	9.46	2.27
		9		13.725	10.774	0.314	81.11	154.31	128.60	33.61	2.43	3.06	1.56	14.25	22.73	10.59	2.31
		10		15.126	11.874	0.313	88.43	171.74	140.09	36.77	2.42	3.04	1.56	15.64	24.76	11.08	2.35
9	90	6	10	10.637	8.350	0.354	82.77	145.87	131.26	34.28	2.79	3.51	1.80	12.61	20.63	9.95	2.44
		7		12.301	9.656	0.354	94.83	170.30	150.47	39.18	2.78	3.50	1.78	14.54	23.64	11.19	2.48
		8		13.944	10.946	.353	106.47	194.80	168.97	43.97	2.76	3.48	1.78	16.42	26.55	12.35	2.52
		9		15.566	12.219	0.353	117.72	219.39	186.77	48.66	2.75	3.46	1.77	18.27	29.35	13.46	2.56
		10		17.167	13.476	0.353	128.58	244.07	203.90	53.26	2.74	3.45	1.76	20.07	32.04	14.52	2.59
		12		20.306	15.940	0.352	149.22	293.76	236.21	62.22	2.71	3.471	1.75	23.57	37.12	16.49	2.67
10	100	6	12	11.932	9.366	0.393	114.95	200.07	181.98	47.92	3.10	3.90	2.00	15.68	25.74	12.69	2.67
		7		13.796	10.830	0.393	131.86	233.54	208.97	54.74	3.09	3.89	1.99	18.10	29.55	14.26	2.71
		8		15.638	12.276	0.393	148.24	267.09	235.07	61.41	3.08	3.88	1.98	20.47	33.24	15.75	2.76
		9		17.462	13.708	0.392	164.12	300.73	260.30	67.95	3.07	3.86	1.97	22.79	36.81	17.18	2.80
		10		19.261	15.120	0.392	179.51	334.48	284.68	74.35	3.05	3.84	1.96	25.06	40.26	18.54	2.84
		12		22.800	17.898	0.391	208.90	402.34	330.95	86.84	3.03	3.81	1.95	29.48	46.80	21.08	2.91
		14		26.256	20.611	0.391	236.53	470.75	374.06	99.00	3.00	3.77	1.94	33.73	52.90	23.44	2.99
		16		29.627	23.257	0.390	262.53	539.80	414.16	110.89	2.98	3.74	1.94	37.82	58.57	25.63	3.06

注：截面图中的 $r_1=d/3$ 及表中 r 的数据用于孔型设计，不作交货条件。

2. 热轧工字钢(GB/T 706—2008)

符号意义：

h—高度；　r_1—腿端圆弧半径；

b—腿宽度；　I—惯性矩；

d—腰厚度；　W—截面系数；

t—平均腿厚度；　i—惯性半径。

r—内圆弧半径；

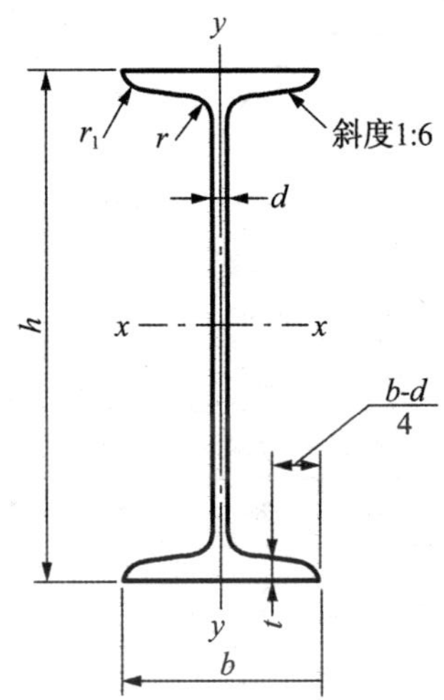

型号	截面尺寸(mm)						截面面积(cm^2)	理论重量(kg/m)	惯性矩(cm^4)		惯性半径(cm)		截面系数(cm^3)	
	h	b	d	t	r	r_1			I_x	I_y	i_x	i_y	W_x	W_y
10	100	68	4.5	7.6	6.5	3.3	14.345	11.261	245	33.0	4.14	1.52	49.0	9.72
12	120	74	5.0	8.4	7.0	3.5	17.818	13.987	436	46.9	4.95	1.62	72.7	12.7
12.6	126	74	5.0	8.4	7.30	3.5	18.118	14.223	488	46.9	5.20	1.61	77.5	12.7
14	140	80	5.5	9.1	7.5	3.8	21.516	16.890	712	64.4	5.76	1.73	102	16.1
16	160	88	6.0	9.9	8.0	4.0	26.131	20.513	1130	93.1	6.58	1.89	141	21.2
18	180	94	6.5	10.7	8.5	4.3	30.756	24.143	1660	122	7.36	2.00	185	26.0
20a	200	100	7.0	11.4	9.0	4.5	35.578	27.929	2370	158	8.15	2.12	237	31.5
20b		102	9.0				39.578	31.069	2500	169	7.96	2.06	250	33.1

续表

型号	截面尺寸(mm)						截面面积 (cm^2)	理论重量 (kg/m)	惯性矩(cm^4)		惯性半径(cm)		截面系数(cm^3)	
	h	b	d	t	r	r_1			I_x	I_y	i_x	i_y	W_x	W_y
22a	220	110	7.5	12.3	9.5	4.8	42.128	33.070	3400	225	8.99	2.31	309	40.9
22b		112	9.5				46.528	36.524	3570	239	8.78	2.27	325	42.7
24a	240	116	8.0	10.0	10.0	5.0	47.741	37.477	4570	280	9.77	2.42	381	48.4
24b		118	10.0				52.541	41.245	4800	297	9.57	2.368	400	50.4
25a	250	116	8.0				48.541	38.105	5020	280	10.2	2.40	402	48.3
25b		118	10.0				53.541	42.030	5280	309	9.94	2.40	423	52.4
27a	270	122	8.5	13.7	10.5	5.3	54.554	42.825	6550	345	10.9	2.51	485	56.6
27b		124	10.5				59.954	47.064	6870	366	10.7	2.47	509	58.9
28a	280	122	8.5				55.404	43.492	7110	345	11.3	2.50	508	56.6
28b		124	10.5				61.004	47.888	7480	379	11.1	2.49	534	61.2
30a	300	126	9.0	14.4	11.0	5.5	61.254	48.084	8950	400	12.1	2.55	597	63.5
30b		128	11.0				67.254	52.794	9400	422	11.8	2.50	627	65.9
30c		130	13.0				73.254	57.504	9850	445	11.6	2.46	657	68.5
32a	320	130	9.5	15.0	11.5	5.8	67.156	52.717	11100	460	12.8	2.62	692	70.8
32b		132	11.5				73.556	57.741	11600	502	12.6	2.61	726	76.0
32c		134	13.5				79.956	62.765	12200	544	12.3	2.61	760	81.2
36a	360	136	10.0	15.8	12.0	6.0	76.480	60.037	15800	552	14.4	2.69	875	81.2
36b		138	12.0				83.680	65.689	16500	582	14.1	2.64	919	84.3
36c		140	14.0				90.880	71.341	17300	612	13.8	2.60	962	87.4

续表

型号	截面尺寸(mm)						截面面积 (cm^2)	理论重量 (kg/m)	惯性矩(cm^4)		惯性半径(cm)		截面系数(cm^3)	
	h	b	d	t	r	r_1			I_x	I_y	i_x	i_y	W_x	W_y
40a	400	142	10.5	16.5	12.5	6.3	86.112	67.598	21700	660	15.9	2.77	1090	93.2
40b		144	12.5				94.112	73.878	22800	692	15.6	2.71	1140	96.2
40c		146	14.5				102.112	80.158	23900	727	15.2	2.65	1190	99.6
45a	450	150	11.5	18.0	13.5	6.8	102.446	80.420	32200	855	17.7	2.89	1430	114
45b		152	13.5				111.446	87.485	33800	894	17.4	2.84	1500	118
45c		154	15.5				120.446	94.550	35300	938	17.1	2.79	1570	122
50a	500	158	12.0	20.0	14.0	7.0	119.304	93.654	46500	1120	19.7	3.07	1860	142
50b		160	14.0				129.304	101.504	48600	1170	19.4	3.01	1940	146
50c		162	16.0				139.304	109.354	50600	1220	19.0	2.96	2080	151
55a	550	166	12.5	21.0	14.5	7.3	134.185	105.335	62900	1370	21.6	3.19	2290	164
55b		168	14.5				145.185	113.970	65600	1420	21.2	3.14	2390	170
55c		170	16.5				156.185	122.605	68.400	1480	20.9	3.08	2490	175
56a	560	166	12.5				135.435	106.316	65600	1370	22.0	3.18	2340	165
56b		168	14.5				146.635	115.108	68500	1490	21.6	3.16	2450	174
56c		170	16.5				157.835	123.900	71400	1560	21.3	3.16	2550	183
63a	630	176	13.0	22.0	15.0	7.5	154.658	121.407	93900	1700	24.5	3.31	2980	193
63b		178	15.0				167.258	131.298	98100	1810	24.2	3.29	3160	204
63c		180	17.0				179.858	141.189	102000	1920	23.8	3.27	3300	214

注：表中 r,r_1 的数据用于孔型设计，不作交货条件。

3. 热轧槽钢(GB/T 706—2008)

符号意义：

h—高度；　　r_1—腿端圆弧半径；

b—腿宽度；　　I—惯性矩；

d—腰厚度；　　W—截面系数；

t—平均腿厚度；　　i—惯性半径；

r—内圆弧半径；　　z_0—yy 轴与 y_1y_2 轴间距。

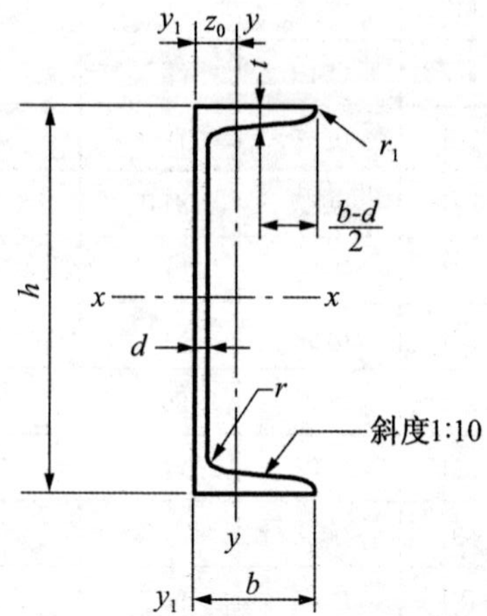

型号	截面尺寸(mm)						截面面积(cm²)	理论重量(kg/m)	惯性矩(cm⁴)			惯性半径(cm)		截面系数(cm³)		重心距离(cm)
	h	b	d	t	r	r_1			I_x	I_y	I_{y_1}	i_x	i_y	W_x	W_y	z_0
5	50	37	4.5	7.0	7.0	3.5	6.928	5.438	26.0	8.30	20.9	1.94	1.10	10.4	3.55	1.35
6.3	63	40	4.8	7.5	7.5	3.8	8.451	6.634	50.8	11.9	28.4	2.45	1.19	16.1	4.50	1.36
6.5	65	40	4.3	7.5	7.5	3.8	8.547	6.709	55.2	12.0	28.3	2.54	1.19	17.0	4.59	1.38
8	80	43	5.0	8.0	8.0	4.0	10.248	8.045	101	16.6	37.4	3.15	1.27	25.3	5.79	1.43
10	100	48	5.3	8.5	8.5	4.2	12.748	10.007	198	25.6	54.9	3.95	1.41	39.7	7.80	1.52
12	120	53	5.5	9.0	9.0	4.5	15.362	12.059	346	37.4	77.7	4.75	1.56	57.7	10.2	1.62
12.6	126	53	5.5	9.0	9.0	4.5	15.692	12.318	391	38.0	77.1	4.95	1.57	62.1	10.2	1.59
14a	140	58	6.0	9.5	9.5	4.8	18.516	14.535	564	53.2	107	5.52	1.70	80.5	13.0	1.71
14b		60	8.0				21.316	16.733	609	61.1	123	5.35	1.69	87.1	14.1	1.67

续表

型号	截面尺寸(mm)						截面面积(cm^2)	理论重量(kg/m)	惯性矩(cm^4)			惯性半径(cm)		截面系数(cm^3)		重心距离(cm)
	h	b	d	t	r	r_1			I_x	I_y	I_{y_1}	i_x	i_y	W_x	W_y	z_0
16a	160	63	6.5	10.0	10.0	5.0	21.962	17.24	866	73.3	144	6.28	1.83	108	16.3	1.80
16b		65	8.5				25.162	19.752	935	83.4	161	6.10	1.82	117	17.6	1.75
18a	180	68	7.0	10.5	10.5	5.2	25.699	20.174	1270	98.6	190	7.04	1.96	141	20.0	1.88
18b		70	9.0				29.299	23.000	1370	111	210	6.84	1.95	152	21.5	1.84
20a	200	73	7.0	11.0	11.0	5.5	28.837	22.637	1780	128	244	7.86	2.11	178	24.2	2.01
20b		75	9.0				32.837	25.777	1910	144	268	7.64	2.09	191	25.9	1.95
22a	220	77	7.0	11.5	11.5	5.8	31.846	24.999	2390	158	298	8.67	2.23	218	28.2	2.10
22b		79	9.0				36.246	28.453	2570	176	326	8.42	2.21	234	30.1	2.03
24a	240	78	7.0	12.0	12.0	6.0	34.217	26.860	3050	174	325	9.45	2.25	254	30.5	2.10
24b		80	9.0				39.017	30.628	3280	194	355	9.17	2.23	274	32.5	2.03
24c		82	11.0				43.817	34.396	3510	213	388	8.96	2.21	293	34.4	2.00
25a	250	78	7.0				34.917	27.410	3370	176	322	9.82	2.24	270	30.6	2.07
25b		80	9.0				39.917	31.335	3530	196	353	9.41	2.22	282	32.7	1.98
25c		82	11.0				44.917	35.260	3690	218	384	9.07	2.21	295	35.9	1.92

续表

型号	截面尺寸(mm)						截面面积(cm^2)	理论重量(kg/m)	惯性矩(cm^4)			惯性半径(cm)		截面系数(cm^3)		重心距离(cm)
	h	b	d	t	r	r_1			I_x	I_y	I_{y_1}	i_x	i_y	W_x	W_y	z_0
27a		82	7.5				39.284	30.383	4360	216	393	10.5	2.34	323	35.5	2.13
27b	270	84	9.5				44.684	35.077	4690	239	428	10.3	2.31	347	37.7	2.06
27c		86	11.5	12.5	12.5	6.2	50.084	39.316	5020	261	467	10.1	2.28	372	39.8	2.03
28a		82	7.5				40.034	31.427	4760	218	388	10.9	2.33	340	35.7	2.10
28b	280	84	9.5				45.634	35.823	5130	242	428	10.6	2.30	366	37.9	2.02
28c		86	11.5				51.234	40.219	5500	268	463	10.4	2.29	393	40.3	1.95
30a		85	7.5				43.902	34.463	6050	260	467	11.7	2.43	403	41.1	2.17
30b	300	87	9.5	13.5	13.5	6.8	49.902	39.173	6500	289	515	1.4	2.41	433	44.0	2.13
30c		89	11.5				55.902	43.883	6950	316	560	11.2	2.38	463	46.4	2.09
32a		88	8.0				48.513	38.083	7600	305	552	12.5	2.50	475	46.5	2.24
32b	320	90	10.0	14.0	14.0	7.0	54.913	43.107	8140	336	593	12.2	2.47	509	49.2	2.16
32c		92	12.0				61.313	48.131	8690	374	643	11.9	2.47	543	52.6	2.09
36a		96	9.0				60.910	47.814	11900	455	818	14.0	2.73	660	63.5	2.44
36b	360	98	11.0	16.0	16.0	8.0	68.110	53.466	12700	497	880	13.6	2.70	703	66.9	2.37
36c		100	13.0				75.310	59.118	13400	536	948	13.4	2.67	746	70.0	2.37
40a		100	10.5				75.068	58.928	17600	592	1070	15.3	2.81	879	78.8	2.49
40b	400	102	12.5	18.0	18.0	9.0	83.068	65.208	18600	640	114	150.	2.78	932	82.5	2.44
40c		104	14.5				91.068	71.488	19700	688	1220	14.7	2.75	986	86.2	2.42

注：表中 r、r_1 的数据用于孔型设计，不作交货条件。

习题参考答案

第一章　第二章(略)

第三章

3-1　$F_R=3.11\text{kN},\alpha=6.74°$,方向略

3-2　$F_R=322.5\text{N}$

3-3　$F_A=346.4\text{N},F_B=200\text{N}$

3-4　(a)$F_{AB}=\frac{\sqrt{3}}{3}G,F_{AC}=-\frac{2\sqrt{3}}{3}G$　(b)$F_{AB}=F_{AC}=\frac{\sqrt{3}}{3}G$

3-5　(a)$F_{Ax}=2G,F_{Ay}=-G,F_{BC}=2\sqrt{2}G$　(b)$F_{Ax}=-G,F_{Ay}=0,F_{BC}=-\sqrt{2}G$

3-6　$F=194\text{N}$

3-7　(a)$M_O(F)=F\sin\beta\cdot l$　(b)$M_O(F)=F\sin\beta\cdot l$　(c)$M_O(F)=F\sin\alpha\cdot\sqrt{a^2+b^2}$　(d)$M_O(F)=F\sin\alpha\cdot\sqrt{a^2+b^2}$

3-8　3—9　3—10　(略)

3-11　(a)$F_{Ax}=0,F_{Ay}=-\frac{F}{3},F_B=-\frac{2F}{3}$　(b)$F_{Ax}=0,F_{Ay}=-F,F_B=2F$　(c)$F_A=2F,F_{Bx}=-2F,F_{By}=F$

3-12　$l_{\min}=25.2\text{m}$

3-13　(a)$F_{Ax}=0,F_{Ay}=-\frac{F}{4},F_B=\frac{3F}{4},F_E=\frac{F}{2}$　(b)$F_{Ax}=0,F_{Ay}=\frac{F}{2}$,$M_A=-\frac{Fa}{2},F_D=\frac{F}{2}$　(c)$F_A=qa,F_{Cx}=0,F_{Cy}=4qa,M_C=-8qa^2$

3-14　$G_{P\max}=7.41\text{kN}$

第四章

4-1　(a)$F_{BC}=F$　(图略)　(b)$F_{BA}=40\text{kN},F_{BC}=10\text{kN},F_{CD}=10\text{kN}$　(图略)　(c)$F_{CD}=2F,F_{BA}=-2F$　(图略)　(d)$F_{CB}=-30\text{kN},F_B=-10\text{kN},F_{CD}=10\text{kN}$　(图略)

4-2　$\sigma_1=-50\text{MPa},\sigma_2=-2000\text{MPa},\sigma_3=-100\text{MPa}$

4-3　$\sigma_1=-0.32\text{MPa}$

4-4　$\alpha=0°$时,$\sigma_\alpha=100\text{MPa},\tau_\alpha=0$

$\alpha=30°$时,$\sigma_\alpha=75MPa$,$\tau_\alpha=43.3MPa$

$\alpha=60°$时,$\sigma_\alpha=25MPa$,$\tau_\alpha=43.3MPa$

$\alpha=90°$时,$\sigma_\alpha=0$,$\tau_\alpha=0$

4-5 不安全

4-6 $d=26mm$,$a=95mm$

4-7 取 $d=17mm$

4-8 安全

4-9 $q=3.21kN/m$

4-10 $A_{AD}=1060mm^2$,$A_{AC}=125mm^2$,$A_{ED}=300mm^2$

4-11 $[F]=33.49kN$,$d=27mm$

4-12 $\sigma_1=143.3MPa$,$\sigma_2=95.54MPa$,$\sigma_3=118.19MPa$,$\sigma_4=101.20MPa$,安全

第五章

5-1 $\delta=80mm$

5-2 $\delta=15mm$(取 $d=16mm$)

5-3 $l=113.2mm$

5-4 $d=34mm$,$t=13.3mm$

5-5 按挤压强度设计 $b=13.3mm$,按剪切强度设计 $h=47mm$

5-6 (1)$M_{n1}=2kN\cdot m$,$M_{n2}=5kN\cdot m$ (2)$M_{n1}=-3kN\cdot m$,$M_{n2}=4kN\cdot m$

5-7 $\tau_{max}=53.6MPa$,安全

5-8 $d_1=45.6mm$,$D=54.3mm$,$d=43mm$,59.4%

5-9 $[M]=216kN\cdot m$

5-10 (1)$\tau_{max}=81.5MPa$,$\theta=2.3°/m$ (2)$\tau_A=81.5MPa$,$\gamma_A=1.02\times10^{-3}$,$\tau_B=48.9MPa$,$\gamma_B=0.61\times10^{-3}$,$\tau_C=0$,$\gamma_C=0$

5-11 (1)(略) (2)$\tau_{max}=80MPa$ (3)$\varphi_{AC}=-0.001rad$

第六章

6-1 6-2 6-3 6-4 6-5 (略)

6-6 $\sigma_{max}=120MPa\leqslant[\sigma]$,强度满足

6-7 $[F]=10kN$

6-8 $d=49.5mm$

6-9 $W_z=50cm^3$,选 10 号工字钢

6-10 $\sigma_{max}=52MPa<[\sigma]$,强度满足;$w_B=\frac{1}{987}<\frac{1}{400}$,刚度满足

6-11 (略)

6-12 $\sigma_{max}=144.5MPa<[\sigma]$,$\tau_{max}=18.1MPa<[\tau]$,强度满足

6-13 $b\geqslant138.7mm$,$h\geqslant208mm$

6-14 (a)$y_{max}=y_C=\frac{Fl^3}{24EI}$,$\theta_{max}=\theta_B=\frac{13Fl^2}{48EI}$ (b)$y_{max}=y_B=\frac{7Fl^3}{48EI}$,$\theta_{max}=\theta_B=\frac{3Fl^2}{8EI}$ (c)$y_{max}=y_C=\frac{45ql^4}{384EI}$,$\theta_{max}=\theta_A=\frac{15ql^3}{24EI}$ (d)$y_{max}=y_D=\frac{Fl^3}{6EI}$,$\theta_{max}=\theta_D=\frac{13Fl^2}{14EI}$

6-15 $\frac{f}{l}=1.2\times10^{-3}<\left[\frac{f}{l}\right]=\frac{1}{400}=2.5\times10^{-3}$,刚度满足

6-16 由刚度准则得 $I=573\text{cm}^4$,查型钢表选 14b 号槽钢,$I=609\text{cm}^4$

6-17 $F_A=\frac{11ql}{17}$,$F_C=F_D=\frac{3ql}{17}$

6-18 $\sigma_{\max}=180\text{MPa}$

6-19 $\sigma_{\max}=7.1\text{MPa}<[\sigma]$,$\tau_{\max}=0.48\text{MPa}<[\tau]$

6-20 $[F]=56.8\text{kN}$

6-21 $\sigma_a=-54.3\text{MPa}$,$\sigma_b=0\text{MPa}$,$\sigma_c=108.3\text{MPa}$

6-22 $\tau_a=0.225\text{MPa}$,$\tau_b=0.459\text{MPa}$,$\tau_c=0$

6-23 $[F]=44.3\text{kN}$

第七章

7-1 $\sigma_{\max}=153.3\text{MPa}$

7-2 $b\geqslant94\text{mm}$,$h\geqslant141\text{mm}$,取 $b\times h=100\times150\text{mm}^2$

7-3 $\sigma_{\max}^+=6.75\text{MPa}$,$\sigma_{\max}^-=6.99\text{MPa}$

7-4 20b 号

7-5 $\sigma_{\max}^+=122.7\text{MPa}$,$\sigma_{\max}^-=122.7\text{MPa}$

7-6 $b=90\text{mm}$,$h=180\text{mm}$

7-7 $\sigma_{\max}=122\text{MPa}<[\sigma]$,强度满足

7-8 $\sigma_A=7.5\text{MPa}$,$\sigma_B=-5\text{MPa}$,$\sigma_C=12.5\text{MPa}$,$\sigma_D=0$

7-9 $\sigma_{\max}^+=6.75\text{MPa}$,$\sigma_{\max}^-=6.99\text{MPa}$

7-10 $h=372\text{mm}$,$\sigma_{\max}^-=3.9\text{MPa}$

7-11 $t=80\text{mm}$

第八章

8-1 1 杆:$F_{\text{cr}}=2540\text{kN}$,2 杆:$F_{\text{cr}}=4710\text{kN}$,3 杆:$F_{\text{cr}}=4820\text{kN}$

8-2 $n=3.57$,安全

8-3 $n=8.25>n_{\text{st}}$,安全

8-4 $[F]=247.6\text{kN}$

8-5 $[F]=15.6\text{kN}$

8-6 $[F]=7.5\text{kN}$

8-7 $\theta=\arctan(\cot^2\beta)$

第九章

9-1 (a)无多余约束的几何不变体系 (b)几何可变体系 (c)几何瞬变体系 (d)无多余约束的几何不变体系

9-2 (a)无多余约束的几何不变体系 (b)几何可变体系 (c)有两个多余约束的几何可变体系 (d)几何瞬变体系

9-3 (a)无多余约束的几何不变体系 (b)有两个多余约束的几何不变体系

9-4 (a)有一个多余约束的几何不变体系 (b)无多余约束的几何不变体系

(c)无多余约束的几何不变体系　(d)几何瞬变体系

9-5　(a)有一个多余约束的几何不变体系　(b)无多余约束的几何不变体系　(c)无多余约束的几何不变体系　(d)几何瞬变体系

第十章

10-1　10-2　(略)

10-3　(a)$M_{AB}=2_{M_e}$(左侧受拉)　(图略)　(b)$M_{AB}=M_e/2$(右侧受拉)　(图略)　(c)$M_{BA}=Fl$(上侧受拉),$M_{AB}=0$　(图略)　(d)$M_{GB}=30\text{kN}\cdot\text{m}$(右侧受拉),$M_{GK}=10\text{kN}\cdot\text{m}$(右侧受拉)　(图略)

10-4　(a)$F_{N47}=40\text{kN}$　(图略)　(b)$F_{N78}=0,F_{N12}=0,F_{N36}=7.5\text{kN},F_{N34}=-6\text{kN}$　(图略)　(c)$F_{N35}=-15\text{kN},F_{N34}=6.3\text{kN}$　(图略)　(d)$F_{N34}=-80\text{kN},F_{N35}=144.2\text{kN},F_{N78}=56.6\text{kN},F_{N910}=36.1\text{kN}$　(图略)

10-5　(略)

10-6　$M_K=80\text{kN}\cdot\text{m},F_{SK}=-31.3\text{kN},F_{NK}=-140.87\text{kN}$

10-7　$\Delta_{KV}=12.44\dfrac{F}{EI}$

10-8　(a)$\Delta_{CH}=\dfrac{6.828Fa}{EA}$　(b)$\Delta_{CV}=\dfrac{3.828Fa}{EA}$

10-9　(a)$\Delta_{CV}=\dfrac{ql^4}{24EI}$　(b)$\Delta_{CV}=\dfrac{153.3}{EI}$

10-10　(a)$\Delta_{BV}=\dfrac{7Fl^3}{3EI},\theta_B=\dfrac{5Fl^2}{2EI}$　(b)$\Delta_{BH}=\dfrac{11ql^4}{12EI},\theta_{CD}=\dfrac{7ql^3}{12EI}$　(c)$\Delta_{DV}=\dfrac{80}{3EI},\theta_{AC}=\dfrac{240}{EI}$　(d)$\Delta_{BV}=\dfrac{733.3}{EI},\theta_A=\dfrac{466.6}{2EI}$　(e)$\theta_{CD}=\dfrac{7ql^3}{3EI}$　(f)$\Delta_{AB}=\dfrac{17ql^4}{24EI}$

第十一章

11-1　(a)1　(b)1　(c)3　(d)2　(e)3　(f)6

11-2　(a)$M_{AB}=\dfrac{M}{2}$(下侧受拉)　(图略)　(b)$M_{AB}=\dfrac{Pl}{6}$(下侧受拉)　(图略)　(c)$M_{AB}=\dfrac{3Pl}{32}$　(图略)　(d)$F_{CB}=\dfrac{7P}{17}$　(图略)

11-3　(a)$M_{BC}=\dfrac{15}{7}\text{kN}\cdot\text{m}$(下侧受拉),$F_{BC}=24.6\text{kN}$　(图略)　(b)$M_{DA}=45\text{kN}\cdot\text{m}$(上侧受拉),$M_{DB}=0$　(图略)　(c)$M_{AB}=22.8\text{kN}\cdot\text{m}$(左侧受拉)　(图略)　(d)$M_{AB}=49.1\text{kN}\cdot\text{m}$(左侧受拉)　(e)$M_{CD}=2.18\text{kN}\cdot\text{m},M_{DC}=30.58\text{kN}\cdot\text{m},M_{DB}=2.18\text{kN}\cdot\text{m},M_{DE}=28.4\text{kN}\cdot\text{m}$　(图略)　(f)$M_{BA}=4.5\text{kN}\cdot\text{m}$(左侧受拉),$M_{AB}=3.12\text{kN}\cdot\text{m}$(左侧受拉)　(图略)

11-4　(a)$M_{BD}=90\text{kN}\cdot\text{m}$　(图略)　(b)$=110\text{kN}\cdot\text{m}$　(图略)

11-5　(a)$M_{AB}=-100\text{kN}\cdot\text{m},M_{BA}=40\text{kN}\cdot\text{m}$　(图略)　(b)$M_{AB}=31.06\text{kN}\cdot\text{m},M_{BA}=62.09\text{kN}\cdot\text{m},M_{CB}=125.98\text{kN}\cdot\text{m}$　(图略)　(c)$M_{CA}=38.57\text{kN}\cdot\text{m}$　(d)$M_{CB}=-11.2\text{kN}\cdot\text{m}$　(图略)

11-6　(a)$M_{CB}=\dfrac{5ql^2}{48}$　(图略)　(b)$M_{BC}=-20.67\text{kN}\cdot\text{m},M_{AC}=14\text{kN}\cdot\text{m},M_{AD}=$

$-68kN \cdot m$ （图略）

11-7 （略）

第十二章

12-1 （略）

12-2 (a)$M_C=80kN \cdot m, F_{QC}=70kN$ (b)$F_{Cy}=140kN(\uparrow), M_C=40kN \cdot m$(下侧受拉)，$F_{QC}^{左}=-60kN$

12-3 M_C 和 F_{QC} 的最不利荷载位置均为 C 截面，$M_{Cmax}=314kN \cdot m, F_{QCmax}=104.5kN$；$F_{QCmin}=-27.3kN$

主要参考文献

刘鸿文. 材料力学(上、下册). 北京:高等教育出版社,1984

老亮. 材料力学思考题集. 北京:高等教育出版社,1990

哈尔滨工业大学理论力学教研室. 理论力学(上、下册). 北京:高等教育出版社,1997

范钦珊. 工程力学((I)、(II)、(III)). 北京:人民教育出版社,1998

周国瑾、施美丽、张景良. 建筑力学(2 版). 上海:同济大学出版社,2000

杨玉贵、夏虹. 工程力学. 北京:机械工业出版社,2001

于英. 建筑力学(2 版). 北京:中国建筑工业出版社,2007

于仁财、刘文顺. 结构力学. 北京:国防工业出版社,2007

沈养中. 建筑力学. 北京:高等教育出版社,2011

卢光斌. 土木工程力学基础. 北京:机械工业出版社,2011

刘思俊. 建筑力学. 北京:机械工业出版社,2014